高等院校城市规划专业本科系列教材

城市规划技术子系列

城市地理信息系统

Urban Geographic Information System

黄正东　于 卓　黄经南　编著

图书在版编目(CIP)数据

城市地理信息系统/黄正东,于卓,黄经南编著.—武汉:武汉大学出版社,2010.9(2021.8 重印)
高等院校城市规划专业本科系列教材
ISBN 978-7-307-07970-0

Ⅰ.城… Ⅱ.①黄… ②于… ③黄… Ⅲ.城市—地理信息系统—高等学校—教材 Ⅳ.TU984

中国版本图书馆 CIP 数据核字(2010)第 119638 号

责任编辑:黄汉平　　责任校对:黄添生　　版式设计:马　佳

出版发行:**武汉大学出版社**　(430072　武昌　珞珈山)
(电子邮箱:cbs22@ whu.edu.cn 网址:www.wdp.com.cn)
印刷:武汉中科兴业印务有限公司
开本:787×1092　1/16　印张:17.25　字数:405 千字　插页:1
版次:2010 年 9 月第 1 版　2021 年 8 月第 5 次印刷
ISBN 978-7-307-07970-0/TU · 89　定价:42.00 元

总　　序

随着中国城市建设的迅速发展，城市规划学科涉及的学科领域越来越广泛。同时，随着科学技术的突飞猛进，城市规划研究方法、规划设计方法及城市规划技术方法也有很大的变化，这些变化要求城市规划高等教育在教学结构、教学内容及教学方法上做出适时调整。因此，我们特别组织编写了这套高等院校城市规划专业本科系列教材，以满足高等城市规划专业教育发展的需要。

这套教材由城市规划与设计、风景园林及城市规划技术这三大子系列组成。每本教材的主编教师都有从事相应课程教学 20 年以上的经验，课程讲义经历了不断更新及充实的过程，有些讲义凝聚了两代教师的心血。教材编写过程中，有关编写人员在原有讲义基础上，广泛收集最新资料，特别是最近几年的国内外城市规划理论及实践的资料。教材在深入讨论、反复征求意见及修改的基础上完成，可以说这是一套比较成熟的城市规划本科教材。我们希望在这套教材完成之后，将继续相关教材编写，如城市规划原理、城市建设历史、城市基础设施规划等，以使该套教材更完整、更全面。

本系列教材注重知识的系统性、完整性、科学性及前沿性，同时与实践相结合，提出与规划实践、城市建设现状、城市空间现状相关的案例及问题，以帮助、引导学生积极自觉思考和分析问题，鼓励学生创新意识，力求培养学生理论联系实际、解决实际问题的能力，使我们的教学更具开放性和实效性。

这套教材不仅可以作为高等院校城市规划和建筑学专业本科教材及教学参考书，同时也可以作为从事建筑设计、城市规划设计、园林景观设计及城市规划研究人员的工具书及参考书。

希望这套教材的出版能够为城市规划高等教育的教学及学科发展起到积极的推进作用，为城市规划专业及建筑学专业的师生带来丰富的有价值的资料，同时还能为城市规划师及其相关专业的从业者带来有益的帮助。

教材在编写过程中参考了同行的著作和研究成果，在此一并表示感谢。也希望专家、学者及读者对教材中的不足之处提出批评指正意见，帮助我们更好地完善这套教材的建设。

前　言

信息化是现代社会发展的重要特征，在社会经济活动高度聚集的城市中更是占有重要地位。了解信息化的载体和管理手段有助于解读城市发展特征和预测城市发展趋势，为城市规划和城市发展战略提供依据。地理信息系统是对地理空间对象进行建模、管理和分析的重要技术手段，在以位置为参照的各类应用中日益广泛和深入。相关信息技术的发展也为地理信息系统的应用奠定了重要基础。

以城市为对象的地理信息系统在问题尺度、数据类型、分析模型等方面具有鲜明的特征。从问题尺度来看，既有城市所在区域层面的宏观表达，也有具体建筑物或公交站点的微观表达；从数据类型方面，抽象为点、线、面、体的空间实体对象之间具有明确的拓扑关联关系；从分析模型角度，用地适宜性评价、设施选址、可达性度量、三维景观分析等得到较多关注。城市中社会经济活动密集，形成更多的空间实体对象，使得数据的空间和时态特征十分鲜明，数据库的建立、管理、共享、利用更加复杂。

本教材介绍地理信息系统的基本概念、数据模型、分析方法及其在城市大系统中的应用，共分十章。黄正东、于卓、黄经南三位教师参与了本教材的编写，其中黄正东主要负责第一、五、六、九章的编写，于卓主要负责第四、七章的编写，黄经南主要负责第二、三、八章的编写。第十章和附录由三人共同完成。黄正东负责全书的组织和统稿工作。同时，魏学斌、张宁、张莹三人参加了书稿校对和部分信息查阅工作。

本教材为武汉大学“十一五”规划教材，面向的主要对象为城市规划专业的学生，同时可为相关领域的科技和管理工作者提供技术参考。在地理信息系统基本原理的基础上，加入了与城市规划和城市管理领域相关的应用素材，有利于理论联系实际，更全面地把握地理信息系统在城市中的应用这一主题。本书加入了当前城市地理信息系统技术的前沿和热点内容，力求反映其最新发展动态。然而，教材中不可避免会有遗漏甚至错误，欢迎读者批评指正。

编　者

2010 年 5 月

目　　录

第1章　概　　论

信息化是当今社会经济发展的重要特征，作为高密度的社会经济活动区域，城市对信息技术的需求十分迫切。现代信息技术的发展也为城市信息化提供了技术上的保障。本章对这些特征进行描述。

1.1　现代城市发展及其信息化需求

1.1.1　现代城市发展与城市规划

历史上早期社会的分工协作，促进了经济发展和原始城市的形成。18世纪爆发的工业革命使城市发展进入新的工业化发展阶段，城市的外部空间形态和内部空间结构都发生了前所未有的变化。铁路和公路的延伸影响了人们的工作和生活方式，一度使西方工业国家的城市出现了明显的郊区化现象。20世纪60年代以来，由于经济的快速发展和科技的突飞猛进，城市工业化的水平得到不断提高，城市化的进程加快。计算机及相关信息技术得到大规模应用，带动了科技、工业、金融、贸易、安全、通信等一系列领域的革命。城市群体布局也成为世界城市发展的模式之一，这种布局是在一定区域内聚集着众多的城市，组成一个相互依赖、兴衰与共的经济组合体，即大城市连绵区，如纽约、东京、伦敦周围都形成了这类连绵区，而中国的长三角、珠三角、环渤海湾也渐渐出现类似的大都市带。

跨入21世纪，伴随着经济全球化和信息化步伐的加快，城市的发展日新月异，城市之间围绕市场、资金、人才、技术等方面的竞争也日趋激烈。面临着基础设施陈旧或不足、环境污染加剧、能源缺乏、交通拥挤、土地供应紧张，以及各种各样的社会问题，城市的决策者和管理者们必须充分挖掘各自城市的潜力，利用区位、资源、社会等方面的特殊优势，谋求在激烈的城市竞争中占得一席之地。在这一过程中，各地城市的竞争力，特别是城市经济的竞争力将确定该国在全球化竞争中的地位。为此，许多国家都越来越重视城市发展的质量和城市本身在全球城市格局中的竞争力。

从城市规划的角度来看，最近半个世纪中，得益于多学科的交叉和融合，城市规划已经成为一门高度综合的学科。城市规划的编制思想从过去的物质建设规划发展到多学科的综合规划，把物质建设规划与经济发展规划、社会发展规划、科技文化发展规划以及生态环境发展规划结合起来进行综合评价，得出最优的城市大系统的发展策略。同时，城市规划也从更大的区域范围来着眼，如从大区域、城市圈、城镇体系等多方面进行综合布局，使人口与生产力布局相协调。新技术革命、现代科学方法论，以及电子计算、模型化方法、数学方法、遥感技术等对城市规划与建设正产生着深刻的影响。

1.1.2 信息化及信息产业

20世纪40年代，由于自然科学、工程技术、社会科学和思维科学的相互渗透与交融，产生了具有高度抽象性和广泛综合性的系统论、控制论和信息论。为了正确认识并有效地控制系统，必须了解和掌握系统的各种信息的流动与交换，信息论为此提供了一般方法论的指导。语言是人与人之间信息交流的工具，文字扩大了信息交流的范围，电话和电报的发明与应用使信息交流进入了电气化时代，而计算机和现代通信材料的出现则使信息的概念已渗透到人类社会的各个领域，从而产生了“信息社会”和“信息时代”等种种信息词汇。

1993年，美国政府提出了建设信息高速公路的宏大计划，得到了世界各国的积极响应，各国政府纷纷拨出巨额资金，以便在这项高科技领域内跟上世界发展的步伐。美国提出的“信息高速公路”是指在美国的政府、研究机构、大学、企业以及家庭之间，建立可以交流各种信息的大容量、高速率的通信网络，使企业能更有效地交流信息，为发展经济创造有利条件。同时，“信息高速公路”也将提高人们的工作效率和生活质量。1994年，美国政府进一步提出“数字地球”的概念，在全世界引起强烈反响，“数字城市”、“数字社区”、“数字政府”等词汇频频出现在学术会议和政府机构的文件之中。

信息化按其目的分别有政府主导的信息化和企业主导的信息化。政府主导的信息化是提高政府工作效率、提升政府职能的根本途径，如土地、规划、教育、医疗、环保等行政部门的信息化及其面向公众的信息服务；企业信息化是促进企业内部管理、宣传企业形象、实施产品推广的必由之路。无论在哪种层次，都需要解决认识、体制、人才、资源利用、协调综合等多方面的问题。信息化不仅仅是数据和信息的网络化传播，还必然涉及信息的获取、管理、质量、共享、安全等一系列技术和政策问题。

第三产业是现代城市化发达程度的重要标志，而信息产业是第三产业新的重要组成部分。城市信息化过程需要大量的软件产品、硬件设备、咨询监理、技术支持、信息服务等，这都会为城市带来经济增长和大量的就业机会。大城市人口聚集给信息服务业（包括信息内容服务和信息技术服务）提供了良好的发展空间。移动通信业务和互联网业务等的蓬勃发展正是这种状况的体现，前者带来了令人瞩目的“拇指经济”，后者则在门户网站和游戏等领域创造了奇迹。

信息产业一般指以信息为资源，以信息技术为基础，进行信息资源的研究、开发和应用，以及对信息进行收集、生产、处理、传递、储存和经营活动，为经济发展及社会进步提供有效服务的综合性的生产和经营活动的行业。

信息产业既包括生产各种计算机、通信、微电子等设备的制造业，也包括提供各种软件和服务的众多第三产业部门。因此，它是一个跨第二和第三产业的新兴产业群。在工业发达国家，一般都把信息当作社会生产力发展和国民经济发展的重要资源，把信息产业作为所有产业核心的新兴产业群，称为第四产业。

各国对信息产业的定义并不一致。通常它包含以下一些主要行业：

（1）信息产品制造业：生产计算机、通信等设备及其元器件，为信息提供传递手段。

（2）软件业：研发计算机等设备的指令程序，以控制设备的运行。

（3）通信业：包括电话、电报、卫星等各种有线和无线的通信方式、邮递等，这些都是直接为信息的传递服务的部门。

（4）传媒娱乐业：包括图书报刊音像出版、电视电影、广告等，为社会提供广泛的信息内容和知识性的娱乐与消遣。

（5）服务业：包括产品销售、咨询、维修等部门，及数据检索、查询、共享等行业，以保证信息能及时、有效地传递和运用。

1.1.3　城市信息化

现代社会是信息社会，现代城市必定是建立在高度信息化基础上的各种资源得到高效利用的信息化城市。资金流转、交易支付、远程购票、通讯咨询等过程无不建立在信息技术的基础上，因此信息化已经深入到城市活动的方方面面。城市的城市化水平越高、经济实力越强、第三产业越发达，就越依赖于信息技术这个基础。所以有观点认为，信息、能源、材料构成了现代文明的三大支柱。

城市中人口及产业的高度聚集构成了复杂的社会经济联系，实现这种复杂联系的方式有物资的流动和信息的传播。利用信息化和通信技术，信息可以得到及时、高效的传播，对物资和人员的流动起到有效的支撑作用。如物流管理中信息化技术的应用，可以使物流配送体系得以合理安排，节约人力成本，并且使配送过程处于全程监管之下；远程视频会议技术可以大大减少参会者的交通出行，具有提高效率、节约开支、减少排放等方面的综合效益；金融系统的信息化则可使客户足不出户实现在线支付、股票及债券交易等，提高工作效率。城市规模越大，其社会经济联系就越复杂，信息化所带来的社会、经济、环境效益就越显著。

空间数据基础设施（SDI）是实现信息高速公路发展的重要途径，SDI是空间数据获取与处理技术、数据政策和实施机制的统一体。美国最先将国家空间数据基础设施（NSDI）建设列入国家重点发展领域，并建立了美国国家地理空间数据框架。从1995年起，美国即已开始建立包括大地测量控制、数字正射影像、数字地面模型、交通、水文、行政单元以及公用地块地籍数据在内的数据框架。英国政府提出了国家地理空间数据框架（NGDI）发展计划，以促进和鼓励地理空间数据的有效联结、综合和广泛应用。其他发达国家，如澳大利亚、加拿大、法国、德国、荷兰、日本等，也纷纷制定了NSDI相应的政策和措施。进入21世纪，随着全球化的推进，各国开始关注空间数据基础设施的全球性，由相关机构发起成立了全球空间数据基础设施（GSDI）应用联合会。该联合会是一个跨政府、跨行业的组织，旨在推进国际、国家、地方各层次空间数据的协调与合作，为社会、经济、环境发展提供必要的数据支撑。

城市空间数据基础设施（USDI）是SDI在地方层面的应用。通过提供全城统一的地理空间定位数据框架，实现城市各应用行业数据的空间定位和参照。USDI与普通概念下的城市基础设施（如道路、供水、供电、通信等）类似，是支撑城市有效运转的根本保障。围绕城市空间数据这一目标对象，USDI涉及一系列的关键问题，包括空间数据获取技术、标准、传输体系、管理与组织架构等。

信息共享是一个发展中城市普遍面临的问题，由于行业管理和数据安全等原因，部门数据各自独立、相互屏蔽、条块分割、缺乏基本的共享机制。同时，城市各部门信息化建设发展不平衡，由于缺少空间信息资源体系支撑，相当一部分职能部门还处在低级建设和应用阶段；城市空间数据系统出现重复建设、无序建设和低效应用的现象；标准化程度低，无法实现跨领域、跨部门、跨应用的信息资源共享，也无法实现整个城市资源的集成。

可以看出，在城市信息化的大趋势下，建立统一的城市空间数据基础设施是解决城市数据共享问题、提高城市大系统运转效率的根本途径。

1.2 信息技术的发展状况

信息技术（information technology，IT）是对客观世界信息的获取、存储、传输、处理的统称，因而通信技术、计算机技术、多媒体技术、自动控制技术、视频技术、遥感技术等都可看做信息技术的一部分。由于信息技术紧密依赖计算机和通信技术，因此很多情况下又被称为信息和通信技术（ICT）。信息技术的发展不仅促进了信息产业的发展，而且大大提高了生产效率。事实已经证明信息技术的广泛应用是经济发展的巨大动力，因此，各国信息技术的竞争也非常激烈，都在争夺信息技术的制高点。

1.2.1 计算机技术

计算机的计算、显示和存储能力在过去的半个世纪得到了飞跃式发展，已经融入人们生活和工作的方方面面。从硬件技术应用的角度，计算机的发展已经经历了五个阶段：真空电子管与继电器、晶体管、中小规模集成电路、大规模集成电路、超大规模集成电路。

第一代计算机为电子管数字计算机（1958 年以前）。计算机的逻辑元件采用真空电子管，主存储器采用磁鼓和磁芯，外存储器采用磁带，软件采用机器语言和汇编语言进行编制，以科学计算为主要应用。基于电子管的计算机体积庞大、运算复杂、耗电量大、可靠性差、价格昂贵、维修复杂，但它奠定了以后计算机技术的基础。世界上第一台具有通用意图的计算机是基于二进制的 ENIAC（电子数值积分计算器），于 1946 年在美国宾夕法尼亚大学诞生，其尺寸约为 9 米×15 米、占地 170 平方米、重量 30 吨、真空管 1.88 万个、电阻 7 万个、电容 1 万个、开关 6000 个、耗电量 150 千瓦，运算速度为每秒 5000 次加法或 500 次乘法，约比机械计算机快 1000 倍。开发 ENIAC 的小组针对其缺陷又进一步完善了设计，并最终呈现出今天我们所熟知的冯·诺依曼结构（von Neumann architecture），即程序存储体系结构，是一种将程序指令存储器和数据存储器合并在一起的电脑设计概念结构。值得注意的是这个体系是当今所有计算机的基础。这一时期的杰出代表人物是英国科学家图灵（Turing）和美籍匈牙利科学家冯·诺依曼。图灵对现代计算机的贡献主要是：建立了图灵机的理论模型，发展了可计算性理论；提出了定义机器智能的图灵测试。冯·诺依曼的贡献主要是：确立了现代计算机的基本结构，即冯·诺依曼结构。其特点可以概括为如下几点：①使用单一的处理部件来完成计算、存储以及通信的工作；②存储单元是定长的线性组织；③存储空间的单元是直接寻址的；④使用机器语言，指令通过操作码来完成简单的操作；⑤对计算进行集中的顺序控制。

第二代计算机为晶体管数字计算机（1958—1964）。晶体管的发明推动了计算机的发展，逻辑元件采用晶体管以后，计算机的体积大大缩小，耗电减少，可靠性提高，性能比第一代计算机有很大的提高。主存储器采用磁芯，外存储器已开始使用更先进的磁盘；软件有了很大发展，出现了各种各样的高级语言及其编译程序，还出现了以批处理为主的操作系统，应用以科学计算和各种事务处理为主，并开始用于工业控制。

第三代计算机为集成电路数字计算机（1964—1971）。20 世纪 60 年代中后期，计算机的逻辑元件采用小、中规模集成电路，计算机的体积更小型化、耗电量更少、可靠性更高，性能比第二代计算机又有了很大的提高。主存储器仍采用磁芯，软件逐渐完善，分时操作系统、会话式语言等多种高级语言都有新的发展。在这个阶段，小型机（mini computer）也蓬勃发展起来，应用领域日益扩大。1964 年，IBM System/360 的问世代表着世界上的电脑有了一种共同的操作系统（OS）语言，它们都共用代号为 OS/360 的操作系统，这是 System/360 系列产品成功的关键，实际上 IBM 目前的大型系统便是此系统的后裔。System/360 的开发过程可说是计算机开发历史上的一次豪赌，为了研发 System/360 这台大电脑，IBM 征召了 6 万多名新员工，建立了 5 座新工厂。

第四代计算机为大规模集成电路数字计算机（1971 年以后）。计算机的逻辑元件和主存储器都采用了大规模或超大规模集成电路。大规模集成电路是指在单片硅片上集成上千个晶体管的集成电路，而超大规模集成电路则可在几毫米见方的硅片上集成上万至百万晶体管、线宽在 1 微米以下的集成电路。由于晶体管与连线一次完成，故制作几个至上百万晶体管的工时和费用是等同的。大量生产时，成本主要取决于设计费用，硬件费用几乎可忽略不计。因此，这时计算机发展到了微型化、耗电极少、可靠性很高的阶段。大规模集成电路使军事工业、空间技术、原子能技术得到发展，这些领域的蓬勃发展对计算机提出了更高的要求，有力地促进了计算机工业的空前大发展。随着大规模集成电路技术的迅速发展，计算机除了向巨型机方向发展外，还朝着超小型机和微型机方向飞越前进。1971 年年末，世界上第一台微处理器和微型计算机在美国旧金山南部的硅谷应运而生，它开创了微型计算机的新时代。此后各种各样的微处理器和微型计算机如雨后春笋般研制出来，潮水般地涌向市场。特别是 IBM-PC 系列机诞生以后，几乎一统世界微型机市场，各种各样的兼容机也相继问世。从 20 世纪 70 年代开始，IBM 相继推出 Intel 系列微处理器（microprocessor），又称为中央处理器（CPU），包括 80 系列（8008、8088、80286、80386、80486）、奔腾系列（Pentium、Pentium Pro、Pentium MMX）、酷睿系列（Intel Core 2 Duo、Intel Core 2 Extreme、Intel Core 2 Quad）等。

计算机按照大小和移动性可分为：服务器（Server）、个人台式机（也称桌面计算机）、笔记本电脑、平板式电脑（属于笔记本电脑的派生型）、个人数码助理（PDA）。其中 PDA 也逐渐融入移动通信设备，构成更加灵活的移动处理系统。

未来的计算机将会发展到什么程度？1981 年，日本宣布开展第五代计算机的研究。第五代计算机是为适应未来社会信息化的要求而提出的，把信息采集、存储、处理、通信同人工智能结合在一起的智能计算机系统。它能进行数值计算或处理一般的信息，能面向知识处理，具有形式化推理、联想、学习和解释的能力，能够帮助人们进行判断、决策、开拓未知领域和获得新的知识。第五代计算机的基本结构通常由问题求解与推理、知识库管理和智能化人机接口三个基本子系统组成。人机之间可以直接通过自然语言（声音、文字）或图形图像交换信息。当前第五代计算机的研究领域大体包括人工智能、系统结构、软件工程和支援设备，以及对社会的影响等。人工智能的应用将是未来信息处理的主流，第五代计算机的发展与人工智能、知识工程和专家系统等的研究紧密相连，并为其发展提供新基础。目前的电子计算机的基本工作原理是先将程序存入存储器中，然后按照程序逐次进行运算。第五代计算机系统结构将突破传统的冯·诺依曼机器的概念，这方面的研究课题应包括逻辑程序设计机、函数机、相关代数机、抽象数据型支援机、数据流机、关系数据库机、分布式数据库系统、分布式信息通信网络等。由于人工智慧的高度复杂性，在关键的自然语言识别和自动程序编制等领域难以有重大突破，第五代计算机尚处于研制阶段。然而，目前已经出现了能够自行处理一些简单事务的机器人系统，说明人类正在朝第五代计算机的目标迈进。

1.2.2 互联网技术

从20世纪80年代末期，借助通信网络和计算机技术的发展，互联网（Internet）开始风靡全球，极大地改变了信息处理和传播的方式，也开启了真正意义上的信息技术产业。

互联网是一个由各种不同类型和规模的、独立运行和管理的计算机网络组成的庞大互联网络。组成互联网的计算机网络包括小规模的局域网（LAN）、城市规模的区域网（MAN）以及大规模的广域网（WAN）等。互联网通过普通电话线、高速率专用线路、卫星、微波和光缆等线路把不同国家的大学、公司、科研部门以及军事和政府等组织的网络连接起来，提供各类信息服务。

得益于无线通信技术的发展，互联网信息的传输也越来越多地利用无线网络来完成。这些无线网络小到一个办公室或家庭的局域无线网，大到一个校园所提供的校园无线网。随着移动通信技术的完善，手机和电脑可以随时随地实现无线上网，如基于CDMA和GSM无线信号可以实现上网，而3G技术的应用则代表今后一个重要发展方向。

互联网技术具有三个方面的特征：①全球网络；②唯一地址，即通过全球唯一的网络逻辑地址将各个网络结点逻辑地连接起来，逻辑地址是建立在“互联网协议”（IP）或今后其他协议基础之上的；③通信协议，即通过“传输控制协议”和“互联网协议”（TCP/IP），或者今后其他接替的协议来进行通信。互联网可以使公共用户或者私人用户享受现代计算机信息技术带来的高水平、全方位的服务，这种服务是建立在上述通信及相关的基础设施之上的。

互联网对于当今社会的意义包括：

第一，互联网是一种信息发布的平台，目前，全世界的各类机构和个人都可以在万维网上建立自己的主页，发布机构或个人的有关信息，全世界都可以随时进行访问；

第二，互联网是一种传媒媒介，基于互联网的电子出版物发展迅速，各类门户网站的崛起则极大地刺激了网民数量的增长；

第三，互联网是一种交易平台，从亚马逊网上书店、网上电子支付系统、网上银行等交易系统的发展历程就可以看出现代社会对电子交易平台的依赖程度；

第四，互联网是一种沟通平台，无论是离线的电子邮件系统，还是在线的文字、语音、视频系统，都为人们提供了便捷、高效的沟通手段，提高了现代生活和工作的节奏和质量。

信息传输介质和通信协议将不断发展，推动互联网向更大带宽、更广覆盖、更深内容、更快速度等方面发展。

1.2.3　物联网技术

物联网（the internet of things）是继互联网技术之后的又一次信息技术革命，也可以简单地看做互联网技术的扩展应用。物联网的主要特征是通过射频识别（RFID）、红外感应器、全球定位系统、激光扫描器等信息传感设备，按约定的数据传输和关联协议，将现实世界中的实体通过互联网连接起来，实现智能化识别、定位、跟踪、监控和管理。因此，物联网就是“物物相连的互联网”，但其核心和基础仍然是互联网，是在互联网基础上的延伸和扩展的网络，其用户端延伸和扩展到了任何物品与物品之间，进行信息交换和通讯。

1.2.4　数据获取技术

1. 地面数据获取

数据获取技术是信息技术的基本要求，通过数据归类、汇总、关联等分析可以获得目标对象的状态信息，借助信息传播技术进行发布，为相关机构或人员使用。数据获取的方式有多种，总体上可以包括人工、自动两大类别。人工采集数据是一种最原始但最灵活的方式，在社会、经济活动调查中一直是主要的数据获取形式。如我国定期的人口普查、人口抽样调查、经济普查、经济抽样调查等都是通过人工上门完成的。自动的数据获取方式是通过专门的探测仪器，探测目标对象的活动状态，如城市道路交通流量的自动检测、大气环境监测、噪声监测、遥感扫描成像、基于电子标签RFID的自动识别等。小型的信息系统，如交通检测系统，可以将自动观测数据直接输入数据库，并获得相应的统计分析信息，从而实现一种观测-应对的自适应决策系统。

在许多情况下，自动数据获取仪器需要人工进行辅助操作才能完成，如公交车辆上安装的乘客计数系统（APC），在没有无线传输系统的条件下，需要人工将记录结果转入系统数据库中。一些自动获取的数据需要进行初步处理才能使用，如遥感影像需要进行误差校正和空间定位才能够发布使用。事实上，人们设计了大量的自动化或半自动化的数据采集装置，用于辅助提高数据获取的精度和质量。

随着信息技术的发展，数据获取的技术手段也在不断发展。其中，各行业所涉及的业务过程会积累大量的社会经济活动数据，对分析行业发展趋势具有较大的意义。如大型连锁超市通过发放会员卡，可以了解顾客的消费特征，从而优化商品结构，提高利润；银行系统通过自动取款机的业务数据，可以优化取款机的布局；无线通信业务可以对每一部手机进行定位，从而获得大规模的空间位置分布，有利于优化基站布局，同时为社会经济活动规律研究提供必要的数据。

2. 对地观测技术

对地观测技术（earth observation technologies）是获取地球表面空间信息的高效技术手段。对地观测技术是尖端的综合性技术，涉及航天、光电、物理、计算机、信息科学等诸多应用领域。依托卫星、飞船、航天飞机、飞机以及近地空间飞行器等空间平台，利用可见光、红外、高光谱和微波等多种探测手段，获取信息并进行处理和形成产品。相应的承载平台、探测手段、处理及应用设备等共同构成对地观测系统。对地观测技术正日益成为开展地球科学研究的关键前沿技术，包括了解和把握人类面临的资源紧缺、环境恶化、人口剧增、灾害频发等一系列重大问题的发展动态，实施资源、环境、土地、农业、林业、水利、城市、海洋、灾害等领域的调查、监测和管理，实现对环境和灾害的预测、预报和预警，从而支撑经济和社会可持续发展。

对地观测卫星、传感器向高分辨率发展。随着对地观测技术的进步以及人们对地球资源和环境的认识不断深化，用户对高分辨率遥感数据的质量和数量的要求在不断提高。高分辨率卫星影像的主要特征有：地物纹理信息丰富、成像光谱波段多、重访时间短。空间分辨率以每10年一个数量级的速度提高，高分辨率、超高分辨率信息已经成为21世纪前10年新一代遥感卫星空间分辨率的基本发展方向。对同一地面目标进行重访周期日益缩短，具有中等空间分辨率的遥感卫星的重访周期已经小于1天；卫星所携带的传感器工作波段覆盖了自可见光、红外到微波的全波段范围；波段数已达数十甚至数百个，微波遥感的波长范围从1mm~100cm，差分干涉测量精度可达厘米至毫米级。

对地观测卫星向网络化发展。卫星遥感技术的迅猛发展，将在未来几十年把人类带入一个多层、立体、多角度、全方位和全天候对地观测的新时代。由各种高、中、低轨道相结合，大、中、小卫星相协同，高、中、低分辨率相弥补而组成的全球对地观测系统，能够准确有效、快速及时地提供多种空间分辨率、时间分辨率和光谱分辨率的对地观测数据。

对地观测系统向综合与协作发展。不管卫星大小，如果组成星座，可以最大可能地缩短重访周期；目前此类卫星仍以极轨和中倾角轨道为主，未来将向低轨道和地球静止轨道延伸。单颗卫星无法发现相互关联的整体诸多因素，对快速变化的情况，只能观测到现象，而分析原因的资料不足。预测变化趋势，需要连续的观测数据，对某些观测对象需要进行快速、重复观测。把各种轨道、各种遥感器结合起来，同时观测具有相关性的诸要素，因而获得的“数据”可非常方便地进行融合、集成、外推，形成“信息”的周期可大大缩短。与数据中继、通信、导航定位等卫星功能融合，不仅可快速重访，大大提高观测频度，发现规律，认识本质，而且还可实现快速定性、快速定量、快速定位。这些对于快速变化的信息社会，对快速发展的经济形势及快速变化的资源和环境，将成为重要的信息获取和信息传输、分发手段。

对地观测技术包括空间定位技术和遥感技术两大类，前者用于对地表空间对象的定位和导航，后者用于获得地表覆盖影像数据。

空间定位是利用卫星信号确定地球表面空间位置的技术，用于获取观测对象的三维坐标，统称为全球卫星定位导航系统（global navigation satellite system，GNSS）。空间定位系统主要有美国的全球定位系统（GPS）、俄罗斯的全球导航卫星系统（GLONASS）、欧洲的伽利略卫星导航系统（Galileo）、中国的北斗系统。GPS作为一种全新的现代定位方法，已逐渐在越来越多的领域取代了常规光学和电子仪器。1990年代以来，GPS卫星定位和导航技术与现代通信技术相结合，在空间定位技术方面引起了革命性的变化。用GPS同时测定三维坐标的方法将测绘定位技术从陆地和近海扩展到整个海洋和外层空间，从静态扩展到动态，从单点定位扩展到局部与广域差分，从事后处理扩展到实时（准实时）定位与导航；绝对和相对精度扩展到米级、厘米级乃至亚毫米级，从而大大拓宽了它的应用范围和在各行各业中的作用。卫星导航首先是在军事需求的推动下发展起来的，GLONASS与GPS一样可为全球海陆空以及近地空间的各种用户提供全天候、连续提供高精度的各种三维位置、三维速度和时间信息，这样不仅为海军舰船、空军飞机、陆军坦克、装甲车、炮车等提供精确导航，也在精密导弹制导、武器系统的精确瞄准等方面广泛应用。在民用领域，卫星导航在大地和海洋测绘、邮电通信、地质勘探、石油开发、地震预报、地面交通管理等各种国民经济领域有越来越多的应用。

广义的遥感技术，是指不直接接触观测对象而获取其表面信息的技术。根据平台位置的不同，可以分为地面遥感、航空遥感、航天遥感。地面遥感采用架设于地表的照相或扫描设备，对目标对象进行近距离观测；航空遥感将照相或扫描设备安装在低空飞机上，对地面进行垂直或倾斜观测；航天遥感则是将照相或扫描设备安装在航天平台（主要是卫星）上，对地球表面进行观测的技术。从技术原理来看，遥感技术是从一定距离外感知和捕获目标反射或辐射的电磁波、可见光、红外线，并对目标进行识别的技术。遥感技术广泛用于军事侦察、导弹预警、军事测绘、海洋监视、气象观测、环境监测、灾害监测、地球资源普查、植被分类、土地利用规划、农作物病虫害和作物产量调查、城市规划和管理等方面。

1.2.5 数据库技术

日常工作和生活中都涉及对数据的收集和处理，这些数据以文本、地图、影像、声音等形式进行记载。记录数据的载体从古至今，已经经历了若干次历史性的重大变革，包括我国古代的竹简、欧洲古代的动物毛皮、各种石刻、活字印刷与纸张、胶片、各类电子数字设备等。真正实现海量数据和多媒体的存储与管理，还是与计算机技术密切相关的数字存储设备出现后才得以实现。

数据的类型有很多，可以从其存在的形式进行简单归类。一类是没有固定格式的形式，如小说、报告等；另一类是具有一定规律和格式的形式，如各种报表。前者没有固定的结构，采用文件形式进行存储和管理；后者有固定的结构，采用数据库技术进行存储和管理，可以实现大规模的查询和应用。

文件系统虽然较为灵活，但在处理大规模动态数据时存在诸多问题，这包括：

数据冗余和不一致：没有统一的数据格式，获取程序也不一样，数据有重复保存，这将增加系统开销和重复数据的不一致性；

数据获取困难：由于应用过程涉及诸多形式的数据查询，基于文件的数据存放形式需要对单个问题逐一编制查询程序，这是一个不可能实现的任务，为此显然需要一个有效的检索系统；

数据无关联关系：由于数据分散存储于不同的文件中，文件格式又各不相同，获取和建立数据关联十分困难；

完整性问题：不同类型的数据有不同的取值范围，这些范围可以通过程序进行定义，而在新的约束要加入时，则需修改程序；

一致性问题：当实施数据查询时，必须保证数据正确地从服务器传输到请求方，不能有数据丢失；

并发性：多个用户同时操作一个数据库中的数据项目时，必须设定一个同时操作的机制，防止对数据库的无效更改，如一张车票从一个终端售出时，其余终端则不能获得和出售同一张车票。这种并发控制在文件系统基础上是难以实现的；

安全性：一个大型数据集中，有些数据只能由特定的用户修改或查询，用户角色的定义在文件系统形式中难以实现。

为解决以上问题，软件工程师们发明了表格形式数据的结构化分析和表达方法，并开发出了数据库管理系统。我们日常接触到的售票系统、交通查询系统、学籍管理系统、通信系统等，都采用数据库技术进行管理。可以毫不夸张地讲，数据库技术是当今社会经济发展的重要基石。

数据库管理系统（DBMS）是管理数据库的工具，由具有相互关联关系的大型数据集和操作这些数据集的一套程序构成。数据库管理系统的主要目标是方便和有效地存储和检索数据库中的数据，获得相关信息。数据的存储和管理需要定义有效的数据结构和操作这些数据的机制和方法。此外，必须保障数据库存储和获取的安全性，以及数据共享的操作机制。

典型的数据库系统的应用包括：

银行系统：客户信息、账户、贷款记录、交易记录；

航空系统：订票和航班信息。航空系统是最早应用网络数据库的行业，各地的订票终端通过电话和其他网络共同访问一个中心数据库；

学校管理：学生注册信息、课程选课、成绩管理、图书管理；

信用卡交易系统：客户管理、交易记录、还款记录；

电信系统：通话记录、账单记录、预付费的计算、网络信息；

金融系统：如股票和债券的购买、持有、交易的记录；

商业系统：客户、销售产品和购买信息；

制造业：供应链管理、货物跟踪、产品列表、订单信息；

人力资源：职员、工资、薪金税、工资支票或银行账号；

规划管理：用地密度、建设单位、审批流程、建设监管；

交通系统：交通设施、各时段交通流量、交通预测流量、公交线路和站点、换乘信息、路段拥堵信息。

进入互联网时代，我们的工作、学习、娱乐无不与数据库有密切的关系。互联网上有许多网上支付系统，是将客户信息与银行的账号数据库进行关联认证后才能实施；网上购书系统中，用户查询的图书条目存放在一个大型数据库中；Google 地图搜索系统，则将线划地图和地表影像置于分布式地理数据库中，提供在线地图浏览和查询服务。

数据库管理系统的重要性也可以从另一个方面得到反映，即当今主要商业数据库提供商（如 Oracle）属于世界上最大的软件公司之列；同时，在具有多种产品的软件公司（如微软和 IBM）中，数据库产品也是其主打产品之一。

数据库系统对数据的表达及应用可分为三个层次：物理层次、逻辑层次和视图层次。在物理层次，数据按照与存储器相对应的格式进行底层存储，该层次与操作系统及管理软件的关系密切；在逻辑层次，对数据的结构和数据之间的关系进行定义，这是数据库设计师和管理员操作的层次；在视图层次，普通数据库用户对数据进行录入、查询检索、分析等，可以针对不同级别的用户设计不同的视图界面。

传统数据库只对非空间数据（如文本、数字、时间）进行管理，以关系型数据库为其标志。关系型数据库也可以表达多媒体的数据，如图像和声音。随着公众图形数据的日益关注，许多数据库系统得以扩充，用以表达各类活动的形状或空间分布，如设计图、地形、土地利用地、道路交通、商业分布等。在这方面，对象-关系数据库和面向对象的数据库技术得以应用。

1.2.6　地理信息系统技术

地理信息系统（geographic information system，GIS）是计算机硬件、软件支持的对地理空间数据进行采集、存储、检索、分析处理、显示的系统。地理数据从以下三方面描述自然界的实体和现象：

①空间实体在一定投影体系中的坐标位置，即空间数据，如道路；

②描述空间实体特征的属性，即非空间数据。例如颜色、价值、疾病影响程度等；

③实体间相互联系的空间关系，即拓扑数据。这类数据确定实体的连接关系，或一种实体在其他实体中的运动方式。

满足以上条件的计算机系统在早些时候也有不同的名称，都是从各专业部门业务需求出发而提出的，如市政信息系统、土地信息系统等。

地理信息系统（GIS）与辅助制图系统（CAD）有联系也有区别：一方面，二者都是处理图形数据的系统；另一方面，GIS 更关注空间实体对象的真实地理位置（地理坐标），而 CAD 则采用相对独立的坐标体系（一般是平面坐标系）。二者最本质的差别则在于，GIS 对图形和属性实行统一管理，并可进行空间关系和空间发展规律的分析，而 CAD 则本质上是一个图形设计系统。从这些也可以看出，它们的应用领域是不同的。

地理信息系统需要利用数据库系统来管理其数据，然而早期的数据库系统对空间图形数据的管理能力较弱，因此早期的 GIS 一般将图形和属性分开管理，图形数据库用 GIS 软件自带的图形文件进行管理，属性数据则借用数据库系统来管理。这样的体系需要 GIS 软件能够实现图形与属性的有效关联。随着计算机硬软件技术的发展，当今的数据库系统已经能够处理大量的空间数据，因此 GIS 系统也逐步转向用数据库系统来管理空间图形数据，构成真正一体化的数据管理模式。

地球科学研究中离不开空间数据和空间分析，城市中相关领域同样需要空间数据支持。例如城市规划、地籍管理需要更为详细的城镇土地和资源的分布信息；市政工程要进行道路和河道线路的规划并估算包括填挖土方量在内的各类经济费用；公安部门要掌握各种犯罪活动的空间分布；卫生防疫部门需要疾病流行的空间分布与状况；商业活动对商品的产销、潜在市场的空间分布极感兴趣等。数量繁多的公用设施，如水、气、电、电话线、排污系统等都需利用空间数据和空间分析，然后以地图的形式加以记录和处理。

1.3 城市规划与管理信息系统

城市规划主要是以城市社会经济发展为背景，对居住、商业、工业、交通、公共设施、生态环境以及各类基础设施所进行的层次性、综合性空间布局安排。从城镇体系规划到城市总体规划、从城市分区规划到控制性及修建性详细规划，我国的城市规划编制具有一套完整的体系。城市规划管理是通过法律和行政手段，依据城市规划编制成果，对城市建设过程所进行的引导和控制过程。由于城市规划的最终目标是获得各类城市空间的合理布局，城市规划具有明显的空间特征。这种空间特征使城市规划与管理的信息化变得非常复杂，从而使得城市规划与管理信息系统成为城市地理信息系统的典型应用。

1.3.1 基本概念及目标

为提高城市规划编制和规划管理效率，城市规划行业必须实现信息化，这就是城市规划与管理信息系统。以城市规划数据库为核心，将计算机技术、通信技术、GIS 技术、RS 技术、城市规划及管理事务的图文一体化技术集成系统，其目标是实现城市规划信息的采集、传输、加工、维护、使用、动态更新、统计分析及辅助决策等功能。

1.3.2 基本特征

城市规划管理体系包括城市规划组织编制与审批管理、实施管理、监督管理等三大主要部分。城市规划与管理系统就是围绕这些职能以信息化管理为手段，提高工作效率和服务质量。在规划组织编制方面，通过为编制单位提供基础地理数据、制订规划编制的技术和数据规范、制订规划成果的数据和引用标准，规划行政管理部门可以获得具有统一空间定位的各层次规划编制成果。这些信息化的成果可以大大提高规划实施和监督管理的工作效率。在城市规划实施管理方面，运用信息系统技术实现规划审批过程的计算机自动化办公处理，提高审批效率。我国城市规划审批采用“一书两证”制度，审批过程主要是围绕选址意见书、建设用地规划许可证、建设工程规划许可证展开，其中也涉及工程管线、环境评估等相关部门的信息。办公自动化系统是信息系统的典型应用，其在规划管理中可以提高职能部门的运转效率。但规划管理涉及规划基础及成果图件，这些都属于空间数据的范畴，传统的基于表格处理的办公自动化系统难以全部满足需求。因此，基于地理信息系统技术，可以开发图文一体化的办公系统，这也是城市规划与管理系统的典型特征所在。

从信息系统的角度，城市规划与管理系统的数据来源主要是城市的基础地理信息及各个具体的建设项目，兼具地理信息系统和办公自动化的特点，一般可分为数据的获取与输入、数据的存储与管理、数据查询与分析、成果的生成与输出四个部分。

1.3.3　发展历程

城市规划管理信息系统在我国起步于 20 世纪 80 年代中后期。由于当时计算机硬件成本高，软件功能不成熟，行业应用经验欠缺，地方政府在财政上投入也较少，加之专业人才极度紧缺，造成大多数应用水平较低。随着计算机、GIS 等技术的推广和应用，更多的城市已开始将计算机应用到城市规划管理与设计中。

进入 20 世纪 90 年代初期，沿海开放地区城市建设的规模越来越大，规划部门的工作负荷日益繁重，地方政府开始加大投入力度以支持新技术在规划部门的应用，许多城市的规划部门也开始考虑建设自己的信息系统。但此时的信息系统仍侧重于规划文档的管理，空间信息和图形处理还只是处于较低的应用水平，更没有考虑到规划文档与规划空间信息的一体化管理模式。20 世纪 90 年代中期以后，计算机硬件的性能价格比大大提高，GIS 软件的功能不断加强，许多城市开始建立空间数据库，通过不同的技术路线和模式建立自己的城市规划信息系统。

进入 21 世纪，计算机、互联网、数据库和 GIS 技术发展更加迅猛，而我国城市建设步伐也明显加快，对信息化管理的需求更加迫切。与此同时，专业化的城市规划管理系统通过企业的运作发展得到推广使用，使数据和技术的标准化成为可能。如在广州市基础地理、规划与管理信息系统的建设中，广州市国土、规划部门提出实现“一张图”的管理，“一张图”管理投入使用后，改变了广州市国土房管与城市规划测绘成果不一致的问题，实现了全市基础测绘坐标系统的统一，从而改善了城市建设基础环境，提高了政府工作效能和服务水平。而对于有关企业，国土、规划测绘坐标的统一，将能避免测绘标准不一致而造成的种种麻烦，节省开发时间。武汉市土地规划部门在办公自动化系统的基础上，正在探索运用三维数字技术辅助城市规划管理。自 2006 年起，武汉市全面启动了三维数字地图建设工作，并于 2009 年全面建成城市建成区约 450km^2范围内的三维现状模型，建立了一个地上地下兼备、规划现状融合、立体动态、实时调度的三维数字地图系统，实现了建筑管理审批，从传统二维方式向三维虚拟的技术飞跃，在规划管理中发挥了重要作用。

本章小结

1. 现代城市发展离不开现代信息技术，现代城市化进程也必然伴随着信息化进程。空间信息是一种重要的信息类别。城市空间数据基础设施通过提供全城统一的地理空间定位数据框架，实现城市各应用行业数据的空间定位和参照。

2. 信息技术又被称为信息和通信技术，涉及计算机技术、互联网技术、空间数据获取技术、数据库技术、地理信息系统技术。

思考题

1. 信息产业的含义及其作用是什么？
2. 现代城市信息化需求的特征表现在哪些方面？
3. 信息技术包括哪些方面？它们的发展状况及发展趋势如何？

第2章 非空间数据模型及其应用

城市信息系统中涉及多种多样的数据。在这众多的数据中，既有不涉及空间位置的传统数据，也有描述空间位置的空间数据。传统数据是空间数据的基础，而空间数据是传统数据的延伸和扩展。这一章我们将着重介绍作为基础的传统数据，重点是三种传统的数据库管理系统，即网络数据模型、层次数据模型、关系数据模型，并举例说明它们如何描述实体和实体之间的联系。对于最新的面向对象式数据库我们也将做初步的介绍。

2.1 非空间数据模型

数据是对客观事物的数量、属性、位置及其相互关系的抽象描述和表示。在计算机世界，数据一般是指结构化（structured）的存储在数据库中的记录。数据库（database）是“按照数据结构来组织、存储和管理数据的仓库”。模型（model）是现实世界的抽象。数据模型（data model）是对数据特征的抽象，是数据库管理的形式框架。而数据结构是指数据的组织形式或数据之间的联系。因此，数据模型不仅描述了数据本身的特征，也描述数据之间的联系。

数据模型是数据库系统的核心和基础。各种数据库管理系统（database management system，DBMS）软件都是基于某种数据模型的，所以通常也按照数据模型的特点将传统数据库系统分类。一般可以将传统数据库分成网状数据库、层次数据库和关系数据库三类。下面我们以一个实例来解释这三种传统数据库在数据组织方面的不同。图2-1包括两个部分，即多边形Ⅰ和Ⅱ。这两个多边形又由六个结点（1、2、3、4、5、6）和七条线段（a、b、c、d、e、f、g）构成，其中g为共同边。下面我们说明不同类型的数据模型如何按照不同的方法存储和管理以上的数据及其结构。

2.1.1 层次模型

层次模型是按照不同的层次来组织数据，其结构类似于一棵倒立的树。现实生活中有很多实体间的联系是层次的，例如菜单、书的目录、行政机构、族谱等。在我们熟悉的地理领域，土地利用分类是层次结构的典型（大类—中类—小类）。在层次模型中，实体称为结点。上一级结点称为双亲结点，下一级结点称为子女结点，同一双亲的子女结点称为兄弟结点，没有子女结点的结点称为叶结点。在层次模型中，有且只有一个结点没有双亲结点，这个结点称为根结点；根以外的其他结点有且只有一个双亲结点。

利用层次模型，地图M可以分为四个层次。第一层为地图M，第二层为构成地图M

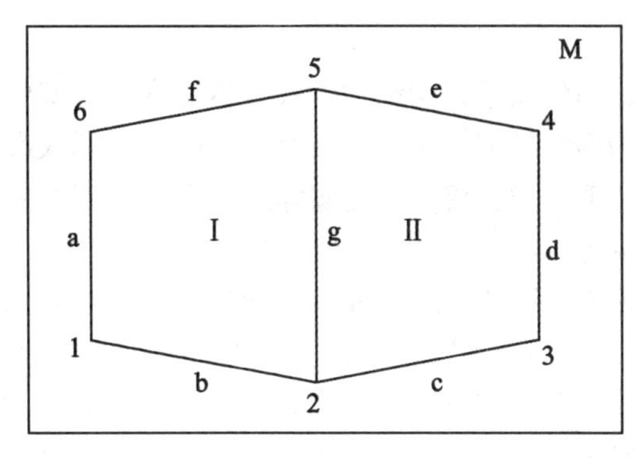

图 2-1　一个地图实例

的两个多边形Ⅰ和Ⅱ，第三层为构成多边形Ⅰ和Ⅱ的线段 a、b、c、d、e、f、g，第四层为构成线段的结点 1、2、3、4、5、6（图 2-2）。其中，M 为根结点，Ⅰ和Ⅱ为 M 的子女结点，Ⅰ和Ⅱ互为兄弟结点。以此类推，a、b、g、f 为Ⅰ的子女结点，而它们之间互为兄弟结点。而最低一级的结点 1、2、3、4、5、6 都为叶结点。

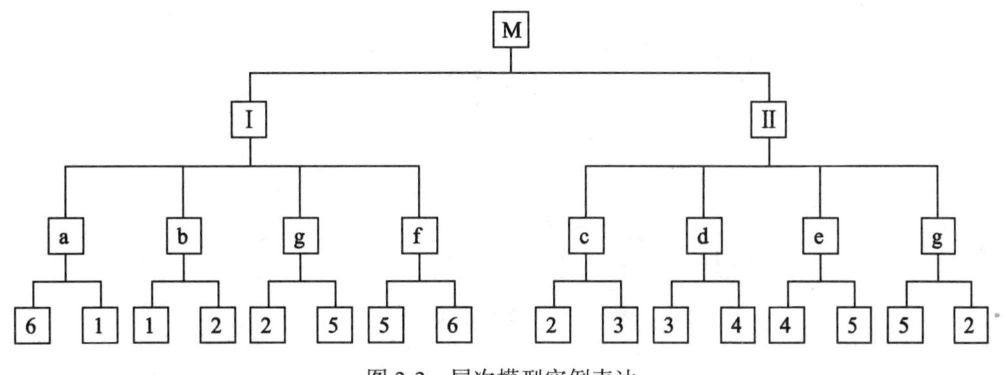

图 2-2　层次模型实例表达

在以上的图中我们可以看出，层次模型本身比较简单，结构清晰，容易理解。但层次模型也有明显的缺点。首先，查询子女结点必须通过双亲结点，查询效率低下。在上面的实例中，要找到线段 b 必须先通过图形Ⅰ。而在现实生活中，模型的层次可能更为复杂，查询必须跨过多个层次才能找到目标，这大大降低了查询的效率。其次，层次模型只能应对一对一或一对多的联系。然而在现实生活中，更多实体间的联系是多对多的。层次模型表示这类联系的方法很笨拙，只能通过引入冗余数据（易产生不一致性）或创建非自然的数据组织（引入虚拟结点）来解决。在 GIS 中，层次模型难以顾及公共点、公共边、图形嵌套（内天井、湖心岛等）和实体元素间的拓扑关系，导致数据冗余度增加，而且也增加了拓扑查询的难度。

为了解决层次模型的上述不足，尤其是对多对多关系的描述，人们又引入了网络模型。

2.1.2 网络模型

网络模型是将实体之间的联系以网络的形式表达。在数据库中，把满足以下两个条件的基本层次联系集合称为网状模型：①允许一个以上的结点无双亲；②一个结点可以有多于一个的双亲。从这个角度来说，层次模型实际上是网状模型的一个特例。而网状模型可以更贴切地去描述现实世界。

图 2-3 用网络模型的形式描述了地图 M 的结构。地图 M 通过网络与其多边形Ⅰ和Ⅱ以及线段 a、b、c、d、e、f、g 和结点 1、2、3、4、5、6 连接起来。从图中我们可以看出，网络模型在表达上述地图实体时更加明确而方便，同时也大大减少了数据冗余。例如在此例中，我们不再需要重复记录坐标结点 1，2，3，…，6。但是，由于网络模型结构更加复杂，因此也增加了用户查询和定位的困难。在数据库设计中，为了解决这一问题，又引入了指针的概念。指针的引入增大了存储空间，同时也增加了数据修改时的难度。

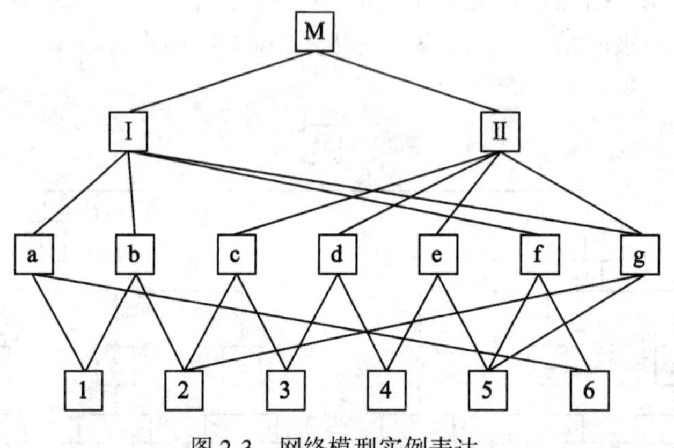

图 2-3　网络模型实例表达

层次模型和网络模型都是以图的形式表达实体之间的联系，直观而明确。而随后出现的关系模型则以二维表的形式表达实体之间的联系，大大提高了存储数据的效率。

2.1.3 关系模型

关系模型是用二维表格数据表示实体和实体之间关系的数据模型。关系模型将实体之间的联系分解表示为一系列的表格，通过表格之间的联系表达整个数据集合及其联系。

例如对于地图 M，关系模型可以通过以下四个表格来实现（表 2-1）。这四个表格分别表达了地图 M 与多边形Ⅰ和Ⅱ（a）、多边形与线段（b）、线段与结点（c）、结点与坐标（d）。

表 2-1　　关系模型中的关系表

(a) 地图与多边形

M	Ⅰ	Ⅱ

(b) 多边形与线段

Ⅰ	a	b	g	f
Ⅱ	c	d	e	g

(c) 线段与结点

Ⅰ	a	1	6
Ⅰ	b	1	2
Ⅰ	g	2	5
Ⅰ	f	5	6
Ⅱ	c	2	3
Ⅱ	d	3	4
Ⅱ	e	4	5
Ⅱ	g	2	5

(d) 结点与坐标

1	X1	Y1
2	X2	Y2
3	X3	Y3
4	X4	Y4
5	X5	Y5
6	X6	Y6

从以上的表结构中，我们可以看出，关系模型在描述实体之间的联系时一目了然。同时，关系模型结构特别灵活，增加和删除数据都非常方便。因此，关系模型数据库出现以后很快取代了层次和网络模型，成为数据管理技术的主流。目前的主流的数据库管理软件，如甲骨文公司的 Oracle、IBM 公司的 DB2、微软公司的 MS SQL Server 以及 Informix 都是关系数据库。

2.1.4　对象模型

关系型数据库系统虽然技术很成熟，但随着信息技术和互联网技术的发展，也日渐显示出其局限性。关系型数据库系统应用结构化的方式来定义数据，但是目前出现了越来越多的非结构化数据，例如声音、图像、动画、视频以及空间数据等。对于这些复杂类型的数据，传统的关系型数据库系统要么显得很笨拙，要么无能为力。20 世纪 80 年代以来，面向对象的方法和技术首先在程序设计中得到广泛应用，随后这项技术在计算机的各个领域、各个方面都产生了深远的影响，这其中也包括数据库管理系统，由此也促进了数据库中面向对象数据模型的研究与发展。面向对象技术是建立在“对象“概念基础上的新的认识方法，对于传统的程序设计是一个全新和截然不同的理念。对象是由数据和容许的操作组成的封装体，与客观实体有直接对应关系。一个对象类定义了具有相同或相似性质（如属性结构、操作方法）的一组对象。而继承是对具有层次关系的类的属性和操作进行共享的一种方式。所谓面向对象就是基于对象概念，以对象为中心，以类和继承为构造机制，来认识、理解、刻画客观世界，并以此来设计、构建相应的软件系统。面向对象数据库（object-oriented database，OODB）是将面向对象的概念，导入于数据库中。面向对象式数据库使用面向对象的方法模拟传统数据库的功能，试图将数据库技术和程序设计技术联系起来，特别是强调数据库应像程序设计一样应用相同的类型系统。这样，就可以避免将大量的精力花费在数据库表达（例如表中的行）和程序表达（例如对象）之间的相互转换。同时，面向对象式数据库也试图引入面向对象程序设计中的关键思想例如封装和多态性等。

虽然目前数据库管理系统的主流仍然是关系型数据库，但是它们都做了一些变化或转型，以支持“对象”型数据（底层核心仍然是用关系来实现的）。目前的一些大型关系型DBMS（如DB2、Oracle等）中都在其模型中附加非结构化内容，增加了对大型对象数据类型的支持，用于存储大量变长字符串和二进制数据。

从20世纪80年代中期以来，经过这些年的实践，尽管面向对象数据库得到了很大的发展。但是理论上的完美性并没有带来市场的热烈反应，至少在市场表现上并不尽如人意。分析其原因，首先，面向对象数据库企图用新型数据库系统来取代现有的数据库系统。这对许多大量的已经建立起来的完备的主流关系型数据库的用户来说一时难以接受，而新旧数据间的转换而带来的巨大代价也使用户难以承受。其次，面向对象编程思想的引入，特别是封装等概念，使数据的查询变得极其复杂。

2.2 数据库管理系统

数据库管理系统（DBMS），顾名思义就是用于管理数据库的软件系统。DBMS是位于用户与操作系统之间的一层数据管理软件，它为用户或应用程序提供访问数据库的方法，并且为数据库提供数据的建立、查询、更新及各种数据控制的功能。DBMS是随着计算机的普及而产生的。实际上，数据管理本身具有更悠久的历史。对于数据的管理在计算机出现以前是卡片机管理。它的原理是运行大量的通过分类、比较和表格绘制的穿孔卡片来进行数据的处理，其运行结果是在纸上打印出来或者制成新的穿孔卡片。而那时的数据管理就是对所有这些穿孔卡片进行物理的储存和处理。20世纪50年代初，随着磁带驱动器的出现以及随后在1956年IBM生产出第一个磁盘驱动器，数据管理的效率大大提高，现代意义的数据管理开始应用。计算机出现以后，数据管理大致可以分为三个阶段，即人工管理阶段、文件系统阶段、数据库阶段。

2.2.1 人工管理阶段

在20世纪50年代中期以前计算机对于数据的管理属于人工管理阶段。在这一阶段，数据是不保存在机器中的单独文件，数据是通过应用程序来管理的。也没有相应的软件系统负责数据的管理工作。在这一阶段，只有程序的概念，没有文件的概念，而且数据是面向应用的，即一组数据对应一个程序（图2-4）。在这种管理模式下，数据无法共享，数据的完整性和一致性都很差。

2.2.2 文件系统阶段

应用文件方式管理数据是把数据的存取抽象为一种模型：使用时只要给出文件名称、格式和存取方式等，其余的一切组织与存取过程由专用软件——文件管理系统来完成

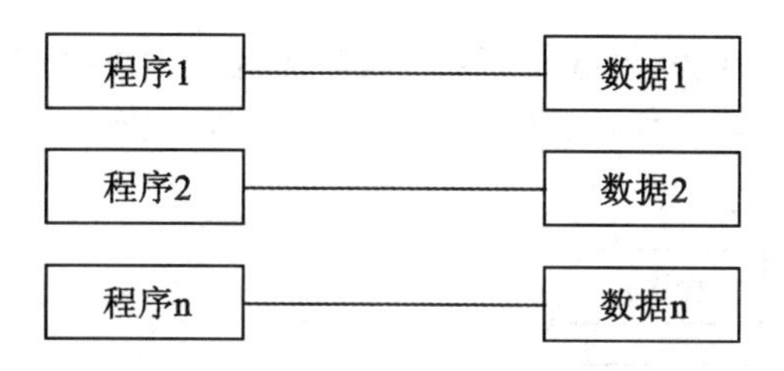

图 2-4　人工管理阶段应用程序与数据之间的对应关系

(图 2-5)。文件管理系统包含在计算机的操作系统中。文件系统大大改善了数据的存储，数据可长期保存在磁盘上，而且数据的逻辑结构与物理结构有了区别，文件组织也呈现多样化。最重要的是数据不再属于某个特定程序，可以重复使用。但是，应用文件系统管理数据，也有明显的缺陷，例如数据冗余性，数据不一致性，以及数据联系弱，无法共享等。

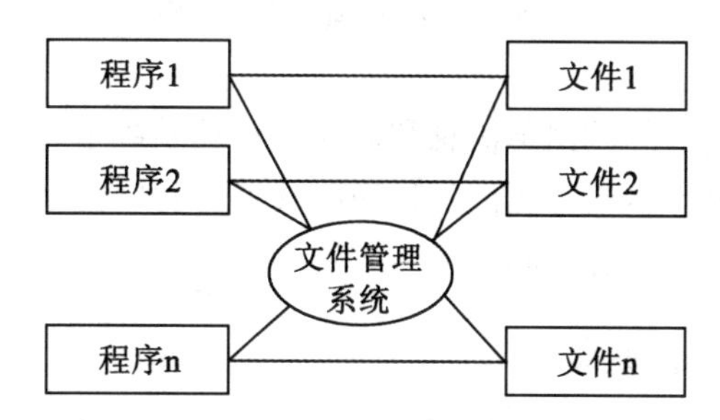

图 2-5　文件管理阶段应用程序与数据之间的对应关系

2.2.3　数据库阶段

20 世纪 60 年代以后，一方面计算机开始广泛应用，另一方面对数据的管理特别是数据共享也提出了越来越高的要求，传统的文件系统已经不能满足人们的需要，能够统一管理和共享数据的数据库管理系统（DBMS）应运而生。因此，数据库管理系统是数据管理的高级应用阶段。DBMS 在用户应用程序和数据文件之间起到了桥梁作用。DBMS 采用复杂的数据模型表示数据结构。数据库的逻辑结构和应用程序相互独立，即应用程序访问数据文件时，不必知道数据文件的物理存储结构；当数据文件的存储结构改变时，不必改变应用程序（图 2-6）。因此，具有较高的数据独立性。数据库系统为用户提供方便的用户接口，所有用户可以同时使用查询语言、终端命令或程序方式操作数据，实现了数据的共享。同文件系统相比，由于数据库实现了数据共享，从而避免了用户各自建立应用文件，减少了大量的重复数据，从而减少了数据冗余，维护了数据的一致性。文件管理方式中，数据处于一种分散的状态，不同的用户或同一用户在不同处理中其文件之间毫无关系。而 DBMS 则利用数据库对数据进行集中控制和管理，并通过数据模型表示各种数据的组织以及数据间的联系，实现了数据的集中控制。此外，DBMS 系统提供了数据库的恢复（recovery）、并发控制（concurrency）、数据完整性（integrity）和数据安全性（security）等四个方面的数据控制功能，使数据的一致性、完整性、安全性和可靠性大大提高。

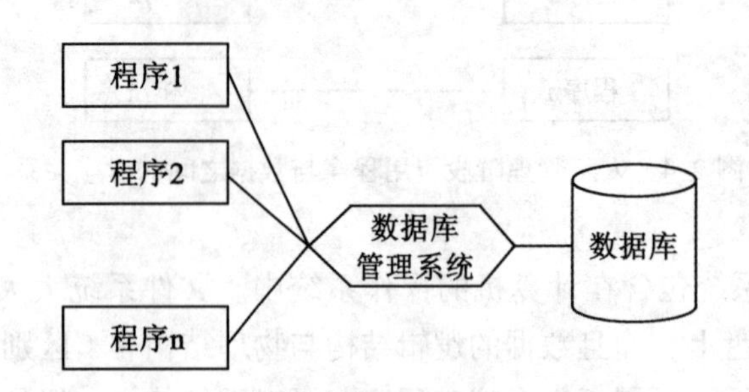

图 2-6 数据库管理阶段应用程序与数据之间的对应关系

2.3 数据结构分析

现实世界中我们所理解的数据与信息和数据库管理系统中的一般经过结构化设计的数据是有区别的，如何将日常生活中我们所认识的数据及其联系转化为数据库管理系统中的数据结构就是数据结构设计与分析问题。

2.3.1 数据结构分析的阶段

一般来说，数据结构设计与分析分为四个部分，即需求分析、概念结构设计、逻辑结构设计、物理结构设计。在设计一个数据库以前，首先必须对所需要设计的数据库的基本情况有所了解，确认数据库的用户和用途。这一收集和分析资料的过程称为需求分析。通过对用户的需求进行综合、归纳与抽象，用概念数据模型表示数据及其相互间的联系，形成一个独立于具体 DBMS 的面向现实世界的概念模型的过程称为概念结构设计。将概念结构设计阶段完成的概念模型转换成能被选定的数据库管理系统（DBMS）支持的数据模型的过程称为逻辑结构设计。而根据数据库的逻辑和概念模式、DBMS 及计算机系统所提供的功能和施加的限制，设计数据库文件的物理存储结构、各种存取路径等过程称为物理结构设计。

对应于以上三种不同的结构设计，分别产生了概念数据模型、逻辑数据模型、物理数据模型（如图 2-7 所示）。概念数据模型（conceptual data model）主要用于描述现实世界的概念化结构，是面向用户的数据模型。它是用户容易理解的现实世界特征的数据抽象。概念数据模型与具体的 DBMS 无关，是数据库设计员与用户之间进行交流的语言。它使数据库设计人员在设计的初始阶段能够摆脱计算机系统及 DBMS 的具体技术问题，集中精力分析数据和数据之间的联系，有效地与客户进行充分交流与沟通，使得设计能真实体现用户的需求和客观实际。逻辑数据模型（logic data model）是既要面向用户，又要面向系统的数据模型。逻辑数据模型是用户从数据库中所看到的数据模型。逻辑数据模型由概念数据模型转换得到，与具体的 DBMS 相关联。目前，常见的逻辑数据模型就包括我们前面所说的层次模型、网状模型、关系模型和面向对象模型，以及谓词模型以及面向对象关系模型等。物理数据模型（physical data model）是描述数据在物理存储介质上的组织结构，是物理层次上的数据模型。它既与具体的 DBMS 有关，也与具体的操作系统和硬件有关。每种结构数据模型在实现时都有其对应的物理数据模型。

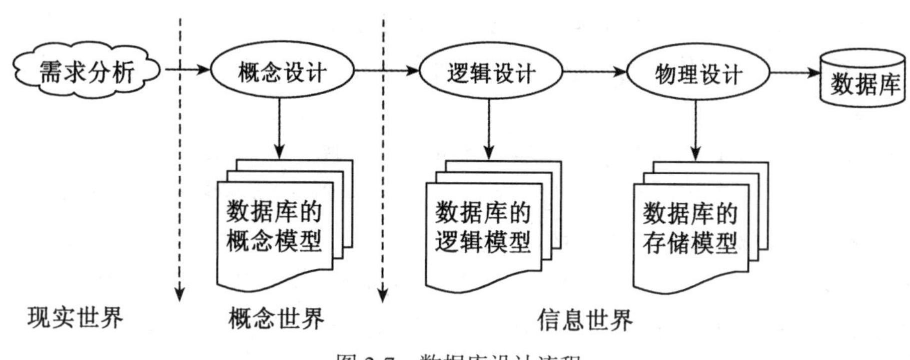

图 2-7　数据库设计流程

2. 3. 2　现实世界和计算机世界中对数据及其联系的描述

数据库的概念设计是根据用户的需求设计数据库的概念结构，现实世界中一般用以下概念来描述数据及其组织结构：

- 实体（entity）：现实世界中客观存在的、可以相互区分的事物。实体可以是具体的实物，也可以是抽象的概念，如一个人、一项设计、一个规划等。
- 实体集（entity set）：具有相同属性的实体的集合。
- 属性（attributes）：实体的特征。对于一个人来说，年龄、性别、职业等都是特征。
- 域（domain）：即属性的取值范围。如性别的值域｛男，女｝，年龄的值域｛1…150｝。在同一实体中，各实体对应的属性必须有相同的域，但属性在域上的取值不一定相同。
- 实体标识符（identity）：能够唯一地确定一个实体的属性。

逻辑设计是根据概念设计得到的概念结构来进行数据库的逻辑结构设计。在计算机世界中的数据概念包括：

- 字段（field）：用于表示实体的属性，每一个属性可以对应一个字段。
- 记录（record）：字段的集合称为记录。每一个记录代表一个实体。
- 文件（file）：同一类记录的集合组成一个文件。文件用于描述实体集。
- 关键字（key）：能够唯一标识文件中每一条记录的字段或字段集。对应于实体标识符。如学生信息的学号。需要注意的是，实体的属性集合可能有多个关键字，每一个关键字都称为候选关键字。但一个属性集只能制定其中一个候选关键字作为唯一标识。这个唯一的关键字称为属性集的主关键字或主码。当关系中的某个属性（或属性组合）

虽不是该关系的关键字或只是关键字的一部分，但却是另一个关系的关键字时，则称该属性（或属性组合）为这个关系的外部关键字或外键（foreign key）。外部关键字描述了两个实体间的联系。

联系是实体之间的相互关系。实体间的联系可以分为两类。一是实体集内部的联系，即实体集内部实体之间的联系；二是实体集之间的联系，即一个实体集中的实体与另一实体集中实体的联系。

对于实体集之间的联系而言，又可以分为下面三个类型：

- 一对一联系（1∶1）——对于实体集 A 和实体集 B 来说，如果对于 A 中的每一个实体 a，B 中至多有一个实体 b 与之联系，反之亦然，则称实体集 A 与实体集 B 具有一对一联系，记为 1∶1。
- 一对多联系（1∶n）——对于实体集 A 中每一个实体，在实体集 B 中有 n 个实体与之联系，而且，对于实体集 B 中的每一个实体，实体集 A 中至多有一个实体与之联系，则称实体集和实体集具有 1 对多的联系，记为 1∶n。
- 多对多联系（m∶n）——如果对于实体集 A 中的每一个实体，实体集 B 中有 n 个实体与之联系；对于实体集 B 中的每一个实体，实体集 A 中有 m 个实体与之联系，则称 A 和 B 具有多对多联系，记为 m∶n。

一对一联系是一对多的特例，而一对多又是多对多的特例。

2.3.3 实体-联系（E-R）模型

概念数据模型是现实世界特征的第一层次的抽象，是数据库设计人员与用户之间进行交流的语言，因此概念结构设计是数据库设计的关键。概念数据模型经过转换就可以变为 DBMS 支持的各种逻辑数据模型，进而在 DBMS 中得以实现。目前最常用和最著名的概念模型是实体-联系（entity-relationship model，E-R 模型）。下面我们将应用 E-R 模型举例说明数据的结构分析。

E-R 模型是陈品山博士（P. S. Chen）在 1976 年提出的，他运用真实世界中事物与关系的观念，即实体（entity）-联系（relationship）来抽象表示现实世界的数据特征，E-R 模型也因此成为常用的数据库设计工具。

1. E-R 图

用图示的形式表达 E-R 模型称为 E-R 图。从现实世界到数据模型 E-R 图提供了一个中间工具。

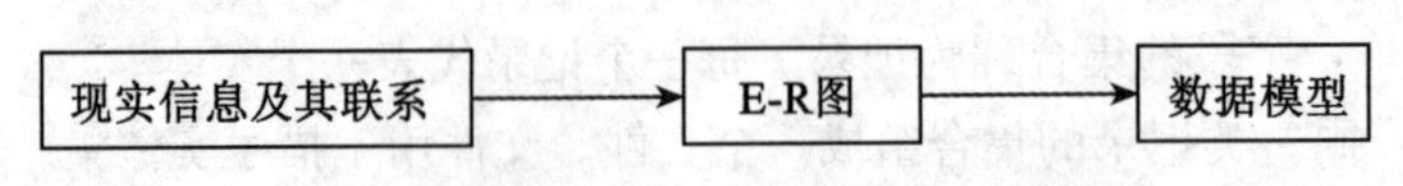

图 2-8　E-R 图与现实世界和数据模型的关系

E-R 图用下列形式表示实体型、属性和联系的方法。

- 实体—用矩形表示实体型，矩形内标明实体名；

- 属性—用椭圆形表示属性，并用无向边将其与相应的实体联结起来；
- 联系—用菱形表示联系，菱形内写出联系名，通过无向边分别与有关实体联结起来，同时在无向边旁边标上联系的类型。

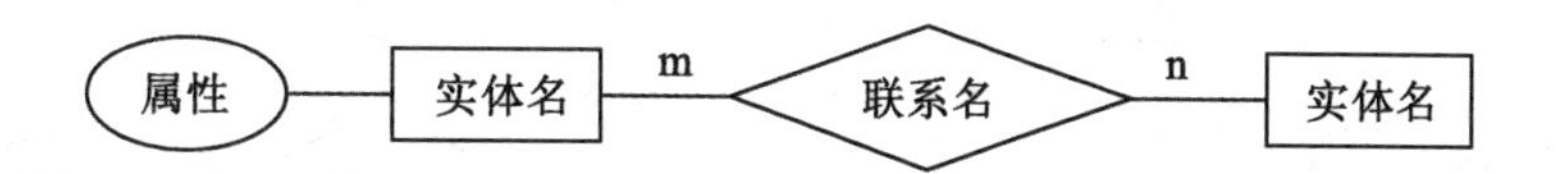

2. 三种关系的 E-R 图表示

一对一：在同一个城市里，道路名称和道路编号存在唯一的关联。

一对多：仓库和产品的关系是典型的一对多，即一个仓库中可以存放多个产品，而一个产品只可能放在一个仓库中，它们之间的联系是存放。

多对多：学生和课程之间是多对多的关系，即一个学生可以选修多门课程，而一个课程也是面向很多学生开放的，它们之间的联系是选课。

3. E-R 图设计原则

设计 E-R 图主要有两个原则，①根据特定用户的具体应用需求，确定实体、属性和实体间的联系，设计局部 E-R 图；②综合各个用户的局部 E-R 图，产生反映数据库整体概念的总体 E-R 图。

值得注意的是，因为现实世界中实体之间的联系是极其复杂的，因此一个系统的 E-R 图也可能不是唯一的。

4. E-R 模型到数据模型的转化

E-R 图可以转化为任何形式的数据模型。下面我们以 E-R 图转化为目前常见的关系数据模型为例，说明 E-R 模型如何转化为数据模型。

E-R 模型转换为关系数据模型的规则如下：每一实体集对应于一个关系模式，实体名作为关系名，实体的属性作为对应关系的属性。实体关键字对应的属性在关系模式中仍作为关键字。根据联系方式的不同，采取不同手段以使被它联系的实体所对应的关系彼此有某种联系。具体方法有：

1：n 型联系，不需要对联系单独建立一个关系，只需建立实体的关系。1 侧的关键字纳入 N 侧实体对应的关系中作为外部关键字，同时把联系的属性也一并纳入 N 方对应的关系中。例如对于图 2-9，我们可以得到的关系如下：

——仓库（地块编号，面积，位置，保管员）

——产品（产品号，产品名，价格，型号，地块编号，数量）

在“产品”关系中“地块编号”为外部关键字，“数量”为“存放”的属性，放入“产品”关系中。

如果两个实体间是 m：n 联系，则需对联系单独建立一个关系。该关系的属性中至少要包括它所联系的双方实体的关键字，联系自身若有属性，也需加入此关系中。我们可以得到的关系如下：

- 学生（学号，姓名，年级，籍贯，性别）

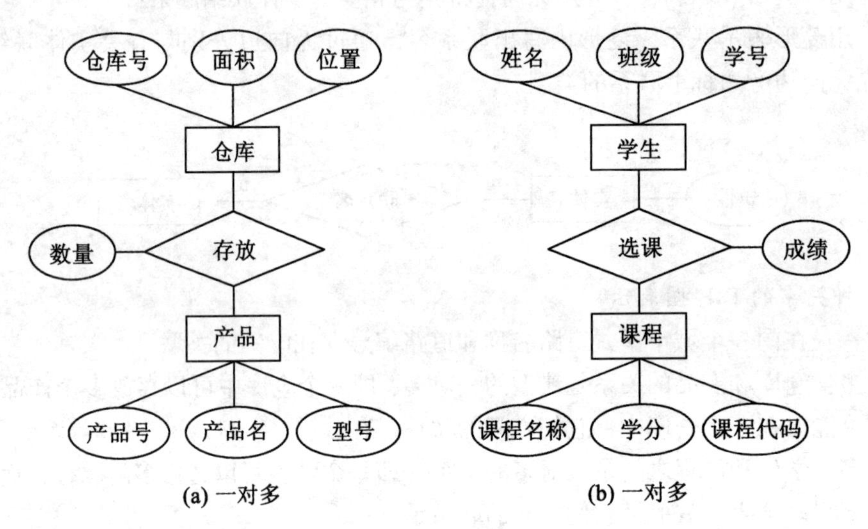

图 2-9　一对多关系的 E-R 图

- 课程（课程代码，课程名称，学分，必/选修）
- 选课（学号，课程代码，成绩）

对于更为复杂的实体联系，根据以上的原则同样可得。例如在教学管理中，学生和课程之间是多对多的关系，而课程和授课老师之间又形成了多对一的关系。将他们联系在一起，则形成了更为复杂的关系（图 2-10）。

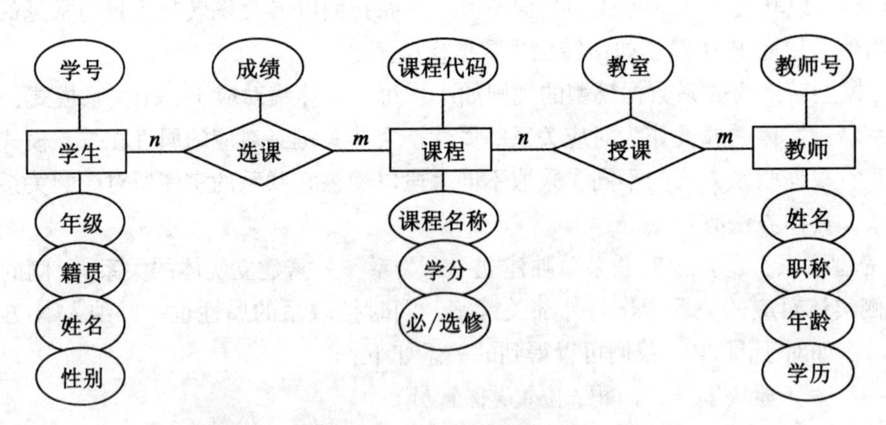

图 2-10　教学管理的实体联系

应用 E-R 模型，可以将教学管理的实体联系模型转化为如下的关系数据模型：

- 学生（学生名，年级，籍贯，学号，年龄，性别，成绩）
- 课程（课程名称，课程代码，教师号，必/选修，学分）
- 教师（教师号，教师名，性别，职称，年龄，学历，职称，职务）
- 选课（学号，课程代码，成绩）

对于联系“学生”，关键字为“学号”；对于联系“课程”，关键字为“课程代码”；对于联系“教师”，关键字为“教师号”；对于联系“选课”，关键字为“课程代码”和“学号”。

2.4　数据查询与统计

对数据进行查询与统计是数据库管理系统（DBMS）的常见内容之一。但是，不同的 DBMS 软件可能使用不同的语句来实现以上的操作。这就出现了一个问题，一个人是不是需要掌握很多 DBMS 软件才能对数据进行查询与统计呢？有没有一个跨越 DBMS 操作平台的公共语言呢？SQL 的诞生回答了这个问题。

2.4.1　SQL 简介

SQL（structured query language）直接的翻译是结构化查询语言，由 Boyce 和 Chamberlin 在 1974 年提出。20 世纪 70 年代末，IBM 在其关系数据库管理系统原型 System R 中率先实现了这种语言。20 世纪 80 年代美国国家标准局（简称 ANSI）和 1987 年国际标准化组织（简称 ISO）将其标准化，成为第一个 SQL 标准即 SQL-86。目前 SQL 标准有 3 个版本，分别是 SQL-89、SQL-92（SQL2）、SQL-99（SQL3）。不同的标准对模式定义、数据操作和事务处理有不同的定义。最初的 SQL 主要应用于关系数据库中数据的查询。最新的 SQL3 不仅能够完成传统的对关系数据进行查询、统计和操作的要求，还支持抽象数据类型，从而为新一代对象关系数据库提供了标准。现在大部分 DBMS 产品都支持 SQL。SQL 不仅是操作数据库的标准语言，而且 SQL 语言标准的每一次变更都引导着关系数据库产品的发展方向。SQL 的最大特点是它是一种高度非过程化的语言，只要求用户指出做什么而不需要指出怎么做。

SQL 是基于关系数据库的语言，但是相比当初，SQL 已不再局限于单纯的查询，它的功能大大扩展。现在 SQL 已被重新定义为 Standard Query Language，即标准查询语言。现在的 SQL 语言按其功能可分为四大部分：

1. 数据定义语言（data definition language，DDL）
2. 查询语言（query language，QL）
3. 数据操纵语言（data manipulation language，DML）
4. 数据控制语言（data control language，DCL）

2.4.2　SQL 语言

SQL 语言十分简洁，完成以上的四个核心功能只用了九个动词，它们分别是：

- 数据定义：Create、Drop、Alter
- 数据查询：Select
- 数据操纵：Insert、Update、Delete
- 数据控制：Grant、Revoke

表 2-2 **SQL 的动词集**

SQL 功能	语句
数据定义	CREATE, DROP, ALTER
数据查询	SELECT
数据操纵	INSERT, UPDATE, DELETE
数据控制	GRANT, REVOTE

其中数据查询是数据库最常用的核心功能，它的基本形式是：

SELECT（字段）

FROM（表）

WHERE <字段>Expression<值>

这里，SELECT 说明要查询的数据字段，即所需的属性是属于哪一个字段。要列出表中所用的字段，用“*”表示。FROM 说明要查询的数据来自哪个（些）表，可以基于单个表或多个表进行查询。WHERE 说明查询条件。查询条件可以包括各种运算符（表 2-3）。

表 2-3 **SQL 的常用的查询条件运算符**

查询条件	谓词
比较	=, >, <, >=, <=, ! =, <>, ! >, ! <, NOT+上述比较运算符
确定范围	BETWEEN AND, NOT BETWEEN AND
确定集合	IN, NOT IN
字符匹配	LIKE, NOT LIKE
空值	IS NULL, IS NOT NULL
多重条件	AND, OR
通配符	%（任意字符串），_ （任意字符）

除了这三个最主要的词之外，SQL 还可以用其他的词对查询结果进行进一步的限制或优化。例如，Select 子句的缺省情况是保留重复记录，可用 DISTINCT 去除重复记录。GROUP BY 短语用于对查询结果进行分组和汇总。HAVING 短语必须跟随 GROUP BY 使用，它用来限定分组必须满足的条件。ORDER BY 短语用来对查询的结果进行排序。COMPUTE 短语可以进行带明细的分级汇总。

2.4.3 SQL 实例

下面我们举例详细说明 SQL 语句的使用。首先我们有两个表，一个是用地地块，包含有地块编号、所在行政区和建筑物数量的信息；另一个表是建筑物表，包含有地块编号、建筑物编号和建筑物面积等信息（表 2-4）。

表 2-4　**用地地块和建筑物表**

用地地块

地块编号	行政区	建筑物数量
1001	武昌区	65
2001	洪山区	35
6023	江岸区	46

建筑物

地块编号	建筑物编号	建筑物面积（cm^2）
1001	11	5000
1001	27	2000
2001	12	2300
2001	14	5000
2001	15	3500
6023	32	5000

1. 简单查询

简单查询就是从单个表中查询满足一定条件的记录。

例 1　从建筑物关系中检索所有建筑物面积值。

```
SELECT　建筑物面积
FROM　建筑物;
```

结果是：

5000　2000　2300　5000　3500　5000

我们可以看到，在结果中有重复值 5000，如果要去掉重复值需要添加 DISTINCT：

```
SELECT DISTINCT 建筑物面积
FROM 建筑物;
```

结果是：

5000　2000　2300　3500

例 2　检索用地地块关系中的所有记录。

```
SELECT *
FROM 用地地块;
```

结果是：

1001　武昌区　65
2001　洪山区　35
6023　江岸区　46

其中，“*”是通配符，表示所有字段。这里的命令等同于：

```
SELECT 地块编号，城市，面积
FROM 用地地块;
```

例 3　检索哪些用地地块有建筑物面积多于 4000 的建筑物。

```
SELECT DISTINCT 地块编号
```

FROM 建筑物

WHERE 建筑物面积>4000;

结果是：　1001　2002　6023

例 4　给出位于用地地块“1001”或“2001”内，且建筑物面积少于 4000 的建筑物编号。

SELECT 建筑物编号

FROM 建筑物

WHERE 建筑物面积 < 4000 AND（地块编号 = “1001” OR 地块编号 = “2001”）;

结果是：　27　12　15

2. *连接查询*

在数据库查询中，经常涉及两个或多个表中的数据，这就需要使用表的连接来实现多个表数据的联合查询。在连接查询中，一般是在 WHERE 字句中给出连接条件，在 FROM 字句中，列出要连接的表。其格式为：

SELECT　列名 1，列名 2，……

FROM　表 1，表 2，……

WHERE　连接条件

例 5　找出建筑物面积多于 4000 的建筑物编号和他们所在的行政区。

SELECT　建筑物编号，行政区

FROM　建筑物，用地地块

WHERE（建筑物面积>4000）AND（建筑物.地块编号=用地地块.地块编号）;

结果是：11　武昌区

14　洪山区

32　江岸区

这里所要求检索的信息分别出自建筑物（建筑物编号属性）和用地地块（行政区属性）这两个表。对于这两个表的连接，我们通过连接条件（建筑物．地块编号=用地地块.地块编号）加以实现。如果在 FROM 之后有两个关系，那么这两个关系之间肯定有一种联系（否则无法构成检索表达式）。从前面的讨论我们已经知道，用地地块关系和建筑物关系之间存在着一个一对多的联系。对于连接的多个表，通常存在相同的列名。为了区别是哪个表中的列，在连接条件中通过表名前缀指明属性所属的表，如建筑物．地块编号，“.”前面是表名，后面是属性名。

3. *嵌套查询和计算检索*

嵌套查询是一种子查询，子查询是对查询结果的查询，它指能将一个查询的结果作为另一个查询的一部分。子查询要加括号并且与 SELECT 语句的形式类似。包含子查询的语句称为父查询或外部查询。嵌套查询可以将一系列简单查询构成复杂查询，增强查询能力。子查询的嵌套层次最多可达到 255 层，以层层嵌套的方式构造查询体现了 SQL“结构化”的特点。

SQL 语言不仅具有一般的检索能力，而且还有计算方式的检索，比如检索建筑物的平均建筑物面积、检索某个用地地块中建筑物的最高建筑物面积等。用于计算检索的函数有：

- COUNT——计数
- SUM ——求和
- AVG ——计算平均值
- MAX ——求最大值
- MIN ——求最小值

这些函数可以用在 SELECT 短语中对查询结果进行计算。

例 6　求武昌区和洪山区的用地地块建筑物的建筑物面积总和。

```
SELECT SUM（建筑物面积）
FROM 建筑物
WHERE 地块编号 IN（SELECT 地块编号
                     FROM 建筑物
                     WHERE 行政区=“武昌区” OR
                            行政区=“洪山区”）;
```

结果是：17800

例 7　求包含建筑物面积少于 4000m^2 的用地地块的平均建筑物数量。

```
SELECT AVG（建筑物数量）
FROM 用地地块
WHERE 地块编号 IN（SELECT 地块编号
                    FROM 建筑物
                    WHERE 建筑物面积<4000）;
```

结果是：50

上面几个例子是对整个关系的计算查询，而利用 GROUP BY 子句进行分组计算查询使用得更加广泛。

例 8　求每个用地地块的建筑物平均建筑物面积。

```
SELECT 地块编号，AVG（建筑物面积）
FROM 建筑物
GROUP BY     地块编号;
```

结果是：

```
1001   3100
2001   4250
6023   5000
```

在这个查询中，首先按地块编号属性进行分组，然后再计算每个用地地块的平均建筑物面积。GROUP BY 子句一般跟在 WHERE 子句之后，没有 WHERE 子句时，跟在 FROM 子句之后。另外，还可以根据多个属性进行分组。

在分组查询时，有时要求分组满足某个条件时才检索，这时可以用 HAVING 子句来限定分组。

例 9 求至少有三个建筑物的每个用地地块的平均建筑物面积。

```
SELECT 地块编号，COUNT（*），AVG（建筑物面积）
FROM 建筑物
GROUP BY 地块编号
HAVING COUNT（*）>=3;
```

结果是：

```
1001    3    3100
```

HAVING 子句总是跟在 GROUP BY 子句之后，不可以单独使用。HAVING 子句和 WHERE 子句不矛盾，在查询中是先用 WHERE 子句限定元组，然后进行分组，最后再用 HAVING 子句限定分组。

2.5 数据库管理系统的发展状况与趋势

数据库管理系统在其发展历程中先后经历了层次模型、网络模型、关系模型阶段。20 世纪 90 年代面向对象模型的出现曾一度给占统治地位的关系模型带来了强烈冲击，但市场最终还是选择了关系模型。目前关系模型仍然是数据库管理系统的主流。基于关系数据库管理系统的统治地位和巨大影响，有人因此把数据库管理系统的发展分为关系型数据库阶段和后关系型数据库阶段（post-relational database）两个阶段。所谓后关系数据库，实质上是在关系数据库的基础上融合了传统数据库如网状、层次和关系数据库的一些特点，并结合了面向对象技术和网络技术的发展现状，以新的编程工具环境如 Java、Delphi、ActiveX 等，适应于新的以 Internet Web 为基础的应用。虽然 RDBMS 仍然占据主导地位，但是目前随着新技术、新需求、新应用的不断发展，数据库管理系统本身也在经历深刻的变化。特别是互联网的出现，极大地改变了数据库的应用环境。对于互联网应用，由于用户众多，而且数量无法事先预测，这就要求数据库相比以前拥有能处理更大量的数据以及为更多的用户提供服务的能力，也就是要拥有良好的可伸缩性。这些因素的变化推动着数据库技术的进步，出现了一批新的数据库技术，如 Web 数据库技术、并行数据库技术、数据仓库与联机分析技术、数据挖掘与商务智能技术、内容管理技术、海量数据管理技术等。目前，市场上具有代表性的数据库产品包括 Oracle 公司的 Oracle、IBM 公司的 DB2 以及微软的 SQL Server 等都对此做出了相应的反应。具体来说，传统 RDBMS 的变化主要体现在以下几个方面。

2.5.1 异构数据的大量增加

以前的数据库管理的数据一般称为同构数据。所谓同构数据，是指可以用结构化方式来管理的数据，数据可以行与列的二维形式进行存储，并通过标准的 SQL 查询语言进行查询。同构数据大部分是文本。随着多媒体技术的推广、互联网的普及、微型传感器的出现，非结构化的数据诸如 Web 页面、电子邮件、图像图形、视频、声音、三维空间数据等大量出现，传统的数据模型并不擅长处理这些复杂对象数据。尤其是随着 Web 时代的到来，在 Web 大背景下“泛数据”管理成为人们关注的重点。所谓泛数据就是指包括以上多种类型的数据，这些数据通常都不是以行和列的格式存在的，不像关系数据那样是严格的结构化数据，因此对这类数据的存储管理以及快速高效的查询是当前传统关系型数据库应当迫切解决的问题。为此，目前的一些大型 RDBMS 如 DB2、Oracle 等中都在关系模型中附加非结构化内容，增加了对异构数据的支持。例如微软早在 2005 年的 SQL Server 就提供了一种叫做 Xquery 的标准。根据这个标准，可以把一些异构数据放入到数据库中。

2.5.2　分布式数据库系统和异构数据库系统

20 世纪 70 年代中期以来，由于计算机网络通信技术的迅速发展，建立在集中式数据库系统技术基础上的分布式数据库系统（distributed database system，DDBS）迅速发展。DDBS 是数据库技术、网络技术、分布处理技术有机结合的产物。

相比于传统的统一存储、统一管理的集中式数据库，分布式数据库系统具有三个主要的特点：①数据分布性。数据库中的数据分布在计算机网络的不同结点上，而不是集中在一个结点。这也区别于数据存放在服务器上由各用户共享的网络数据库系统。②逻辑整体性。分布在不同结点的数据，数据间存在相互关联，逻辑上属于同一个数据库系统。③结点自治性。每个结点都有自己的计算机软件和硬件资源、数据库、数据库管理系统，因而能够独立地管理局部数据库。分布式数据库使在地理上分散的公司、团体、组织和个人协同处理数据成为可能。分布式数据库系统允许各个部门将其常用的数据存储在本地，实施就地存放本地使用，从而提高响应速度，降低通信费用。分布式数据库系统与集中式数据库系统相比具有可扩展性，通过增加适当的数据冗余，提高系统的可靠性。

分布式数据库系统按其构成可以分为三类，即同构同质型分布式数据库、同构异质型分布式数据库、异构分布式数据库。其中，同构同质型是指各个地点都采用同一类型的数据模型，并且是同一型号数据库管理系统；同构异质型是指各个地点都采用同一类型的数据模型，但是数据库管理系统是不同型号的；异构型是指各个地点的数据模型是不同的类型。

与分布式数据库系统概念密切相关的是异构数据库系统。但是，异构数据库系统并不是指构建在异构数据之上的数据库系统。异构数据库系统是在异构平台之上或异构环境之下，多个相关的数据库系统的集合，可以实现数据的共享和透明访问，每个数据库系统都拥有自己的 DMBS。异构数据库的各个组成部分具有自身的自治性，实现数据共享的同时，每个数据库系统仍保有自己的应用特性、完整性控制和安全性控制。异构数据库集成一般采用两种策略，即多数据库策略和联邦式策略。多数据库系统是指对已经存在的多个异构数据库，在不影响其局部自治性的基础上，构造用户所需要的某种透明性的分布式管理系统，以支持对物理上分布的多个数据库的全局访问和数据库之间的互操作。联邦数据库系统不采用全局模式，在维持局部成员数据库自治的前提下，对异构数据库的成员数据库进行部分集成，提供数据的共享和透明访问。联邦数据库和多数据库在组成结构和实现方法上没有本质意义上的不同，主要的差别在于联邦数据库系统没有全局模式，各组成数据库系统间的耦合更加松散。

异构数据库系统与数据仓库的概念密切相关。很多大型机构在不同地点的分支机构都建立有管理自己当地信息数据的数据库，而总部的决策制订人员一般只关心宏观的、全局的信息。建立在数据仓库技术基础上的异构数据库是满足以上要求的一种理想解决方案。数据仓库可以从异构数据库系统中的多个数据库中收集信息，并建立统一的全局模式。同时收集的数据还支持对历史数据的访问，用户通过数据仓库提供的统一的数据接口进行决策支持的查询。

异构数据库系统一般都是分布式的数据库系统。目前，主流的数据库管理系统厂商对分布式数据库和异构平台支持都十分重视。一批原型系统已经研究成功，一些商品化的产品正在研制或已经推出，如 Oracle、DB2、Informix、Sybase 等。

2.5.3 XML 的应用

XML 是 extensible markup language 的缩写，字面翻译为可扩展的标识语言。标识是指计算机所能理解的信息符号，通过此种标记，计算机之间可以处理包含各种信息的文档。XML 是随着近年来互联网的迅速普及而发展起来的。互联网应用需要面对来自世界各地的大量的各种各样的信息。但是在信息交换的过程中，众多的格式给信息的有效使用带来了很大障碍。人们期待着能够找到一种可以描述任何逻辑关系的数据格式来统一电子数据的存储，从而不再因为数据格式的不统一而苦恼。XML 的出现解决了这一问题。

XML 是“定义语言的语言”，即它是一种元标记语言。所谓“元标记”就是开发者可以根据自己的需要定义自己的标记。对于标记，以前国际通用的标记语言，如 HTML 也可以定义。但是 HTML 是一种预定义标记语言，即它只认识已经定义的标记，对于用户自己定义的标记则不认识。而 XML 不仅可以自由定义标记名和关系，而且可以定义标记的层次结构。也就是说，XML 的文档是有明确语义并且是结构化的，根据 XML 语法可以定义用户特殊用途的标记集合形成一个全新的符号化语言，这就是 XML“可扩充（extensible）”名字的来源。另外，与 HTML 的重点在页面的布局和排版上不同，XML 的重点在内容上。XML 把内容从演示格式中解放出来，使材料可以多次重复使用。这样一来，同样的内容可以分别用于各种应用界面。XML 充当公共传输工具，以中性格式进行数据传输，在电子商务等各个领域使数据交换成为可能。

XML 对于控制信息不是采用应用软件的形式，而是采用谁都可以看得懂的标记形式来表现。而且 XML 是以文本形式描述的，所以适合于各种平台环境的数据交换。这里的平台既可以理解为不同的应用程序，也可以理解为不同的操作系统。XML 完美地解决了文本形式因为文字代码的不同造成的不能阅读的问题。因此 XML 成为互联网的数据交换标准和首选的数据格式。

XML 具有标记不同字段（field）的能力，使得搜索变得更简单和动态化，从而把以前看似无用的数据和文件变成了进行数据挖掘的宝藏。

XML 技术可帮助用户整合各种不同的数据源，灵活地去应用新的和复杂的数据源，这对整个数据库技术来说应该是一个很大的提升。在 Web 应用程序和系统间信息交换方面表现突出的 XML 技术，已经成为主导数据库技术趋势的主力军。不过，XML 数据模型与传统的关系模型之间存在着较大的区别：关系模型是以关系（表）、属性（列）为基础，而 XML 数据模型则是以结点（元素、属性、备注等）和结点间存在着的相互关系为基础的。原有的关系型数据库产品如何高效地共享、搜索和管理大量 XML 文档和消息，是数据库领域的厂商们急需解决的问题。国际主流的数据库厂商们全都对此作出了反应，推出了兼容传统关系型数据与层次型数据（XML 数据）混合应用的新一代数据库产品。例如 IBM 公司在它新推出的 DB29 版本中，直接把对 XML 的支持作为其新产品的最大卖点，号称是业内第一个同时支持关系型数据和 XML 数据的混合数据库。在微软的 SQL Server 2005 中，XML 值可以自然地存储在 XML 数据类型列中，并可以根据 XML 架构集合进行类型化，或者保持非类型化。甲骨文早在 Oracle 8i 产品中就已经推出了 XDK（XML 开发工具），允许通过 XDK 开发应用把 XML 数据存储到关系数据库中；在 Oracle 9i 产品中，则已经能够在数据库中定义 XML 数据类型，通过 SQL 生成 XML 数据和对其进行查询；在 Oracle 10g 中，则不仅已经提供了对 XML Query 语言（XQuery）的支持，而且 XML 数据是作为一个独立的方式存储在 XML DB 数据库中，提供的是 Native XML 的支持。

2.5.4　网格技术

所谓网格技术是指为了最大限度地利用分布在不同地理位置的计算机的存储空间、计算能力和数据共享而构成的计算机网络。它通过网络连接不同地理位置上分布的各类计算机、数据库、各类设备和存储设备等，形成对用户相对透明的虚拟的高性能计算环境，包括了分布式计算、高吞吐量计算、协同工程和数据查询等诸多功能的应用。网格本质上是一种扩展技术，扩展有两种方式：向上扩展（scale up）和向外扩展（scale out），向上扩展是增加 CPU 的个数和内存等资源满足用户的需求，而向外扩展就是多结点并行技术，也就是网格技术。

按照应用层次的不同可以把网格分为三种，即提供高性能计算机系统共享存取的计算网格、提供数据库和文件系统共享存取的数据网格、支持应用软件和信息资源共享存取的信息服务网格。

在过去的 40 年间，高性能计算的需求通常由大型机依据其超强的计算能力来完成。大型机的价格一般用户难以承受，而一般的微型机则无法承担高性能计算的需求。于是造价低廉而数据处理能力超强的计算模式——网格计算应运而生。网格计算是指通过广域范围的“无缝的集成和协同计算环境”构建“网络虚拟超级计算机”或“元计算机”获得超强的计算能力。网格计算模式已经发展为连接和统一各类不同远程资源的一种基础结构。网格计算有两个优势，一个是数据处理能力超强；另一个是能充分利用网上的闲置处理能力。为实现网格计算的目标，必须重点解决三个问题：①异构性，即由于网格由分布在广域网上不同管理域的各种计算资源组成，怎样实现异构资源间的协作和转换是首要问题；②可扩展性，即网格资源规模和应用规模可以动态扩展，且不降低性能；③动态自适应性。

在异构的网格中，某一资源出现故障或失败的可能性较高，资源管理必须能够动态监视和管理网格资源，从可利用的资源中选取最佳资源服务。数据库可以利用这个技术，将一个数据库应用部署在多台独立的服务器中，实现一个高容错的运算平台，以提高数据库应用的稳定性，减少数据库当机的时间，这就是数据网格。数据网格对于一些大型的数据库应用，如银行的数据库系统，具有非常现实的意义。数据网格保证用户在存取数据时无需知道数据的存储类型（数据库、文档、XML）和位置。数据库是网格中十分有价值且巨大的数据资源，目前，数据网格研究的问题之一是如何在网格环境下存取数据库，提供数据库层次的服务。数据库网格服务不同于通常的数据库查询，也不同于传统的信息检索，需要将数据库提升为网格服务，把数据库查询技术和信息检索技术有机结合，提供统一的基于内容的数据库检索机制和软件。

信息网格是利用现有的网络基础设施、协议规范、Web 和数据库技术，为用户提供一体化的智能信息平台，其目标是创建一种架构在操作系统（OS）和 Web 之上的基于 Internet 的新一代信息平台和软件基础设施。在这个平台上，信息的处理是分布式、协作和智能化的，用户可以通过单一入口访问所有信息。信息网格追求的最终目标是能够做到按需服务（service on demand）和一步到位的服务（one click is enough）。信息网格的体系结构、信息表示和元信息、信息连通和一致性、安全技术等是目前信息网格研究的重点。

目前，各大计算机软件公司对于网格技术，尤其是网格计算都十分重视，其中以甲骨文公司发展最快，已经有相对成熟的产品问世。2003 年，甲骨文公司率先在 Oracle 数据库实现了对网络计算的支持。通过 Oracle 软件连接起来的一组低成本服务器构成的 Oracle 网格运行应用程序的速度号称比最快的大型机还要快。Oracle 的网络计算还具有较强的容错性。如果一个服务器出现故障，Oracle 网格仍然会正常运行。甲骨文公司 Oracle 10g 网格数据库产品的推出，将网格技术的应用领域扩展到企业计算。在甲骨文刚刚发布的 Oracle 10g Release 2 中又进一步改良了许多网格运算的功能，提升了性能、应用度以及简化管理功能。

2.5.5 商业智能（business intelligence）

在互联网应用日益普及的情况下，企业获取信息的手段和渠道在不断增加。与此同时，商业竞争和数据库技术的广泛使用使企业和组织内部收集的数据成倍增长。对于一个企业来说，一个好的生产和营销策略至关重要，而一个好的决策取决于真实和有用的数据。但是大量的数据并不一定产生真正可用的信息。也就是所谓的“数据丰富、知识贫乏”。如何能够从这些海量数据中获取更多的信息，以便作出正确的分析决策，从而将数据转化为商业价值，就成为企业目前关注的焦点。尤其是在目前电子商务日益普及的背景下，如何收集来自不同地方、不同阶层、不同年龄客户的信息，分析和掌握客户的需求，从而有针对性地采取营销策略，根据客户的需要来定制产品、服务，通过有效的交流和良好的服务维持客户对企业来讲是至关重要的。此外，如何进行可赢利性分析，减少成本也是企业关注的问题。商业智能技术正是一种能够帮助企业迅速将现有的数据转化为知识，帮助企业做出明智的业务经营决策的工具。商业智能的关键是从许多来自不同的企业运作系统的数据中提取出有用的数据并进行清理，然后经过抽取（extraction）、转换（transformation）和装载（load），即 ETL 过程，合并到一个企业级的数据仓库里，从而得到企业数据的一个全局视图，在此基础上利用合适的查询和分析工具、数据挖掘工具、OLAP 工具等对其进行分析和处理（这时信息变为辅助决策的知识），最后将知识呈现给管理者，为管理者的决策过程提供支持。因此，商业智能中所包含的数据分析技术主要可分为查询和报告、联机分析处理（on-line analytical processing，OLAP）、数据挖掘（data mining）

三个阶段：

1. 查询和报告工具

一个大的企业往往有很多分布在不同地方的分支机构。每个子机构通常都建立有自己的数据库。为了有效地进行营销管理，每个分支机构都应当将自己的数据汇总到总部。通常这就需要建立一个庞大的数据仓库。利用数据仓库技术可以动态地将不同系统中的数据集成到一起，进行清洗、转换等处理之后加载到数据仓库中，通过周期性的更新，为用户提供一个统一、干净、准确的数据源。数据仓库不但能够保存历史数据，从时间上进行分析，还能够装载外部数据，接受外部查询，尤其是全局性的查询。对于数据仓库中的数据，可以使用一些增强的查询和报表工具进行复杂的查询和即时的报表制作，可以利用 OLAP 技术从多种角度对业务数据进行多方面的汇总统计，还可以利用数据挖掘技术发现其中的有用信息。同时，网络环境的支持允许用户在客户机/服务器网络、内部网络或 Internet 上传输分析结果，从而提高了数据的利用效率。

2. 在线分析处理（online analytical processing，OLAP）

在线分析处理是一种高度交互式的过程，用户可以即时进行反复分析，迅速获得所需结果。OLAP 也被称为多维分析。“维”（dimension）是人们观察客观世界（或者说数据）的角度。“维”一般包含着层次关系，这种层次关系有时会相当复杂。通过把一个实体的多项重要的属性定义为多个维，使用户能对不同维上的数据进行比较。例如，一个企业在考虑产品的销售情况时，通常从时间、地区和产品的不同角度来深入观察产品的销售情况。这里的时间、地区和产品就是维。而这些维的不同组合和所考察的度量指标构成的多维数组，则是 OLAP 分析的基础。因此 OLAP 也可以说是多维数据分析工具的集合。OLAP 工具是针对特定问题的联机数据访问与分析。它通过多维的方式对数据进行分析、查询和报表。

3. 数据挖掘

数据挖掘是从大量的看似无关联的数据和文档中发现有意义的、隐含的、以前未知的并有潜在使用价值的知识的过程。数据挖掘是一个多学科交叉性学科，它涉及统计学、机器学习、数据库、模式识别、可视化以及高性能计算等多个学科。利用数据挖掘技术可以分析各种类型的数据，例如结构化数据、半结构化数据以及非结构化数据、静态的历史数据和动态数据流数据等。常用的数据挖掘技术包括关联分析、序列分析、分类、预测、聚类分析、时间序列分析、神经网络、规则归纳等。由于数据挖掘的价值在于扫描数据仓库或建立非常复杂的查询，数据和文本挖掘工具必须提供很高的吞吐量，并拥有并行处理功能，而且可以支持多种采集技术。

可以说正是“数据的丰富，知识的贫乏”直接导致了 OLAP、数据仓库和数据挖掘等技术的出现，从而促使数据库向智能化方向发展。同时企业应用越来越复杂，往往会涉及应用服务器、Web 服务器、其他数据库、旧系统中的应用以及第三方软件等，因此数据库产品与这些软件是否具有良好集成性往往关系到整个系统的性能。目前，主流的数据库厂商都已经把支持 OLAP、商业智能作为关系数据库发展的一大趋势。

本章小结

1. 数据库关系系统的产生是在计算机普及之后的事情，也是目前管理数据的最高阶段。计算机管理数据具有三个历史阶段，即人工管理阶段、文件管理阶段和数据库管理阶段。

2. 数据库设计需要利用专门的工具。E-R 模型运用真实世界中事物与关系的观念，即实体-联系（entity-relationship）来抽象表示现实世界的数据特征，使数据的结构设计变得简单易懂。

3. SQL 是目前关系数据库管理系统的标准化语言，它使跨软件平台的操作成为可能。SQL 不仅仅局限于数据的查询，还包含数据定义、查询、操作和控制，能够完成数据生命周期的完整过程的全部功能。

4. 现在数据库技术的发展日新月异，本章从异构数据的处理、分布式数据库、XML、网格技术、商业智能五个方面介绍了数据库技术的最新发展趋势。

思　考　题

1. 传统数据模型可以分为几类？每一类的优缺点是什么？
2. 什么是面向对象式数据库？它的原理是什么？
3. 现代意义的数据管理大致可以分为哪三个阶段？每个阶段管理数据的原理是什么？
4. 数据库管理系统相比文件管理系统有何优点？
5. 数据结构设计可以分为哪几个阶段？每个阶段的任务是什么？
6. 什么是 E-R 模型？如何将 E-R 模型转化为关系数据模型？
7. SQL 语言产生的历史背景是什么？它有何特点？
8. SQL 语言的基本功能包括哪些？
9. 目前数据库管理系统的变化主要体现在哪几个方面？
10. XML 的特点是什么？
11. HTML 与 XML 的区别有哪些？

第3章　空间信息相关技术

研究与人类活动空间位置有关的信息的技术就是空间信息技术。与城市信息系统相关的空间信息技术包括很多内容，其核心可以简称为3S，即GIS、RS、GNNS。其中，GIS即地理信息系统，是geographic information system的缩写，它是集采集、管理、分析和显示空间数据为一体的一套计算机软、硬件系统的总和；RS即遥感，是remote sensing的缩写，是依据地球上每一类物体在吸收、发射和反射电磁波（包括可见光、红外线、微波）特性的不同，从远距离感知目标反射或自身辐射的电磁波，进行探测和识别的技术；GNNS，即全球卫星定位系统，是satellite positioning and navigation system的缩写，它可以为全球用户提供实时、全天候和全球性的导航服务。

“3S”集成是指将遥感、卫星定位系统和地理信息系统这三种对地观测技术有机地集成在一起。“3S”集成是地理科学和相关科技发展到一定阶段的必然结果。对于3S的关系，一个最贴切的比喻是“一个大脑，两只眼睛”。GIS是大脑，是管理核心，RS和GNNS分别是两只眼睛，为GIS提供信息来源。GPS主要是实时、快速地提供目标的空间位置，RS用于实时、快速地提供大面积地表物体及其环境的地理信息及变化，GIS则是多种来源时空数据的综合处理和应用分析的平台。下面我们将对GIS、RS、GNNS分别做一简单介绍。

3.1　地理信息系统

地理信息系统，顾名思义，就是处理地理信息的系统。地理信息是指与地球上的空间位置有关的信息，常常又称为空间信息。一般来说，GIS可定义为：用于采集、存储、管理、处理、检索、分析和表达地理空间数据的计算机软硬件系统。从系统应用角度，GIS可进一步定义为：由计算机系统、地理数据和用户组成，通过对地理数据的集成、存储、检索、操作和分析，生成并输出各种地理信息，从而为土地利用、资源评价与管理、环境监测、交通运输、经济建设、城市规划以及政府部门行政管理提供新的知识，为工程设计和规划、管理决策服务。

3.1.1　地理信息系统的发展历史

GIS技术是20世纪60年代以后发展起来的新型学科，也是一门涉及计算机图形学、测绘科学、环境科学、数据库技术等多学科的交叉学科。它最初源于解决自然资源管理问题。地理信息系统这一概念最早是由加拿大测量学家R. F Tomlinson在1963年提出的。他首先尝试利用数字计算机处理和分析土地利用数据，并建成世界上第一个GIS（加拿大地理信息系统 CGIS）。这个系统实现了专题地图的叠加、面积量算、自然资源的管理和规划等功能。进入 20 世纪 70 年代以后，由于计算机软硬件水平的提高，GIS 朝着实用化方向迅速发展，一些经济发达国家如美国、加拿大、英国、西德、瑞典和日本等国先后建立了许多专业性的 GIS。例如，从 1970 年到 1976 年，仅美国国家地质调查局（USGS）就建成了 50 多个地理信息系统，广泛应用于地质、地理、地形和水资源数据的获取和处理。1974 年日本国土地理院开始建立数字国土信息系统，用于存储、处理和检索测量数据、航空像片信息、行政区划、土地利用、地形地质等信息。而北欧的瑞典在中央、区域和城市三级建立了许多信息系统，如土地测量信息系统、斯德哥尔摩地理信息系统、城市规划信息系统等。

进入 20 世纪 80 年代以后，西方国家工业化进程加快，城市人口迅猛膨胀，出现了水资源匮乏、能源短缺、用地紧张、良田锐减、生态环境屡遭破坏的严重局面。环境危机的出现迫使人们转变思路，寻找保护生态环境和合理利用资源的更有效的办法和手段，这为地理信息系统的快速发展奠定了基础。与此同时，计算机软硬件技术的大幅进步也为地理信息系统的普及提供了技术支持，GIS 的应用领域与范围因此不断扩大。GIS 与卫星遥感技术相结合，开始用于全球性问题的研究，如全球的土地利用和土地覆盖（LUCC）变化和监测、全球沙漠化、全球可居住性评价、厄尔尼诺现象、酸雨、全球性大面积小麦估产、全球海平面变化、火山爆发的预测、周期性全球天气的分析预报等；在区域和城市领域，从土地利用、城市规划等宏观管理应用，深入到解决工程问题，如环境与资源评价、工程选址、设施管理、紧急事件响应等。在这一时期，出现了一大批代表性的 GIS 软件，如 Arc/Info、GenaMap、SPANS、MapInfo、ERDAS、MicroStation 等。

进入 20 世纪 90 年代以后，GIS 的用户时代来临。目前，GIS 的应用已经渗透到各行各业，成为人们工作、生活、学习中不可缺少的工具。从应用方面看，地理信息系统已在资源开发、环境保护、城市规划建设、土地管理、农作物调查与结产、交通、能源、通信、地图测绘、林业、房地产开发、自然灾害的监测与评估、金融、保险、石油与天然气、军事、犯罪分析、运输与导航、110 报警系统、公共汽车调度等方面得到了具体应用。随着地理信息系统的日益普及，GIS 成了一个产业。在全世界的范围内，投入使用的 GIS 系统，每 2~3 年就翻一番，GIS 的市场增长迅速。

我国对地理信息系统方面的研究工作自 20 世纪 80 年代初开始。1980 年中国科学院遥感应用研究所成立了全国第一个地理信息系统研究室。从第七个五年计划开始，地理信息系统研究作为政府行为，正式列入国家科技攻关计划，开始了有计划、有组织、有目标的科学研究、应用实验和工程建设工作。“九五”期间，国家更是将地理信息系统的研究应用作为重中之重的项目予以支持。自 20 世纪 90 年代起，我国的地理信息系统步入快速发展阶段。在实行地理信息系统和遥感联合科技攻关计划的同时，强调地理信息系统的实用化、集成化和工程化，使地理信息系统从初步发展时期的实验研究、局部实用走向实用化和生产化，为国民经济重大问题提供分析和决策依据。目前在全国范围内，正在努力实现基础环境数据库的建设，推进国产软件系统的实用化、遥感和地理信息系统技术一体化等工作。

3.1.2　地理信息系统的组成

一般来说，地理信息系统由硬件、软件（有的则把软硬件作为一个部分）、数据、用户四个主要要素构成。这四个要素从内到外，构成了地理信息系统的不同层次（图 3-1）。

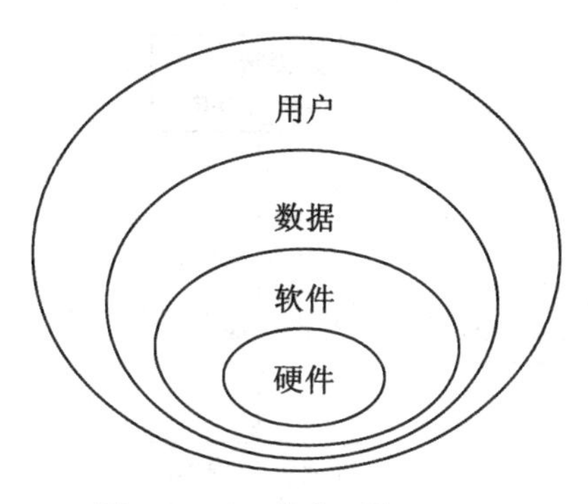

图 3-1　地理信息系统的组成

硬件是指 GIS 中所用实际物理设备的总称。GIS 硬件系统除计算机外，一般还包括数字化仪、扫描仪、绘图仪等外部设备。软件是指 GIS 运行所必需的各种程序，包括由计算机系统软件、地理信息系统软件以及用于专题分析或建模的特定应用程序。计算机系统软件是由计算机生产厂家提供的软件，如操作系统等。地理信息系统软件则提供存储、管理、分析和显示输出地理信息的功能，主要的软件部件有输入和处理地理信息的工具、数据库管理系统工具、支持地理查询、分析和可视化显示的工具及其用户接口功能。特定应用程序是地理信息系统功能的扩充和延伸，主要是针对某一特定专题所开发的辅助工具。由于地理信息系统应用范围越来越广，常规系统提供的处理和分析功能很难满足所有用户的要求。因此目前常用的地理信息系统都为用户提供了二次开发手段，以便用户根据自己的需求开发新的分析模块。

数据是一个 GIS 系统的应用基础，是 GIS 的操作对象。数据来源包括室内数字化和野外采集，以及从其他数据转换而来的数据。数据包括空间数据和属性数据。空间数据的表达可以采用栅格和矢量两种形式。空间数据表现了地理空间实体的位置、大小、形状、方向以及几何拓扑关系。因此，GIS 的数据一般包括三个方面的内容，即空间位置坐标数据、地理实体之间空间拓扑关系以及相应于空间位置的属性数据。

用户是地理信息系统所服务的对象，是地理信息系统的主人，同时也是地理信息系统中最具主观能动性和创造力的因素。GIS 是一个动态的地理模型，除了系统软硬件和数据，GIS 更需要人来进行系统组织、管理、维护和数据更新、系统扩充完善以及应用程序开发，并利用相关的分析模型提取所需信息。因此，人的因素是 GIS 能否成功应用的关键。GIS 人员既包括从事设计、开发和维护 GIS 系统的技术专家，也包括那些使用该系统并解决专业领域具体问题的一般工作人员。

3.1.3 地理信息系统的功能

一个 GIS 软件系统通常具备五项基本功能，即数据输入、数据编辑、数据库、空间查询与分析、可视化表达与输出（图 3-2）。

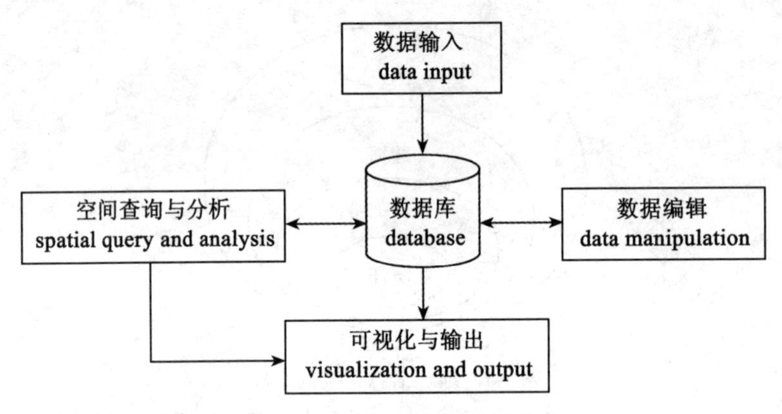

图 3-2 地理信息系统的功能构成

数据输入指将各种数据源如地图数据、统计数据和文字报告等输入、转换成 GIS 可识别的数字形式的过程。对多种形式、多种来源的信息，有多种方式的数据输入，如图形数据输入、栅格数据输入、GPS 测量数据输入、属性数据输入等。用于地理信息系统空间数据采集的主要技术有两类，即使用数字化仪的手扶跟踪数字化技术和使用扫描仪的屏幕跟踪识别数字化技术。手扶跟踪数字化是在早期空间数据采集的主要方式。目前，它已经逐渐被更为简单易操作的屏幕跟踪识别数字化技术所取代。后者则已经成为空间数据采集普遍采用的技术。随着扫描仪性能的不断提升及扫描处理软件的日益完善，扫描数字化技术的自动识别和跟踪的正确率也在不断提高。

数据编辑主要包括图形编辑和属性编辑。图形编辑主要包括图幅拼接、图形变换、投影变换、误差校正、图形编辑、图形整饰以及拓扑关系建立等功能。属性编辑通常与数据库管理结合在一起完成。

数据库是地理信息系统的核心，用于存储与管理空间对象的数据，主要包括空间与非空间数据的存储、查询检索、修改和更新等。同一般数据库相比，地理信息系统数据库不仅要管理属性数据，还要管理大量的图形数据，以及描述空间位置的拓扑关系等。这些特点决定了地理信息系统既要遵循常用关系型数据库管理系统来管理属性数据，又要采用一些特殊的技术和方法来解决通常数据库没法管理的空间数据问题。矢量数据结构、光栅数据结构、矢栅一体化数据结构是存储 GIS 的主要数据结构。数据结构的选择在相当程度上决定了系统的功能。数据结构确定后，在空间数据的存储与管理中，关键是确定空间与属性数据库的结构以及空间与属性数据的连接。目前广泛使用的 GIS 软件大多数采用空间分区、专题分层的数据组织方法，用 GIS 管理空间数据，用关系数据库管理属性数据。而最新的数据库管理软件（如 Oracle）则已经可以提供空间数据和属性数据的协同管理，成为真正的空间数据库。

空间查询与分析是 GIS 有别于其他信息系统的本质特征。GIS 的空间分析可分为三个层次的内容：①空间检索。包括从空间位置检索空间目标及其属性、从属性条件检索空间目标。②空间拓扑叠加分析。实现空间特征（点、线、面或图像）的相交、相减、合并等，以及特征属性在空间上的连接。③空间模型分析。如数字地形高程分析、BUFFER 分析、网络分析、图像分析、三维模型分析、多要素综合分析及面向专业应用的各种特殊模型分析等。

GIS 分析的结果通常以可视化的形式表达出来。常以人机交互方式来选择显示的对象与形式。对于图形数据，根据要素的信息密集程度，可选择放大或缩小显示。GIS 不仅可以输出全要素地图，也可以根据用户需要，分层输出各种专题图、各类统计图、图表及数据等。

3.1.4　GIS 的分类

GIS 有多种分类方法。例如，按范围大小地理信息系统可以分为全球的、区域的和局部的三种。按其应用的性质，可以分为综合的（如国土信息系统、城市基础信息管理系统等）和专题（如房产信息系统、地下管线管理系统等）的两种。按数据结构，GIS 可以分为二维、三维或四维。通常 GIS 主要研究地球表层的若干个要素的空间分布，属于 2～2.5 维 GIS（0.5 维指以曲面形式表示第三维）。而布满整个三维空间的 GIS，才是真三维 GIS（即以块或体的形式表示第三维）。一般也常常将数字位置模型（2 维）和数字高程模型（1 维）的结合称为 2+1 维或 3 维，加上时间坐标的 GIS 称为 4 维 GIS 或时态 GIS。

3.1.5　地理信息系统的发展趋势

地理信息系统本身的发展同两方面的发展密切相关：一是信息技术的发展，包括相关的计算机软硬件技术、数据库技术、网络技术等。地理信息系统技术的发展始终同计算机信息技术的发展密切相关，计算机技术领域中面向对象技术、软件集成技术、网络技术的发展给地理信息系统的发展带来了新的动力和挑战。二是应用的发展，也就是需求的发展。需求的发展包括地理信息系统应用领域的扩展和不断深入，以及新的应用领域的产生。

从 GIS 的系统发展趋势来看，在未来几十年内，GIS 将向着系统集成化、平台网络化和应用社会化的方向发展。系统集成化是指 GIS 软件的对象化（customized），即通过面向对象和构件技术，将 GIS 模块开发为控件，由每个控件完成不同的功能。然后通过软件集成，最终形成面向用户需求的 GIS 应用平台。平台网络化意味着 GIS 的工作平台将逐步从单机转入网络工作环境。GIS 目前正从局域网内客户/服务器（client/server，C/S）结构的应用向 Internet 环境下浏览器/服务器（browser/server，B/S）结构的应用发展。随着 GIS 与互联网的结合，GIS 不仅可以实现网上发布、浏览、下载，还可以形成实现基于 Web 的互动式 GIS 查询、分析，甚至数据操作。应用社会化意味着 GIS 的应用将不再局限于专业领域，它的范围将不断扩展，最终走入千家万户，深入到工作和生活的各个方面。

从 GIS 系统内部或系统本身的角度看，地理信息系统技术将逐步向数据标准化、数据多维化、数据采集自动化、空间数据和属性数据组织一体化，以及空间分析功能多样化发展。数据标准化包括 GIS 数据结构及数据交换格式的标准化、GIS 基础数据接口的标准化，以及建立开放地理信息系统（Open GIS）的互操作标准等。数据多维化是指 GIS 要在传统的 2~2.5 维基础上扩展成为真正的三维或者四维 GIS，全面、客观、及时地反映空间数据或者时空数据的特征。数据采集自动化不仅包括准确性不断提高的自动矢量化技术，而且还包括日益普及的 GPS 技术以及应用，更包含其他的激光或微波雷达技术（如机载 LIDAR、车载移动 LIDAR 等），以及目前价格不断降低的微型传感器技术等。空间数据和属性数据组织的一体化是指应用成熟、专业的数据库管理系统来协同存储和管理空间及属性数据，使之成为能够做到真正数据共享和保障数据安全的空间数据库。空间分析功能的多样化是指扩展空间分析的功能，使之更加专业化和个性化，满足用户多种多样的需求。

不论从研究和应用的角度，三维 GIS、时态 GIS 和 WEBGIS 都是目前 GIS 发展的热点。下面我们将分别对此做简单的介绍。

1. 三维 GIS

三维 GIS 是许多应用领域对 GIS 的基本要求。例如很多情况下，我们都需要对物体进行三维的查询、分析或显示，如工程管线设计与管理、地下空间设计、三维景观设计等。以前很多的 GIS 软件也提供了一些较为简单的三维显示和操作功能。但它们常用的方法是将三维物体投影到地表，再基于此进行处理。这种方式实际上仍是以二维的形式来处理数据。而有些 GIS 软件采用了建立数字高程模型的方法来处理和表达地形的起伏，本质上这种方法也是用二维来表现三维。这与真正的三维表示和分析还有很大差距，尤其是在涉及地下和地上的三维的自然和人工景观的表达时，这种方法仍然无能为力。可以说随着科技的进步和社会的发展，传统的二维 GIS 已经无法满足用户的需求，用户需要更为直观、真实的三维 GIS 来作为交互式查询、分析、计算和显示的媒介。三维 GIS 因此成为 GIS 的一个重要发展方向。其研究范围涉及数据库、计算机图形学、虚拟现实等多门科学领域。目前，三维 GIS 的研究重点集中在三维数据结构（如数字表面模型、断面、柱状实体等）的设计、优化与实现，以及可视化技术的运用、三维系统的功能和模块设计等方面。国内外许多学者对三维 GIS 的三维结构、三维建模以及应用提出了许多方法和技术手段。现在，三维 GIS 可以支持真三维的矢量和栅格数据模型及以此为基础的三维空间数据库，初步解决了三维空间操作和分析问题。尤其是在三维场景可视化、实时漫游等方面已经取得了较好的成果。总体来说，目前三维 GIS 查询分析功能比较弱。究其原因，三维 GIS 在数据的采集、管理、分析、显示和系统设计等方面要比二维 GIS 复杂得多，并不是简单地增加 Z 坐标的问题。从发展趋势来看，三维 GIS 与虚拟现实、人工智能等技术的结合应用，将使三维 GIS 更加真实地表现现实世界，提高 GIS 的辅助决策支持能力。

2. 时态 GIS

时间是反映客观世界变化的一个重要因素。对于很多事物来说，我们不仅要研究其在空间的变化，也要考虑时间的变化，也就是常说的时空变化（spatial-temporal change）。然而传统的 GIS 并没有把时间作为一个单独的因素加以考虑，它所处理的数据通常只是现实世界在某个具体时刻的“快照”（snapshot）。当被描述的对象并不随时间连续变化或者其变化的过程无关紧要时，用更新快照的方式来反映时间变化的影响是可以接受的。然而，如果 GIS 所描述的现实世界是随时间连续变化的，而且时间因素的影响不可忽略，时间必须作为与空间等量的因素加入到 GIS 中来。这里一个典型的例子就是地籍变更。我们知道，地籍并不是一成不变的，有的时候变更还很频繁。按照传统 GIS 存储数据的方法，我们有可能只能得到最新的土地所有者的信息及交易数据，而以前的历史信息则已不可能获取，因为它们已经被最新的信息所更新。为了解决这一问题，按照传统的 GIS 存储数据的思路，我们可能需要备份不同历史时期的数据。这将会产生大量的数据冗余，而且查询和分析的效率也将大大降低。因此，如何既考虑时间因素，又不产生数据冗余是目前 GIS 研究的一个重点。

将时间的影响考虑到 GIS 应用中，就产生了时态 GIS 或四维 GIS。当前主要的时态 GIS 模型包括空间-时间立方体模型、序列快照模型、基图修正模型、空间-时间组合体模型等。时态 GIS 的研究重点主要在时空数据库模型（如何设计并建立一个有效的数据库结构来存储时空数据）、时空分析和推理（如何根据数据库中大量的时间序列数据和空间数据进行包括时间推理和空间推理在内的数据分析）、时空数据库管理系统（目前主要研究的是时空数据库查询语言，而真正的数据库管理系统层次的研究很少）、时空数据的可视化研究（探讨不同时间数据的显示、制图和符号化）4 个方面。其中有关时空数据库模型的研究比较深入，而对时态的可视化问题研究较少，过去一般借助轨迹线等方法描述地理数据的时态特征，现在的研究是向借助动画技术表述地理数据时间维的方向发展。

3. WebGIS

Internet 的日益普及，给 GIS 带来了新的发展机遇和挑战，由此也产生了 WebGIS。可以简单地说，WebGIS 就是 GIS 与 Internet 的结合。WebGIS 不但具有大部分乃至全部传统 GIS 软件具有的功能，而且还具有利用 Internet 优势的特有功能。首先，GIS 的应用范围大大扩展。这是因为通过连接全球的网络 Internet，WebGIS 服务于位于世界任何位置的客户。目前，WebGIS 的工作机制是客户/服务器构架，即通过把 GIS 的分析任务分为服务器端和客户端两部分，客户可以从服务器请求数据、分析工具和模块，服务器或者执行客户的请求并把结果通过网络送回给客户，或者把数据和分析工具发送给客户供客户端使用。理论上说，无论位于世界的任何一个角落，只要有相关的权限，任何客户都可以同时访问多个位于不同地方的服务器上的最新数据，实现远程数据共享。客户/服务器构架使客户端与服务端的数据传输减少到最少的程度，为在 Internet 上实现复杂、大规模的地理信息服务提供了可能。其次，GIS 系统的成本大大降低。传统 GIS 在每个计算机上都需要安装 GIS 套件，而完整的 GIS 套件通常价格昂贵。而一般的用户经常使用的只是一些最基本的功能，很多专业的功能是闲置的。在客户/服务器架构下，WebGIS 只需在客户端的浏览器安装简单的插件，而完整的 GIS 分析软件包只需要安装在功能强大的服务器中就行了。这与传统的每台计算机都安装全套专业 GIS 相比明显要节省得多。再次，WebGIS 是 GIS 最终实现应用社会化和大众化的必然途径。一方面，WebGIS 的应用平台是独立的。无论服务器/客户机是何种机器，无论网络 GIS 服务器端使用何种 GIS 软件，只要使用了通用的

Web浏览器，用户就可以透明地访问网络GIS数据，而不必了解GIS内部的协同处理与分析工作机制。另一方面，WebGIS操作简单。要推广GIS，使GIS为广大普通用户所接受，而不仅仅局限于少数受过专业培训的专业用户，就要降低对系统操作的要求。通用的Web浏览器无疑是降低操作复杂度的最好选择，它改变了GIS数据及应用的访问和传输方式，使GIS真正变成了大众使用的工具。

目前，WebGIS的一个发展趋势是与分布式GIS相结合。Internet的一个特点就是它可以访问分布式数据库和执行分布式处理，即信息和应用可以部署在跨越整个Internet的不同计算机上。分布式GIS利用分布式计算技术来处理分布在网络上的异构多源的地理信息，集成网络中不同平台上的空间服务，构建一个物理上分布，逻辑上统一的GIS。它与传统GIS最大的区别在于它不是按照系统的应用类别、运行环境划分的，而是按照系统中的数据分布特征和针对其中数据处理的计算特征而分类的。

WebGIS的最终发展趋势可能是构建空间信息网格（spatial information grid）。随着GIS应用领域的不断拓展，不同部门和不同用户都建立了自己的GIS。此外，GIS系统同其他的计算机信息系统之间的联系也在不断加强。如何在各个计算机系统内部做到真正的资源共享、应用共享并不是一个简单的问题。因为各个系统可能采用不同的标准和构建方式。空间信息网格是由多个地理信息系统构成的信息系统体系，它跨越了传统的单个地理信息系统边界，可以实现多个地理信息系统之间的资源（包括数据、软件、硬件和网络）共享、互操作和协同计算。在空间信息网格中，GIS的数据分析与处理通过GIS应用服务器之间的互操作和协同计算来完成，GIS的应用则通过多种类型的客户端（如PC、移动终端）上Web Browser或桌面软件来调用服务器的功能来实现。未来几年，特别是随着电子政务和电子商务的发展，空间信息网格构建必将有新的进展。

总之，随着计算机软硬件，特别是网络技术的飞速发展，GIS正在经历一场变革。三维GIS使GIS技术更加现实化，更能真实地再现客观世界；时态GIS使GIS技术更加实用化，更能辅助决策支持；网络GIS使GIS技术更加广泛化，更能快捷迅速地提供更多的服务。

3.2 遥感技术

遥感技术是20世纪60年代在航空摄影测量的基础上，随着空间技术、计算机技术等当代最新科技的进展，以及环境科学、空间物理学、地学、生态学等学科的发展和应用，迅速兴起并发展起来的一门综合性学科技术。20世纪70年代初，随着美国陆地资源卫星的发射，遥感也从以飞机为主要运载工具的航空遥感，发展到以人造地球卫星、宇宙飞船和航天飞机为运载工具的航天遥感。人们的观察视野及观测领域空前扩展，形成了对地球资源和环境进行探测和监测的立体观测体系。

3.2.1 现代遥感技术的应用基础

遥感技术的基础，是通过观测电磁波，从而判读和分析地表的目标以及现象。电磁波是电磁振动的传播。电磁波的波段按波长由短至长可依次分为：γ-射线、X-射线、紫外线、可见光、红外线、微波和无线电波。电磁波的波长越短其穿透性越强。遥感探测所使用的电磁波波段包括紫外线、可见光、红外线和微波。太阳发出的光也是一种电磁波。太阳光从宇宙空间到达地球表面须穿过地球的大气层。太阳光在穿过大气层时，会受到大气层对太阳光的吸收和散射影响，因而使透过大气层的太阳光能量衰减。大气层对太阳光的吸收和散射影响随太阳光的波长而变化。通常把太阳光透过大气层时透过率较高的光谱段称为大气窗口。大气窗口的光谱段主要有紫外、可见光和近红外波段。地面上的任何物体（即目标物），如大气、土地、水体、植被和人工构筑物等，在温度高于绝对零度（即0K=−273.16℃）的条件下，都具有反射、吸收、透射及辐射电磁波的特性，这就是地物的电磁波特性。由于每一种物体的物理和化学特性以及入射光的波长不同，因此它们对入射光的反射率也不同。这种各物体对入射光反射的规律叫做物体的反射光谱。反映这一变化的曲线称之为电磁波反射曲线（图 3-3）。通过比较电磁波反射曲线，我们就可以区分不同的物体。

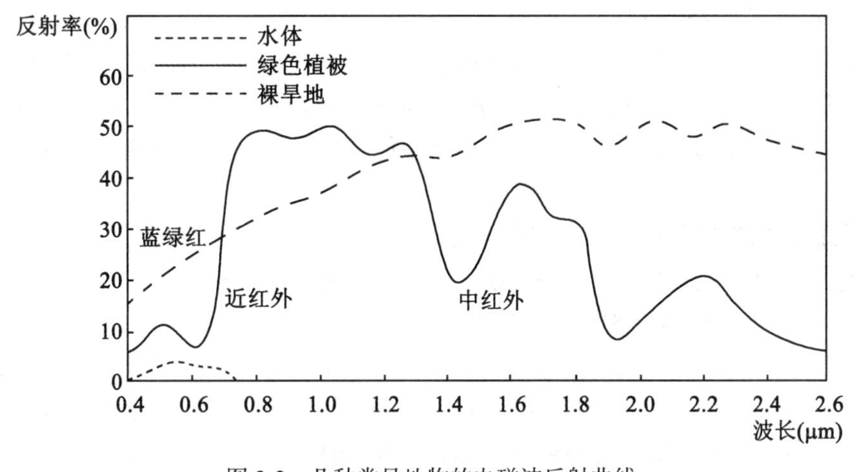

图 3-3　几种常见地物的电磁波反射曲线

因此，遥感所谓的“遥远的感知”实际上是指在不直接接触观测对象的情况下，从远距离高空以及外层空间的各种平台上（称为遥感平台）利用可见光、红外光、微波等电磁波探测仪器（称为传感器），通过摄影、扫描及信息感应、传输、处理，从而研究地面物体的形状、大小、位置及其环境的相互关系的现代科学技术。

3.2.2　现代遥感技术的特点

现代遥感技术具有众多的特点，正是这些特点使遥感技术的应用范围不断拓展，深度不断增加。简单地说，现代遥感技术具有以下特点：

- 覆盖面积大：相比于常规的地面的和近地面的观测方式，现代遥感尤其是卫星遥感观测范围大，可以反映较大面积的区域内宏观的现象。

- 多时相：现代遥感技术可以反复获得同一地区的影像数据。这种多时相性为人们长期、系统和动态地研究地球表面变化及其规律提供了可能。
- 多光谱：现代遥感技术在很多光谱段获取遥感数据，从而大大提高了识别和区分各种地面目标的能力。
- 多级序列影像分辨率：现代遥感技术在影像分辨率方面形成了多级序列。多级分辨率的实现，使宏观观测和微观观测的结合成为可能。人们可先在粗分辨率的影像上快速发现和定位可能发生变化的地区，进而再在精分辨率的影像上详细分析研究这些变化，大大提高了工作效率。

3.2.3 常见的传感器及卫星遥感数据

传感器是安装在遥感平台上探测物体电磁波的仪器。针对不同的应用目的，人们已经研究出很多种传感器用于探测和接收物体在不同波段范围内（可见光、红外线和微波）的电磁辐射。传感器的任务是把电磁辐射按照一定的规律转换为原始图像，并发送到地面。原始图像被地面站接收后，经过一系列复杂的处理，最终提供给不同的用户使用。常用的传感器包括航空摄影机（航摄仪）、全景摄影机、多光谱摄影机、多光谱扫描仪（multi spectral scanner，MSS）、专题制图仪（thematic mapper，TM）、反束光导摄像管（RBV）、高分辨率扫描仪（high resolution visible range instruments，HRV）、合成孔径侧视雷达（side-looking airborne radar，SLAR）。新型传感器不断出现也是现代遥感技术发展的特点之一。

反映传感器的性能指标主要有四个。它们分别是：

- 空间分辨率：指遥感图像上能够识别的最小单元的尺寸，也就是我们常说的像元的大小。它是用来表征影像分辨地面目标细节能力的指标，单位一般是米。
- 时间分辨率：对同一目标进行重复探测时，相邻两次探测的时间间隔，也就是我们常说的探测重复周期。单位一般是天，也有可能是小时。例如陆地卫星是十几天，而气象卫星一天能重复好几次，这样有利于天气的准确预报。
- 光谱（波谱）分辨率：指传感器所能记录的电磁波谱中，某一特定的波长范围值。波长范围值越宽，光谱分辨率越低。光谱通道越多，其分辨物体的能力越强。一般分为全色光谱（黑白光谱）、多光谱和高光谱。多光谱一般只有几个、十几个光谱通道，而高光谱有多达几十个甚至上百个通道。
- 温度分辨率：指热红外传感器分辨地表热辐射（温度）最小差异的能力。

这四项指标也是影像的重要参数之一，特别是空间分辨率和时间分辨率。

目前常用的卫星遥感数据有：中巴资源卫星 CBERS-1、法国 SPOT 卫星、欧共体的 ERS、日本 JERS-1 卫星、加拿大的 RADARSAT 雷达卫星、美国 NOAA 极轨卫星、美国 DigitalGlobe 公司的 QuickBird、美国 Space Imaging 的 IKNOS、美国陆地卫星（Landsat5、Landsat7），美国的 MODIS、印度的 IRS、日本的 ALOS 卫星。表 3-1 列出了其中几个遥感卫星的参数。

表 3-1　　**几种常用的遥感卫星及其遥感器参数**

卫星传感器	波段（μm）	空间分辨率	覆盖范围	周期
Landsat TM	0. 45~0. 52 0. 52~0. 60 0. 63~0. 69 0. 76~0. 90 1. 55~1. 75 10. 4~12. 4 2. 05~2. 35	30m(1~5,7 波段)	185km×185km	16 天
SPOT-HRV	0. 50~0. 59 0. 61~0. 68 0. 79~0. 89 0. 51~0. 73	20m 20m 20m 10m	60km×60km	26 天
NOAA-VHRR	0. 58~0. 68 0. 72~1. 10 3. 55~3. 93 10. 3~11. 3 11. 5~12. 5	1. 1km	2400km×2400km	0. 5 天
IKONOS	0. 45~0. 9 0. 45~0. 52 0. 52~0. 60 0. 63~0. 69 0. 76~0. 90	0. 82m 4m 4m 4m 4m	11km×11km	14 天

3. 2. 4　遥感的分类

按照分类标准的不同，遥感可以有多种分类。

按遥感平台的高度分类大体上可分为航天遥感、航空遥感和地面遥感。航天遥感又称太空遥感（space remote sensing），泛指利用各种太空飞行器为平台的遥感技术系统，包括人造卫星、载人飞船、航天飞机和太空站。其中卫星遥感（satellite remote sensing）为目前航天遥感的主体，它以人造地球卫星作为遥感平台，主要利用卫星对地球和低层大气进行光学和电子观测。航空遥感（aerial remote sensing）泛指从飞机、飞艇、气球等空中平台对地观测的遥感技术系统。地面遥感（ground remote sensing）是指传感器设置在地面上的遥感技术系统，如车载、手提、固定或活动高架平台。

按所利用的电磁波的光谱段分类可分为可见光/反射红外遥感、热红外遥感、微波遥感三种类型。可见光/反射红外遥感主要指利用可见光（0. 4~0. 7μm）和近红外（0. 7~2. 5μm）波段的遥感技术统称。前者是人眼可见的波段，后者是反射红外波段。反射红外波段虽不能被人眼直接看见，但其信息能被特殊遥感器所接受。可见光/反射红外遥感的辐射源都是太阳。在这两个波段上只反映地物对太阳辐射的反射。根据地物反射率的差异，就可以获得有关目标物的信息，它们都可以用摄影方式和扫描方式成像。

热红外遥感，指通过红外敏感元件，探测物体的热辐射能量，显示目标的辐射温度或热场图像的遥感技术的统称。遥感中指8～14μm波段范围。地物在常温（约300K）下热辐射的绝大部分能量位于此波段，在此波段地物的热辐射能量大于太阳的反射能量。热红外遥感具有昼夜工作的能力。微波遥感，指利用波长1～1000mm电磁波遥感的统称。通过接收地面物体发射的微波辐射能量，或接收遥感仪器本身发出的电磁波束的回波信号，对物体进行探测、识别和分析。微波遥感的特点是对云层、地表植被、松散沙层和干燥冰雪具有一定的穿透能力，又能夜以继日地全天候工作。

按照工作方式分主动遥感（active remote sensing）和被动遥感（passive remote sensing）。所谓主动式是指传感器带有能发射讯号（电磁波）的辐射源，工作时向目标物发射，同时接收目标物反射或散射回来的电磁波，以此所进行的探测。被动式遥感则是利用传感器直接接收来自地物反射自然辐射源（如太阳）的电磁辐射或自身发出的电磁辐射，而进行的探测。我们常见的陆地卫星使用的MSS（multispectral scanner）和TM（thematic mapper）都属于被动式遥感。而雷达（Radar）是最常见的主动式遥感。

3.2.5 遥感系统的组成

一般来说遥感系统包括信息源特征、信息的获取、信息的传输与记录、信息的处理和信息的应用五个部分。信息源特征是指地物的电磁波特性，即一切物体，由于其种类及环境条件不同，因而具有反射或辐射不同波长电磁波的特性，这是遥感探测的依据。信息获取是指运用传感器接受、记录目标物电磁波特性的探测过程。信息的传输与记录是指将信息或记录在胶片上由人或回收舱回收至地面，或直接以数字磁介质存储，并通过卫星上的微波天线输送到地面的卫星接收站的过程。信息处理是指运用光学仪器和计算机设备对所获取的遥感信息进行校正、分析和解译处理的技术过程。常见的过程包括信息恢复、辐射校正、卫星姿态校正、投影变换等，再转换为用户可以使用的通用数据格式。经过这样的转换遥感信息才能被用户使用。信息应用是指专业人员按不同的目的将遥感信息应用于各业务领域的使用过程。信息应用的基本方法是将遥感信息作为地理信息系统的数据源，供人们对其进行查询、统计和分析利用。

3.2.6 现代遥感技术的发展趋势

近几十年来的应用实践已经说明，现代遥感技术，尤其是卫星遥感技术对于一个国家的经济发展、社会进步至关重要，它同时也是衡量一个国家科技水平高低的重要尺度。不论是发达国家还是发展中国家，都十分重视发展这项技术。随着传感器技术、航空航天技术和数据通讯技术的不断发展，现代遥感技术已经进入一个能动态、快速、多平台、多时相、高分辨率地提供对地观测数据的新阶段。现代遥感技术的发展焦点体现在以下几个方面：

1. 高分辨率小卫星

所谓小卫星，是指质量小于500kg的小型近地轨道卫星。小卫星虽然质量小，但由于距离地面近，而且装载新型的传感器，通常具有较高的分辨率。其地面分辨率可达5m，甚至1m。小卫星的这种高空间分辨率和高频率的、立体的观测能力，使它在大比例尺图件制作、GIS制图和DEM立体图形制作等方面具有明显的优势。由于其研制和发射成本低廉，近年来发展非常迅速。IKONOS-2是美国Space Imaging公司于1999年9月成功发射的第一颗高分辨率商业小卫星，并已开始出售数据；Orbview3/4卫星是美国Orbital Sciences公司研制和即将发射的小型卫星，其空间分辨率为1m（全色）和4~8m（多波段）。有多颗小卫星构成小卫星群将成为现代遥感的另一发展趋势，它可以很好地协调时间分辨率和空间分辨率这对矛盾。小卫星群在2~3天内完成一次对地重复观测，可获得高于1m的高分辨率成像光谱仪数据。

2. 微波遥感技术

微波遥感技术是当前国际遥感技术的发展重点之一。微波遥感技术由于具有全天候、全天时和具有一定穿透功能的特性，对解决海况监测、恶劣气象条件下的灾害监测及冰雪覆盖区、云雾覆盖区、松散层掩盖区和国土资源勘查等将有重大作用。1995年11月加拿大雷达卫星RADARSAT-1的发射，标志着卫星微波遥感的重大进展，为建立一个能生存的国际遥感数据市场做出了重要贡献。

3. 高光谱遥感

高光谱遥感是未来空间遥感发展的核心内容。高光谱传感器既能对目标成像又可以测量目标物波谱特性。高光谱传感器在0.4~2.5μm范围内可细分成几百个波段，光谱分辨率将达到5~10nm，光谱分辨率高、波段连续性强。人们希望通过高光谱遥感数据对矿物、岩石的类型、农作物、森林的种类、环境中各种污染物质的成分进行定量分析。但目前其发展仍停留在航空实验和应用阶段，预计在不久的将来会得到很大的突破和发展。例如美国Geosat Committee目前正在对高光谱传感器Probe-1进行矿产、油气、环境及农业等4大领域的应用试验。最新的Orbview-4也拥有200个波段高光谱传感器。

4. 3S技术的集成

遥感本身就是多学科的综合，多种技术的联合应用将大大拓宽遥感技术的应用范围。空间定位技术、遥感技术和地理信息技术的整体集成（3S技术的集成）无疑是人们所追求的目标。集成的3S系统不仅具有自动、实时地采集、处理和更新数据的功能，而且能够智能式地分析和运用数据，回答用户可能提出的各种复杂问题，并为各种应用提供科学决策咨询。

3.2.7　现代遥感技术在城市规划和管理中的应用

遥感技术应用的领域十分广阔，在我们的城市规划和管理中，具体体现在以下方面：

1. 土地利用和城市化

土地利用或土地覆盖的变化是引起全球以及区域环境尤其是生态环境变化的最主要原因，因此它也是现代遥感应用最广阔的领域。在城市范围内，这种应用可以体现在两个层次。首先，在较大的区域范围（如市域）内，即使应用中低分辨率的TM影像，也可以观察和监测诸如农田、林地、水体、农村居民点、城镇建成区等基本大类的变化。这些信息对于土地利用、区域基础设施布局、生态保护等较为宏观的规划十分重要；其次，在城市建成区范围内，应用较高分辨率的影像，如SPOT，IKNOS，QuickBird等，可以清楚区分各种城市土地利用的类型，如工业区、居住区、仓储、绿地等类型。这些信息对于城市规划等综合规划以及交通规划、绿地系统规划等专项规划的制定都有积极的意义。

2. 城市规划管理

对于非法用地和非法建设项目的监测也是城市遥感应用的主要方面。例如，通过对时间序列影像的判读，对于非法的土地利用和城市建设项目一目了然。目前，在我国的很多城市，例如北京、深圳等，都建立了通过现代遥感技术监测非法用地和建设项目的城市规划管理监督系统。例如在武汉，由于城市发展的需要，有关部门决定停用并搬迁汉口的王家墩机场。由于该机场位于汉口的中心位置，周边的土地利用紧张，非法占地盖房的现象十分突出。城市规划管理部门以机场搬迁时的影像为参照，通过同最新的影像比较，可以容易地确定近年来的非法建筑。这也使得规划管理部门的执法做到了有法可依。

3. 环境监测

环境监测一向是遥感的重要应用领域。针对不断加剧的环境污染问题，利用遥感技术可以快速、大面积地监测水污染、大气污染和土地污染以及各种污染导致的破坏和影响。此外，在城市热岛、烟雾扩散、水源污染等的监测方面，城市遥感也都发挥了重要作用。

4. 道路、建筑工程的设计、选址

将遥感技术应用于道路工程、建筑工程的设计、选址，可以大大提高工程的安全性，大幅提高经济效益。在工程地质勘测中，遥感技术主要用于大型堤坝、厂矿及其他建筑工程的选址和道路选线，以及由地震、暴雨等造成的灾害性地质过程的预测等方面。从遥感资料的分析中发现过去资料中没有反映的隐伏地质构造，通过改变厂址与选择合理的线路，在确保工程质量与安全的同时，也减低了不正确设计施工的危险性，提升了综合效益。

5. 城市绿地生态系统

通过遥感影像研究城市范围内绿地的变化，包括绿地率、绿化覆盖率、绿地郁闭度、植被覆盖指数等指标，已经成为绿地系统规划以及生态系统规划的常用手段和方法，对于城市生态系统的研究具有重要意义。

3.2.8 我国卫星遥感技术的发展

我国对于遥感技术的发展十分重视。在理论研究方面，我国是国际上专家一致认为的世界上3个航测遥感强国之一（其他两国为美国、德国）。我国已经成功发射了16颗返回式卫星，为资源、环境研究和国民经济建设提供了宝贵的资料。气象卫星是我国最早发展的遥感卫星系统。我国自行研制和发射了包括太阳和地球同步轨道在内的6颗气象卫星，在气象研究、天气形势分析和天气预报中发挥了巨大的作用。2002年我国还发射了第一颗海洋卫星，为我国海洋环境和海洋资源的研究提供了及时可靠的数据。1999年10月我国第一颗以陆地资源和环境为主要观测目标的中巴地球资源卫星发射成功，结束了我国没有较高空间分辨率传输型资源卫星的历史，已在资源调查和环境监测方面逐步发挥效益。2007年9月又发射了中巴资源卫星02B星，目前在轨正常运行。然而总的来说，我国的卫星遥感技术同世界先进水平相比，还有一定的差距。

3.3 卫星定位与导航系统

很多人都有这样的经历：到一个不熟悉的城市旅游，经常晕头转向，不知道怎么走？有时候就是找到了一张地图，知道了目的地，却也不知道自己在哪里，还是无所适从。自己驾车的时候，遇到十字路口，却不知道应该往哪个方向转向？这些问题涉及地理空间的定位和导航技术，而最有效的全球性定位导航技术是基于卫星的定位与导航，我们统一称为全球卫星定位导航系统（global navigation satellite system，GNSS）。

基于卫星进行空间定位与导航，目前已经有多个系统，包括美国的GPS系统、俄罗斯的GLONASS、欧盟的“伽利略”（Galileo）和我国的“北斗”（BD）。我们分别进行介绍。由于GPS是应用最为普遍的定位与导航系统，我们对其进行重点介绍。

3.3.1 GPS的系统构成

GPS（global positioning system）的英文全称是navigation satellite timing and ranging global position system，即“导航星测时与测距全球定位系统”，或简称“全球定位系统”。全球卫星定位系统GPS是美军20世纪70年代初在其第一代卫星导航系统“子午仪卫星导航定位”系统的基础之上发展起来的具有全球性、全能性（陆地、海洋、航空与航天）、全天候性优势的导航定位、定时、测速系统。现在GPS的概念其实已经扩展到为全球用户提供实时的三维位置、速度和时间信息等所有导航定位系统的统称。由于它是最早投入民用的卫星定位与导航系统，且使用最为广泛，人们已经将GPS看成为卫星定位与导航系统的代名词，如我们常说的3S技术，一般就是指GIS，RS和GPS。

GPS由三大子系统构成，即空间卫星系统、地面监控系统、用户接收系统。

空间卫星系统由24颗均匀分布在距离地面20200km的6个轨道平面上的地球同步轨道卫星构成。这24颗卫星由21颗工作卫星和3颗在轨备用卫星组成，称为“GPS卫星星座”。每颗卫星每12小时（恒星时）沿近圆形轨道绕地球一周。GPS卫星星座可以保证在地球上的任意一个地点在任意时刻可以同时观测到高出地平线15以上的4~12颗卫星，从而实现连续、实时导航和定位。GPS卫星的主要功能是向用户发射用于导航定位的无线电波信号，同时接收地面发送的导航电文以及调度命令。

地面监控系统由分布在美国本土和海外的三个美军基地上的5个监测站、一个主控站和三个注入站（也叫地面控制站）构成。地面监控系统的功能是对空间卫星系统进行监测、控制，并向每颗卫星注入更新的导航电文。其中监测站是数据采集中心，它负责用GPS接收系统获取卫星的观测数据（包括电离层和气象数据），经过初步处理后传送到主控站。主控站是系统控制中心。它的主要任务是收集各监控站对GPS卫星的全部观测数据，利用这些数据计算每颗卫星的轨道和卫星上时钟（简称为卫星钟）的改正值。注入站的任务主要是接受主控站传送的导航电文，在每颗卫星运行至上空时把这类导航数据及主控站的指令注入卫星。

用户设备部分也就是 GPS 信号接收机。我们所用的 GPS 手机或者 GPS 导航仪就是 GPS 信号接收机。它的主要功能是接收 GPS 卫星发射的信号，经数据处理后计算出用户所在的位置、高度、速度等信息。

3.3.2 GPS 导航定位原理

GPS 的基本工作原理是根据已知的卫星位置，首先测量出卫星到用户接收机之间的距离，然后通过综合多颗卫星的数据确定接收机在地面上的具体位置（图 3-4）。要实现这一目的，实际上需要回答三个问题。

第一个问题是，如何确定卫星在太空中的位置？我们知道，卫星并不是静止的，它在太空中绕着地球不断高速运动，那么如何获取某一具体时刻卫星的坐标位置呢？前面我们已经提到，GPS 由 24 颗卫星构成了一个卫星星座。而这个星座中每个卫星的运行轨迹早已经设计好了。记录卫星运行轨迹的记录称为卫星星历。通过查询某一时间点的卫星星历我们就可以获得卫星在太空中的位置。

第二个问题是，如何计算已知位置的卫星到地面用户之间的距离？这个问题其实很简单。距离=速度×时间。这里的速度是电波的速度（等于光速）。我们知道，电波传播的速度是一个很准确的恒定值，即 3×10^5km/s。因此，时间的获取至关重要，微小的时间差就可能导致巨大的距离误差。例如即使万分之一秒的误差也将会带来 30km 的偏差！为了准确记录时间，在每一颗 GPS 卫星上都装配有 2 台原子钟，这些原子钟可以保证 GPS 接收机接收到准确至纳秒级的时间信息。通过这种方法得到的距离可以精确到 10~20m。

第三个问题是，如何根据测定的星地之间的距离确定地面用户的位置呢？我们知道，三个星地之间的距离构成的球面在三维空间相交于两点，逻辑上排除不在地球上的点，剩下的那个点就是 GPS 接收机在地面上的坐标位置了。但是，事实上，根据三颗卫星确定的位置并不是理论上的三维坐标，而只是经纬度的二维坐标。这是因为，我们忽略了 GPS 工作的一个关键因素——时间，即卫星的时钟与接收机时钟之间的时间差（称为钟差）。因此实际上有 4 个未知数，经度、纬度、高程和钟差，因而需要引入第 4 颗卫星，形成 4 个方程式进行求解，从而得到观测点的经纬度和海拔高程。因此，GPS 接收机最少需要监测到 4 颗卫星，才能得到三维坐标。

理论上，通过 GPS 导航定位的原理就是如此。但实际上，情况并不是如此简单。例如，用户到卫星的距离是通过记录卫星信号传播到用户所经历的时间，再将其乘以电波的速度得到。但是由于电离层、大气层的干扰，实际观测的距离并不是用户与卫星之间的真实距离，所以称之为伪距（PR）。此外，由于卫星轨道的误差、卫星原子钟误差等，都可能影响计算的准确性。如何消除 GPS 系统的误差是 GPS 的一项重要内容。为了提高定位精度，目前普遍采用了称为差分的技术，即通过建立基准站（差分台）进行 GPS 观测，利用已知的基准站的精确坐标，通过与观测值的比较，从而得出修正系数，以此来消去大部分误差。目前通过差分 GPS 技术，定位精度可提高到厘米级和毫米级。

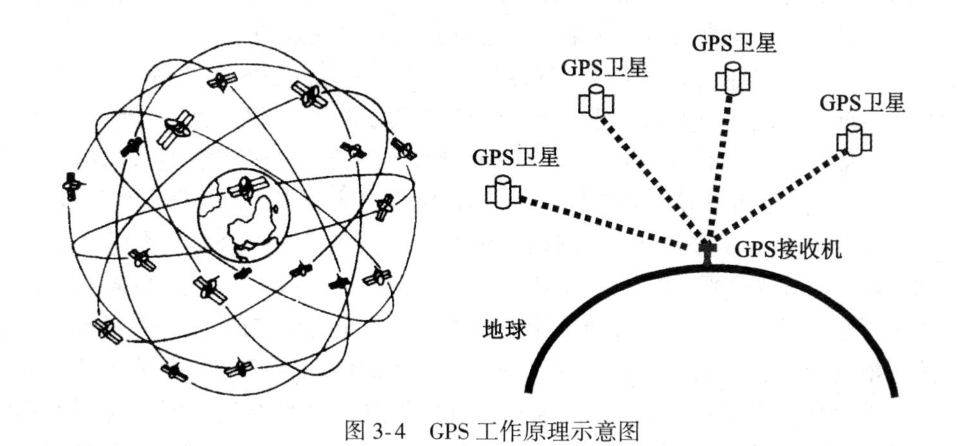

图 3-4　GPS 工作原理示意图

3.3.3　GPS 的应用

总的说来，GPS 的应用体现在军事和民用两个方面。

GPS 原本是为美国的全球军事战略服务的，在设计之初，就将军事与民用加以区分。GPS 卫星产生两组电码，一组是 C/A 码（coarse/acquisition code），主要开放给民间使用。C/A 码的精度相对不高，误差在 29.3～2.93m 之间。我们目前所用的接收机一般都利用 C/A 码计算定位。美国在 20 世纪 90 年代初为了自身的安全考虑，还实行了所谓的 SA（selective availability）政策，称为选择可用性，即对 C/A 码人为采取干扰措施而刻意降低其精度，令接收机的误差增大（达到 100m 左右）。另一组称为 P 码（precise code），主要为美国军方服务，设有密码。P 码的误差为 2.93～0.293m，是 C/A 码的 1/10。目前，GPS 的首要目的仍然是满足美国陆海空三军全球军事战略的需要。美国的很多战斗机、舰艇、巡航导弹都配有高精度的 GPS 接收机。在 2003 年的伊拉克战争中，我们已经看到了 GPS 的巨大威力，巡航导弹在 GPS 的引导下能够精确攻击伊拉克的地面目标。我们甚至看到了每个在野外作战的美国陆军士兵都配有 GPS 接收机，便于跟踪和协同作战。在 2000 年 5 月 2 日之后，为了商业利益，美国取消了对 GPS 卫星民用信道的 SA 干扰信号，所以现在的 GPS 精度都能在 20 米以内，达到了平均 6.2 米的水平，从而掀起 GPS 应用的热潮。特别是近年来随着地面接收机的微型化，出现了各种集通信、计算机、GPS 于一体的个人信息终端，使卫星导航技术从专业应用走向大众应用，成为继通信、互联网之后的 IT 领域的第三个新的增长点。

在民用领域，GPS 正得到越来越广泛的应用。GPS 的导航功能使其在交通运输业的应用成为民用的主导。GPS 定位信息一般每秒钟更新一次，通过计算单位时间内 GPS 定位坐标的变化，就可以计算出运动速度，这是 GPS 导航的基础。在航空领域，GPS 能即时提供飞机的三维坐标位置以及速度，优化飞机进出港的顺序，大大提高了空中交通管理的安全性和效率。在水上航行尤其是海上航行中，GPS 能为船舶选择最佳的航线，降低运输成本。目前在我国的内河航运中，已普遍使用 GPS 设备来辅助船舶的行驶，保证行驶的安全。在城市中，配有GPS的出租车可以轻易地找到所需搭载乘客的位置，减少了空载率，提高了工作效率，也大大方便了乘客。还有我们以前提到的GPS手机、车载GPS导航仪都为行人和车辆的导航提供了极大的便利。在测绘领域，GPS的应用已经引起了革命性的变化。目前，范围上数千米至几千千米的控制网或形变监测网，精度上从百米至毫米级的定位，一般都将GPS作为首选手段。GPS卫星定位技术已经用于建立高精度的全国性的大地测量控制网，布设城市控制网。GPS还用于监测地球板块运动状态和地壳形变、大型工程项目（如大坝）的变形等。例如，武汉大学（原武汉测绘科技大学）所建立的隔河岩水电站大坝外观变形GPS全自动化监测系统，1~2小时GPS观测资料解算的监测点位，水平精度优于1.5mm，垂直精度优于1.5mm，6小时的GPS观测资料解算，水平精度、垂直精度均优于1mm。此外，近年来，GPS还广泛应用于生物保护领域。对于无法通过常规手段观测的珍稀动物，可以通过给其佩带GPS跟踪装置，可以时刻了解生物的活动路线、生活规律，从而更好地研究这些动物的生活习性，对促进生态保护工作的开展具有重要意义。

3.3.4 世界上其他卫星定位与导航系统

除了美国的GPS系统之外，世界上还存在其他的卫星定位与导航系统，主要有俄罗斯的“格洛纳斯”（GLONASS）、欧盟的“伽利略”（Galileo），以及我国的“北斗”（BD）。

“格洛纳斯”是前苏联从20世纪80年代初开始建设的与美国GPS系统相类似的卫星定位系统，也由卫星星座、地面监测控制站和用户设备三部分组成。其中，卫星星座由24颗卫星组成，均匀分布在3个近圆形的轨道平面上，每个轨道面8颗卫星，轨道高度19100km，运行周期11小时15分。俄罗斯对GLONASS系统采用了军民合用、不加密的开放政策。GLONASS系统单点定位精度水平方向为16m，垂直方向为25m。系统从1982年10月发射第一颗卫星开始，已发射了多达上百颗卫星。但是由于卫星寿命过短，加之前一段时间俄罗斯自身经济状况不佳，无法补充新卫星，所以该系统不能维持正常工作。到2008年9月12日止，GLONASS系统由16颗卫星组成，其中13颗正常工作，2颗接受维修，1颗即将退役。2008年9月12日，俄罗斯总理普京签署一份命令，为GLONASS导航系统追加26亿美元投资，用于研发。其中新增投资的绝大部分将用于为现有GLONASS卫星星座增加新卫星。按计划，到2011年，GLONASS导航系统卫星数量将由目前的16颗增加到30颗，真正具备提供全球导航与定位能力。

伽利略（Galileo）卫星导航定位系统是欧盟自2002年开始实施的旨在建设独立于美国GPS的一项全球卫星导航定位系统计划（我国也参与了此项计划）。Galileo卫星星座将由27颗工作卫星和3颗备用卫星组成。这30颗卫星将均匀分布在3个轨道平面上，卫星高度为23616km，轨道倾角为56°。“伽利略”与GPS相比，精度更高，应用范围更广，其最高精度比GPS高10倍，即使是免费使用的信号精度也达到6米。“伽利略”可为地面用户提供3种信号：免费使用的信号、加密且需交费使用的信号、加密且需满足更高要求的信号，具有公开服务、安全服务、商业服务和政府服务等功能，但更多侧重于民用。2005年12月第一颗Galileo试验卫星成功发射，现已开始向地面发送信号。按计划，到

2010 年欧洲将发射 30 颗卫星，完成伽利略卫星星座的部署工作。伽利略卫星导航系统是世界上第一个基于民用的全球卫星导航定位系统，投入运行后，全球的用户将使用多制式的接收机，获得更多的导航定位卫星的信号，极大地提高导航定位的精度。伽利略系统还能够和美国的 GPS、俄罗斯的 GLONASS 系统实现多系统内的相互合作，任何用户将来都可以用一个多系统接收机采集各个系统的数据或者各系统数据的组合来实现定位导航的要求。

北斗卫星导航系统（beidou/compass navigation satellite system，BD 或 CNSS）是由我国建立的区域导航定位系统。2000 年，北斗导航定位系统两颗卫星成功发射，标志着我国拥有了自己的第一代卫星导航定位系统——BD-1。该系统由 4 颗（2 颗工作卫星、2 颗备用卫星）北斗定位卫星、地面控制中心为主的地面部分、北斗用户终端三部分组成。北斗定位系统可向用户提供全天候、24 小时的即时定位服务，定位精度 20 ~ 100m。与 GPS 系统不同，BD 所有用户终端位置的计算都是在地面控制中心站完成。因此，地面控制中心可以保留全部北斗终端用户机的位置及时间信息。与 GPS、GLONASS、Galileo 等国外的卫星导航系统相比，BD-1 有自己的优点，如投资少，组建快，具有通信功能，捕获信号快等。但也存在着明显的不足和差距，如用户隐蔽性差，无测高和测速功能，用户数量受限制，用户的设备体积大、重量重、能耗大等。北斗卫星导航定位系统运行 5 年来，成功应用于水利水电、海洋渔业、交通运输、气象测报、国土测绘、减灾救灾和公共安全等领域。例如在汶川抗震救灾中，北斗卫星导航定位系统全力保障救灾部队行动，取得了很好的效益。为了提高我国的卫星导航定位系统的性能，我国目前正在建设的是第二代北斗卫星导航系统——BD-2。北斗二代系统是一个真正的全球系统，包括 35 颗卫星，其中五颗是地球同步轨道，其余 30 颗是中地轨道卫星，能真正覆盖全球。北斗二代将提供两层服务：对中国民用的免费服务和军事用途的特许服务。民用免费服务定位精度将达到 10m，时钟同步精度达到 50ns，测速精度达到 0. 2m/s。军用特许服务将提供更高的精度。中国的北斗二代系统首颗卫星已经于 2007 年 4 月 14 日发射升空，是一颗中地轨道 21500km 的卫星。

本章小结

1. 地理信息系统、遥感和全球定位系统之间的关系类似于“一个大脑，两只眼睛”，即地理信息系统是信息管理的中心，而遥感和全球定位系统为地理信息系统提供信息来源。

2. 地理信息系统是集采集、管理、分析和显示空间数据为一体的一套计算机软、硬件系统的总和。通常，地理信息系统由硬件、软件、数据、用户四个主要部分构成。一个 GIS 软件系统通常具备五项基本功能，即数据输入、数据编辑、数据存储与管理、空间查询与空间分析、可视化表达与输出。GIS 将向着系统集成化、平台网络化和应用社会化的方向发展。目前，3 维 GIS、时态 GIS 和 WEBGIS 都是目前 GIS 发展的热点。

3. 现代遥感技术是依据地物的电磁波特性，从而对其进行探测和识别的技术。现代遥感技术具有覆盖面积大、多时相、多光谱、多级序列影像分辨率等特点。现代遥感技术的发展趋势包括高分辨率小卫星的发展、微波遥感技术、高光谱遥感以及 3S 技术的集成。

现代遥感技术在城市规划和管理中的应用体现在土地利用和城市化、城市规划管理、环境监测、道路、建筑工程的设计、选址以及城市绿地生态系统的研究分析几个方面。

4. 全球定位系统是为全球用户提供实时、全天候和全球性的导航服务的系统。GPS由三大子系统构成，即空间卫星系统、地面监控系统、用户接收系统。除了美国的GPS系统之外，世界上还存在其他的全球定位系统，主要有俄罗斯的“格洛纳斯”（GLONASS）、欧盟的“伽利略”（Galileo）和我国的“北斗”（BD）。

思考题

1. GIS由哪些部分组成？
2. GIS的功能有哪些？
3. GIS的发展趋势如何？
4. WebGIS相比传统的GIS有何优点？
5. 遥感技术的原理是什么？
6. 现代遥感技术在城市规划中的应用有哪些？
7. 常用的卫星遥感数据有哪些？
8. 现在卫星遥感的趋势是什么？
9. GPS由哪些部分组成？有哪些方面的应用？
10. 除了GPS之外，世界上还有哪些导航定位系统？

第4章　空间数据结构

数据是地理信息系统的重要组成部分，整个地理信息系统采集、加工、存储、分析和表现等功能都是围绕空间数据展开的，因此，空间数据的获取对GIS后期的使用具有重要意义。而空间数据具有与其他数据不同的表现特征和表达方式，目前主要使用矢量数据形式和栅格数据形式表达地理空间数据，并形成不同的空间数据结构，GIS内的空间操作和分析方法也会因为数据结构的不同而不同。

4.1　地理空间数据

4.1.1　地理空间

地理信息系统中的空间概念常用“地理空间”（geo-space）来表述。“空间”（space）的概念在不同的学科有不同的解释。从物理学的角度看，空间就是指宇宙在三个相互垂直的方向上所具有的广延性；从天文学的角度看，空间就是指时空连续体系的一部分；从地理学的角度看，地理空间上至大气电离层、下至地幔莫霍面，是指物质、能量、信息的存在形式在形态、结构过程、功能关系上的分布形式、格局及其在时间上的延续，地球上的各种复杂的物理过程、化学过程、生物过程和生物化学过程就发生在地理空间中。但一般地理空间指的是地球表层，以陆地表面和大洋表面为基准，是地球上大气圈、水圈、生物圈、岩石圈和土壤圈交互作用的区域，也是人类活动频繁发生的区域。

4.1.2　地理空间数据

地理空间数据常被称为空间数据，是指用来描述空间实体的位置、形状、大小及其分布特征诸多方面信息的数据。自然界成千上万的生物和非生物所发生的各种变化、人类在地球上所进行的各种社会经济活动无一不借助一定形式的空间展开，地球表面不仅存在地理事物的空间分布和空间结构，而且蕴含着地理事物的空间差异和空间联系，并且潜在蕴藏着地理事物的空间运动、空间变化规律，包括地理空间的宏观分布规律与微观变化特征等。

“地理事物和现象”包括所有涉及地理空间位置的静态和动态表现。空间数据代表现实世界地理实体或现象在信息世界的映射，地理空间数据是符号化表示地球表层空间地理现象和事物的记录，是表征地球表层地理现象和事物的数量、运动状态、分布特征、联系和规律的数字、文字、图像和图形等，以及一切有关知识的总称。

在GIS中，空间数据是一种可以用点、线、面以及实体等基本空间数据结构来表示人们赖以生存的自然世界的数据，它不仅包括表示实体本身的空间位置及形态信息，而且还包括表示实体属性和空间关系的信息。空间数据现在已广泛应用于社会各行业、各部门，如地质、气象、水文、土地管理、城市规划、交通、银行、航空航天等行业。随着科学和社会的发展，人们已经越来越认识到空间数据对于社会经济的发展、人们生活水平提高的重要性。

4.1.3 地理空间数据特征

地理空间数据（spatial data）用来描述现实世界的空间实体和现象，要完整描述空间实体或现象，一般需要有定位数据及实体属性数据，定位数据是在一个已知的坐标系里实体具有的唯一空间位置，属性数据是指有关实体的各种描述，如果要描述空间实体的变化，则还需记录空间实体或现象在某一个时间的状态。所以，一般认为空间数据具有空间、时间和专题属性三个基本特征（图 4-1）。

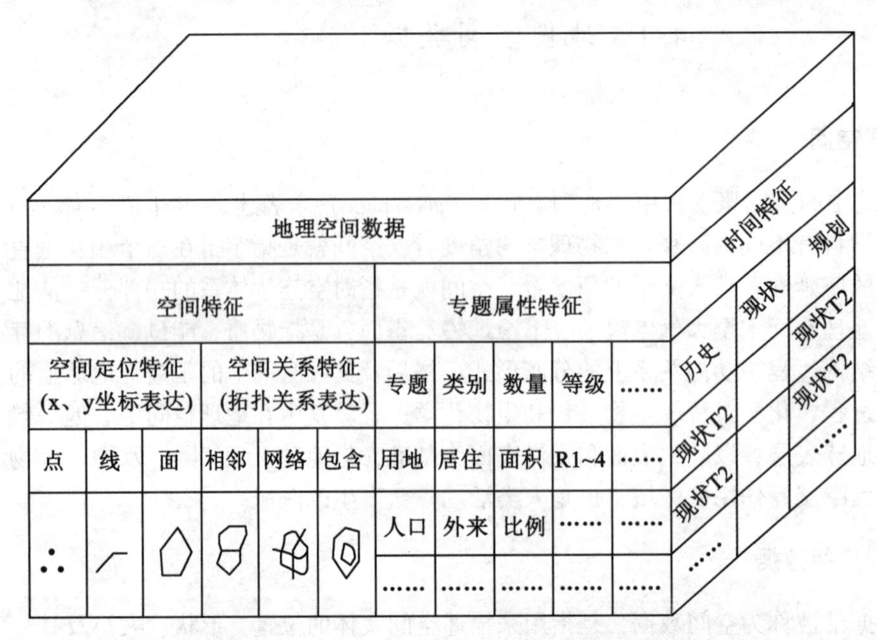

图 4-1 地理空间数据特征

1. 空间特征

空间特征是地理空间数据的最主要特性，是区别于其他信息的一个显著的标志，是指空间地物的位置、形状和大小等几何特征，以及与相邻地物的空间关系。

空间特征有两层含义，一是地物本身的地理位置，位置通常用某种地理坐标或其组合表达，虽然没有几个人知道自己家里或办公室的确切坐标，但对于一个运用计算机进行操作的地理信息系统，其空间坐标及所采用的坐标系统却是“地理空间数据”最重要的组成部分。二是多个地物之间的位置相互关系或空间关系，如地物之间的距离、相邻、相连、包含关系等。有时，空间关系也很重要，例如人们平时确定某一实体位置不是通过描述其空间坐标来表现，而是通过描述该实体与大家都比较熟悉的某一共同目标之间的空间位置关系来表现，如某人的居住地点就在某栋商业大楼旁边等。通过这些空间关系，可在很大程度上确定要寻找的空间目标的位置。有些 GIS 软件存储部分空间关系，如相邻、连接等关系。而大部分空间关系则是通过空间坐标进行运算得到，如包含关系、穿过关系等。

2. 属性特征

地理空间数据除空间位置外，还包括描述地物定性或定量的自然或人文属性，这部分数据称为属性特征数据或属性数据。它是指除了时间和空间特征以外的空间实体的其他特征。例如，一个城镇居民点，位置坐标只是一个几何点（x，y），要构成居民点的地理空间数据，还需要其经济、社会、资源和环境等属性数据。属性特征表现出空间事物或现象的特性，即说明空间事物或现象“是什么”及“怎么样”等，如事物或现象的类别、等级、数量、名称等。属性特征是地理空间数据中的重要数据，它同位置数据相结合，才能表达空间实体的全貌。

地理实体的属性特征通常以专题的形式表达，如在某一用地范围内，可表现为高程、坡度、坡向、年降雨量、土地酸碱度、土地覆盖类型、人口密度、交通流量、空气污染程度等多种专题信息，每一专题可以通过分类、数量和名称等方式来表现。这些属性数据可以专门花时间采集，也可以从其他信息系统中获取。

3. 时间特征

空间数据的时间性是指空间数据的空间特征和属性特征随着时间变化的动态变化特征，即时序特性，表现出了现象或物体随时间的变化结果，如人口数的逐年变化等。空间特征和属性特征可以同时随时间变化，也可以独立随时间变化，即在不同的时间，空间位置不变，属性类型可能已经发生变化，或者相反。目前的 GIS 还较少考虑空间数据的时间特征，只考虑其属性特征与空间特征的结合。实际上，由于空间数据具有时间维，过时的信息虽不具有现势性，但却可以作为历史性数据保存起来，因而就会大大增加 GIS 表示和处理数据的难度，在 GIS 中的表示是非常复杂的。严格来说，空间数据总是在某一特定时间或时间段内采集得到或计算得到的，由于有些空间数据随时间的变化相对较慢，因而有时被忽略。而在许多其他情况下，GIS 的用户又把时间处理成专题属性，或者说，在设计属性时，考虑多个时态的信息，这对大多数 GIS 软件来说是可以做到的，但如何有效地利用多时态数据进行时空分析和动态模拟目前仍处于研究阶段。

4.1.4　地理空间数据构成

地理空间数据具有空间、时间、专题等特征，在其数据构成上，也由这些数据构成，他们具有不同的表现形式，往往也被分别描述。

1. 空间数据

空间数据是描述空间特征的数据，说明“在哪里”，用 x、y 坐标来表示，空间数据的一个主要用途就是可视化表现，即制图，所以空间数据具有相关制图要素数据。另外，空间数据必须附带投影信息。空间数据主要来源于各种类型的地图或实测几何数据及卫星遥感、航空遥感等影像数据，也包括建立的格网状数字高程模型（DTM），或其他形式表示地形表面的数据（如 TIN）。

2. 空间关系数据

空间关系数据是指描述空间实体之间相邻、包含等关系的数据，也就是拓扑关系数据（拓扑关系是一种对空间关系进行明确定义的方法），空间关系数据可以随定位数据随时产生或根据需要临时产生。

3. 非空间数据

属性数据是描述空间实体或现象属性特征的数据。属性数据主要来源于实地调查数据、文字报表或地图中的各类符号说明，以及从遥感数据中通过解释得到的信息等。属性数据和空间数据可以放在一起，也可以分开存放。

4. 时间数据

时间数据是指在不同时间点上，空间实体的空间特征和属性特征的动态变化数据，在现有的 GIS 系统中，常通过在空间属性中加上时间标注表达。

5. 元数据

它是描述数据的数据。在地理空间数据中，元数据说明空间数据内容、质量、状况和相关背景信息，便于数据生产者和用户之间的交流。

4.2 地理空间数据表达

为深入研究地理空间现象，需要对地球表面建立几何模型，寻找合适的地理空间数据表达方式，并且要求确定的地理空间数据表达方式能表现出地理世界中每一个实体所具有的空间位置、属性及相互之间的空间关系，满足对地理空间的表现和度量要求。但是，这种表达方式的确定需要一个认知过程，它是从现实世界到机器世界的转换，通过这个过程，人们对空间实体进行抽象和总结，形成能够被计算机操作环境接纳的数据模型和数据结构，以满足计算机处理的需求。

4.2.1 从现实世界到机器世界

抽象是人们观察和分析复杂事物和现象的常用手段之一，将地理系统中复杂的地理现象进行抽象得到的地理对象称为地理实体或空间实体。抽象的程度依据研究区域的大小、规模的不同而有所不同，如在一张小比例尺的全国地图中，武汉市被抽象为一个点状实体；而在较大比例尺的武汉市地图上，需要将武汉市的街道、房屋详尽地表示出来，武汉市则被抽象为一个由点、线、面实体组成的复杂组合实体。

在远古时代，人类就学会了用数据描述现实世界，通过数据的运算来表征现实世界的变化。随着社会活动及生产活动的发展，人们不断拓展研究领域，数据及其运算越来越复杂，在计算机及 GIS 技术的支持下，空间数据逐渐被广泛使用，已成为表达现实世界数据的重要组成部分。而空间实体现象从现实世界向数据世界过渡，也经历了从现实世界到概念世界再到计算机世界的抽象过程。在计算机中，现实世界是以数字和各种符号形式来表达和记录的，并最终表示为二进制形式来进行操作，因此，需要经过人脑简化、抽象的过程，并将数据组织为计算机所理解、支持的形式。

从现实世界到计算机世界的转化过程，可以大体分为概念模型、数据模型、数据结构和文件格式四个主要层次。通常把对现实世界的第一层简化和抽象，称为概念模型，概念模型给出所研究的主要事物的概念及其相互联系的框架。概念模型按平常人的思维方式建立，不依赖具体的计算机系统。为了具体定义和操作数据库中的数据，还要将概念模型转化为数据模型，形成机器世界中认可的数据存储形式，再在此基础上进行数学计算。

4.2.2　地理空间实体几何形态认知

空间现象十分复杂，但无论是地表静态的空间实体，还是各种活动的发生范围，其空间形态基本上以几何形式存在，因此，任何复杂形体都可以通过抽象为不同形状的几何形体来描述和表现。几种表达空间实体的几何类型如下：

1. 点状实体

在不需要表现实体面积属性的情况下，有些实体可以用点来描述，如区域内的城镇、企事业单位、基地、气象站、山峰、火山口等，称为点状实体。

2. 线状实体

具有线状特征的空间实体，可以用线表示其走向或网络结构，如河流、海岸线、铁路、公路、地下管线及行政边界等，称为线状实体。

3. 面状实体

需要表现实体的空间形态、边界轮廓，则以面状几何实体表示，如土壤、森林、草原、沙漠、湖泊等，称为面状实体，通常也称为多边形。

4. 体状实体

在三维世界里，需要表现出实体的三维特征，则用体来表示，如高层建筑、云体、山体、矿体等，称为体状实体。

4.2.3　地理空间实体特征描述

为了表达空间实体，除了抽象化的几何形体外，还要包括其非空间特征的信息描述，整体上看，主要包括空间实体识别码、位置、实体特征、实体角色、行为或功能特性等。

1. 描述地理要素空间性的信息

该信息指用空间位置、方向、角度、距离、面积等描述物体几何形状特征的信息，位置信息常用坐标值的形式给出，当然也可以用其他形式描述，如邮政编码或文字描述，但不精确。也包括相连、相邻、包含等空间关系信息，维数也是空间信息的一种。

2. 描述地理要素非空间性的信息

除了空间性的信息，有些非空间性信息必须具备，主要包括以下几个方面。

识别码：识别码对每个实体进行标识，是唯一的，用于区别同类而又不同的实体。某种情况下，同一实体在不同时间用不同的识别码描述，如上行和下行的公共汽车线路。

实体的行为和功能：在数据采集过程中不仅要重视实体的静态描述，还要收集那些动态的变化，如岛屿的侵蚀、水体污染的扩散、建筑物的变形等，从而指明该地理实体可以具有哪些行为和功能。

属性：属性是实体已定义的特征，如道路的宽度、路面质量、车流量、交通规则等，指明该地理实体所对应的非空间信息。

类型：指明该地理实体属于哪一种实体类型，或由哪些实体类型组成，通常由分类码标识实体所属的类别。

说明：用于说明实体数据的来源、质量等相关信息。

4.2.4 地理空间数据表达

空间、空间关系、时间、属性等地理空间信息要转化为计算机世界所能接受的数字化数据，就需要寻找相应的空间数据模型和数据结构来表现空间实体的形态和记录空间实体的位置，这种空间数据模型一方面能抽象地表现现实的地理空间实体和现象，另一方面，它所表现的现实世界又能被计算机世界所接收。

1. 空间数据结构和数据模型

空间数据模型与空间数据结构是数据模型与数据结构概念在 GIS 系统领域的应用特例，数据模型与数据结构之间没有严格的区别。空间数据模型是关于现实世界中空间实体相互间联系的概念，它为描述空间数据的组织和设计空间数据库模式提供基本方法。空间数据结构是数据组织的形式，是指适用于计算机系统存储、管理和处理的空间地理数据的逻辑结构，是地理实体和现象的空间排列方式和相互关系的抽象描述，它介于数据模型和文件格式之间。

在地理信息系统中，空间数据结构是交流的桥梁，是研究空间数据在计算机中的组织和表示方法，没有数据结构的数据，计算机是无法表达的，数据也是无法被处理的。实现数据建模通常可选多种数据模型，一种数据模型可用多种数据结构来表达，而每一种表达方式，又可以采用不同的数据组织形式，因此，一种数据结构又可用多种文件格式进行存储。

2. 地理空间数据表达方式

数据按一定规律存储在计算机中，是计算机正确处理数据和用户正确理解所表达信息的保证。要想在计算机中表现出空间实体的空间形态及属性信息，需要建立相应的空间数据表达模型承载这些信息。空间数据包括多种类型，目前尚无一种统一的数据结构能够同时存储各种类型的数据，而是将不同类型的空间数据以不同的数据结构存储。一般来说，属性数据与其他信息系统一样常用二维关系表格形式存储。而描述地理位置及其空间关系的空间数据在人们长时间的使用和筛选过程中，基本认可三种空间数据形式，即矢量数据形式、栅格数据形式、TIN 数据形式，我们可以用矢量数据形式表达离散数据集，用像元格网特征的栅格数据形式拟合连续地表信息，而 TIN 是一系列三角形点，属于矢量数据类型，但常常用来表现地形这种连续地表特征，因此具有一定的特殊性。

在此，矢量数据和栅格数据表达方式相对而言更侧重于点、线、面空间实体的计算机表现和存储，因此，我们更多地把栅格数据与矢量数据作为数据结构来研究，而作为空间数据表达的两种重要实现方式，栅格数据结构与矢量数据结构也成为地理信息系统中两种最基本的空间数据组织形式，两种数据结构具有不同特征，人们一直在关注两种数据结构之间的融合问题。

4.3　矢量数据结构

在 GIS 发展早期，矢量数据形式就是 GIS 系统中的主要数据形式，GIS 内的输入、编辑、查询等功能基本是为矢量数据开发的，即使现在，一些小型的 GIS 系统，仍然以服务于矢量数据为主。因此，了解矢量数据结构的组织和存储方式，是学习和认识 GIS 的第一步。

4.3.1　矢量数据结构定义

矢量数据结构是通过记录坐标的方式来表示点、线、面等空间实体的位置和形状的一种数据组织方式（图 4-2)，常用于表现具有确定形状或边界的不连续对象。矢量数据结构的核心是坐标点，通过记录坐标点的方式，矢量数据可将空间实体的位置准确无误地表现出来。

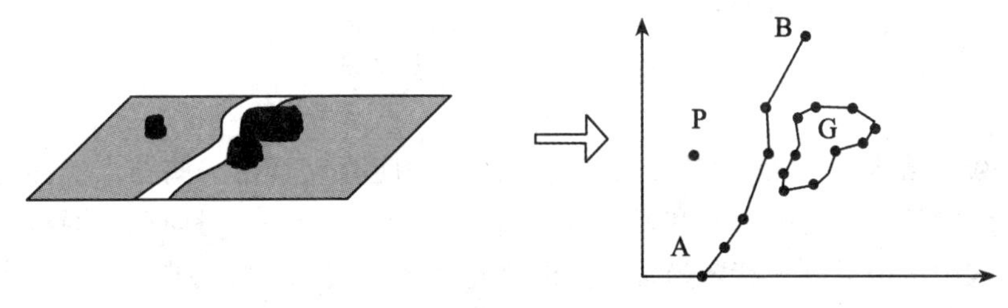

图 4-2　矢量数据结构基本形式

矢量数据结构允许最复杂的数据以最小的数据冗余进行存储，数据精度高，所占空间小，是高效的空间数据结构。矢量数据定位是根据坐标直接存储的，无需任何推算，属性一般存于数据结构中某些特定的位置上，或使用关系型数据库存储，一个空间要素对应数据库的一条记录，可使用多个字段表达多重属性。由于矢量数据这种数据存储方式，使其在计算长度、面积、形状和图形编辑、几何变换操作中，都有很高的效率和精度，但在图形运算的算法上相对复杂，尤其是在叠加运算、邻域搜索等操作时比较困难，有些甚至难以实现。

4.3.2　矢量数据编码

矢量数据结构主要以点、线、面为单元来表现空间实体，矢量数据编码也是以点、线、面为单位进行存储。从点实体到面实体，实体构成要素逐步增多，空间表现形式和数据组织也越来越复杂。

1. 点实体编码

点实体的数据组织和存储是数据管理的基本单元，也是矢量数据结构的组织方式之一。在空间信息表达中，点是空间上不能再分的地理实体，只有位置、没有大小，它是由单独的一对 x，y 坐标定位的地理或制图实体，既可以是具体的点，如地物点；也可以是抽象的点，如文本位置点或线段网络的结点等（图 4-3）。

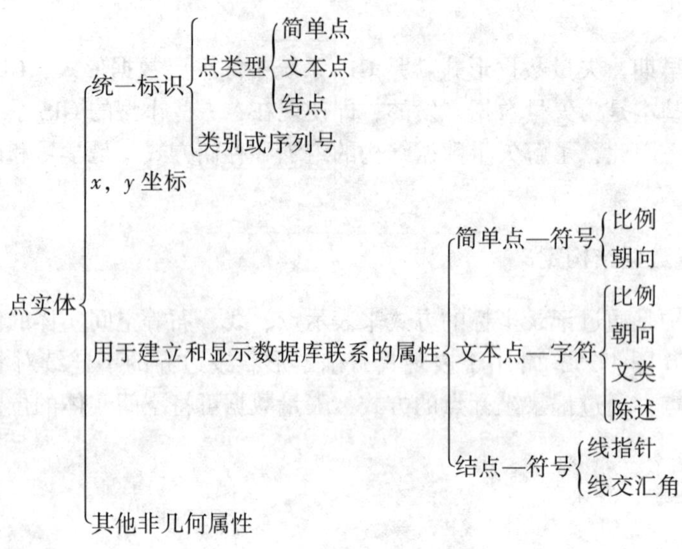

图 4-3　点实体的矢量数据编码

在矢量数据结构中，除点实体的 x，y 坐标外还应存储其他一些与点实体有关的数据来描述点实体的类型、制图符号和显示要求等。例如，对于一个具有实际意义的点实体，矢量数据结构中将记录其在特定坐标系下的坐标和属性代码；如果点是一个与其他信息无关的符号，则记录该符号类型、大小、方向等有关信息；如果点是文本实体，则应记录字体类型、大小、排列方式、比例、方向以及与其他非图形属性的联系方式等信息，对其他类型的点实体也应做相应的处理。

2. 线实体编码

线实体是由连续的直线段组成的曲线，它由一系列点组成，是 n 个坐标对的集合，可用坐标串（x_1y_1，x_2y_2，…，x_ny_n）来记录，组成曲线的 x，y 坐标数量越多，就越逼近于一条真正的曲线。线实体可以用来表示具有位置和长度几何特性的空间要素，如公路、水系、山脊线等，也包括符号线和多边形边界等线状实体。

在线实体编码中，一般包括位置、标识、显示符号及属性等信息。其中唯一标识码是系统排列序号；线标识码可以标识线的类型；起始点和终止点号可直接用坐标表示；显示信息是显示时线的粗细和颜色等信息；与线相联系的非几何属性可以直接存储于线文件中，也可单独存储，而由标识码连接查找。有时候，线实体可以通过某种形式表现，但其数据组织存储仍然按一般线实体方式进行，例如，有些线实体在其显示信息里指定其以虚线形式显示，则该线实体虽然没有以虚线形式存储，但仍可用虚线形式输出。

对线实体的组织编码，除了表现线实体的基本空间位置，有时还需要表现线实体的网络结构。线实体的网络结构是指线或链携带彼此互相连接的空间信息，而这种连接信息又是供水网、排水网和道路网分析中必不可少的信息。因此要在数据结构中建立指针系统才能让计算机在复杂的线网结构中逐线跟踪每一条线，指针系统包括结点指向线的指针，及每条线汇于结点处的角度等，从而完整地定义线网络的拓扑关系，因此，网络结构的表现往往以结点为基础，如建立道路网中每条道路之间连接关系必须记录结点及和其相连接线的信息。

另外，为了既节省存储空间，又较为精确地描绘一条曲线，可在线实体的记录中加入一个指示字，当启动显示程序时，这个指示字传递信息，要求程序运行数学内插函数（例如样条函数）来加密数据点且与原来的点匹配，于是在输出设备上能得到更加精确的曲线。

3. 面实体编码

面实体也称为多边形或区域，在地理信息系统中是指一个任意形状、边界完全闭合的空间区域，是由一系列线段构成的且具有大小和周长几何特性的空间要素。它是描述地理空间信息的最重要的一类数据，一般不会形成像栅格结构那样的简单而标准的基本单元。在记录面状实体时，通常通过记录面状实体的边界来表现，而面状实体一般又可分为名称属性实体（如行政区划）及分类属性实体（如土地类型、植被分布等）两种形式。

多边形矢量编码，不但要表示位置和属性，更重要的是能表达区域的拓扑特征，如形状、邻域和层次结构等，地理分析要求的数据结构应能够记录每个多边形的邻域关系，其方法与记录线实体网的连接关系具有相似性。另外，“岛”或“洞”也是多边形关系中较难处理的问题，如湖中的小岛就是面状实体中的“洞”。由于多边形的运算复杂，多边形矢量编码比点和线实体矢量编码也更为复杂、更为重要。在此，根据面状实体在不同系统中的使用要求，将面状实体存储方式分为简单矢量数据表示法和拓扑矢量数据表示法两种。

4.3.3　简单矢量数据表示法

简单矢量数据表示方法就是直接将地图翻译描述，只记录空间对象的位置坐标，不记录相互之间的关系，每条记录都有首末坐标，每条记录都是单独的实体，它主要包括以下两种方法。

1. x、y 坐标存储方法

x、y 坐标存储方法，是指任何点、线、面实体都可以用直角坐标点 x，y 来表示，也称为面条（spaghetti）存储结构。这里 x、y 可以对应于地面坐标经度和纬度，也可以对应于数字化时所建立的平面坐标系。在面条存储结构中，点通过一对坐标记录；线则通过多对坐标进行记录；而多边形也是多组坐标对记录，但由于多边形的边界线是封闭的，所记录的坐标对必须首尾相同（如图 4-4 所示）。在面条存储结构中，被记录的这些点是由光滑的曲线间隔采样而来，同样的曲线长度，取点越多，失真越少，以后恢复时越接近原来曲线。

这种方法的特点是，对于独立存在的多边形，每个坐标点只存储一次，但是对于两两相邻的关联多边形，公共边要存储两次，这就很明显地增加了存储的数据量。因此，在面条存储结构的基础上，形成了另一种树状索引记录方式，可以改善面条存储结构的某些不足之处。

2. 树状索引存储方法

树状索引存储方法主要通过树状索引方式减少数据冗余并间接增加邻域信息。在面实

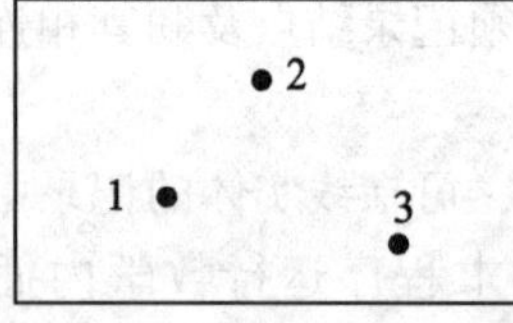

(a) 点实体坐标对存储

点实体	坐标对
1	x_1y_1
2	x_2y_2
3	x_3y_3

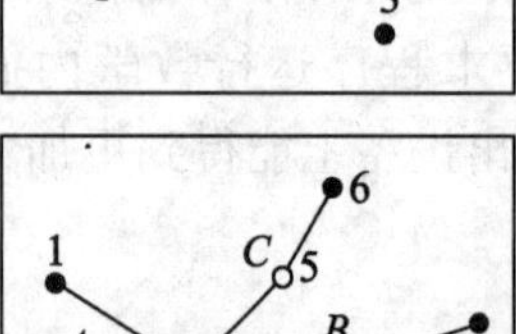

(a) 线实体坐标对存储

线实体	坐标对
A	x_1y_1 ， x_2y_2
B	x_2y_2 ， x_3y_3 ， x_4y_4
C	x_2y_2 ， x_5y_5 ， x_6y_6

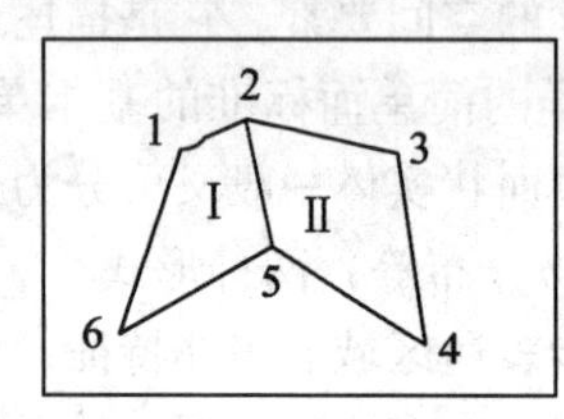

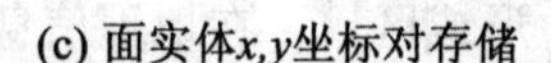
(c) 面实体x,y坐标对存储

面实体	坐标对
I	x_1y_1 ， x_2y_2 ， x_5y_5 ， x_6y_6 ， x_1y_1
II	x_2y_2 ， x_3y_3 ， x_4y_4 ， x_5y_5 ， x_2y_2

图 4-4　点、线、多边形的面条数据结构

体的树状索引存储中，首先对所有边界点进行数字化，将坐标对以顺序方式存储，如图 4-5 所示矢量多边形，可形成点、线、多边形三个文件，除了点坐标对文件，还有点索引与边界线号相联系的线文件以及线索引与各多边形相联系多边形文件，从而形成树状结构。树状索引编码法消除了相邻多边形边界的数据冗余和不一致的问题，邻域信息和岛状信息可以通过对多边形文件的线索引处理得到，但是较为麻烦。

3. 简单矢量数据表示法的特点

在简单矢量数据表示法中，空间数据以基本的点、线和多边形为单元进行独立组织，数据编排直观，坐标文件结构简单，易于实现以多边形为单位的运算和显示，但是，由于点、线和面实体各成体系，相互之间互不关联，缺少邻域关系等拓扑信息，邻域处理较复杂，不能解决“洞”或“岛”之类的多边形嵌套问题，也没有方便的方法来检查多边形边界正确与否，多边形分解和合并也不易进行。

ArcGIS 中的 Shape 格式文件，就是非拓扑数据存储。在 Shape 格式文件中，只记录空间对象的位置坐标和属性信息，不记录拓扑关系信息，因此，Shape 格式数据显示速度快，主要用于显示、输出及一般查询，但是编辑不便，不适合复杂的空间分析。

4.3.4　拓扑矢量数据表示法

一般情况下，点、线、面数据都可采用简单矢量数据表示方法存储，但对线和面状实体而言，在特定的使用环境下，由于分析过程中不只需要空间位置信息，也需要相邻、连通等空间关系数据的支持，因此可以采用包括拓扑信息的空间数据存储方式。

1. 空间拓扑关系

为了真实反映地物，不仅要包括实体的大小、形状及属性，而且要反映出实体之间的

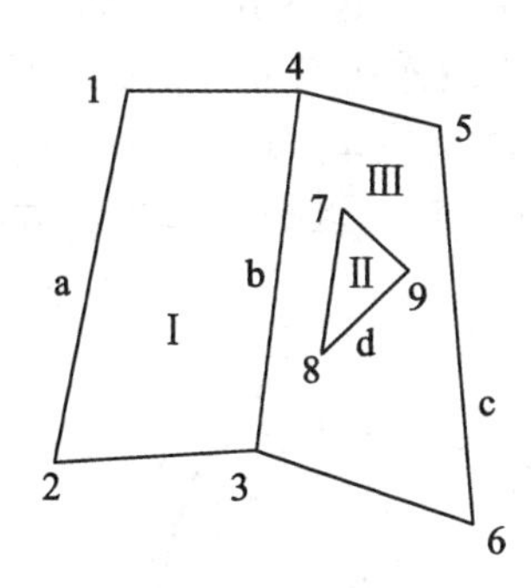

(a) 点文件

点号	坐标值
1	x_1y_1
2	x_2y_2
……	……
9	x_9y_9

(b) 线文件

线号	起点	终点	点号
a	4	3	4，1，2，3
b	3	4	3，4
c	4	3	4，5，6，3
d	7	8	7，9，8

(c) 多边形文件

多边形号	边界线号
Ⅰ	a，b
Ⅱ	d
Ⅲ	b，c

图 4-5　矢量多边形的树状索引编码法

相互关系。如行政分区、用地的分布及交通网络等，都存在结点、弧段和多边形之间的拓扑关系。在地图上，要素之间的邻接关系和包含关系是借助图形来识别和解释的，而在计算机中是通过拓扑结构进行定义的。

拓扑是研究在弯曲或拉伸等适当变换下仍维持不变的几何性质的数学分支，从拓扑角度看，几何形状不同的事物其拓扑关系仍可能相同。如图 4-6 所示的两组多边形，虽然它们的边界位置发生了变化，但多边形之间的相邻关系却未发生改变。

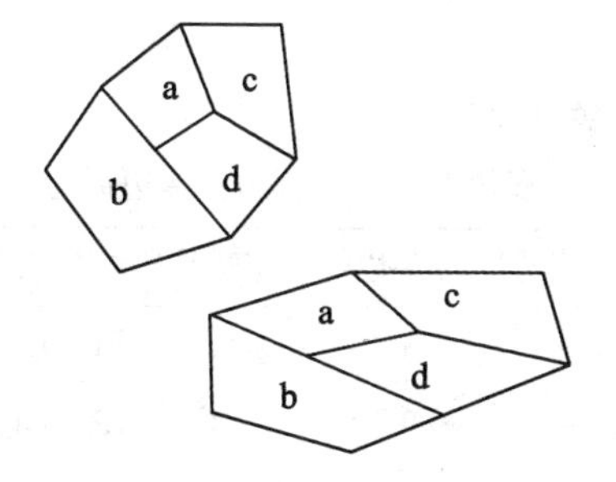

多边形的拓扑关系表

	a	b	c	d
a	-	1	1	1
b	1	-	0	1
c	1	0	-	1
d	1	1	1	-

图 4-6　多边形的拓扑关系示意图

2. 矢量数据的拓扑关系表达

空间数据的拓扑关系是通过结点、线段、多边形几个基本元素表达和实现的，在此，首先要清楚结点、线段、多边形的基本概念。其中，结点（node）是弧段的交点，线段的两个端点分别为首结点、尾结点，岛结点是特殊结点；拓扑线段（arc）是相邻两结点之间的坐标链，该线段中间不与其他线段存在联系，岛边界弧段是特殊弧段；多边形（polygon）是有限弧段组成的封闭区，由数条拓扑线段连接而成。例如，对于图4-7所示的多边形，它的基本构成元素就包括结点V1、V2、V3、V4、V5，弧段L1、L2、L3、L4、L5、L6、L7和面A、B、C、D三个方面，我们可以利用这些元素构建相应的空间关系文件，表达空间实体的关联性与邻接性等空间关系。

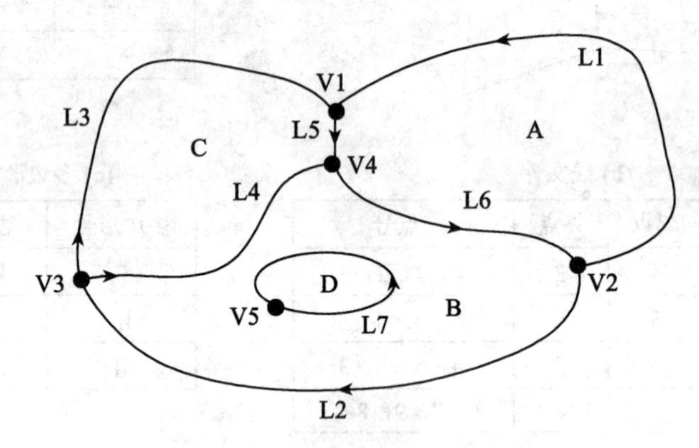

图4-7 矢量多边形的拓扑关联表达

（1）拓扑关联性表达

拓扑关联性用来表示空间图形中不同类元素之间的拓扑关系，如结点和弧段之间的空间关系、弧段和多边形之间的空间关系等。在此可建立弧段和结点间的关联性表及多边形和弧段之间的关联性表，如表4-1所示，弧段与结点的关系可由表4-1（a）（b）表达，多边形和弧段之间的关系可由表4-1（c）（d）表达。在有些软件系统里，往往由弧段数据组织拓扑关系数据，即在每个弧段记录中，同时包括弧段标识码、起始结点、终止结点、左多边形和右多边形标识码等信息。

表4-1 **结点、线段、多边形的拓扑关联性表**

（a）弧段与结点

弧段	起点	终点
L1	V2	V1
L2	V3	V2
L3	V1	V3
L4	V4	V3
L5	V4	V2
L6	V1	V4
L7	V5	V5

（b）结点与弧段

结点	弧段
V1	L1，L3，L5
V2	L1，L2，L6
V3	L2，L3，L4
V4	L4，L5，L6
V5	L7

（c）弧段与多边形

弧段号	左多边	右多边
L1	—	A
L2	—	B
L3	—	C
L4	C	B
L5	B	A
L6	C	A
L7	D	C

（d）多边形与弧段

多边形	弧段号
A	L1，L5，L6
B	L2，L4，L6
C	L3，L4，L5
D	L7

(2) 拓扑邻接性和连通性表达

空间实体的拓扑邻接性和连通性表现了同类型元素之间的关系，如多边形之间的邻接性、弧段之间的邻接性以及结点之间的连通性等。由于同一弧段上两个结点必相通，同一结点上的各弧段必相邻，所以可以基于现有空间数据获得弧段之间的邻接矩阵和结点之间的连通性矩阵（如表 4-2 所示）；而对于多边形之间的邻接关系，由于弧段的走向是有方向的，通常用弧段的左右多边形来表示，显然，弧段的左右多边形必然是相邻的，多边形的邻接矩阵也可据此获得。

表 4-2　**结点、线段、多边形的邻接矩阵**

(a) 结点之间的连通性

结点	V1	V2	V3	V4	V5
V1	-	1	1	1	0
V2	1	-	1	1	0
V3	1	1	-	1	0
V4	1	1	1	-	0
V5	0	0	0	0	-

(b) 弧段之间的邻接性

弧段	L1	L2	L3	L4	L5	L6	L7
L1	-	1	1	0	1	1	0
L2	1	-	1	1	1	0	0
L3	1	1	-	1	0	1	0
L4	0	1	1	-	1	1	0
L5	1	1	0	1	-	1	0
L6	1	0	1	1	1	-	0
L7	0	0	0	0	0	0	-

(c) 多边形之间邻接性

面	A	B	C	D
A	-	1	1	0
B	1	-	1	0
C	1	1	-	1
D	0	0	1	-

(3) 拓扑包含性表达

拓扑包含性是指空间实体中，面状实体包含其他面状、线状或点状实体的关系。面状实体包含面状实体的情况又分为简单包含、多层包含和等价包含三种，如图 4-8 所示，图 4-8 (a) 为简单包含，图 4-8 (b) 为多层包含，图 4-8 (c) 为等价包含，面实体的空间包含关系可通过对构成弧段进行特殊标识表示出来。

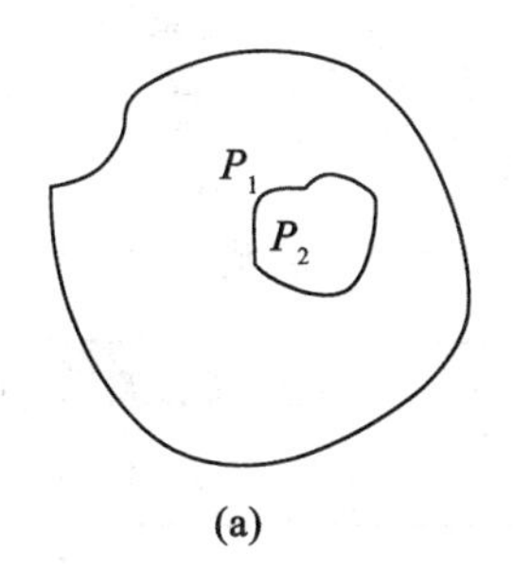

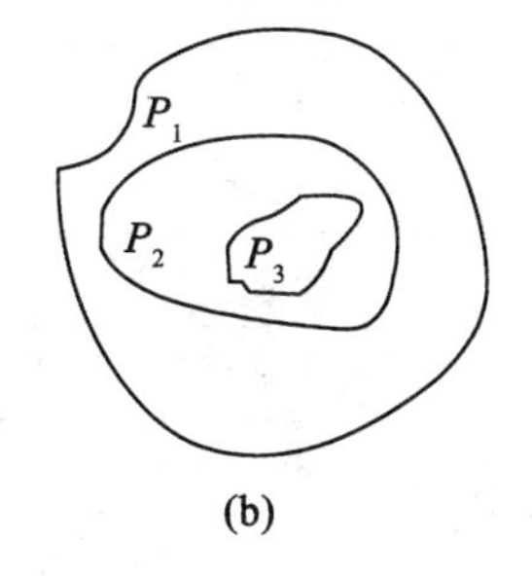

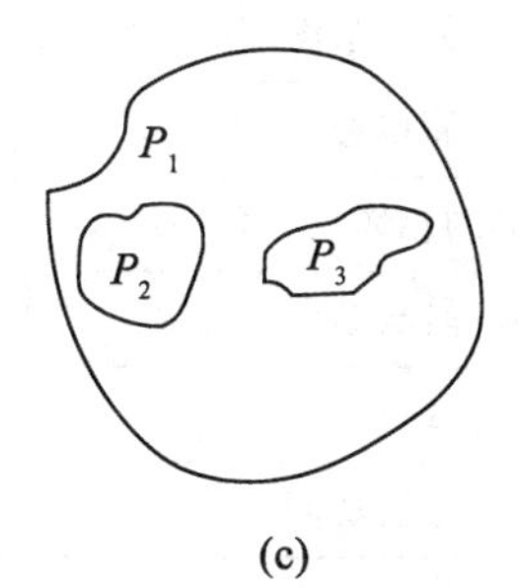

图 4-8　空间实体包含关系

3. 拓扑结构的特点

空间数据的拓扑关系，对地理信息系统的数据处理和空间分析具有重要的意义，表现为如下几点：

①多边形网络完全综合成一个整体，没有重叠和漏洞，也没有过多的冗余数据，全部多边形、链均为内部连接在一起的整体，更能保证数据的质量。这体现在公共边或结点进行移动或修改时，能保持数据的准确性和一致性，图形的修改也更方便（如图 4-9 所示）。

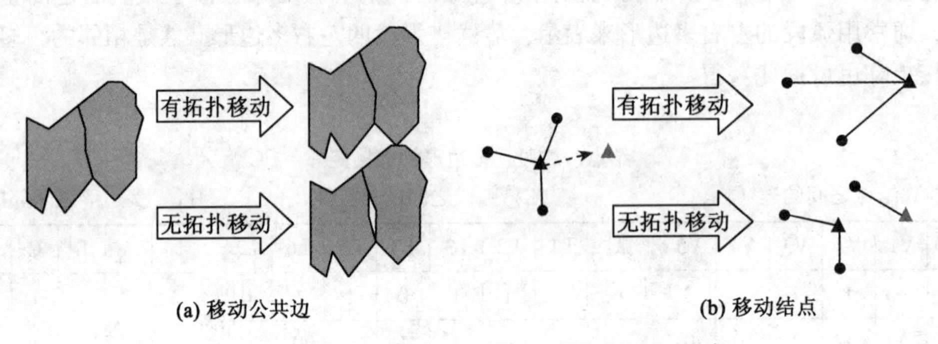

图 4-9　有拓扑关系与无拓扑关系数据的操作差别

②空间关系明确，不完全依赖于具体的坐标位置。由于拓扑数据已经清楚地反映出地理实体之间的逻辑结构关系，并且拓扑数据不随地图投影而变化，较之几何数据有更大的稳定性，便于空间分析。

③利用拓扑数据有利于空间要素的查询。例如某个区域与哪些区域邻接；某条河流能为哪些地区的居民提供水源；与某一湖泊邻接的土地利用类型有哪些；通过最佳路径计算进行道路选取等，都可利用拓扑数据辅助完成。

虽然拓扑数据结构有很多优点，但简单数据结构也是当前较常用的数据结构，两种方式在实践中的应用都很广泛，各有利弊（表 4-3）。

表 4-3　**简单数据结构与拓扑数据结构对比**

对比内容	简单数据结构	拓扑数据结构
数据结构	简单	复杂
简单查询	快	慢
多边形的相邻、嵌套关系	表达难	表达易
网络线段与结点的关系	没有	有
数据编辑、更新	公共边界、网络结点靠人工处理	公共边、结点自动生成
分析功能	需生成拓扑结构	多重叠合、网络分析容易

4.3.5　不规则三角网数据结构

不规则三角网（triangulated irregular network，TIN）是用一组非叠置的三角形来近似表示地形的矢量数据三角网，它是描述地块表面的有效方式，支持透视图（图 4-10）。在

TIN 上叠加一幅影像可获得真实地形显示，同时 TIN 在模拟分水岭、可见度、视线、坡度、坡向、山脊和河流以及具有体积的形体时非常有用。

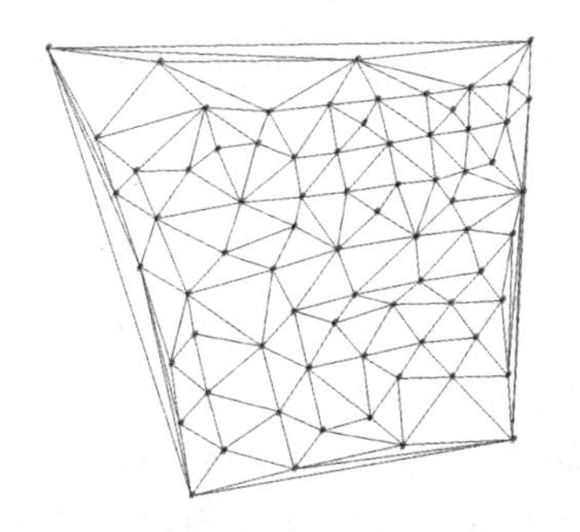

图 4-10　不规则三角形网及其显示

不规则三角网是特殊的矢量拓扑网络模型。它的主要特征是由一系列三角形组成，一个三角形网由很多样本点组成，每个样本点具有 x、y、z 坐标，原始数据就是这些矢量样本点，将样本点用直线相互连接，形成不规则的三角形网络。由于每个样本点有自己的高程值，每个三角形就相当于三维空间中的一个斜面。三角形网的数据存储具有拓扑结构存储特征，如图 4-11 所示的三角网，它的存储以三角形为单元，包括点坐标表、三角形与结点关系表和三角形关系表。

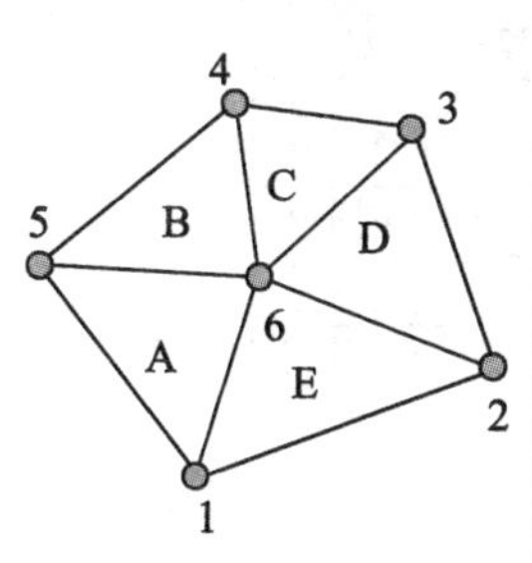

(a) 三角形与结点关系表

三角形	结点
A	1，5，6
B	4，5，6
C	3，4，6
D	2，3，6
E	1，2，6

(b) 坐标表

结点	坐标
1	x_1，y_1，z_1
2	x_2，y_2，z_2
3	x_3，y_3，z_3
4	x_4，y_4，z_4
5	x_5，y_5，z_5
6	x_6，y_6，z_6

(c) 三角形关系表

三角形	临近关系
A	B，E
B	A，C
C	B，D
D	C，E
E	A，D

图 4-11　TIN 三角形网及其数据组织

三角形大小随地形变化而变，划分三角形时通常使用 Delaunay 三角网，最小角最大，最大限度地保证网中三角形满足近似等边或等角性，每个三角形的坡度、坡向均一，如果出现断线，则代表河流、山脊或其他线性不连续要素。

4.4　栅格数据结构

栅格数据是以二维矩阵的形式来表示空间地物位置的数据组织方式。每个矩阵单位称为一个栅格单元（cell）。由于遥感技术的发展，栅格数据逐渐受到人们重视，尤其是 GIS 利用栅格数据进行邻域分析和叠加操作等空间分析功能的开发，为栅格数据的使用提供了一个更广阔的空间。虽然栅格数据仍难以像矢量数据那样可以直接聚焦某一个具体目标，也不能完整地建立地物之间的拓扑关系，但仍不能阻挡栅格数据在 GIS 中越来越深入的使用。

4.4.1 栅格数据定义

栅格（raster）结构是最简单最直观的空间数据结构，又称为网格结构（grid cell）或像元结构（pixel）。栅格数据结构是以规则的阵列来表示空间地物或现象分布的，它是指将地球表面划分为大小均匀、紧密相邻的网格阵列（如图 4-12 所示），每个网格作为一个像元或像素，每一个像元是一个测量单元，包含一个代码表示该像素的属性类型或量值。与矢量数据结构不同的是，栅格数据中空间实体的位置隐含在行、列号中，每个存储单元的位置可以方便地根据其在文件中的行、列号记录获得，栅格单元的行、列号通常以左上角为坐标零点，在给定分辨率参数前提下，将栅格单元的行、列号按一定顺序排列进行记录。

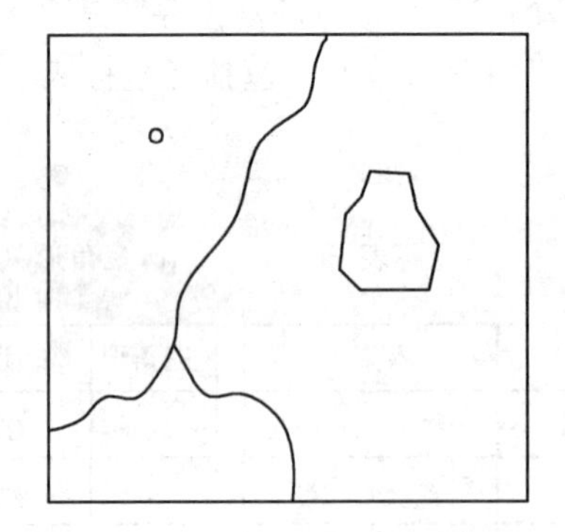
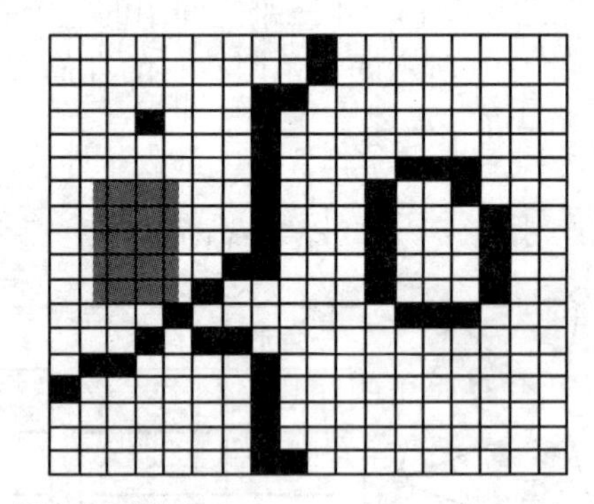

图 4-12　栅格数据形式

栅格数据模型同矢量数据表达法一样能表达空间的离散点、线、面。点实体由一个栅格像元来表示；线实体由一定方向上连接成串的相邻栅格像元表示；面实体（区域）由具有相同属性的相邻栅格像元的块集合来表示，栅格大小决定了像元覆盖范围内地理数据的精度，像元越细栅格数据越精确。

栅格数据结构容易实现，算法简单，且易于扩充、修改，特别是易于同遥感影像的结合处理，给地理空间数据处理带来了极大的方便，许多系统都部分和全部采用了栅格数据结构。栅格数据最常见的来源是卫星影像或航空相片，它可以表现高程、水量、污染物浓度或环境噪声的级别等连续数据形式。

4.4.2 栅格数据取值方法

由于栅格单元是规则形状，当描述空间自然边界时，很难完全拟合，这时，同一网格中可能会有多种地物类型或属性（如图 4-13 所示），这时，可根据需要采取不同方法决定栅格单元的代码。

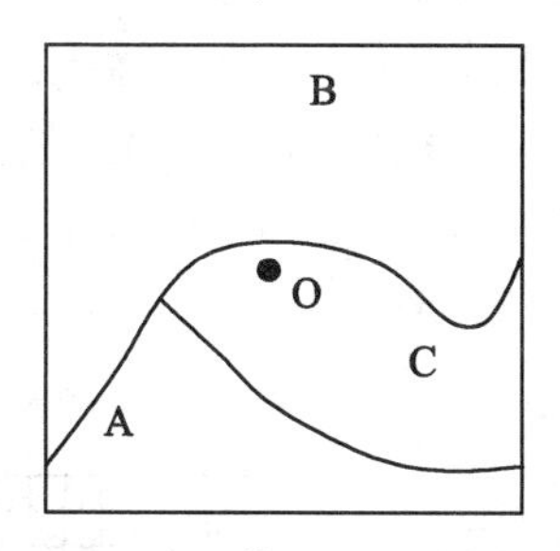

图 4-13　像元属性分割

①中心归属法：每个栅格单元的值以网格中心点对应的面域属性值来确定。对于具有连续分布特征的地理要素，如降水分布、人口密度等问题，中心归属法是首选方法。

②面积占优法：以占栅格单元面积最大的面域属性值决定栅格单元的代码，此法常见于分类较细，地物斑块较小的情况。

③长度占优法：每个栅格单元值以网格中线（水平或垂直）所经过的不同属性面域中拥有最大长度中线的面域属性值决定栅格单元代码。

④重要性法：根据栅格内不同地物的重要性确定栅格单元代码，即选取最重要的地物，并以其属性决定栅格单元代码。此法常见于具有特殊意义而面积较小且不在栅格中心的地理要素，如稀有金属矿产区、交通枢纽、交通线、河流水系等点状或线状地理要素。

对于同一栅格单元，选用不同的取值方法其属性代码值会有所不同，如图 4-13 所示的栅格单元，如采用中心归属法，其属性代码值为 C，如采用面积占优法，则其属性代码值为 B。

4.4.3　栅格数据编码

存储栅格数据主要是记录栅格数据中每个像元的行号、列号和编码值，其中行号、列号表示了像元所在的位置，而编码值则代表该像元所具有的含义。我们可以直接将栅格数据看作一个数据矩阵，逐行（或逐列）地记录每个栅格单元的代码，这种直接编码方式可以准确记录栅格数据的所有信息，简单直观，但是对于分辨率高的数据，直接编码的数据存储量将成倍增长，这就会束缚栅格数据在 GIS 中的广泛使用，因此，栅格数据的压缩存储方法被广泛使用。压缩编码的目的就是用尽可能少的数据量记录尽可能多的信息，其类型分为信息无损编码及信息有损编码，信息无损编码在编码过程中没有任何信息损失，通过解码操作可以完全恢复原来的信息，信息有损编码则为了提高编码效率，会在压缩过程中损失一部分相对不太重要的信息，解码时这部分信息也难以恢复。在地理信息系统中，压缩编码多采用信息无损编码，目前主要使用的压缩编码方式主要包括以下几种。

1. 链式编码（chain codes）

链式编码又称为弗里曼链码（Freeman，1961）或边界链码。链式编码主要是记录线状地物和面状地物的边界。它把线状地物和面状地物的边界表示为由某一起始点开始的栅格单元链。该单元链按其 8 邻域设定 8 个方向，这 8 个方向分别是：东 = 0，东南 = l，南 = 2，西南 = 3，西 = 4，西北 = 5，北 = 6，东北 = 7（如图 4-14 所示），基于这 8 个方向值的确定，该链每向前走一步便记录其所走方向值。在此，链式编码的前两个数字表示起点的行、列数，从第三个数字开始表示栅格前进方向，例如，对如图 4-14 所示的多边形，其起始点为 6 行 4 列，则其链式编码为：6，4，7，6，0，0，1，0，0，0，0，1，0，3，4，5，3，3，2，4，4，6，6，5，3，5。

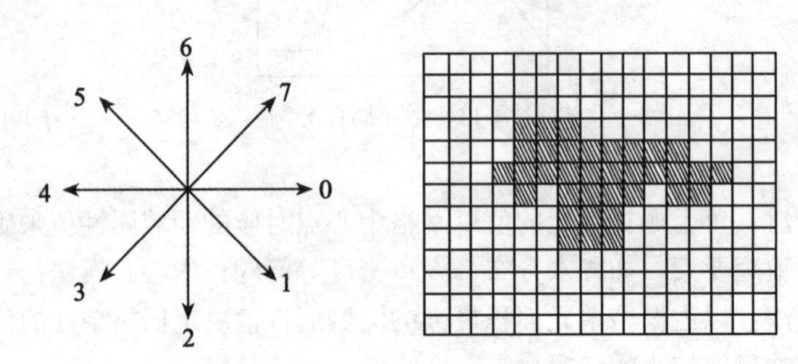

图 4-14　链式编码记录方向及多边形图

链式编码对线状和多边形的表示具有很强的数据压缩能力，且具有一定的运算功能，如面积和周长计算、探测边界急弯和凹进部分等都比较容易，类似矢量数据结构。缺点是对叠置运算，如组合、相交等很难实施，对局部数据的修改将改变整体结构，效率较低；而且由于每个多边形都要存储，相邻区域的边界则被重复存储而产生冗余。

2. 行程编码（run-length code）

行程编码，也叫游程长度编码，是栅格数据压缩的重要编码方法，它的基本思路是在一幅栅格图像中，常常有行（或列）方向上相邻的若干点具有相同的属性代码，在逐行记录时可采取一定方法压缩那些重复内容。行程编码方式有多种，都是沿行进方向进行压缩，原理大同小异，所以在实际操作中都可以采用。

第一种行程编码是变长编码，是在各行（或列）数据的代码发生变化时依次记录该代码以及相同代码重复的个数，如对图 4-15 所示多边形进行编码，相应的变长编码结果如表 4-4（a）所示。

第二种行程编码是值点编码，值点编码是逐个记录各行（或列）代码发生变化的位置和相应代码，从而实现数据的压缩（表 4-4（b））。还有一种行程编码，是在各行（或列）数据的代码发生变化时依次记录该代码以及相同的代码重复的个数，从而实现数据的压缩（表 4-4（c））。利用这三种行程编码方法进行栅格数据存储，分别用 54、32、32 个整数就表达了原始数据中的 64 个栅格的位置和属性。

行程编码即可以沿行记录，也可以沿列记录。记录代码的行程位置时，可以记录代码的起始位置，也可以记录代码的结束位置。行程编码压缩数据简便有效，行程编码的压缩比与图形的复杂程度成反比，图件越简单，压缩效率越高。行程编码的优点是在栅格加密时，数据量没有明显增加，且易于检索、叠加及合并等操作，能最大限度地保留原始栅格

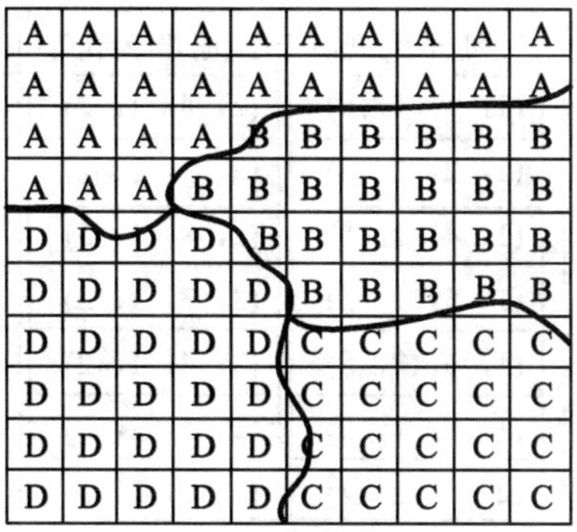

A	A	A	A	A	A	A	A	A	A
A	A	A	A	A	A	A	A	A	A
A	A	A	A	B	B	B	B	B	B
A	A	A	B	B	B	B	B	B	B
D	D	D	D	B	B	B	B	B	B
D	D	D	D	D	B	B	B	B	B
D	D	D	D	D	C	C	C	C	C
D	D	D	D	D	C	C	C	C	C
D	D	D	D	D	C	C	C	C	C
D	D	D	D	D	C	C	C	C	C

图 4-15　多边形栅格图

结构；缺点是对于图斑破碎、属性和边界多变的数据压缩效率较低。

表 4-4　　　　行程编码方法

（a）变长编码

码	长度	行	码	长度	行
A	10	0	B	5	5
A	10	1	D	5	6
A	4	2	C	5	6
B	6	2	D	5	7
A	3	3	C	5	7
B	7	3	D	5	8
D	4	4	C	5	8
B	6	4	D	5	9
D	5	5	C	5	9

（b）值点编码

码	点	码	点
A	23	D	64
B	29	C	69
A	32	D	74
B	39	C	79
D	43	D	84
B	49	C	89
D	54	D	94
B	59	C	99

（c）重复记录编码

码值	重复	码值	重复
A	24	D	5
B	6	C	5
A	3	D	5
B	7	C	5
D	4	D	5
B	6	C	5
D	5	D	5
B	5	C	5

3. 块状编码（block code）

块状编码是行程编码扩展到二维的编码方式，在做块状编码时，首先把栅格图范围内的像元划分成由相同像元值组成的最大正方形，然后对正方形进行编码，数据结构包括初始位置（行、列号）、半径及记录单元的代码（如图 4-16 所示）。块状编码具有区域性质，又具有可变的分辨率，对大而简单的多边形有较高的压缩效率，而对那些碎部较多的复杂多边形效果并不好。块状编码在合并、插入、检查延伸性、计算面积等操作时有明显的优越性，只是对某些运算必须转换成简单数据形式时才能顺利进行。

4. 四叉树编码（quad-tree code）

四叉树结构的基本思想是将一幅栅格地图或图像等分为四部分，逐块检查其栅格属性

0	2	2	5	5	5	5	5
2	2	2	2	2	5	5	5
2	2	2	2	3	3	5	5
0	0	2	3	3	3	5	5
0	0	3	3	3	3	5	3
0	0	0	3	3	3	3	3
0	0	0	0	3	3	3	3
0	0	0	0	0	3	3	3

行, 列, 半径, 代码	行, 列, 半径, 代码	行, 列, 半径, 代码	行, 列, 半径, 代码
(1，1，1，0)	(2，4，1，2)	(4，1，2，0)	(5，8，1，3)
(1，2，2，2)	(2，5，1，2)	(4，3，1，2)	(6，1，3，0)
(1，4，1，5)	(2，8，1，5)	(4，4，1，3)	(6，6，3，3)
(1，5，1，5)	(3，3，1，2)	(5，3，1，3)	(7，4，1，0)
(1，6，2，5)	(3，4，1，2)	(5，4，2，3)	(7，5，1，3)
(1，8，1，5)	(3，5，2，3)	(5，6，1，3)	(8，4，1，0)
(2，1，1，2)	(3，7，2，5)	(5，7，1，5)	(8，5，1，0)

图 4-16　块状编码分块及记录

值，如果某个子区的所有栅格属性值都相同，则这个子区就不再继续分割，否则还要把这个子区再分割成四个子区。这样依次分割，直到每个子块都只含有相同的属性值或灰度为止（如图 4-17 所示）。为了保证四叉树分解能不断进行下去，要求图形必须为 $2^n \times 2^n$ 的栅格阵列，n 为极限分割次数，$n+1$ 是四叉树最大层数或最大高度。

A	A	A	A	A	A	A	A
A	A	A	A	A	B	A	A
A	A	A	A	B	B	A	A
A	A	A	A	B	B	A	A
A	B	B	B	B	B	A	A
A	B	B	B	B	B	A	A
A	B	B	B	B	B	A	A
A	A	A	A	A	A	A	A

图 4-17　栅格图四叉数划分

四叉树编码由上而下的方法运算量大，耗时较长，因而实践中可以采用从下而上的方法建立四叉树编码，如果每相邻四个栅格值相同则进行合并，逐次往上递归合并，直到符合四叉树的原则为止。这种方法重复计算较少，运算速度较快。

四叉树编码一般使用线性四叉树存储方式，线性四叉树只存储最后叶结点的信息，包括叶结点的位置、深度和属性或灰度值。所谓深度是指处于四叉树的第几层上，由深度可推知子区的大小。线性四叉树叶结点的编号遵循一定的规则，也称为地址码，它隐含了叶结点的位置和深度信息。在此，最常用的叶结点编号或地址码是四进制及十进制的 Morton 码，分别表示为 M_q 和 M_d，它们都可通过行号、列号计算获得。其中，四叉树的四进制 Morton 码值可按照公式 $M_q = 2I_b + J_b$ 计算获得，其中，I_b 和 J_b 分别以行号和列号的二进制表示。例如对于一个 8 行 8 列的栅格图，其每个栅格单元的四进制 Morton 码如图 4-18

(a) 所示。

而十进制 Morton 码值也可以利用 I_b 和 J_b 获得，在此，首先设 I_b 和 J_b 的二进制表示如下所示：

$I_b = i_n i_{n-1} \cdots\cdots i_2 i_1$,

$J_b = j_n j_{n-1} \cdots\cdots j_2 j_1$,

则 $M_d = i_n j_n i_{n-1} j_{n-1} \cdots\cdots i_2 j_2 i_1 j_1$，这里，$i$ 和 j 为二进制的 0 或 1，因此 M_d 也为二进制形式，将 M_d 由二进制数据形式转换为十进制数据形式即可获得四叉树十进制的 Morton 码值，同样对于一个 8 行 8 列的栅格图，同样可获得每个栅格单元的十进制 Morton 码（如图 4-18（b）所示）。

I_b \ J_b	0	1	10	11	100	101	110	111
0	000	001	010	011	100	101	110	111
1	002	003	012	013	102	103	112	113
10	020	021	030	031	120	121	130	131
11	022	023	032	033	122	123	132	133
100	200	201	210	211	300	301	310	311
101	202	203	212	213	302	303	312	313
110	220	221	230	231	320	321	330	331
111	222	223	232	233	322	323	332	333

(a) 四进制Morton编码

I_b \ J_b	0	1	10	11	100	101	110	111
0	0	1	4	5	16	17	20	21
1	2	3	6	7	18	19	22	23
10	8	9	12	13	24	25	28	29
11	10	11	14	15	26	27	30	31
100	32	33	36	37	48	49	52	53
101	34	35	38	39	50	51	54	55
110	40	41	44	45	56	57	60	61
111	42	43	46	47	58	59	62	63

(b) 十进制Morton编码

图 4-18　Morton 编码的四进制和十进制表示

在四进制和十进制的 Morton 码基础上，就可以实现栅格数据的压缩存储，如对图4-17所示多边形，其十进制的四叉树编码如表 4-5 所示。

表 4-5　**十进制四叉树编码结果**

Morton 码	属性值	Morton 码	属性值	Morton 码	属性值	Morton 码	属性值
0	A	28	A	41	B	48	B
16	A	32	A	42	A	52	A
17	A	33	B	43	A	56	B
18	A	34	A	44	B	57	B
19	B	35	B	45	B	58	A
20	A	36	B	46	A	59	A
24	B	40	A	47	A	60	A

四叉树编码有许多优点，它编码效率较高，具有可变的分辨率，树的深度随数据的破碎程度而变化，并且有区域性质，压缩数据灵活，许多图形图像运算和转换运算可以在编码数据上直接实现，大大提高了运算效率，并支持嵌套多边形的表达，是优秀的栅格压缩编码之一。四叉树编码的最大缺点是转换的不定性，用同一形状和大小的多边形可能得出多种不同的四叉树结构，故不利于形状分析和模式识别。

4.4.4 栅格矢量一体化数据结构

前面已讲述了矢量结构和栅格数据结构，按照传统的观念，矢量和栅格数据似乎是两类完全不同性质的数据结构。当利用它们来表达空间目标时，对于线状实体，人们习惯使用矢量数据结构；而对于面状实体，在基于矢量的 GIS 中，主要使用边界表达法，在基于栅格的 GIS 中，一般用空间填充表达法。由此，人们联想到能否每个面状地物除记录它的多边形边界外，还记录中间包含的栅格，这样，既保持了矢量数据的特性，又具有栅格数据的性质，从而将矢量与栅格数据形式统一起来，这就是矢量与栅格一体化数据结构的基本概念。

总体来看，一体化结构就是采用“细分格网”方法，以提高数据表示的精度。其实可以发现，如果将栅格大小进一步细分，它与矢量法表示的实体已没有什么大的区别。因此，一体化结构虽然以栅格数据为基础，但却摒弃了传统栅格数据结构的一些不足，它保留了矢量数据的全部特性，并能建立拓扑关系。因此，这样的数据具有矢量和栅格双重性质，甚至于人们可以不存储原始采样的矢量数据，用转换后的数据格式亦能保持较好的精度。

1. 点状地物和结点的数据结构

应用细分格网法，每个点的位置用两个四叉树中的 Morton 码来表示，Morton 码可通过行列号计算得到，因此其中隐含了位置信息。在这两个 Morton 中，前一个 Morton 码为该点在基本格网中的地址码，后一个 Morton 码为该点在细分格网中的地址码。这种结构简单灵活，便于点的插入和删除，还能处理一个栅格内包含多个点状目标的情况。所有的点状地物以及弧段之间的结点数据都可用一个文件表示，如表 4-6 所示，可见，这种结构几乎与矢量结构完全一致。

表 4-6　**点状实体的数据结构**

点标识号	M_1	M_2	属性
10025	43	4084	A
10026	105	7725	B

2. 线状地物的数据结构

表达一条路径就是要将该线状地物经过的所有栅格的地址全部记录下来。一个线状地物可能由几条弧段组成，所以应先建立一个弧段数据文件，如表 4-7 所示。表中的中间点串不仅包含了原始采样点（已转换成用 M_1、M_2 表示），而且包含了该弧段路径通过的所有格网边的交点，虽然这种数据结构比单纯的矢量结构增加了一定的存储量，但它解决了线状地物的四叉树表达问题，使它与点状、面状地物一起建立了统一的基于线性四叉树编码的数据结构体系。这使得点状地物与线状地物相交、线状地物之间的相交以及线状地物与面状地物相交的查询问题变得相当简便和快速。有了弧段数据文件，线状地物的数据仅是它的集合表示。

表 4-7　**弧段的数据结构**

弧段标识号	起结点号	终结点号	中间点串（M_1，M_2）
20078	10025	10026	（58，7749）（92，4377），…

3. 面状地物的数据结构

一个面状地物应记录边界和边界所包围的整个面域。其中边界由弧段组成，面域信息则由线性四叉树或二维行程编码表示。面状地物的数据结构包括弧段文件、带指针二维行程表和多边形数据文件（表 4-8、表 4-9）。

表 4-8　**带指针的二维行程表**

二维行程 M 码	循环指针属性值	二维行程 M 码	循环指针属性值
0	8	32	40
5	16	37	44
8	32	40	46
16	31	44	47
30	37	46	0（属性值）
31	4（属性值）	47	8（属性值）

表 4-9　**多边形数据结构**

面标识号	弧段标识号串	属性值	面块头指针
40001	20001，20002，20003	0	0
40002	20003，20004	4	16
40003	20000	8	37
…	…	…	…

弧段文件同上所述，带指针二维行程表指二维行程编码中的属性值是指向该地物的下一个子块的循环指针。即用循环指针将同属于一个目标的叶结点链接起来，形成面向地物的结构（如图 4-19 所示）。

表 4-8 中的循环指针指向该地物下一个子块的地址码，并在最后指向该地物本身。这

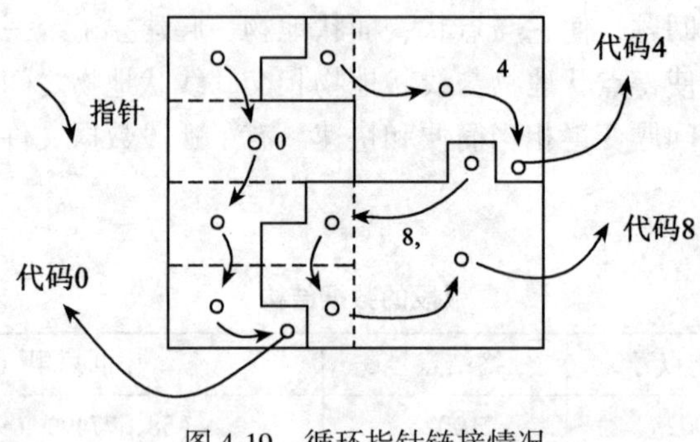

图 4-19 循环指针链接情况

样，只要进入第一块就可以顺着指针直接提取该地物的所有子块，从而避免像栅格数据那样为查询某一个目标需遍历整个矩阵，大大提高了查询速度。

4.5 栅格与矢量数据结构的相互转换

栅格和矢量数据在表示地理信息方面是同等有效的，各具优势，这些优势体现在某些操作细节上，如在数据获取、数据管理或数据分析上表现出更方便、更简捷、更快速等。正是由于栅格和矢量数据各自所具有的优势及特点，在使用中才会经常进行相互转换，并且很多 GIS 都具备栅格和矢量数据互相转换的功能。

4.5.1 栅格数据结构与矢量数据结构对比

矢量数据结构和栅格数据结构各有千秋，它们的优缺点是互补的，在此，我们首先对矢量数据结构和栅格数据结构进行对比，以便更好地利用它们，在此，这两种数据结构的优缺点分别为：

矢量数据结构优点：

①结构严密，数据结构紧凑、冗余度低，存储空间小；

②表示地理数据的精度高，图形输出质量好；

③能完整地描述拓扑关系，有利于网格分析；

④几何形态明确，边界确切；

⑤能够表达多重属性，图形和属性数据的恢复、更新和综合都能有效实现；

⑥投影变换容易。

矢量数据结构缺点：

①矢量数据结构的复杂性导致了操作和算法的复杂化；

②多边形叠置分析与图形组合比较困难；

③对软硬件的技术要求较高；

④显示和绘图成本较高，尤其高质量绘图；

⑤有些数学模拟和空间分析比较困难。

栅格数据结构优点：

①数据结构与处理算法均较简单；

②空间数据的叠置和组合十分方便；

③能够反映连续表面，可进行边界模糊的连续表面分析；

④数学模拟方便；

⑤数据输入与技术开发的费用低。

栅格数据结构缺点：

①图形数据存储量大；

②图形输出的质量相对较低；

③难以建立网络连接关系；

④几何形态不明确，边界模糊；

⑤对点、线、面的识别和分离困难；

⑥投影转换比较困难。

4.5.2　栅格数据结构和矢量数据结构的适用性

栅格和矢量数据的差异主要体现在数据量、位置精度、数据结构等方面，这使得它们在实践中各具特点与适用性，在此，矢量数据结构的适用性体现在：

①矢量数据是面向地物的结构，即对于每一个具体的目标都直接赋有位置和属性信息以及目标之间的拓扑关系说明，容易定义和操作单个空间实体，所以在空间实体的管理领域，矢量数据形式被广泛应用，并能提供方便的查询。

②矢量数据结构可以通过点、线、面构成现实世界中各种复杂的实体，这使得矢量数据的输出质量好、精度高，所以在有些需要精细表达的图纸上，如小区域（大比例尺）制图中就可以充分利用它精度高的优点。

③矢量数据结构对于拓扑关系的搜索更为高效，网络信息只有用矢量数据才能完全描述，所以在交通、管线等网络体系的建立和使用中，人们都会采用矢量数据。

随着 RS 的广泛的应用、数据压缩技术的发展及计算机性能的提高逐步克服了栅格数据的数据量大等缺点，栅格数据也有了更强的适用性，主要体现在：

① 随 RS 技术的发展并大规模的应用，RS 数据成为空间数据动态更新的重要数据源，并且，图像处理技术极大地提高了栅格数据的前期处理能力，这些数据可以直接生成或转换为可用于 GIS 使用的栅格数据。

②栅格数据结构是通过空间点密集而规则的排列表示整体空间现象的，其数据结构简单，定位存取性能好，极大提高了 GIS 的时空数据分析能力，使得栅格数据在图像代数运算、空间统计分析等方面具有广泛的应用，从而进一步促成 GIS 模型的建立。在 ARCGIS 软件的高版本中，这一方面已有较突出的表现。

③ 由于 DEM 及基于 DEM 生成的坡度、坡向等数据往往以栅格数据形式表现，更容易和其他栅格数据进行联合空间分析，使得在用地的适宜性评价应用上，栅格数据使用非常广泛。

④ 随着 Web GIS 的发展，栅格数据结构简单，真实感强等特点，可以为大多数程序

设计人员和用户理解和使用。特别是图像共享标准的建立，有利于 GIS 栅格数据的共享，因此，栅格数据在信息共享方面更为实用。

4.5.3 矢量数据结构向栅格数据结构的转换

在一般情况下，城市用地、城市道路、城市基础设施等数据都是以矢量数据方式进行处理的，但矢量数据直接用于多种数据复合分析比较复杂，相比之下利用栅格数据模式进行处理则容易得多，加之 DEM 数据及从遥感图像中获得土地覆盖等数据都表现为栅格数据，因此矢量数据有时要转换成栅格数据，以方便相关分析操作。

矢量数据的基本坐标是直角坐标（x, y），其坐标原点一般取图的左下角。栅格数据的基本坐标是行和列（i, j），其坐标原点一般取图的左上角。两种数据变换时，要对两种数据的坐标系统进行转换。矢量数据的基本要素是点、线、面，因而只要实现点、线、面的转换，各种线画图形的变换问题基本上都可以得到解决。

1. 点的栅格化

点的变换十分简单，只要这个点落在哪个网格中，它就属于哪个网格元素（如图4-20所示）。其行、列坐标 i, j 可由下式求出：

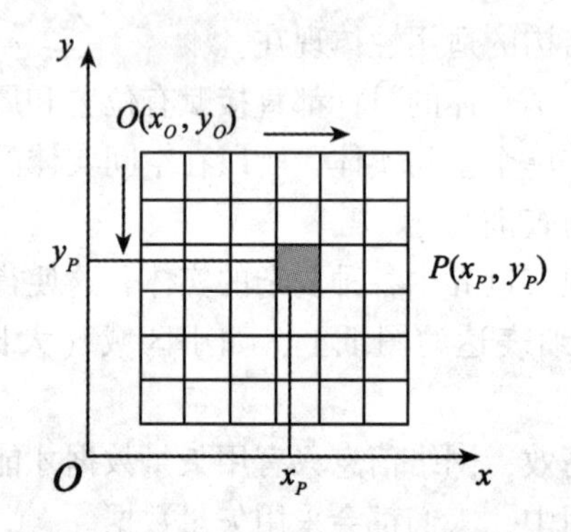

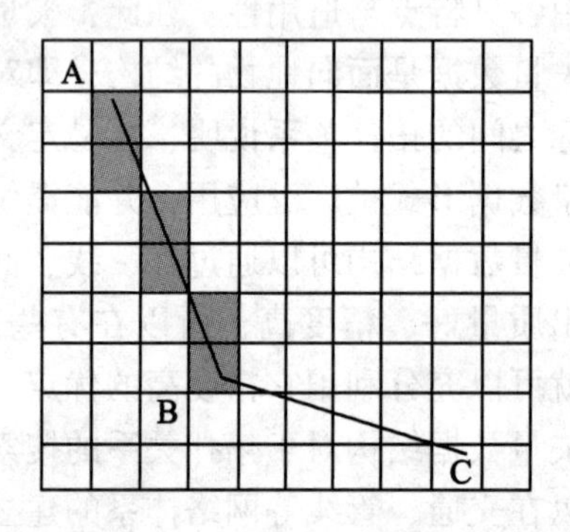

图 4-20 点、线实体栅格化示意图

$i=1+\mathrm{Int}[(y_0-y_P)/D_y]$

$j=1+\mathrm{Integer}[(x_P-x_O)/D_x]$

其中 x_P、y_P 为矢量点位 P 的坐标，x_O、y_O为左上角原点坐标，D_x、D_y 则表示栅格单元的二个边长。

在这里，设 I, J 为全图网格的行数和列数，它们可以由原地图比例尺根据地图对应的地面长宽和网格分辨率相除求得，并取整数。则 D_x、D_y 和 I, J 的关系为：

$D_x=(x_{max}-x_{min})/J$

$D_y=(y_{max}-y_{min})/I$

其中，两个值 x_{min}，x_{max} 表示全图 x 坐标的最小值和最大值；y_{min}，y_{max} 表示全图 y 坐标的最小值和最大值。

2. 弧段数据的栅格化方法

由于曲线由多条直线构成，因此只要说明了一条直线段如何被栅格化，对任何曲线的栅格化过程也就清楚了。在此，设一条直线段的两个端点坐标分别为（x_1，y_1）、（x_2，y_2）。先按上述点的栅格化方法，确定两个端点所在的行、列号（I_1、J_1）及（I_2，J_2），并将属性值赋予它们。然后求出这两点位置的行数差和列数差，在此出现两种可能，分别是：

第一种情况，若行数差大于列数差，则逐行求出每行中心线与过这两点的直线的交点，在此，首先确定每行中心线的 y 坐标值为：

$y_{中心线} = y_{max} - D_y \times (I-1/2)$，

依据 $y_{中心线}$ 坐标值求出中心线与该直线交点的 x 坐标，计算公式为：

$x = (y_{中心线} - y_1) \times m + x_1$

其中 $m = (x_2 - x_1) / (y_2 - y_1)$

然后依据 x 坐标值获得该交点的列号，从而确定该栅格的位置，并把该线的属性赋予该栅格。

第二种情况是：若行数差小于等于列数差，则逐列求出本列中心线与过这两个端点的直线的交点，在此，首先确定每行中心线的 x 坐标值为：

$x_{中心线} = x_{min} + D_x \times (J-1/2)$

依据 $x_{中心线}$ 坐标值求出中心线与该直线交点的 Y 坐标，计算公式为：

$y = (x_{中心线} - x_1) \times m + y_1$

其中 $m = (y_2 - y_1) / (x_2 - x_1)$

然后依据 Y 坐标值获得该交点的行号，从而确定该栅格的位置，并把该线的属性赋予该栅格。

如图 4-20 所示直线 AB，设其两个端点的行列号已经求出，行号分别为 2 和 7，列号分别为 2 和 4，其行号差大于列号差，则逐行求出每行中心线与过这两点的直线的交点，由于已知其中间网格的行号为 3、4、5、6，则按照上述公式可先计算第 3 行中心线的 y 坐标，再按公式计算出该列中心线与直线交点的 x 坐标，进而求出相应列号，并设定像元属性。然后依次求出直线经过的每一网格单元，并用直线的属性值去填充这些网络，就完成了该段直线的转换，再经过分段直线的连续运算，即可完成曲线或多边形边界的栅格化转换。

3. 面域的栅格化

面域的栅格化包括扫描法、内部扩散法、填充法等。面域的栅格化最简单方法是在一个区域内对所有点进行判别，即逐个像素点判别其是否在多边形内部，这样来确定位于多边形内部的像素点的集合。

逐点判别方法虽然简单，但不可取，主要原因是速度太慢，常用算法是扫描线算法。扫描线算法充分利用了扫描线连贯性原理，避免了对像素点的逐点判别，有效地选择像素点来进行多边形的填充。算法的基本思想是：对于一个给定的多边形，用一组水平或者垂直的扫描线进行扫描，对每一条扫描线均可求出与多边形的交点，这些交点将扫描线分割成落在多边形内部的线段和落在多边形外部的线段，并且二者相间排列。于是，将落在多边形内部的线段上的所有像素点赋予给定的属性值。可见，算法中不需要检验每一个像素点，而只考虑与多边形边线相交后被分割的扫描线段。

内部点扩散法是由一个内部的种子点，向其4个方向的邻点扩散。判断新加入的点是否在多边形边界上，如果是，不作为种子点，否则当作新的种子点，直到区域填满，无种子点为止。该算法比较复杂，而且可能造成阻塞而使扩散不能完成，若多边形不完全闭合时还会扩散出去。

4.5.4 栅格数据结构向矢量数据结构的转换

栅格数据向矢量数据转换能为数据输入工作提供便利，相对于矢量数据向栅格数据转换，栅格数据转换成矢量数据的原理和实现方法要复杂得多。栅格数据向矢量数据的转换包括中心线矢量化、轮廓线矢量化、自动矢量化和半自动矢量化等多种方式，然而无论哪一种，最终都要落实到点的矢量化上来。

1. 点矢量化

点的矢量化是点的栅格化的逆过程，是线和面矢量化的基础，它是由单个像元矢量化后形成的一个点（参考图4-20），其计算公式如下：

$$x = x_0 + (J - 0.5) \times D_x$$
$$y = y_0 - (I - 0.5) \times D_y$$

在此，x_0、y_0为左上角原点坐标，D_x、D_y则表示栅格单元的两个边长。

2. 线的矢量化

进行线实体的栅格数据结构向矢量数据结构转化，要求在线实体矢量化前，其横断面只能保持一个栅格的宽度，然后再进行矢量化转换计算。这要求线的矢量化必须首先进行细化处理，再进行栅格的矢量化，最后平滑成一条光滑曲线。在此，线的矢量化通常包括以下几个步骤。

（1）二值化

线画图形扫描后产生栅格数据，一般情况下，栅格数据是按0~255的不同灰度值表达的。为了简化追踪算法，需把256个灰阶压缩为2个灰阶，即0和1两级。假设任一格网的灰度值为$G(i, j)$，阈值为T，那么，如果$G(i, j)$大于等于T，则记此栅格值为1，如果$G(i, j)$小于T，则记此栅格值为0，即

$$B(i, j) = \begin{cases} 1 & G(i, j) \geq T \\ 0 & G(i, j) < T \end{cases}$$

（2）细化

二值化后，再进行线的细化。细化是消除线横断面的多余栅格，使得每一条线只保留代表其轴线或周围轮廓线位置的单个栅格的宽度。在此，栅格线的“细化”可采用“剥皮法”、“骨架化”等细化方法。

骨架法就是先确定图形的骨架，再将非骨架上的多余栅格删除。确定骨架首先需要扫描全图，凡是像元值为1的栅格都用V代替，而V值是该栅格与北、东和东北三个相邻栅格像元值之和，这样具有最大V值的栅格就成为骨架，需要保留，同时删除其他栅格，并考虑连通。

剥皮法的实质是剥掉等于一个栅格宽的一层，直到最后留下彼此连通的由单个栅格点组成的图形。因为一条线在不同位置可能有不同的宽度，故在剥皮过程中必须注意一个条件，即不允许剥去会导致曲线不连通的栅格，这是这一方法的技术关键所在。其解决办法是，借助一个在计算机中存储着的，由以待剥栅格为中心的 3×3 栅格组合图来决定，判断待剥栅格八领域是否符合组合图中的可剥中心点的排列形式，如果符合，则剥掉该像元，否则，保留该像元属性值。也可通过判断像元八领域中自身连通块数来决定，如图 4-21 所示，一个 3×3 的栅格窗口，如果像元八领域中自身连通块数只有一个，表示该像元可以剥去，而如果大于一个，则表示该像元不可剥去。

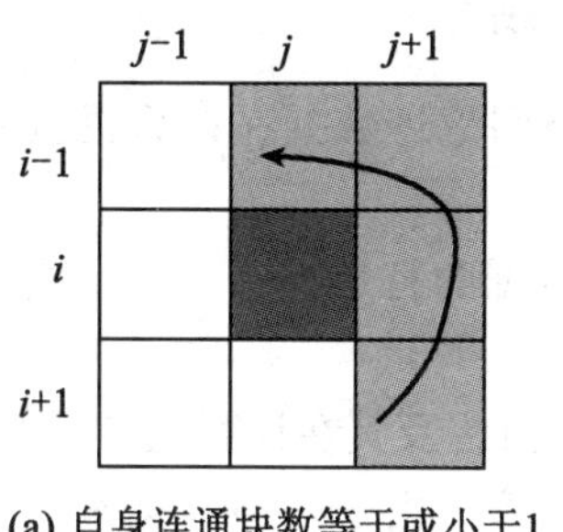

(a) 自身连通块数等于或小于1

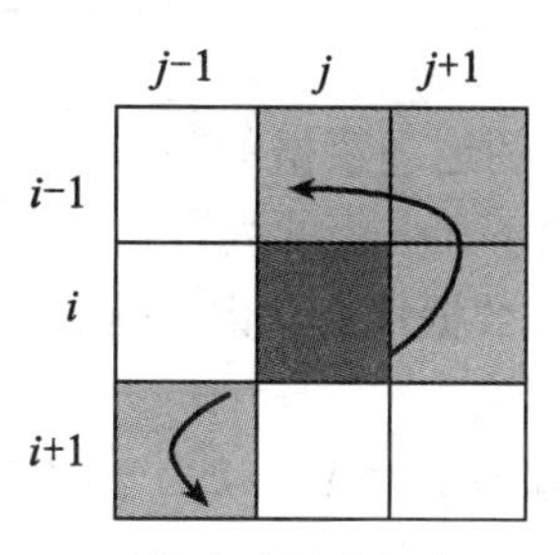

(b) 自身连通块数大于1

图 4-21　栅格图像剥皮判断方法

例如，对图 4-22 所示栅格图，可按上述方法进行剥皮，该栅格图像经过多次剥皮后，形成单骨架形态，就可以进行跟踪矢量化处理了。

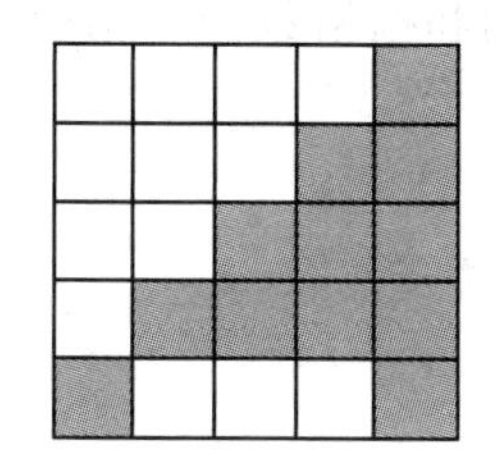

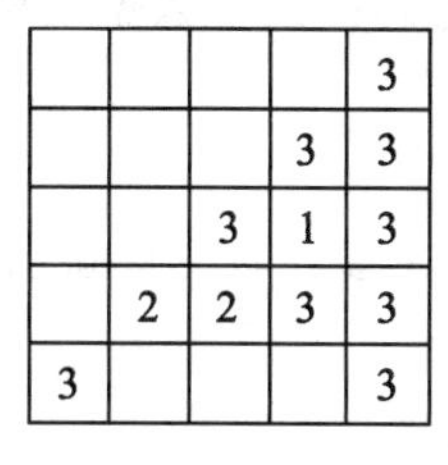

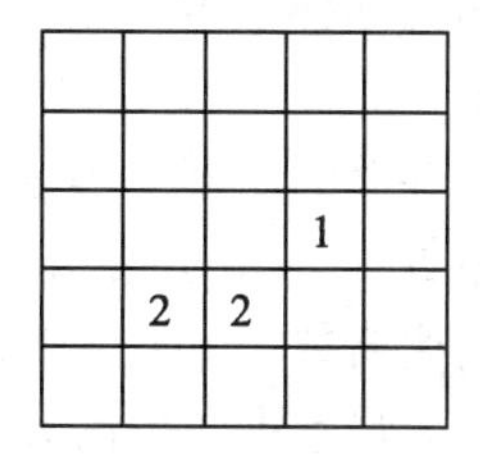

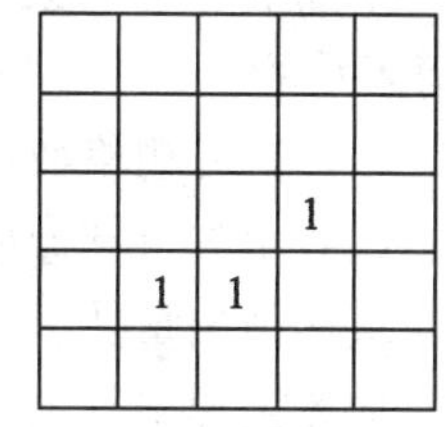

图 4-22　栅格数据剥皮处理过程

①跟踪：跟踪的目的是将细化处理后的栅格数据，转换为从结点出发的线段或闭合的面域边界。跟踪时，一般从图幅左上角按顺时针或逆时针方向，从线段的起始点按八邻域方式进行搜索，依次跟踪相邻点，直到完成全部线实体栅格的矢量化，获得完整的弧段或多边形，然后记录各点坐标和结点，写入矢量数据库。

②去除多余点及曲线光滑：由于搜索是逐个栅格进行的，所以弧段或多边形的坐标点数据十分密集。为了减少存储量，在保证线段精度的情况下可以删除部分坐标点数据，并进行曲线光滑处理。

③拓扑关系的生成：转换成矢量数据结构后，对于用矢量数据表示的边界或弧段，可进一步判断线与线之间的连接关系及面与面之间的邻接关系，以建立完整的拓扑关

系数据。

3. 面的矢量化

面矢量化的核心在于轮廓线的搜索，即沿着聚在一起的某一属性代码栅格集周边，按照一定的方向进行搜索，确定最外围的单层栅格链，再进行栅格的矢量化。轮廓线搜索可采用2×2栅格阵列作为窗口顺序沿行、列方向对栅格图像全图扫描，如果窗口内四个栅格有且仅有两个不同的编号，则该四个栅格表示为边界点；如果窗口内四个栅格有三个以上不同编号，则标识为结点（即不同边界弧段的交汇点），保持各栅格原多边形编号信息。对于对角线上栅格两两相同的情况，由于造成了多边形的不连通，也当作结点处理。

本章小结

本章基于空间地理数据的基本特征，学习空间地理数据在计算机世界的不同表达方式，主要包括以下几方面的内容：

1. 空间地理数据特征认识。认识空间地理数据的特殊性，总结空间地理数据构成及分类。

2. 空间数据表达方式。认识空间数据的抽象过程及其在计算机世界的几种表达方式。

3. 栅格与矢量数据结构。这是本章的重点内容，由于栅格数据和矢量数据在表达方式上的不同，它们在后期数据处理和操作上有很大差别，通过两种数据编码的学习，掌握两种数据结构的优势和劣势，为以后的学习奠定基础。

4. 空间数据结构转换。了解栅格数据结构与矢量数据结构之间相互转换的基本原理。

思考题

1. 空间实体可抽象为哪几种基本类型？它们在矢量数据结构和栅格数据结构中分别是如何表示的？

2. 叙述四种栅格数据存储的压缩编码方法。

3. 试写出矢量和栅格数据结构的模式，并列表比较其优缺点。

4. 叙述由矢量数据向栅格数据转换的方法。

5. 叙述由栅格数据向矢量数据转换的方法。

6. 简述栅格到矢量数据转换细化处理的两种基本方法。

第5章　数据输入、编辑与输出技术

数据是系统得以运转的关键，一个可运行的系统必须具备数据输入与输出能力。在地理信息系统（GIS）的五大基本功能中，有两个涉及数据输入与输出功能。因此，数据的输入与输出技术在信息系统中占有相当的比重。数据输入与输出是整个系统运行流程的两个端点，数据输入决定了系统处理的数据内容和质量，数据输出则体现空间数据分析结果及质量。由于GIS处理地理空间数据的内在特征，其数据输入与输出技术与非图形系统相比，具有明显的特点。

5.1　数 据 输 入

数据是信息系统的重要组成部分，但系统本身并不能“制造”最初的原始数据。原始数据必须以一定的方法输入到地理信息系统的数据库中，数据输入也就是数据编码和写入数据库的过程。在建立一个信息系统的过程中，除了硬、软件的投入外，数据的采集还要花费一定的时间和人力，其资金投入一般要超过硬、软件的投入。空间实体数据由空间实体位置及其附属属性构成，数据输入也就是对这两类数据的输入，即位置（空间、图形）数据和属性（非空间）数据。此外，还要依据一定的规则对这两类数据进行连接，使其形成一个完整的空间数据库。

数据输入的每个阶段都应有必要而适当的数据检验和校正过程，以保证数据库尽可能完整无误。

5.1.1　空间图形数据的输入

空间实体总是占有一定的空间区域，具有位置、形状、高度、颜色、质地等特征。空间数据库中难以存放完整的空间实体信息，只是以一种简化的方式来进行表达。传统的空间数据库只记录实体的平面位置，再通过属性数据的方式来存储有关的特征信息。近几年人们在地理信息系统三维数据库的研究方面也取得了一些进展，今后可能实现空间实体的完整三维表示。本章主要涉及二维平面空间数据的输入与输出。

空间图形数据的输入没有一套统一、自动化的方法，只有一些基本的模式供用户根据具体情况选择使用。用户可以用单一或几种方法结合起来输入他们需要的图形数据。选择输入方法的依据是如何利用图形数据、图形数据的类型、现有设备状况、人力资源和财力状况等。地理信息系统的图形数据来源有现有地图（野外测量成图、手工绘制的草图等）、航空航天像片或数字图像、GPS点数据等。这些数据的存储格式是不一样的，数据输入之前应先定义数据的存储格式即数据库的结构，也就是说，数据库的设计应在数据输入之前完成。一般来说，图形输入软件选定之后，图形数据的结构也就确定了，这就是基于该软件的数据结构。一般软件还提供向其他数据格式转换的工具。

本节讨论空间图形数据输入的基本形式，即手工输入、手扶跟踪数字化仪输入、扫描数字化输入、解析测图仪输入、其他数字格式数据的转换输入。

1. 手工坐标键盘输入

手工坐标键盘输入实际上就是将表示点、线、面实体的地理位置数据（即某一坐标系统中的坐标）通过计算机键盘输入到空间数据库中去。这种方法简单直观，但较为繁杂，费时且容易出错。

空间数据有两种基本结构：矢量结构和栅格结构。手工输入方法既能输入矢量数据，也能输入栅格数据。栅格数据一般可通过矢量数据转换而来，因此极少有直接输入栅格数据的情况。

矢量数据的手工输入一般有两种途径：一是交互式的，二是文件式的。前者是由软件提示操作员逐点输入相应的坐标，并使操作员以一定的规则形成数据库中的各个空间实体；后者是先将各实体的坐标按照一定的格式输入到一个文本文件中，由软件从该文件一次性读入数据库。

可以想象，用手工方式输入图形坐标的过程是比较枯燥的，工作量庞大。它不仅仅是单纯地输入坐标，而且还要求操作员按照现实状况将这些坐标分别组成空间实体。除某些特殊的情况外，手工输入方式一般也不被采纳。这里的“特殊情况”，是指那些对数据精度要求极高的情况，如城市中的地籍信息，其界址点是土地管理的重要依据。这种数据在野外测量时，除图形绘制外，还要记录和标注各点的精确坐标，只有手工输入坐标才能保证标注的准确性。

2. 手工数字化输入

手工数字化输入是利用光标定位，直接跟踪“底图”上的图形要素边界或点位，从而建立空间图形数据库。这里，图形的边界坐标是通过光标位置输入，而不是通过键盘输入的。这种手工数字化输入有两种基本的形式，即数字化仪数字化和电脑屏幕数字化。

(1) 数字化仪数字化和电脑屏幕数字化

手扶跟踪数字化的方式之一是通过专门的数字化仪（或称为数字化面板）来完成的，数字化仪是一种直角坐标式数字化仪，根据工作原理和设计构造可分为机械式、超声波式和全电子式三种。由于图形对定位精度的要求较高，现在的数字化仪一般采用电子式结构，并由稳压电源、操作平台（工作面板）、标示器（鼠标）和接口装置四部分构成。工作面板也可称为数字化板或图形输入板，其幅面有 A3、A2、A1、A0 等不同的规格。在工作面板的底部整齐地密布着规则的格网状导线，形成一个具有高分解率的导线矩阵，该矩阵构成了一个精细的平面坐标系。鼠标的头部有一个中心嵌着十字丝的线圈，该十字丝即起着定位的功能。当鼠标在平台上移动时，通过电磁感应引起格网状导线电场的变化，从而探测到十字丝的位置，该位置即是面板上平面直角坐标系的一对坐标，它们是两个很大的整数。

鼠标的面板上装有一些功能按键（一般为 4 键、12 键或 16 键），这些功能键的作用由软件进行定义，其中至少有一个被定义为数字化键。当数字化键被按下时，接口装置就将坐标值通过接口线传入计算机中。鼠标的其他功能键用于实现相关的辅助功能，如线画的起讫点、输入编号、退出等，以便于操作员选择数字化命令和数字化内容，而不必离开数字化板去用计算机键盘发布命令。不同的数字化软件对鼠标键的功能定义是不一样的。接口装置一般置于数字化面板内部，通过并行线与计算机相连。

电脑屏幕数字化是将电脑显示屏作为数字化仪，直接对扫描的图纸或遥感影像中的图形要素进行数字化的过程，其中鼠标是定位的工具。这种方式的优点在于，大量的扫描电子地图或遥感影像可以分别在计算机上完成空间数据输入，而不需要专门的手扶跟踪数字化仪。由于数字化仪的价格较高，采用屏幕数字化不仅节省了成本，还提高了工作效率。缺点是如果扫描的精度不够高，所获得的扫描图件会存在变形、不清晰等问题，从而影响屏幕数字化的质量。然而，随着扫描仪的精度不断提高，屏幕数字化的方式已逐渐成为主流。事实上，目前已很少看到手扶跟踪数字化仪的产品。

（2）数字化操作过程

手工数字化需遵循一定的工作流程，才能保证光标位置转换为正确的坐标数据。数字化过程从一定意义上讲也就是“复制”地图或航片内容的过程，只不过这种“复制”是有选择的，不像复印机那样全盘复制。数字化操作的基本过程为：

第一步，选取被数字化图件上带有精确坐标值的已知点，确定数据的坐标范围。已知点的个数至少应为三个，一般是在图件的四周选取四个点。如普通地图图纸的格网点都是具有整数坐标值的已知点。

第二步，如果使用数字化面板，需要将数字化仪与计算机连好。数字化仪上有三个插孔，分别用于连接电源、数字化鼠标和并行线。并行线的另一端与计算机的并口相连，用于传输数据。检测数字化仪是否工作正常。不同数字化软件对数字化仪的配置要求可能是不一样的，需要按规定的要求来配置数字化仪，并测试其是否接通。如果使用电脑数字化，则需调入相应的 GIS 数据编辑输入软件。

第三步，如果使用数字化面板，需将图纸固定于数字化仪的面板上。图纸应平整铺放，没有皱折。数字化的过程中图纸不能有丝毫移动。

第四步，在计算机中定位图纸。根据软件的具体要求，从数字化仪上或屏幕上分别点击图纸的已知点，并从键盘输入各点的精确坐标（图 5-1）。操作完成后，软件自动计算中误差，根据图纸或扫描件的质量及工作性质，中误差应控制在一定的范围内（如 ArcGIS 推荐中误差应小于 0.003）。由于图纸随时间、天气变化及其他原因会产生变形，且数字化过程本身也会有一定的偏差，因此中误差一般大于 0。中误差达到预先设定的标准后，就可以开始数字化了。

第五步，数字化操作。数字化的过程由软件进行控制，一般先要设置计算机上的屏幕显示环境。数字化时，先确定要输入的数据类型（如点、线、面、注记等），再输入相应的数据，同时给出其编码。用鼠标器的十字丝跟踪图件上的线画需要细致认真，如产生差错应及时修正。

第六步，后续处理工作。数字化操作完成之后，需要对所有数据作进一步的检查。一个好的数字化及编辑软件应能自动找出图形中可能存在的逻辑错误，这样可大大减少操作员的查错时间，提高工作效率。

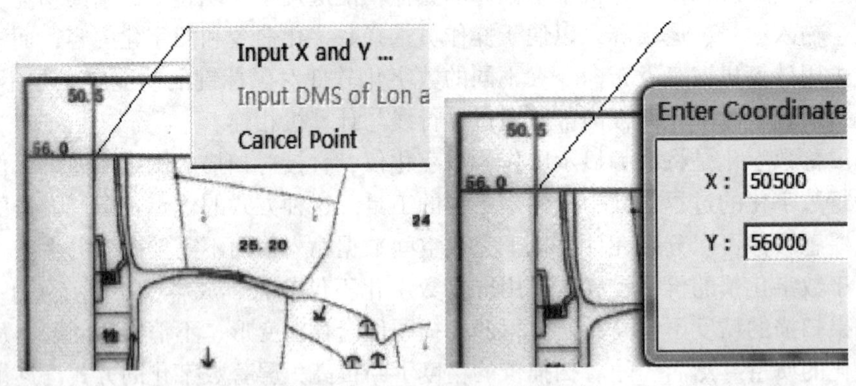

图 5-1 根据已知控制点定位底图

(3) 数字化方式

数字化有两种基本方式：点方式和流方式。对于数字化面板，点方式中，当按下鼠标器上数字化键时，接口装置向计算机传输一组坐标值及键值；不按键时，数字化仪与计算机间不传输数值。流方式中，只要将鼠标器置于数字化仪面板上，数字化仪就不断向计算机传输位置数据。对于屏幕数字化，点方式的原理是一致的，而流方式则需按住鼠标左键移动鼠标来获得连续的坐标点。

用流方式数字化时，将十字丝置于线画的起点并向计算机输入一个按流方式数字化的命令，让它以等时间间隔或 x 和 y 方向等距离间隔开始记录坐标，操作员则小心地沿曲线移动十字丝，并尽可能让十字丝经过所有弯曲部分。在曲线的终点或连接点，用命令告诉计算机停止记录坐标。

流方式数字化时，记录的坐标量取决于计算机程序以及是采用等时还是等距离方式记录坐标。等时记录的数据量与操作员移动鼠标的速度密切相关，直线部分因移动较快而记录的坐标量少；反之，曲线部分比较复杂，移动较慢，记录的坐标量就多。等距离记录坐标是在下一点与前一点间的距离大于给定的数据时才记录下一点的值。显然，采用等距记录法时，曲线弯曲复杂的地方记录的坐标量反而比平缓的部分少一些。

流方式的缺点是十分明显的：等时记录时如果操作员未按希望的速度移动就会记录过多的坐标，后续处理时必须滤除冗余坐标；等距记录时则不能正确地数字化弯曲度大的曲线顶点，这将使得弯曲部分的误差变大，同时在直线部分也会有冗余坐标。基于这些原因，一般操作员更喜欢使用点方式来数字化。

点方式数字化时，操作员能选择最有利于表现曲线特征的那些点进行数字化。操作员能够自己掌握数字化的节奏，有得心应手的感觉。只不过每次都必须按键来告诉计算机记录该点的坐标。另外，操作员对曲线特征点的判断决定了数字化成果的质量，有经验的操作员总能抓住最关键的部分，使记录的点最好地反映一条曲线。

(4) 数字化面板模式中的数字化及编辑过程中有关命令的输入

数字化的最初指令由操作员通过计算机键盘发出，这之后软件就将控制转交数字化仪的鼠标器，由它控制数字化的具体操作过程。用户通过鼠标器发出数字化的各类指令，使软件明确计算机所接收到的数据是何类数据。数字化过程中的有关指令主要有以下几类：

①数据类型定义（点、线）。

②数据显示环境设定（开、关、结点、标识等）。

③图形容限的设定（模糊容限、结点匹配容限）。

④线画的起讫点、线画的中间点。

⑤数字化的方式设置（点方式、流方式）。

⑥图形几何类型设置（弧、圆、矩形、线宽等）。

⑦图形对象的编码输入。

数字化鼠标器上的按钮数量是有限的（4、8、12、16 个等），它们不能完全代表所有数据输入及数据编辑的指令，部分指令需要从键盘上输入，而键盘与数字化仪之间的切换并不很方便。为使相关指令的输入更加便捷，可在数字化仪面板上定义一片矩形指令区，直接从指令区发出命令。指令区一般被称为菜单区，它可以定义在面板上的任意一个有效位置。数字化菜单是一张图纸，可手工绘制，也可在计算机上设计并输出，菜单是由若干行列形成的一个个矩形方块区域（菜单项），每个区域都按其行列号进行编码，该编码在计算机中对应数据输入或编辑的一条指令。菜单项用与指令有关的文字或图示符号进行标注，使用户看起来一目了然。使用时将菜单图纸固定于数字化仪面板上，并用鼠标器输入菜单的两个对角的位置，然后告诉计算机菜单的行列数量，计算机即可自动计算出各菜单项在面板上的位置。

（5）数字化错误及其处理

常见的数字化错误有如下几类：不达、交叉、重复（图 5-2）。数字化过程中为防止这些错误，除操作员的细心之外，更重要的方法是设置一系列的数据处理环境，使计算机能自动处理某些数字化错误。

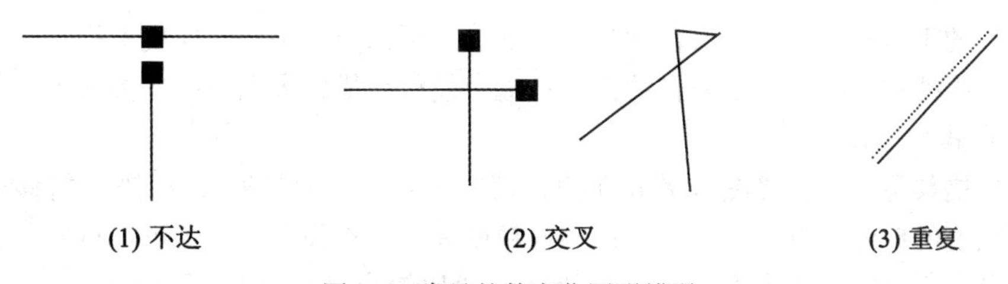

图 5-2　常见的数字化图形错误

数字化错误的自动处理是通过设置容限参数来实现的。容限参数有模糊容限、结点匹配容限、悬弧容限等。模糊容限决定了点与点之间的最小距离，在该距离之内的所有点都不被记录，只以一个点来表示，该容限使空间数据在满足精度要求的同时尽量减少数据量的存储；结点匹配容限保证距离在容限之内的两个或多个结点能自动匹配到一起，基本解决了结点匹配的问题；悬弧容限是针对悬弧而言的，悬弧就是一端的结点与其他结点匹配，另一端结点不与任何结点匹配的弧段（“悬于空中”），太短的悬弧一般被视为数字化错误，可以通过悬弧容限予以清除。

GIS软件的基本功能是能够实现空间数据的编辑处理，包括图形要素的生成、点位移动、平移、删除、复制、拆分、合并、交叉、公共边处理等。高级软件也能实时显示拓扑错误，使用户修改数据更加便利。

3. 扫描仪输入

扫描仪是将存在于各类有形物理介质（如纸张）上的图形及文字转换为数字格式图像的光学机械仪器。常用的图文传真机（FAX）上就装有扫描仪。随着计算机软件技术的发展，对扫描输入的要求越来越多，这些需求大大推动了扫描技术的发展。

目前，许多组织和部门不但将数字处理和数字产品的生产作为日常服务的一个部分，而且还拥有大量按传统方式生产的地图。这些地图包括了各式各样的信息且都能转换成数字形式。GIS和数字地图的使用人员经常希望从这些地图中获取大量的被禁锢的信息。如果这些信息是数字形式的，那么它们的应用范围将大大扩展。地理学家希望解脱在地图上跟踪各类地理要素的状况；军事学家则希望用数字地图（DEM）布置各类军事设置、辅助进行导弹实验等。鉴于手扶跟踪数字化仪输入的效率低下，各有关的科研部门都努力寻找新的数字化手段来把现有纸质地图转换成数字地图以满足实际需要。扫描仪的出现使得数字化技术产生了新的突破。

扫描仪可分为两大类：以栅格数据形式扫描的栅格扫描仪和直接沿线画扫描的矢量扫描仪。而栅格扫描仪又有四种：手持式扫描仪、台式扫描仪、滚筒式扫描仪、矢量扫描仪。下面分别加以简单介绍：

（1）手持式扫描仪

手持式扫描仪是用手握住扫描仪，并均匀推动扫描仪来进行扫描。手持式扫描仪体积小，携带方便，其价格比台式扫描仪要低得多。但如果用力不均或运动方向出现偏差都会造成图像失真，因此很难用于工程图纸的扫描。并且手持式扫描仪一般不能做得太大，否则手难以掌握，这样就使得手持式扫描仪的工作效率比较低。

比较好的手持式扫描仪带有自动补线的功能，可以减少手动时速度不稳造成的图像失真。此外，手持式扫描仪一般有自动拼接功能，使得扫描较大幅面的图像成为可能。

（2）台式扫描仪

台式扫描仪是将被扫描图纸平放在扫描仪的平台上，通过CCD扫描头的移动来获取并记录图纸上的任何信息。这种扫描仪扫描精度高，工作稳定，一般可进行彩色扫描。但由于扫描平台不可能做得太大，其有效幅面一般比较小（如A3以下幅面）。显然，在这样的幅面下，不可能对地形图一次完成扫描，因而其在地理信息系统中的应用受到一定的制约。但尽管如此，台式扫描仪在分辨率及色彩等方面仍然有其独特的优势，受到各行业用户的青睐。最初的彩色扫描仪在扫描时是通过交换红、绿、蓝（RGB）三种滤色器完成的，也就是说，要进行三次扫描过程才能完成一次扫描。现在的彩色扫描仪都能一次完成扫描。

（3）滚筒式扫描仪

与台式扫描仪的工作原理相反，滚筒扫描仪是固定了CCD扫描头，而通过在滚筒上前后移动图纸来完成扫描。这种扫描仪可扫描的图纸幅面可以达到1米多，使用也比较方便。但一般扫描结果是二值图像，且分辨率不如台式扫描仪高，因此只在与地理、规划、测绘工程等有关的行业中具有较高的实用价值，如扫描地形图可以一次完成。

（4）矢量扫描仪

矢量扫描是直接跟踪被扫描材料上的曲线并直接产生矢量数据的扫描方式。目前大多是激光扫描。第一代激光矢量扫描仪 HRD-1 具有 70cm×100cm 数字化范围的屏幕，可对 35000×50000 个点编址。地图的透明膜片复制品投影到操作员面前的屏幕上，操作员用光标引导激光束。

要数字化某曲线时，则将激光束引导到该线的起点，激光束自动沿线移动并记录坐标，碰到连接点或终点时就自动停止移动，操作员再进行引导。一条线扫描完成后就由另一条激光束在屏幕上绘出该线，操作员对该线加入一个标识符（关键字）供以后连接属性用。

这类扫描仪的最大优点是它能很快地扫描完一条线，几乎是一瞬间就完成扫描。同时，扫描得到的数据直接变成符合比例尺要求的矢量数据。它的最大缺点是操作员必须进行大量的引导工作，还要事先制作数字化材料的透明膜片且保持其清洁。显然，激光扫描仪扫描等值线图是很有效的方法，其等值线图的绘制准确而又精细，且严格闭合而没有连接点。激光扫描仪还是制作复杂地图的高质缩微片的理想仪器。

可以看出，如果将栅格扫描仪配上相应的矢量化软件，同样可以得到与矢量扫描仪相同的结果，而且在许多方面比矢量扫描仪更为灵活。同时，栅格扫描仪的日常用途绝不仅仅限于处理地图上的线画。因此，栅格扫描仪的应用远比矢量扫描仪广泛。

（5）栅格扫描仪的技术指标

栅格扫描仪的实用技术指标包括分辨率、幅面、扫描速度、接口和驱动四大部分。表 5-1 是 MicroTek Filescan 2000 栅格扫描仪的技术指标。

表 5-1　**MicroTek Filescan 2000 扫描仪技术指标**

类型	自动进纸类	预览速度	< 7 秒
图像传感器	三线 CCD	进纸速度	20ppm（张/分钟）200dpi，A4/黑白 20ppm（张/分钟）200dpi，A4/灰阶 14ppm（张/分钟）200dpi，A4/彩色
光源	高亮度白炽 LED 灯	按键	5 个自定义按键
最大分辨率	65535 dpi（PC）	外形尺寸	520（长）× 290（宽）× 190mm（高）
光学分辨率	2400 dpi×4800 dpi	净重	4.6kg
色彩深度	48-bit	功率	30W
最大文件尺寸	220mm × 300mm	扫描介质	书本、立体物品、文件、相片
接口	USB 2.0		

① 分辨率。分辨率有点分辨率、灰度分辨率、色彩分辨率几类。

点分辨率用每英寸点数 dpi（dot per inch）表示。常见的分辨率指标有 150dpi、300dpi、600dpi、1200dpi、2400dpi 等档次。

灰度分辨率多用于表示单色（黑白）扫描仪的性能指标，一般用灰度级表示。对于单色色调而言，“灰度”是介于“黑”与“白”之间的色调。灰度级是在纯白和纯黑之间划分的灰度级别，如 8 灰度级、32 灰度级、64 灰度级、256 灰度级、512 灰度级等。灰度级别越多，则灰度分辨率越高，扫描效果越好。如果要得到二值图，只需视具体情况设定一个“阈值”，小于它的视为“0”，大于它的视为“1”。

色彩分辨率一般用表示单个点位可以显示的色彩位数来表示。普通的彩色扫描仪为 24 位真彩色，可表达 16M 种颜色，这种分辨率能满足绝大部分需求。有的高档扫描仪能达到 36 位真彩色，可表达 687 亿种颜色，这类扫描仪主要用于专业图像处理。

② 幅面。一般台式扫描仪的幅面在 A3 以下，有 A4 幅面、A4 加长幅面、A3 幅面等。滚筒式扫描仪的幅面可达到 A0。幅面越大，设计工艺就越复杂，而质量也受到一定的影响。

滚筒扫描仪的分辨率比台式扫描仪的分辨率低，幅面是其中的一个因素。

③ 速度。扫描仪的工作速度与工作时的采样分辨率、计算机工作速度及内存大小、硬盘存储速度等多方面因素有关，因此扫描仪的速度指标是严格根据工作条件来测定的。速度的表示方式为：英寸/秒。

④ 接口和驱动。目前扫描仪以 SCSI 接口为最多，信号接口标准以 TWAIN 为主流。TWAIN（toolkit without an interesting name）是一个由扫描仪厂商和有关软件公司确定的界面标准。只要扫描仪与 TWAIN 兼容，就可以自动与诸如 Photoshop 之类的图像处理软件接口，实现扫描图像的直接应用。

（6）扫描数据的后续处理

对于地形图等空间图形而言，扫描后的数据还要经过适当的处理才能输入到空间数据库，这些过程大致可简单描述如下：

① 扫描图的整饰：有时扫描原图因折皱、纸张变形等原因，扫描结果中会出现各类噪声点。如果噪声点过多，则需做必要的图像处理，或手工进行清除。

② 扫描图的定位：原始扫描数据是没有地理坐标的，需要加入坐标。通过参照原图上的坐标，只要找到对应点，即可对栅格数据定位。

③ 如果系统只需栅格数据，则经过适当的图像纠正后可将扫描数据直接入库；如果还需要矢量数据，则需对栅格数据进行矢量化。

矢量化的基本算法很早就出现了，目前有许多较为成熟的矢量化软件。图 5-3 描述了矢量化前后数据的不同表现形式。但由于矢量化问题相当复杂，所以到目前为止尚没有令人满意的完全自动矢量化的软件产品。问题的根源在于矢量化的过程中需引入智能化的识别算法，而空间数据的复杂性使得这种智能算法几乎不可能实现。因此矢量化软件只能解决部分矢量化问题，另一部分需要用户进行干预，如连接断开的线段、输入编码等。

由于矢量化过程仍然需要用户做后续处理，考虑到数字化的特点，人们自然会想到是

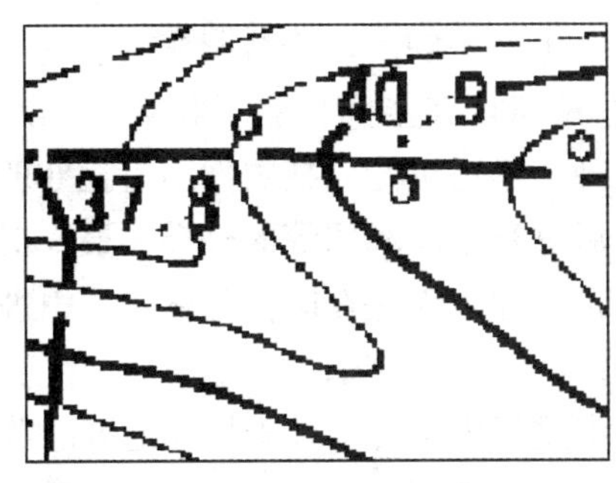

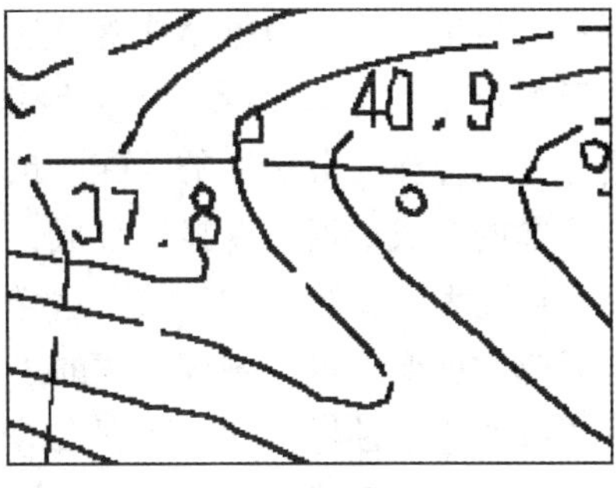

图 5-3　地形图的矢量化

否可以对扫描栅格数据在计算机屏幕上直接进行数字化。经过实验，人们发现，屏幕数字化也是一个实用而有效的方式。实际上，在计算机屏幕上能对图形图像进行任意的放大或缩小，这使得屏幕上数字化的精度可以满足要求。同时，用户在操作时知道哪些该数字化，哪些不该数字化，不会出现自动矢量化软件的“不顾一切”全部矢量化的情况，这在某种程度上也减小了工作量。

4. 解析测图仪输入

用测图仪读取航空像片上空间地物的二维和三维位置是整个航空摄影测量学科的根本任务。航空摄影测量的原理在 20 世纪六七十年代已经得到很好的解决，而摄影测量仪器却在不断地发展之中。现在的解析测图仪可以实现手工测量结果的自动存储，或直接接入计算机。先进的解析测图仪还可以实现航空像对上同名点的自动查找，并自动计算该点的空间坐标。航空摄影测量是建立大比例尺地形图的重要手段，也是建立空间信息系统数据库的重要方法。

航空像片处理的另一个方法是将其直接扫描，输入计算机，再利用软件的方法根据相同的原理对空间地物坐标进行解算。全数字摄影测量系统 VirtuoZo，DPGrid，JX4 是该类产品的杰出代表。

5. 数字格式数据的转换输入

所有星载和机载传感器中多光谱扫描仪获取的图像数据在地理分析中都极为有用，是空间数据库的重要数据源。扫描仪获取的数据按像元形式保存，每个像元具有一个数值，该值是地面覆盖范围内各类地物的平均反射或发射辐射量的波段值。不同的像元值可用灰度、颜色转换成可见图像。

遥感中的分辨率是指单个像元所覆盖的地面面积，它取决于传感器的高度、聚焦系统的焦距、辐射波长和传感器本身的其他一些特征。像元的大小从陆地卫星的 80m 到机载的几个厘米，如美国 TM 卫星所获得的图像分辨率为 70m；法国 SPOT-1 卫星影像的全色图像分辨率为 10m，多光谱 30m；SPOT-5 卫星影像全色分辨率为 2. 5m，多光谱分辨率为 10m；快鸟（Quickbird）影像全色 0. 61～0. 72m，多光谱 2. 44～2. 88m。

虽然从星载或机载传感器得到的数据可能是数字式的，但它们的格式不一定与地理信息系统数据库一致，还需进行各种必要的处理才能输入数据库。这些预处理包括调整分辨率和像元形状、投影变换、数据格式等。还有一个重要的问题是对图像进行定位定向，使之与现有地形测量数据（如道路、各类地物边界等）在空间位置上相吻合。另外，与其他栅格数据配合时应注意分辨率的匹配。预处理工作还可能包括数据的简化处理，如把几个波段进行简单的合成或通过变换后合成，然后进行土地利用等的分类，最终把分类结果输入数据库，从而大大减少数据容量。这样的预处理工作是在图像分析系统中进行的，它也是用来将遥感数据变成可见图像形式的工具。

此外，环境调查中抽样得到的数据在 GIS 中进行内插可估计未抽样地区的数据，这样的内插数据也是一种数字式的信息，可直接进入空间数据库。同时，从一个软件的数据转到另一个软件时，也是一种数字形式的数据源，如将计算机辅助设计（CAD）的数据转到 GIS 数据库。

5.1.2 非空间属性数据的输入

非空间关联属性有时称为特征编码或简单地称为属性，是那些需要在 GIS 中处理的空间实体的特征数据，它本身不属于空间数据类型。例如道路可以数字化为一组连续的像素或矢量表示的线实体，并可用一定的颜色、符号等作为 GIS 的空间数据表示出来。而道路的非空间属性数据则指用户还需要知道的道路宽度、表面类型、建筑方法、建筑日期、沿途管线、特殊交通规则、车流量等。很显然这些数据都与道路这一空间实体相关。这些数据也可以有效地存储和处理，给每一数据实体一个唯一的识别符就可以有效地与空间数据(道路）连接起来。

属性数据的输入可在程序适当的位置用键盘完成。有关程序可以提供比较方便的输入界面。如果数据量较大，也可与图形数据分开输入。这时可以以其他方便的形式（如 Excel，Word 表格）进行，经编辑、检查无误后转存到数据库的相应文件或表格中。

有时，属性数据以纸质表格形式存在，可以通过扫描加文字处理的方式，将表格文字识别后直接建成属性数据列表。在纸质文件质量较好的情况下，这种扫描加文字识别的处理方式比手工输入更为有效。

5.1.3 空间数据和属性数据的关联

在当前的 GIS 平台中，对每一个空间实体对象都自动定义一个内部关键字，通过这个关键字，实现图形实体及其属性之间的内部关联。很多情况下，研究对象具有系统的唯一编码（如道路编号在一个城市是没有重复的)，用户还需自己输入这类唯一编码的关键字。空间数据输入时必须在图形实体上附加关键字内容。

对于具有大量属性数据的情形，属性数据是分开单独录入的。GIS 系统可以通过唯一关键字将分开输入的空间对象和其属性关联起来，从而构成完整的空间数据库。图 5-4 是建立多边形矢量数据库的基本过程，该过程还涉及较为复杂的多边形图形生成过程（如对于面条数据结构和拓扑数据结构，多边形的构成方式是有区别的)，其中空间图形和其非空间属性是通过用户定义的关键字进行关联的。

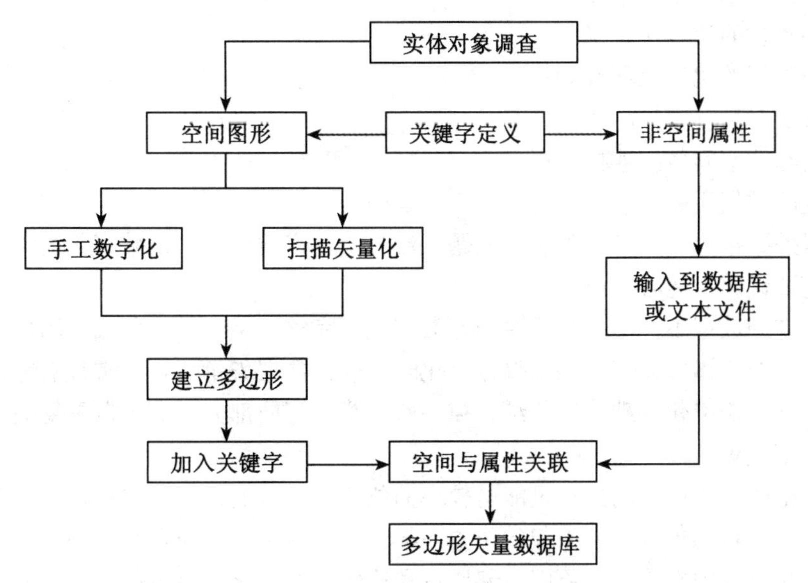

图 5-4　建立多边形矢量数据库的过程

5.2　数据检核与存储

5.2.1　一般检查

一旦空间数据和非空间数据都输入计算机后，数据连接操作将提供理想的机会来检核这两类数据的质量情况：显示程序将每个图形实体显示在屏幕上，并能检查是否每个实体均接受一组非空间属性数据；所有非空间属性都不超过它们的数值范围；属性数据之间或属性数据与地理实体之间没有荒谬的组合等。

操作员或 GIS 用户能从图形实体与属性的联合显示中发现很多问题，如数字化中发生的遗漏、重复、菜单选择不合适等；属性数据输入错误、分析时用的参数不当；程序中的其他一些问题等。

检查所发现的问题都用特殊的形式标记出来，操作者立即修改相应的错误并重新显示修改过的图形或地图，以确保修改成功。

检核过程中还可以交互式加入某些内容，如等高线高程注记等。将数字化后的等高线显示在交互图形屏幕上，操作员用光标绘一条与一些等高线垂直相交的暂时保留的直线，并且手工输入该临时直线上的最低和最高等高线的高程（或用光标指定位置只输入一个高程），位于最低和最高等高线中间的等高线会自动得到相应的高程。

5.2.2　数据错误类别

空间和非空间数据输入时会产生一些误差，这些误差可综合成以下几类：

①空间数据不完整或重复；

②空间数据的位置不正确；

③空间数据的比例尺不准确；

④变形；

⑤空间与非空间数据连接有误；

⑥非空间数据不完整。

除此以外数据重复定义和数据量问题在流方式数字化或扫描仪数字化线实体时普遍存在。下面简要说明上述各类误差。

其一，空间数据不完整的主要原因是数字化不完整。手工数字化或使用数字化仪数字化时漏点、漏线或漏像元；用扫描仪数字化时，栅格数据矢量化处理常常引起线元素的间断，矢量数据的栅格化处理又往往综合掉一些尖锐的弯曲部分。而数据重复则起因于线或点的重复数字化等。

其二，空间位置误差的出现可能是较小的位移，也可能是较大的粗差。前者主要因数字化不仔细或材料和仪器误差引起的位置差异，后者则可能是原点和比例尺有误引起的大差错。数字化过程中常因某种原因引起原点和比例尺的变化，有时硬件也可能产生这类问题。

其三，空间数据的比例尺错误和误差大多是在数字化时用了错误的比例因子引起的。比例尺误差的产生主要是数字化材料的比例尺测算不精确。例如用地图和航片上的明显地物量算航片比例尺通常不精确。比例尺误差的校正对矢量数据结构来说比较容易，通常用简单乘法器就可校正。

其四，空间数据的变形误差来源于原数字化材料上的各种变形误差，如航片倾角、地面起伏、各部分比例尺变化引起的误差，以及原地图的纸张伸缩不均匀、制图综合不合理引起的误差、数字化过程中采样点选择不恰当、采样点过少等引起的误差等。GIS 处理后的数据需输出到现存专题图上实现匹配时，如果两者坐标系统不一致则必须进行变换处理，剩余的变形误差只能手工处理，使输出图形与专题图匹配。

其五，空间与非空间数据的连接错误通常是在数字化时给空间实体输入了错误的识别符；在多边形形成后，人机交互输入识别符时出现了错误；关系数据库中的关系表的对应关系不对等。

其六，在非空间数据本来完整无缺的情况下，数据库中发生数据不全的现象主要是键盘输入错误和漏输数据；编码不完全或编码错误等。

5.2.3 数据检核方法

GIS 数据库包括图形和属性数据，图形数据的检核涉及空间要素的形状、位置、相互连接关系、与属性数据关联的准确性等几个方面；属性数据的检核包括文字和数字的正确性检验。

对于空间图形的形状和位置检核，主要采用叠合比较法；对于有多幅拼接地图的数据，需检查其边界处线要素或多边形边界的接边是否正确；对于图形的连接关系，除叠合比较外，还应采用拓扑条件进行检查；对于图形数据与属性数据的关联，可以利用 GIS 独有的图形-属性显示设置进行检核。

空间数据数字化正确与否的最佳检核方法是叠合比较法。也就是将数字化的成果按与原图相同的比例尺通过绘图仪绘制在透明薄膜上，然后将其与原图准确地叠合在一起，在透光桌上进行仔细的观察和比较，用特殊的笔把数字化时遗漏或位置错误等地方显著地标出。然后在数字化仪上进行第二次数据补录工作，或只利用软件功能作必要的编辑与修改。

当涉及多幅地图数字化时，除检核一幅图内的差错外，还应检核已存入计算机的其他图幅接边的情况。一般情况下，对于多边形边界数据，还要在检核之后构成完整的多边形要素；对于道路之类的线状要素，则需将两条线段进行融合连接，构成一条完整的线状要素。

在以多边形为基础的地图层中，可以运用拓扑结构信息检查各多边形是否完整，是否有线画没有接上的情况。拓扑检核是一种非常重要的图形数据检核方法，在很多情况下，线与线的端点之间、线与点之间只有微小的错开，不将其放大到足够的细节一般是看不出来的，而拓扑关系定义则可以很容易发现这些错位。另外，为防止这类错误发生，在数据输入的过程中，通过容限设置强制将线与线的端点进行匹配、通过多边形公共边自动生成程序可以减少细节上的错误。

非空间数据的检核也有很多方法，最常用的也是最简单的方法是打印出非空间数据文件后逐行检核。另一方法是编写检核程序，用该程序扫描数据文件看有无文字代替了数字或数字超过了允许范围等误差。通过耐心细致的检查，主要误差都能从数据中寻找出来。但必须注意：用程序检核时，语义正确的数据即使含有误差或者错误也很难检查出来。这样的错误仍然只能用手工方法检查发现。

空间和非空间数据的连接程序也可用于检核所有的连接关系是否恰当，这样的程序还应有标出误差或错误的能力。例如，如果出现一个空间要素没有关联到属性数据，则可以怀疑关键字在图形库或属性表中输入有误。

5.2.4　空间数据编辑与维护

进行空间数据维护是为了维持一个具有现势性的空间数据库。由于空间数据的数据源有多种，它们在数据形式、输入方式和内容精度方面互不相同；同时，在进行空间分析时根据具体需要，对空间数据还要做一些预处理工作。这些都要求空间系统软件具备适当的数据维护功能，一般可将它们分为如下几类：拓扑约束、格式转换、坐标转换、投影变换、接边、线坐标优化、数据整合、图形编辑、图层更新。

1. 图形要素编辑

图形要素包括点、线、多边形、注记及各 GIS 软件约定的特殊要素。图形编辑是 GIS 的基本特色，一般软件都有一组丰富的命令来完成对图形要素的编辑，这些命令的功能可以简单地描述如下：

- 移动（move）
- 复制（copy）
- 融合（merge）

- 分割（split）
- 删除（delete）
- 添加（add）
- 旋转（rotate）
- 延伸（extend）
- 编辑内点（vertex editing）

2. 空间拓扑关系

对空间要素建立完整的拓扑结构是进行空间分析的基础。一般情况下，拓扑结构是针对点、线、面三种空间要素的，在特殊情况下，也可以对其他空间要素（如结点）建立拓扑结构。所谓拓扑，是指空间要素间相邻或相接的一种逻辑量度。这种量度是通过一定的空间算法对要素进行搜索而获得的。显然，如果空间要素间的连接有误或位置不准确，那么所建立的拓扑就包含了错误的信息。

例如，两条本来连接在一起的线并没有连在一起，也就是说它们没有共有的结点，那么拓扑中就不会有它们相连的信息；本该闭合的多边形在结点处没有闭合，那么拓扑中多边形大小的量度信息也就是不真实的了。

图 5-5 是 ArcGIS 中显示的拓扑错误，其前提是预先定义图形要素之间的拓扑关系，该关系的含义为线段要素的两个端点必须与另外一个点图层中的点要素重叠。发生以上两种情况的原因有多种，需要通过细致的检查才能发现。一般 GIS 软件采用模糊容限或结点匹配容限的方法可以消除大部分错误，也有很多软件采用强制闭合多边形的方法来解决多边形不闭合的问题。

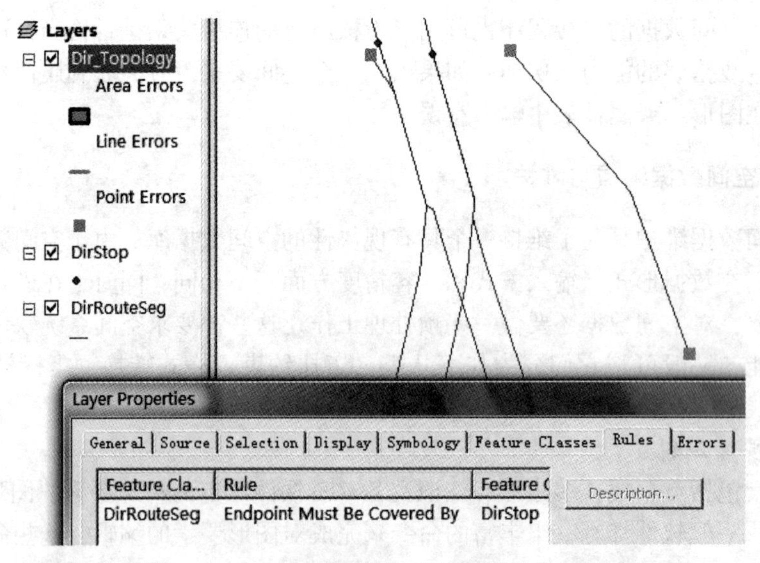

图 5-5　GIS 中拓扑关系定义及拓扑错误显示

为了更正图形要素的拓扑错误，图形数据的编辑是必不可少的，如形状的改变、移动结点、修改或添加用户标识等。

3. 格式转换

从计算机开始被运用于地图制图至当今的 GIS 软件，产生了许多存储空间数据的数据格式，这样在应用数据时会经常出现需要将数据从一个系统转移到另一个系统中去。由于系统之间的格式不统一，这种转换需要用专门的程序来完成。数据格式要进行转换大致是基于如下几种原因：

①用户开始应用一套新的 GIS 系统；

②一个部门想使用另一个部门（不同系统）的数据；

③为了完成某一种特殊的项目。

每个 GIS 系统都有自己独特的数据格式，而且都定义了多种空间要素类型，属性数据格式也不尽一致，因此格式转换过程中或多或少会损失一些信息，如拓扑信息丢失、坐标精度降低、属性数据精度降低等。格式转换时应该尽可能避免信息损失。

除了各 GIS 软件自有的数据格式之外，一些 CAD 软件也有自己的格式。如 AutoCAD 是一种常用的 CAD 软件，在城市规划领域有很大的应用价值，它的存储采用 DWG 文件形式。同时，它的数据能很方便地转换为 DXF 格式，DXF 也是较为通用的一种图形文件格式，几乎所有的 GIS 软件都能将这种格式的文件转换到自己的系统之中。DXF 格式的数据没有拓扑信息，只带有图形表现特征的属性信息（如线型、颜色、线宽等）。

4. 地理坐标转换

图形的定位方式有如下两种：一种是纳入全国的通用坐标体系或世界通用坐标体系之中，这种方式可以称为绝对定位；另一种是在局部范围内定义一个起始点，所有的地物都相对于这个起始点进行定位，这种方式可称为相对定位。

由于图形定位方式不同，同一地区的地形要素在不同的体系中有不同的坐标值，这将会对分析造成困难。因此有必要将图形从一个坐标体系转换到另一个坐标体系之中。

坐标转换操作之前，应该明确两个坐标体系的关系。如一般图形有四个角的控制点，就要弄清四个角点的坐标，以及新的坐标体系下四个角点的坐标。这一过程很可能会花去整个转换过程 90%的时间，因为控制点的位置是最为关键的。

5. 投影变换

由于地球是一个椭球体，在将地球上的空间物体表示在平面的图纸或计算机屏幕上时会使地物的形状产生变化。地图学家们已经研究出了多种地图投影的方法，这些方法可以归为三大类（图 5-6）。

投影变换就是将地图坐标从一种投影方式转换为另一种投影方式。由于球面上的物体投影到平面的图纸后都会导致形状的改变，投影方式不同则变形的程度也不同，而且，这种变形只有在足够大的区域范围中才会明显地显示出来。小范围的区域若非特殊需要，一般不再作投影变换。

由于是处理空间地理数据的系统，所有 GIS 软件都应提供投影变换的功能，这是与 CAD 制图软件在图形处理方面的根本区别。

6. 接边

在运用计算机技术之前，传统的地形测量总是利用分幅的方式来描述大范围的地表特征。相邻的图幅在其公共边界上由于各种原因，使得越过边界的地面要素很难在公共边界

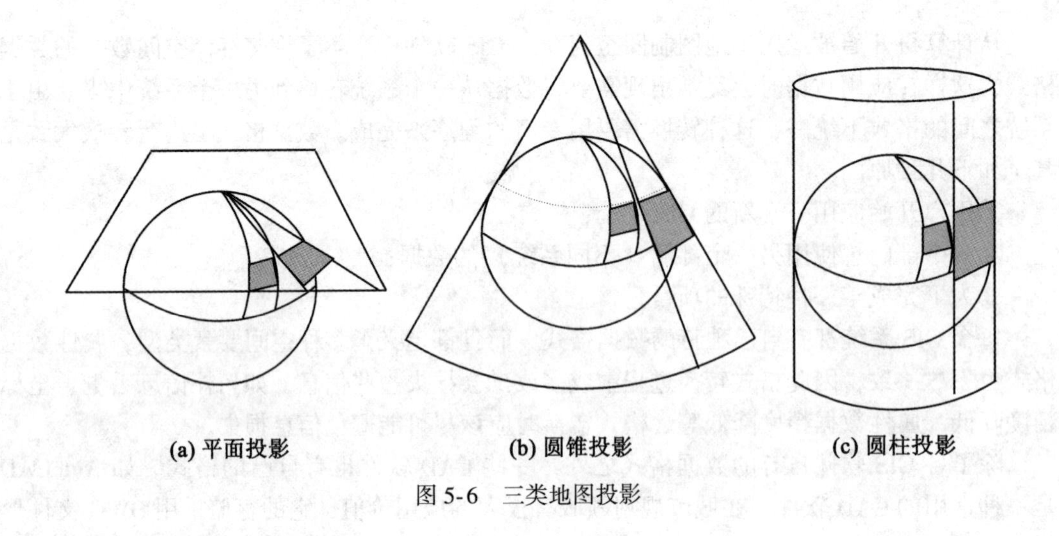

图 5-6　三类地图投影

上准确地连接在一起，这样就产生了接边的问题。

由于目前大部分的空间数据源仍来自分幅地图，这些地图或是以扫描方式或是以手工数字化方式被输进计算机的空间数据库中。与测量过程类似，图形的输入过程也难免会产生一些误差，于是接边的概念很自然地被引入地理信息系统之中。

接边的关键是要找出“同名点”。一般 GIS 软件都能够自动完成大部分查找对应工作，对应点之间通过“连接矢量”相关联，如图 5-7 所示，其中左边为关联前的状态，右边为关联后的状态。如果关联不正确，用户可以通过修改“连接矢量”来指定同名点。同名点的关联完成之后，软件根据给定的算法自动完成接边所需的修正工作。

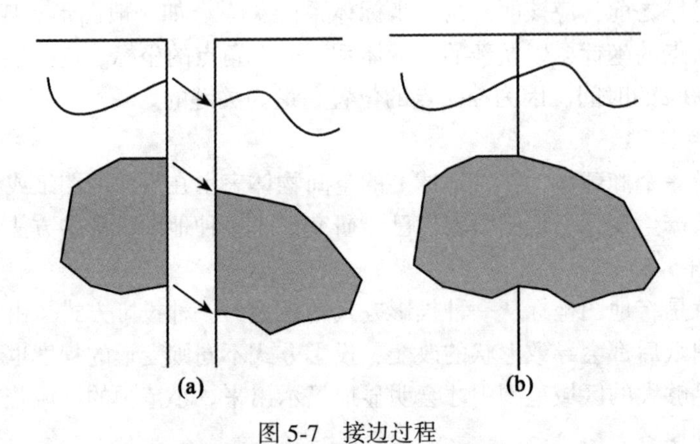

图 5-7　接边过程

7. 线坐标优化

线坐标优化是为了解决线状（包括面状边界）图形输入时坐标采样点过密的问题。线状图形输入计算机时，如果采样点过稀，则图形的细部变化将丢失；如果采样点过密，虽然保证了图形的形状不变，但采集过程将过于费时，而且将大大增加数据量，影响计算机软件的处理速度。因此对线状物体的坐标应该有一个取舍规则。

图 5-8 是线坐标优化的一个例子。它的基本原则是保证特征部分点的密度，而将非特征中间的点“优化”掉。这样得到的图形在输出时不够美观，可以借助样条函数显示出光滑的曲线来。

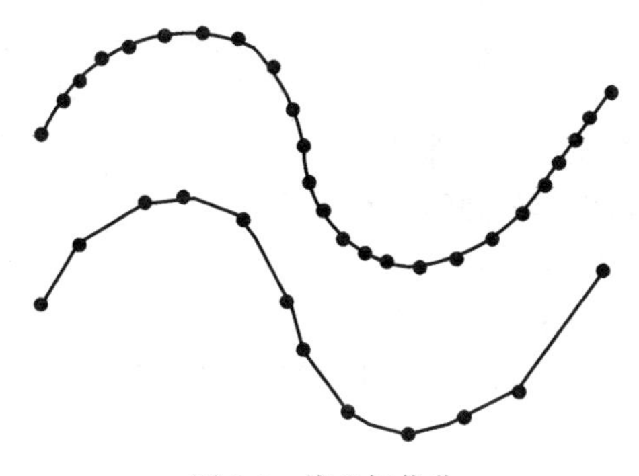

图 5-8　线坐标优化

保证线坐标不过密的一种方法是在数据输入时设置一个坐标优化容限，如果两个坐标点之间的距离小于这个容限，则刚输入的点不被记录；另一种方法是在建立拓扑结构时设置一个模糊容限，可以起到同样的效果。而真正考虑地物特征的线优化则需用专门的程序来完成。

8. 数据整合

数据整合是指调整不同数据层中同一要素以便使它们完全重合的一套过程。考虑同一地区不同年份的植被图，理想的情况是，当这两幅图被输入计算机中后，两图中的大部分图形要素应该完全重合。但因受各种因素的影响，实际情况却不是这样，这些影响因素可能包括两幅图的来源不同，图形输入不够精确，或者，图中的实体要素如河道在这些年中发生了自然的变迁等。

整合的目的就是使得这样两幅图叠置时相同的地理要素完全重合。如果它们的边界有细微的差别，就会产生细碎的小多边形，这样的小多边形是没有任何意义的。

如果用手工方式进行整合，就要先取一幅图作为基准图，然后在透光桌上对其他图进行调整。计算机处理时也大致是这样一个过程，但调整的方法更为灵活。其基本方法是要先找出两幅图中的一些要素的同名点，然后将对应的同名点相连成为一个“连接矢量”(link)，最后以这些矢量为基础进行坐标变换，即可对齐两幅图中的相同要素。

整合的另一个重要应用是进行属性数据的传递。例如在一幅位置不太精确的街区图上已经输入了各街道的很多属性信息，这些属性信息非常重要，只是它们所依附的街道位置不很精确；假如新输入了同一街区的位置相当准确的街道图，这些街道的属性信息在老的图中已经存在，那么只要将两幅图中的街道一一对应起来，再进行一次属性数据的传递便可将新的街道图赋上属性信息。这类整合的意义在于将属性数据从不太精确的图层转移到位置精确的图层中去。

9. 图层更新

图层更新是指在图层的局部范围内对图层的要素进行更新。例如，有些老城区的旧城改造，拆除原有的破旧房屋，还建以满足现代要求的住宅和商业用房，那么这一地块的地形图就要被更新。只要测绘出该地块现有的建筑布置，就可利用图层更新功能将这块新图覆盖掉同一区域的老图。

图层更新的特点是被更新层中的要素被更新层中的要素所取代。更新操作一般只在局部范围内，更新层中的要素都包含在一个或多个多边形中，被更新层中只有这些多边形范围内的要素才会被更新，其他要素则保持不变。

由于城市在扩展，城市内部的建筑也在不断变化，因而空间数据维护中要经常应用图层更新的功能。

图层更新的另一种形式是在更新层中定义一些空的多边形，并用这些多边形清除被更新层中相应的区域。这种更新可能存在于下列情形中，即某地块的建筑物被拆除，而暂时又没有将该地块加以利用。

10. 要素提取

要素提取是将源图层中某一区域的要素提取出来成为一个新图层。要素提取的空间范围由预先确定的多边形区域指定。

要素提取操作类似于 GIS 的查询功能，但该操作是要将提取出的空间要素作为新图层保留，而查询主要是一个显示操作。要素提取可用于去除那些不感兴趣的区域，从而突出图中的重要内容，以加强图形输出的效果。例如，某市的 GIS 系统中存有该市的地形图，现要提取出该市某一行政区的地形图，只要做出行政区划的范围，便可利用要素提取命令达到目的。又如，要分析某一地块的建设状况，只需提取出该地块的数据。

以上所述是定义空间范围来提取图形要素，其实也可以利用属性信息来定义条件表达式，从而提取出满足条件的那些空间要素，这是图形与属性数据联合操作的结果。

5.2.5 数据存储

由于建立空间数据库既花时间又耗费资金，有必要将数据从本地计算机存储器传送到更为永久、能安全保护的存储介质上，作长期保存和供多用户使用。

大多数情况下，数字数据存储在磁盘、磁带等磁介质上。但永久放置的磁盘存储系统费用很高，而且磁盘交换处理危险性也大，因此磁盘存储不适合于长期保存数据文档。而磁带由于稳定性较好，一般用于存放这类数据。磁带的记录密度为 800bit/inch 至 1600bit/inch 甚至更高。

磁带存储在很长时间内是数据存储的最重要方式。但必须严格按照生产厂家提出的要求存放和使用。保持磁带的清洁极为重要，存放磁带的环境要求为：温度控制在 10~32℃，湿度控制在 40%~60%，磁场强度小于 50 奥斯特。

随着计算机工业的发展，数据存储介质在 21 世纪又发生了巨大的变化。其一是常见磁盘的容量及性能大大提高，在 20 世纪 90 年代，普通小型磁盘的容量为仅为几十个 GB，而现在则可达到 500GB，专业的磁盘阵列则已达到 40TB；其二是 DVD 光盘的出现。DVD

光盘性能稳定、存储量大（4GB 以上）、体积小，是数据传输的理想介质。

考虑到存储费用和数据的容量，GIS 用户应精选必不可少的数据作永久存储。那些由计算机程序很容易从原始数据或从某类数据派生或转换得到的数据，在一定分析目的达到后暂不使用时可予以清除。在分析任务执行过程中产生的许多中间数据应采用临时存储器存储，一旦任务圆满完成后就可清除掉。

5.3　数据质量问题

地理信息系统是功能强大但费用昂贵的工具。除硬件、软件和人员培训外，数据收集、获取、处理等环节的费用甚至更高。用遥感手段获取、收集数据可能要比野外实地调查便宜，但要处理的数据量很大，数据输入、校正等费用反比普通方法高。因此数据收集、存储和处理都必须相当可靠，且能满足一定的精度要求，才能真正应用 GIS 来达到管理和空间分析的目标。

5.3.1　数据质量类别

数据质量常用误差来衡量，术语“误差”包含精度容许的误差、粗差、误差的统计意义“方差”等内容。与地理信息处理有关的质量问题可以归纳为三大类：

第一类：明显质量问题

①数据保存的年代；

②数据的空间覆盖范围；

③地图比例尺；

④观测密度；

⑤数据格式；

⑥数据的可达性；

⑦数据收集和处理的费用；

⑧数据相关性。

第二类：原始观测值的质量

①位置精度；

②内容精度：质量和数量方面的误差；

③数据变化：数据输入输出错误，观测者的偏差，自然变化。

第三类：处理过程引起的质量问题

①计算机的字长——计算机表示数字方面的限制；

②拓扑分析中的错误、逻辑错误；

③地图叠置中的问题；

④分类与综合问题：方法、分类间隔、内插方法等。

其中第一类误差最明显也最容易检查；第二类包括更为微妙的误差源，只有十分熟练地使用数据时才能探测这类误差；第三类误差则是最重要的一类，主要由处理数据的过程、方法等引起。同时也很难辨认，除熟悉数据外还要有数据、数据结构、数据运算等方面的广泛知识才能对这类误差有所了解。

5.3.2 明显的质量问题

1. 数据收集的年份

任何研究项目所需的数据很难在同一时间收集齐全。多数规划与环境部门都要使用现有的公开出版的数据，包括地图、报告、遥感数据、外业数据等。这些数据的获取时间各不相同，有的过时了，有的按过去的标准收集，有的不全等。正如有人评论的那样："除地质数据外，数据年代越老越不可靠"。

2. 数据覆盖

理想的情况应是整个研究区域或整个国家具有一致的数据，即同等精度、统一分类标准的数据覆盖整个区域。但实际情况往往不是这样。即使在发达国家里，资源数据的使用者经常发现某些必要的数据只有部分地区才有，其余地区只有小比例尺地图提供的粗略数据，因而不得不重新收集。由于定义和概念的变化以及地表自然变化等原因，使新老数据不相匹配。

3. 地图比例尺

许多地球资源数据都以专题地图的形式生产和存储，近几年才发展了数字信息系统，使原始外业测量数据有可能进行进一步的处理。大比例尺地图不仅拓扑细节表示得多，而且图例也详细，但也因为包含太多的信息而增加了数据量。虽然小比例尺地图提供的细节不足，且位置精度较差，但整体感强，有利于宏观分析。测绘部门都有标准规格的成图规范，如我国的地形图比例尺从 1∶500 到 1∶500 万，分为若干个层次。

4. 观测密度

观测密度除粗略地估计数据质量外，对分辨某一感兴趣的空间模式来说，还有一个重要的作用是在于估计什么样的观测密度才是最佳密度。

5. 数据格式

数据格式引起的误差，主要表现在格式转换和数据编排中的一些技术性问题所导致的不精确性。数据格式主要有以下三种：

第一种，纯技术规定的格式。计算机系统之间的数据交换通常将数据记录在磁介质上，记录时需考虑的问题有：磁介质类型——磁带、盒带、软盘、数据线等；记录密度——记录块大小、磁道数、每英寸的比特密度；字符类型——ASCII、EBCDIC、记录长度等。对记录线来说，进行数据交换的两台计算机系统的传送速度应该匹配。

第二种，数据本身的结构。数据库中的数据如何编码，采用矢量数据结构还是栅格数据结构，如果是栅格数据编码，像素大小是多少等。有的计算机系统要求特定的数据格式，不能直接与其他计算机交换数据，除非进行格式变换。例如许多专业图形系统有自己的内部数据结构，也有专门的软件将数据送到绘图仪和其他显示装置。

第三种，与数据本身关系最大的格式。比例尺、投影方式、数据类别等与数据本身关系最密切。比例尺和投影方式用适当的数学变换公式就能很容易地完成变换。但数据类别的匹配相当困难。除各部门采用的分类系统不同外，同一分类系统同一地面特征不同都会导致绘出不同的边界。数据交换常常要将数据重新格式化，最低公共标准格式才能方便地被各个计算机系统读入。这种最低级格式既不严格又不是很有效，但交换方便。

6. 数据可访问性

不是所有的数据都有相同的可访问性。资源数据在一个国家内可能是自由供给和使用的，但同类数据对其他国家可能是保密的。即使在同一个国家内，地理信息系统中数据也因各个部门间的竞争，使数据流通受到严重的阻塞，军事信息更是如此。另外数据收集费用和数据格式不统一，也使数据流通受到影响。由于数据可访问性有限，GIS 用户往往因缺少某些数据而提供质量不高的分析结果。

5.3.3　测量数据的质量

1. 位置精度

地理数据位置精度的重要性以数据类型为转移。地形数据通常是高精度的，适合于道路、房屋、地籍地块边界和其他物体的位置定位。用现代电子测量技术，地表物体的位置测定可精确到厘米级。相反，土壤、植被单元边界的位置精度通常不那么重要且不易测得很精确。这类边界往往反映测量员对界线划分的判断能力。一般情况下植被类型的划分以微气候、地形地貌、土壤、水体等因素的变迁来确定。其类型边界位置的判断多半来自测量员的主观性，从而产生误差。

位置误差还产生于低质量的外业测量与调查、基本图的纸张变形、栅格数据的矢量转换精度等。位置误差可在图形工作站上交互式地校正，还可用一种称为“橡皮板”的技术来加以变换。变换的成功与否，决定于被变换数据的类型和变换的复杂程度。有许多方法在作线性变换时很有效，但进行复杂的皱缩误差校正时就难以顺利实现其变换。

2. 内容精度

内容精度是指属于地理数据库中点、线、面的属性数据正确与否。内容精度可以分成质量和数量两个方面。质量精度指名义变量和标签是否正确，例如，土地利用图上的某地块本来是“居住用地”，可能被编码为“工业用地”；数量精度是估计分配值时的偏差程度，如不同密度的居住用地地块都统一划归为“居住用地”类别，其密度的差异就被掩盖了。

3. 数字化精度

数字化精度受数字化仪本身的分辨能力、数字化方式、操作员的经验和技能等多种因素影响。

屏幕数字化方式下，数字化精度取决于鼠标定位精度和图形放大倍数。鼠标定位越精确，图形放大倍数越大，则数字化精度越高。对于有明确拓扑关系的图形要素，定义严格的拓扑关系可以大大提高数据质量。对于数字化板来说，其本身精度主要由面板底部格网状导线的疏密程度决定，导线越密，精度越高。从数字化的方式来看，流方式比点方式的位置误差要大。

5.4　数 据 输 出

数据输出是按用户能够理解的形式将分析结果输出到纸质介质、显示屏幕、投影仪以及其他计算机程序。人们能理解的共同形式（有时称兼容输出）是地图、图形、表格等；计算机兼容的形式，是能读入其他计算机系统的磁盘、磁带记录形式，还包括现代发展迅速的信息高速公路上的光纤数字传输形式。

图形的显示与输出是一个比较复杂的过程，需要确定图形的比例、线型、填充、颜色等。图形输出的质量取决于对这些因素的控制情况，它主要取决于软件本身功能的强弱，同时也取决于操作人员的素质。

从软件的功能上讲，一个图形输出软件应具备以下几项功能：

① 图形的缩放/窗口功能；

② 比例尺直接变换功能；

③ 颜色变化；

④ 符号的类别与大小；

⑤ 线型的确定与应用；

⑥ 填充晕线或符号；

⑦ 输出到各类绘图仪/打印机；

⑧ 输出到通用的数据交换格式；

⑨ 输出内容的可视化设计；

⑩ 与图形有关的要素输出（图例等）。

数据结构与输出设备不必相同，但矢量数据在矢量绘图仪上绘出的地图可以达到极高的精度，而栅格绘图仪/打印机已能满足多数情况下（如规划设计）的精度要求。下面分别对各种输出设备作简要说明。

5.4.1 矢量数据输出设备

笔绘图仪又叫机器人制图员，是在高精度喷墨绘图仪出现之前使用的主要设备。笔绘图仪由放置图纸的平面，x 和 y 方向独立移动的笔架等组成。另一种笔绘图仪——鼓形（或滚筒）绘图仪，它用只能在 y 方向转动的鼓代替了平面。所有的信息都由一系列“绘出线画”命令绘出，即“将笔移动到 x，y 点”、“下笔”、“将笔移到 $x1$，$y1$ 点”、“移到 $x2$，$y2$ 点”、“抬笔”等命令。笔的移动值可以是绝对坐标值，也可以是坐标增量。

笔绘图仪的灵活性和绘图速度很大程度上取决于绘图软件，即绘制字母和符号等复杂图形的程序功能。简单绘图仪必须具有落笔、抬笔、移动笔这些程序命令且能绘出每一个英文字母。因此一台轻便的绘图仪必须包括预编好的绘图程序、印刷体字母和符号集，只需简单的计算机命令就能调用这些功能。

笔绘图仪的输出质量很大程度上取决于笔控制马达的步进量。对制图而言步进量不应大于 0.0254mm。高精度地图绘制和各种表面涂层花饰的彩色设计等所用的最高质量绘图仪都可以安装一些附加装置，如正切头上的描绘点（用来保证描绘器所切的方向始终与绘图头的移动方向一致）。或者在绘图笔的位置上装配光束或激光束，可以直接在印刷板的模层上绘制。例如 FASTACK 激光扫描系统用激光束把地图直接描绘到重氮缩微胶片上等。

矢量显示屏幕的工作原理类似于笔绘图仪，主要不同点是电子束和绿色磷光体屏幕分别代替了笔绘图仪的笔和纸张。一旦图形写到屏幕上后，它就一直保持可视性，除非用清除命令清除屏幕，图形才能消失。

如果希望永久保存屏幕上显示的内容，可以传送到硬拷贝机高速地拷贝出来。硬拷贝机与屏幕显示发生器连接在一起，相当于一个简单的终端打印机，它能将屏幕上显示的信息拷贝到经处理过的纸张上，当然也可以存储在磁盘上。

5.4.2　栅格数据输出设备

1. 打印及绘图设备

（1）打印机

最简单的栅格显示设备是行式打印机即打印终端。最早的计算机制图系统就是用这种粗糙、简单但速度较快的设备作为输出工具。行打印机的字母和符号占有的空间是 1/10 英寸×1/6 英寸的长方形，而栅格数据库的像元基本上都是正方形。输出结果使地图的 y 方向拉长，x，y 方向的比例尺不一致。阵列打印机的问世彻底解决了这方面的问题。这种打印机可按用户需要进行设置，正方形、长方形、点阵密度、图形符号等均可设置。用阵列打印机可以输出各种线画图、灰度图和面积填充符号图等。某些阵列打印机上带有三色色带，可打印出多色彩色图。

（2）高分辨率阵列打印机

使用静电复印原理的阵列打印机可达每英寸 400 个点，即 15.7 点/mm 的高分辨率栅格输出图像或图形。这种打印机由两个基本部分组成：纸张输送机和安置细针的横架，每个细针彼此靠得很近又能单独动作。这种打印机打印出灰度等级的原理是横架上的每一根针对应于一个像元，如果像元表示为“on”即黑色，相应的针就得到一定的电子数量，这些电子传送到纸上就“打印”出黑色像元。像元表示为“off”（白色），相应的针无电子传送出，纸上为白色。黑色的深浅取决于针上获得的电子数量。电子数量则与像元的位组合模式匹配。

（3）喷墨打印机/绘图仪

喷墨打印机/绘图仪的工作方式是通过墨盒向打印头提供墨水，产生非常精细的文字或图形。大部分产品是将打印头与墨盒做在一起，待墨用完后全部扔掉，这样使得打印墨盒的成本比较高。目前，这种喷墨设备已经成为打印市场的主体。

喷墨绘图仪具有 600DPI 或更高精度的分辨率，是进行空间图形输出的主要产品。其输出颜色有黑白和彩色两类，彩色输出能满足一般图形输出要求。幅面可达到 A0，用卷筒纸或单张纸输出均可。

喷墨绘图仪的不足之处在于，如果在绘图过程中突然出现墨水用完的情况，那么整张图纸就作废了。一些新的喷墨绘图设备管理软件已经能够有效地检测墨量的情况，若出现墨量不足，可及时给出提醒。此外，一个新的墨盒一旦打开，若搁置长期不用，则墨盒会干涸。

（4）激光打印机

激光打印机代表了打印机的发展方向，其文字打印质量使其用户日益增多，而图形打印功能也在这类打印机中得以实现。当前激光打印机的幅面不超过 A3，但大幅面的激光打印机正在研制，彩色激光打印机也已出现多年。

除打印质量外，激光打印机的另一优势在于其打印速度。一个快的激光打印机可以在一秒钟内输出 32 页文本。所有的打印内容都可用软件进行模拟打印显示，如果打印机本身不出故障，则不会浪费任何纸张。

此外，激光打印机不会出现像喷墨打印机/绘图仪的突然断墨现象，如果碳粉减少，其颜色只是逐渐变浅。激光打印机的分辨率一般不低于喷墨类的产品，这使得用它来输出空间图形不会出现大的问题。由于以上良好的特性，未来的大幅面激光绘图仪可能会像现在的喷墨绘图仪一样普及。

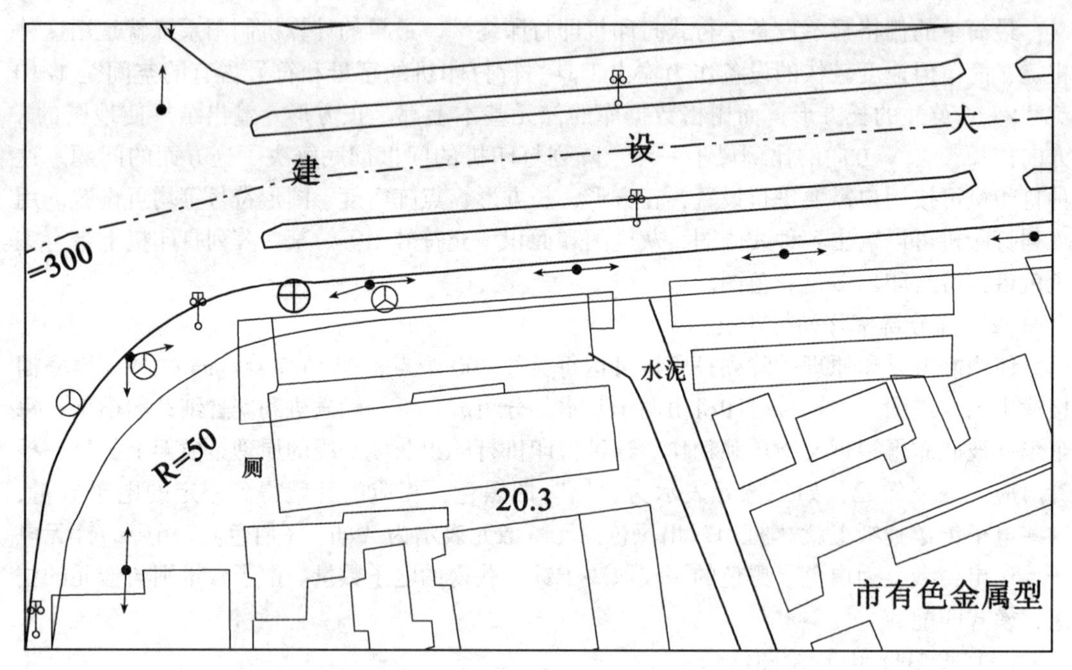

图 5-9　用激光打印机输出的矢量图

2. 屏幕显示器

（1）CRT 显示器

CRT（阴极射线管）显示器的核心部件是 CRT 显像管，其工作原理和电视机的显像管基本一样，可以把它看作是一个图像更加精细的电视机。经典的 CRT 显像管使用电子枪发射高速电子，经过垂直和水平的偏转线圈控制高速电子的偏转角度，最后高速电子击打屏幕上的磷光物质使其发光，通过电压来调节电子束的功率，就会在屏幕上形成明暗不同的光点形成各种图案和文字。

（2）LCD 液晶显示器

液晶显示器（liquid crystal display），为平面超薄的显示设备，它由一定数量的彩色或黑白像素组成，放置于光源或者反射面前方。液晶显示器功耗很低，已经逐步取代 CRT 显示器。LCD 技术也是根据电压的大小来改变亮度，每个 LCD 的子图元显示的颜色取决于色彩筛检程序。由于液晶本身没有颜色，所以用滤色片产生各种颜色，而不是子图元。子图元只能通过控制光线的通过强度来调节灰阶，只有少数主动矩阵显示采用模拟信号控制，大多数则采用数字信号控制技术。彩色 LCD 中，每个像素分成三个单元，或称子像素，附加的滤光片分别标记红色、绿色和蓝色。三个子像素可独立进行控制，对应的像素便产生了成千上万种甚至上百万种颜色。

LCD 显示器技术在不断发展过程中，早期的 TFT 技术正逐步由耗电更少、寿命更长的 LED 背光技术取代。

5.4.3　交互图形工作站

交互图形工作站是适用于控制计算机辅助制图和计算机辅助设计系统的硬件设备，主要用于交互式的设计工作和地图复制前的计算机编辑和检查。

图形工作站通常包括键盘和显示屏幕——主要用于输入计算机命令和显示各种信息；小型数字化器或者数字化板——用于输入那些频繁使用的计算机命令、文本、表格等；一个或两个高分辨率栅格或矢量图形屏幕——显示图形。双屏幕图形显示的目的是一个屏幕显示整幅图的概况，另一个用窗口功能显示图形细节。虽然大多数交互图形工作站都与矢量数据库连接的计算机辅助设计/制图一起使用，但目前发展的商业产品更喜欢用高分辨率栅格彩色显示屏幕代替单色屏幕。

有的图形工作站使用两个屏幕，在同一个屏幕上显示图形，另一个屏幕上显示文字，或同时显示图形。两个屏幕给操作员提供了更大的图形处理空间，提高了处理效率。

5.4.4　图形输出标准

图形表示与显示输出是计算机图形学研究的重要内容，GIS 系统的图形操作与输出模块也是建立在某些图形标准之上的。国际标准化组织（ISO）相继提出或讨论一系列图形标准，可以将其粗略地划分为三种类型：图形支撑软件标准、图形数据存档和传输标准、设备接口标准。这三类标准中，比较典型的标准如下：

① 图形支撑软件标准：图形核心系统（GKS）、三维图形核心系统（GKS-3D）、程序员层次交互式图形系统（PHIGS）、开放图形库（OpenGL）。

② 图形数据存档和传输标准：计算机图形元文件（CGM）、初始图形数据交换规范（IGES）、产品模型交换标准（STEP）、SWF。

③ 设备接口标准：计算机图形接口（CGI）、图形设备接口（GDI）。

以下简要介绍几个典型的标准。

1. GKS

过去，大多数图形输出软件都以输出设备为转移。就是说系统中每增加一个新的输出设备就不得不对输出软件进行修改。由于用重写图形输出软件去满足非标准硬件的要求要花很多时间和经费，因此需要建立真正的通用标准来生产各种设备，使所有的图形输出软件不因设备不同而改变。

图形核心系统（GKS）是第一个 ISO 输出标准，由德国标准化协会于 1977 年提出，用于低端计算机图形输出。GKS 提供了一组二维矢量图形的绘图接口函数标准，可以跨平台进行调用，用于不同的硬件输出设备。GKS 在 1980—1990 年是常用的图形输出标准。

2. SVG

SVG 可缩放矢量图形（scalable vector ghraphics，SVG）是基于可扩展标记语言(XML)，用于描述二维矢量图形的一种图形格式。SVG 由 W3C 制定，是一个开放标准。SVG 严格遵从 XML 语法，并用文本格式的描述性语言来描述图像内容，因此是一种和图像分辨率无关的矢量图形格式。SVG 格式具有以下优点：

① 矢量显示对象，基本矢量显示对象包括矩形、圆、椭圆、多边形、直线、任意曲线等。

② 图像文件可读，易于修改和编辑，如 PNG、JPEG。

③ 基于 SVG 图形格式可以建立文字索引，从而实现基于内容的图像搜索。

④ SVG 图形格式支持多种滤镜和特殊效果，在不改变图像内容的前提下可以实现位图格式中类似文字阴影的效果。

⑤ SVG 图形格式可以用来动态生成图形。

3. OpenGL

在三维图形输出方面，OpenGL 是较为常用的三维图形标准。OpenGL 最初是 SGI 公司为其图形工作站开发的可以独立于操作系统和硬件环境的图形开发环境，其目的是将用户从具体的硬件系统和操作系统中解放出来，用户可以完全不去理解这些系统的结构和指令系统，只要按规定的格式书写应用程序就可以在任何支持该语言的硬件平台上执行。作为图形硬件的软件接口，OpenGL 由几百个指令或函数组成，对程序员而言，OpenGL 是一些指令或函数的集合。这些指令允许用户对二维几何对象或三维几何对象进行调用和显示。

目前，包括 Microsoft、SGI、IBM、DEC、SUN、HP 等大公司都采用了 OpenGL 作为三维图形标准，许多软件厂商也纷纷以 OpenGL 为基础开发自己的产品，其中比较著名的产品包括 Soft Image、3D Studio MAX、ArcGIS 等。OpenGL 使用简便，效率高，它具有七大功能：

①建模：OpenGL 图形库除了提供基本的点、线、多边形的绘制函数外，还提供了复杂的三维物体、复杂曲线和曲面绘制函数。

②变换：OpenGL 图形库的变换包括基本变换和投影变换。基本变换有平移、旋转、变比镜像三种变换，投影变换有正射投影和透视投影两种变换。

③颜色模式设置：包含 RGBA 和颜色索引两种模式。

④光照和材质设置：光有辐射光、环境光、漫反射光和镜面光。材质是用光反射率来表示。场景中物体最终反映到人眼的颜色是光的红绿蓝分量与材质红绿蓝分量的反射率相乘后形成的颜色。

⑤纹理映射：可以十分逼真地表达物体表面细节。

⑥位图显示和图像增强：图像功能除了基本的拷贝和像素读写外，还提供融合、反走样和雾的特殊图像效果处理。

⑦双缓存动画：双缓存即前台缓存和后台缓存，简而言之，后台缓存计算场景、生成画面，前台缓存显示后台缓存已画好的画面。

4. 其他专业图形文件交换格式

AutoCAD 系统中，DXF 文件是 Autodesk 公司开发的用于 AutoCAD 与其他软件之间进行 CAD 数据交换的数据文件格式，许多 GIS 软件都可直接读入 DXF 文件。DWF 文件比原始的 DWG 设计文件更小，传递起来更加快速。

ArcGIS 的矢量数据具有两种形式，早期基于拓扑结构的矢量数据采用 E00 格式进行交换，而基于面条结构的数据则采用 Shape 格式进行交换。ArcGIS 系统基于地理数据库（geo database）的数据均可转换为这两种交换格式。

MapInfo 采用 MIF 格式进行数据交换，它与 DXF 类似，是一种基于文本的文件交换格式。

5.4.5　制图输出的要素构成

空间要素的描述有点、线和面三种方法。这三类制图元素在图形输出时又有多种表示形式。如点状符号可有三角形、四边形、十字形、圆形及其他更为复杂的图形符号；线状符号可有实线、点画线、虚线、双线等图形符号；面状符号可有各类晕线、颜色填充等。图 5-10 是专题图的一个示例，该图在 ArcMAP 中设计制作，可以打印或输出到标准的图像格式。

一张输出图除图形的主体——空间要素的描绘外，还应包括一些说明性的制图元素，现分别加以说明。

1. 图形标题

标题以简洁的文字说明图的目的及用途，如“土地利用现状图”。有时为清晰起见，还可设立一个副标题，用以补充说明标题的含义。

2. 文字说明

文字说明一般不直接置于输出图上，而是在与输出图相关的书面报告、总结等文本材料中。它是对输出图的比较详细的说明与分析，如果文字说明出现在输出图中，那么其字数应该有一定的限制，以免浪费图面空间。

3. 比例尺

比例尺反映了输出图与实地大小的对应关系，如果定好了图形的输出尺寸，比例尺的计算就比较简便。在输出图中，比例尺可以用数字形式表示，如 1∶1200，也可以用条状图形（scale bar）加以描述。

4. 图例

图例用于说明空间要素的类型与含义，空间要素在输出图中是以类别进行区分的，各类别都有各自特殊的符号（包括颜色、线型、填充、符号等）。解释这些符号类别便是图例的主要目的。

5. 指北针

指北针作定位之用，说明当前图形的方向。

6. 风玫瑰

风玫瑰只在特别的情况下（如规划图）才会应用，它是某地区一年风向频率的统计。

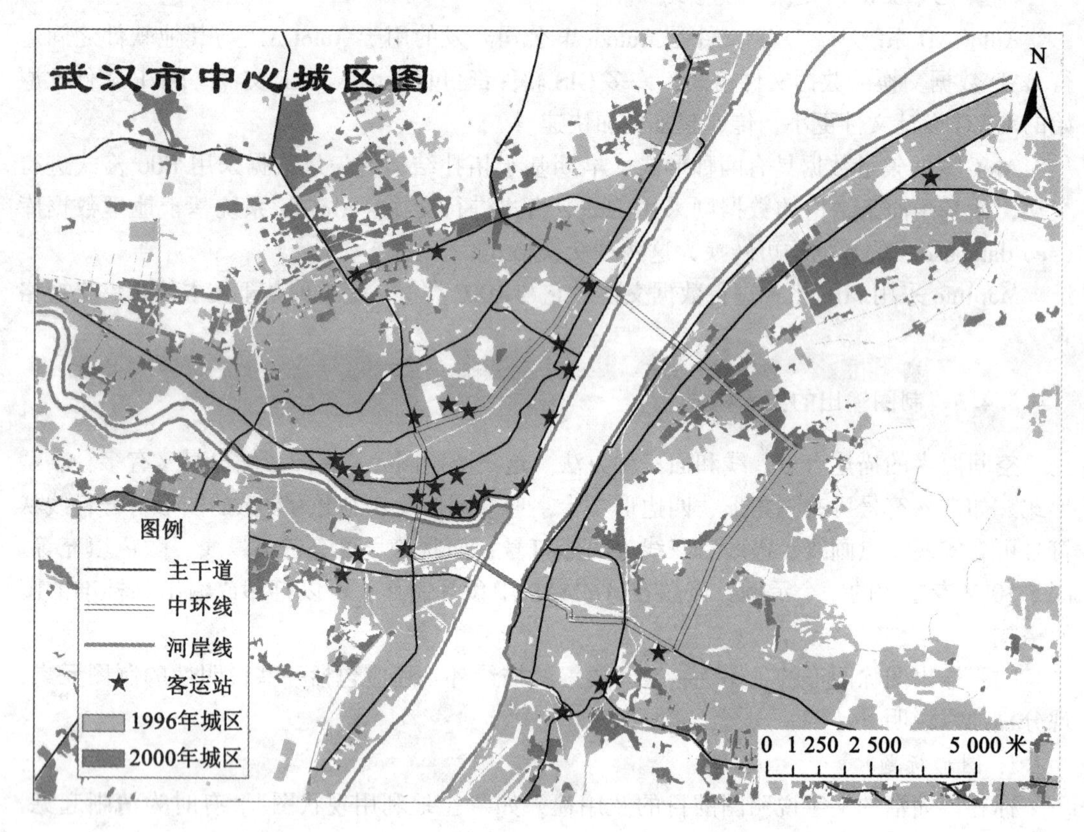

图 5-10 专题图示例

7. 图像

图像可以增加输出图的图面效果，使其可视性能更好。图像可以是一幅普通照片，也可以是航空影像，还可以是由用户设计的栅格图形。

8. 机构标志

机构标志用于突出研究单位的形象，它其实是一个栅格图像。

9. 参照图

参照图用于描述当前绘图区域在更大范围中的位置。

10. 参照格网

参照格网直接加载于输出图上，类似于地形图上的格网体系。参照格网是一种全局视图，反映本图在更大范围内的位置。

11. 统计图表

统计图表依据对空间要素的某类属性的统计结果而形成，它可以反映一种趋势，更多的则是反映一种比例构成。前者有点图、线图、面图三种形式（图 5-11（a）），后者有饼状图、条状图、三维图等（图 5-11（b））。

数学统计的结果如最大、最小、平均、数量、均方差等，也是统计图表的内容之一，

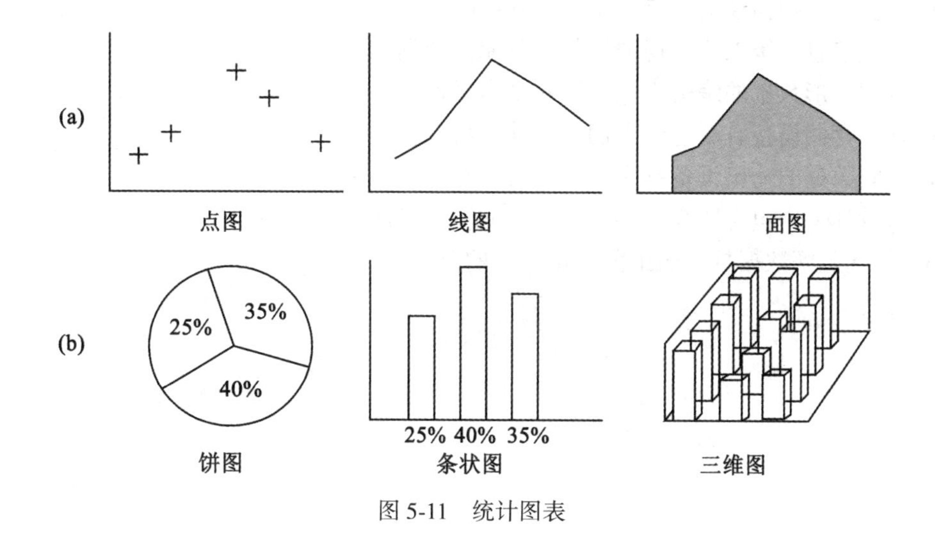

图 5-11　统计图表

它们以数字表格的形式存在。

以上的十一种制图元素共同对制图对象的主体进行描述。根据输出图的实际需要，这些元素不一定全部绘制，一般情况下，标题、指北针、比例尺和图例是任何专题图都必须具备的。

本章小结

1. 地理信息系统的数据包括空间数据和属性数据两大部分，这两类数据在输入时具有不同的特征。两类数据均可采用最基本和原始的手工键盘输入，而图形要素又有多种输入方式，其中对纸质介质数据采用扫描数字化，对数字格式的数据采用转换、分类、提取等方式录入图形数据库。图形要素及其属性通过唯一关键字关联，目前的 GIS 系统可以自动生成这类内部关键字，用户也可指定其他字段作为关键字。

2. 数据输入过程中可能会产生各类输入错误，需要建立数据检核的工作流程。GIS 软件提供了多种检测数据正确性和编辑数据的方法，图形数据和属性数据的编辑和维护是掌握 GIS 数据库的重要途径。

3. 数据质量涉及很多因素，其中图形数据质量问题贯穿于数据获取、数据处理、数据输出的全过程，因此须慎重对待。

4. GIS 数据输出形式包括屏幕显示、数字文件输出、介质输出等，随着打印质量的提高，介质输出水平不断提升，对实际应用具有重要意义。GIS 系统一般都提供地理数据交换文件格式，这是系统之间互操作的前提。

思　考　题

1. 怎样理解空间信息系统中数据输入的重要性？
2. 数字化操作应能输入哪些类别的数据？
3. 数字化错误分别有哪几种基本类型？怎样避免数字化错误？

4. 根据栅格扫描仪的特点，试指出它有哪些用途。
5. 地理信息系统怎样实现图形数据与属性数据的连接？
6. 空间图形数据的编辑应包括哪些基本操作？
7. 数据存储设备有哪些？它们各有什么特点？
8. 空间数据的输出设备有哪些？其发展趋势是什么？
9. 试设计一个包含所有图形输出要素的输出界面。
10. 怎样理解数据打印输出前模拟显示的意义？

第6章　空间数据分析原理

GIS的一个主要特色是其能进行灵活多样的空间查询与分析。以GIS为基础的城市地理信息系统通过对空间数据的分析，可以获得有关城市建设与管理需要的相关决策信息。

空间数据分析的基础是对空间数据结构与数据库体系的理解，这是因为空间分析的基本算法及程序在任何商业化的成熟软件中都已具备，而根据具体情况对数据进行组织和处理则是用户自己的任务。如果对系统的组织管理体系不了解，就谈不上对数据进行灵活的组织，所得到的分析结论也许与现实情况相去甚远。当然，用户不必也不可能完全弄清数据库底层的结构，这里的数据体系是指构成空间数据库的基本单元，如ArcGIS中的Coverage、shape和GeoDatabase，MapInfo中的Table、GeoStar中的对象文件等。

本章介绍地理信息系统中常用的一些空间功能，一般以矢量数据为基础进行说明，但有必要时也采用栅格数据来表示。

6.1　数据查询与分类

6.1.1　数据查询

查询（query）有时也称为检索（retrieve），是在计算机中按照给定条件找出相应数据的过程，在信息系统中被大量地应用。可以说，数据查询是信息系统数据库数据应用的主体，是日常管理不可缺少的工具。

由于具有图形和属性两类数据，地理信息系统的查询方式可有多种。从复杂程度上可分为简单的查询统计和复杂的空间搜索两类。从数据类别上又可分为五类，即单独对图形的查询、单独对属性的查询、从图形查询属性、从属性查询图形，以及图形属性的联合查询。

1. 单独对图形的查询

通过在计算机屏幕上直接选中空间实体要素，查看其形状、大小、邻接状况等，用户通过图形的表示获得对空间实体分布的有关印象，这种印象对形成整体或局部的空间分布特征是至关重要的，人脑本身就是一个复杂的处理系统。

空间量算是空间查询中常常需要进行的操作，包括几何量算、质心量算、距离量算、形状量算和空间关系量算。

（1）几何量算

实体最基本的几何特性包括其长度与面积，在GIS系统中，这两种特征都作为属性被记录在属性表中，如ArcGIS的Shape和Feature Class图层中都由系统自动生成SHAPE_

Length 字段记录线实体的长度，生成 SHAPE_ Area 记录多边形的面积。

(2) 质心量算

目标的半径位置或保持均匀的平衡点，一般为多边形的几何中心或质心。图形的查询涉及对一组离散实体质心的量测，其典型应用包括：跟踪某些地理分布的变化（人口变迁、土地类型变化等）；简化复杂目标建模，如交通需求预测中的交通分析区，一般用其重心代表该区的需求量；设施选址模型中计算需求点到目标点的最小距离。

一个典型的质心（X_G，Y_G）计算公式为：

$$X_G = \sum w_i x_i / \sum w_i, \quad Y_G = \sum w_i y_i / \sum w_i$$

其中，i 为离散目标，w 为目标 i 的权重，x，y 为目标坐标。

(3) 距离量算

地理空间上的距离所描述的对象发生在地理空间上，距离描述了空间对象之间的接近程度。距离的定义与度量空间和空间匀质性是相关的，不同的度量空间和介质空间，距离定义不同。下式为一个广义距离的定义形式：

$$d_{ij}(q) = \left[\sum_{l=1}^{n} (v_{li} - v_{lj})^q \right]^{1/q}$$

其中，i 和 j 是被量测的两个点，l 是维数（$l \leqslant n$），v 是坐标值，q 是距离求解参数。当 $n=2$ 时，表示二维平面空间上的距离计算，此时 v_1 为横坐标 x，v_2 为纵坐标 y。在二维平面上，参数 q 的变化产生不同类型的距离。

当 $q=2$ 时，为标准的二维空间欧式距离：

$$d_{ij} = \left[(x_i - x_j)^2 + (y_i - y_j)^2 \right]^{1/2}$$

当 q 为其他值时，称为非欧式距离。

当 $q=1$ 时，相当于纵横两个方向的绝对距离和，称为曼哈顿距离（Manhattan distance）、出租车距离（taxicab metric）或城市街区距离（city block distance），该距离表示在一个方格网形的城市道路中，从一个交叉口到另一个交叉口沿道路行走的最小距离：

$$d_{ij} = | x_i - x_j | + | y_i - y_j |$$

另外，数学上还有一种距离，称为契比雪夫距离（或棋盘距离），它是指在 n 维空间上的 n 个矢量中距离最大的那一个。如对于二维空间，可简单描述为：

$$d_{ij} = \max (| x_i - x_j |, | y_i - y_j |)$$

(4) 形状量算

图形的查询必然涉及对形状的探测。虽然人脑可以通过观察获得对空间实体分布的感性认识，但对具体的“量”却只能进行粗略的估计。而计算机能对“量”作精确的计算，如查看某点的空间坐标、计算两点间的空间距离、计算某一多边形的面积和周长。对于二维的面状实体，有时人们还对其形状感兴趣，如有些实体近似于一个圆，而有些则与圆的形状相去甚远，前者称为“膨胀型”实体，后者则称为“紧凑型”实体。为判断实体形状，用以下公式定义一个形状系数：

$$r = \frac{P}{2\sqrt{\pi A}}$$

其中，P 为实体周长，A 为面积，r 即为形状系数。此时，$R=1$，目标体为一个圆；

$r>1$，目标体为膨胀型；$r<1$，目标体为紧凑型。

为量度一个区域的空间完整性，可采用欧拉数。欧拉函数计算空洞区域内空洞数量。欧拉数＝（空洞数）－（碎片数-1），这里空洞数是外部多边形自身包含的多边形空洞数量，碎片数是碎片区域内多边形的数量。由于图形的复杂性，有时欧拉数是不确定的。

（5）空间关系量算

图形查询中有时也需对图形之间的关系做一些计算，以判断它们之间的空间关系。在地理信息系统中，点-多边形（point-in-polygon）和线-多边形（line-in-polygon）操作就可看成是这一类查询。这种操作是要确定点或线与多边形的关系，即点状实体或线状实体与面状实体的空间位置关系。点与多边形关系的判断并不复杂，线与多边形的关系判断则困难一些，但这些算法在各类数据模型中都可以实现。点-多边形关系的例子有：国际奥林匹克体育中心是否位于北京市三环线之内；随州市位于哪个省份；武汉广场是否位于江汉区内等。线-多边形关系的例子有：101 国道是否穿过江苏省；318 国道在湖北省境内的长度；长江经过哪几个省份；京九铁路在哪个省的路段最长等。

相比之下，栅格模型中位置关系的算法较矢量模型简单，但一般为保证数据精度，都是以矢量结构存放的。矢量结构中四叉树的搜索算法最有效，如美国地质测量局（USGS）的地图检索系统，其图幅的数量有上万幅，采用了四叉树结构，在查找某一点状设施所在的图幅时，可以在 1 分钟之内完成。

2. 单独对属性的查询

任何对关系数据库有一定应用经验的人都不会对这一查询方式感到陌生。非空间数据库在日常的生活中经常会遇到，如银行的存取款、航空订飞机票等。GIS 中的属性即是非空间信息，它们的管理方式一般借助于关系数据库模式。

关系数据库的查询有一个通用的查询规范，这就是 SQL 语言。SQL 的具体内容参见本书第 2 章。

GIS 中数据的查询可能以图形为基础，通过选择图形来查看它们的属性信息；也可能以属性为基础，通过给定的属性条件选择空间实体并显示其位置分布。

GIS 的属性查询虽然不一定直接用 SQL 语句来完成，但 SQL 语句的格式对于理解属性查询的意义却有很大的帮助。属性查询的关键是条件表达式的构造。

条件表达式的一般形式有两个基本类别：

〈字段名〉〈关系运算符〉〈值〉

〈表达式 1〉〈逻辑运算符〉〈表达式 2〉

以下列出关系运算符和逻辑运算符的种类，并对 GIS 或数据库中特有的运算符作一简单的介绍。

（1）关系运算符

关系运算符可有如下几种：

- >、<、=、>=、<=、〈〉

这几类运算符的意义比较清楚，容易理解。

- CN

即 Contain。判断某一字符串中是否含有某一字符，如（“abcd” CN “a”）的值为真，其通用格式为：“字符串　CN　字符”

- NC

即 Not Contain。判断某一字符串中是否不含某一字符，其作用正好与 CN 相反。

- IN

判断一组字符（数字）是否包含某一常量，或从某一字段中列出值在常数列表中的那些数。如：（27 IN {60，32，27，90→100} ）的值为真；

其中注意数值列表中值之间用逗号隔开，“→”表示区间值。可以看出，IN 的表示方法比用普通的关系符要简洁。

- LK

即 Like。找出与某一值类似的那些值，如：NAME LK“M * ”；

找出 MAME 字段中所有以“M”开头的字符串。这里 * 是指通配符。

- BETWEEN 值 1 AND 值 2

找出两个值之间的数，如：AREA BETWEEN 1000 AND 100000；

找出 AREA 中 1000 至 100000 的那些值。

（2）逻辑运算符

- AND

“并”运算。前后两个表达式全部为“真”时取“真”。

- OR

“或”运算。前后两个表达式中只要有一个为“真”即取“真”。

- NOT

“非”运算。将其后的表达式的结果取反。

- XOR

“异或”运算。前后两个表达式一个为“真”一个为“假”时取“真”。

统计与汇总可以看成是一类特殊的查询。它是对满足条件的指定字段进行统计或汇总操作，这些操作可以分类如下：

- 计数（Count）：统计满足条件的记录数；
- 最大最小（max、min）：找出条件内某一数值型字段的最大值、最小值；
- 求和（SUM）：对满足条件的数值型字段求和；
- 算术平均（AVG）：对满足条件的数值型字段求平均值；
- 均方差（STDV）：对满足条件的数值型字段求均方差（标准偏差）。

通常情况下，可以根据具体情况分组统计，这需要先选取一个分组字段（case item），分组字段中值相同的那些数成为一组，统计运算只在组内进行。表 6-1 是分组统计的一个例子。它以“区号”作为分组字段，对“居委会”计数，对“居民户数”求和。

这些统计功能一般以函数的形式运用，如表 6-1 的统计采用如下语句实现：

```
SELECT 区号，COUNT（居委会号），SUM（居民户数）
FROM〈表 6-1〉
GROUP BY 区号；
```

如果在 GIS 中选定一组图形实体，那么统计与汇总就是对这组图形实体的属性进行操作，它在 GIS 的查询中大量地被应用。

表 6-1　　　　　　　　　　　　　　　　分组统计

区号	居委会编号	居民户数
1	1	60
1	2	80
1	3	90
2	1	70
2	2	40
2	3	30
2	40	45
1	4	100

区号	居委会数量	总居民户数
1	4	330
2	4	185

3. 从图形查询属性

这是应用信息系统中比较常见的查询方式。如在基础底图中查找某一房屋（图形实体）的用途、层数、户主等；又如查询某一分区规划地块上允许建设的容积率、建筑面积、用途及建筑高度等；再如，选取某一城市某片区域内的小学，查看其教师或学生的总人数、升学率等。

由此可见，对图形的查询可按图形数量作以下划分：

（1）对单个图形实体的查询

选中一个图形实体，查看其所有的属性信息。这一过程不断重复，就可以了解各图形实体单独的情况。属性数据以一个单独的窗口显示，可视性较好。图 6-1 是该类查询的一个例子。

(a) 单个图形实体的查询

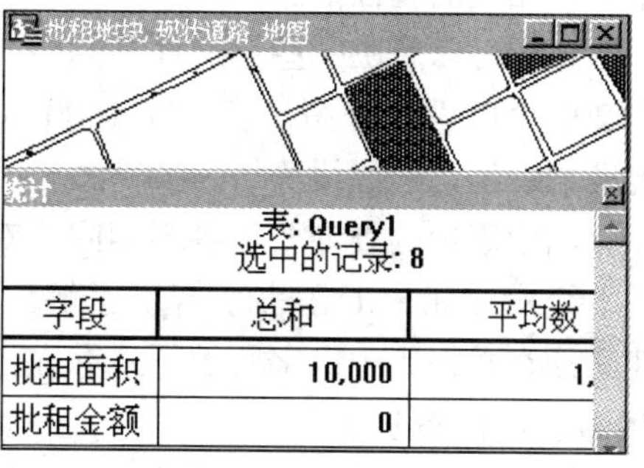

(b) 一组图形实体的查询与统计

图 6-1　图形到属性的查询

（2）对一组图形实体的查询

用适当的选取工具一次选定某一空间范围内的所有图形实体，依次查看这些实体的属性。由于有多个实体，其属性的显示方式是一个二维表格。这种查询方式的实际意义是要对选择集中的属性进行统计，如统计数量、求数值型属性的总和、平均、最大、最小等。图 6-1（b）是对一组选中图形实体的统计实例。

在城市地理信息系统中对一组图形实体的查询方式有着广泛的应用，以下举二例说明：

例 1，查询某一居委会（行政单位）管辖范围内的建筑密度、人口密度等。居委会的空间范围是确定的（这里不考虑因历史原因造成的某些居委会边界不确定的情况），该范围构成了选取建筑物图形实体的空间界线。而建筑物图形由专门的建筑物图层存放，其基底面积可自动计算，因此只需先将居委会范围内的建筑物图形选中并累加其面积，再将该面积除以居委会面积即可得到所需的建筑密度。人口密度则是居委会人口除以居委会面积。

例 2，查询某城市内环线以内商业网点的分布及其营业状况。这里假定有关商业网点的信息已全部保存在空间数据库的相应图层中。城市的内环线构成了选取空间实体的边界，位于该区域内的所有商业网点将被选中，这时其分布状况可进行显示或打印。而营业状况则需引入专业的商业信息进行统计。

4. 从属性查询图形

给定属性条件，寻找满足条件的图形实体，地理信息系统中图形实体及其属性都由软件通过某一代码相联系，一般一条记录对应一个图形实体，故通过属性总可以查到相应的图形。从构造属性表的结构与方式来看，这种查询与单独对属性查询是基本一致的，只是在查询结果中同时带上图形数据。由于地理信息系统中人们往往更注意实体的形状及空间分布规律，因此此类查询也是在系统中常见的，占有重要的地位。

例如，查询建筑层数大于 10 的所有建筑物，在 SQL 语句中可表示为：

Select * from 建筑物层属性表 Where 建筑层数 > 10;

在一般 GIS 软件中这种定义方式可以直接应用，查询的结果是满足条件的高层建筑的图形分布及其相关的属性信息。

同样的过程可以解决一些普遍性的问题，如找出应用于商业目的的所有地块、查出床位数多于 200 个的医院分布、容量在 1600 人以下的中小学分布、规划局 2001 年 3 月 20 日以后批准划拨的用地红线等。

实际应用中用户的查询要求各不相同，对应的属性条件组合也互有差异。只要对属性查询的基本结构（如 SQL 语言）有所了解，就可灵活地加以应用。当然，属性条件中的所有属性必须在数据库中以字段的形式存在，且数据比较完整。

5. 图形、属性联合查询

考虑这样一个查询问题：查找某一行政街道中的年销售额超过 100 万元的商业网点的分布及详细资料。

这是一类图形属性联合查询问题，既从空间上限定查询范围，又从属性上给出查询条件。显然，这种查询方式综合应用了前面所述的四种查询方式，更能反映现实的需求。同时限定空间范围和属性条件用语言一句话即可进行表达，但在信息系统的实际查询中一般要分两步进行。为此，先介绍“选择集”这一概念。

选择集（selection）是被选中实体或其属性的集合，前面四类查询的最终结果其实都是一个选择集。选择集是整个数据库的子集，对子集的操作比对数据库本身的操作更为方便，在关系数据库系统中对应的名称是视图（view），它是整个数据库的一个局部副本。选择集在数据库中是一种临时数据，除非用户特别要求，一般不作永久保存，这是因为用户总可以用同样的空间或属性组合条件来重建相同的选择集。

实际查询过程是先用空间范围生成一个选择集，然后利用属性条件对选择集进行操作，生成一个新的选择集，该选择集就是最终的查询结果。即首先选中的是给定行政街道的所有商业网点，在此基础上再选定那些销售额大于100万元的网点。先对空间数据操作，后对属性数据操作，中间利用选择集作纽带。显然，先用属性条件定义中间选择集，再用空间条件得出最终选择集也是可行的，这要视哪一种方法更方便来确定。

最终选择集生成后，还可进一步对其进行汇总统计等相关的分析。总之，图形属性的联合查询充分利用了地理信息系统的图形与属性两方面的特征，是一种较高级的查询方式，但对一般用户又不难掌握。图6-2是联合查询的一个例子。

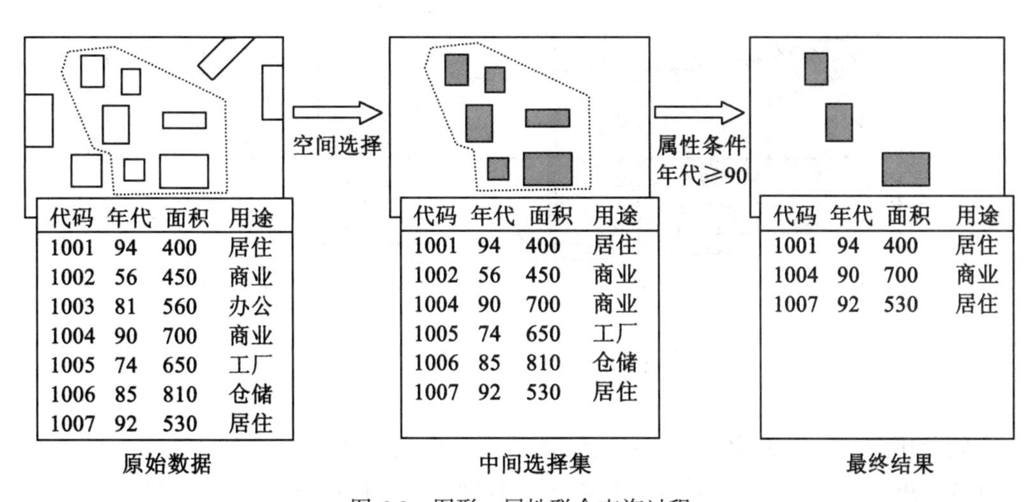

图6-2　图形、属性联合查询过程

空间分析中的一种邻域操作——搜索，即是一类图形属性的联合查询。一次搜索过程要确定三个参数才能实现：

- 一个或多个目标的位置，这个（些）目标是搜索操作的起始位置；
- 每个目标周围的区域（邻域），即搜索的空间范围（如500米以内）；
- 各区域内对空间要素的操作方法，如对属性的统计。

搜索在评价某一局部区域的特点方面极有价值，如找出某学校周围的居民区以统计其潜在的学生数量；某商场附近的公共汽车站数量；某传呼台所能覆盖的区域特征等。可以看出，搜索过程除需对空间数据进行查询外，还需完成指定的操作。

在栅格数据结构中搜索功能比较容易实现，它其实就是用栅格的扩展操作来确定搜索区域。矢量结构的搜索算法要复杂一些，但同时也比较直观。

搜索需要目标层和邻域层，它们可能是同一个层，也可能存在于多个层中，这要视目标要素和操作要素的类型及数据的组织形式而确定。例如，要统计某医院附近的学校数量和居民数量，两类要素就可能不在同一数据层中。

搜索区域的定义一定要视具体情况而定，使其具有明确的含义。如要搜索某传呼台服务区内的人口状况，其区域就应该是该传呼台的信号能够覆盖的区域，一般它是以传呼台为中心的一个圆，其半径要经具有专业知识的人确定。搜索区域的形状通常是方块、矩形或圆形，也会有不规则形状的。

在较高级的搜索查询功能中，三类参数的选取更有灵活性。如条件中的值是通过输入一个函数式来实现；目标点或目标区的选取可以用查询的方法选取，如“选取最近五年建成的床位数多于500个的医院”；邻域由GIS的其他功能（如buffer、网络分析）产生，使范围更加合理。图6-3中的邻域“救护服务区”以“20分钟的路程”为条件用网络功能产生。

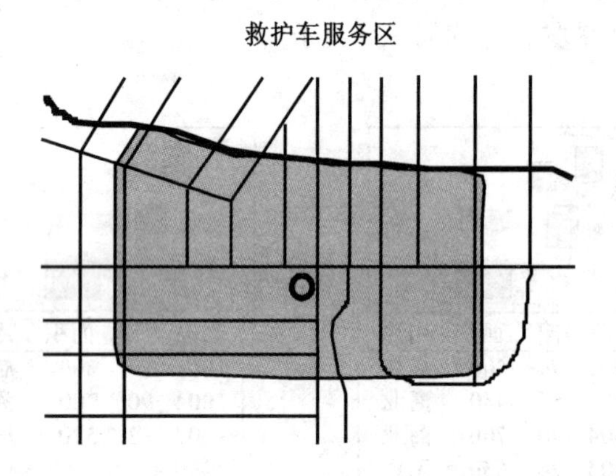

20分钟服务区内的居民状况

年龄	人口数	比例
0~10	300	24
11~20	75	6
21~30	300	23
31~40	250	19
41~50	100	8
51~	265	20
合计	1290	100

图6-3　某急救中心服务区居民状况

空间分析中的一种邻接操作——连续性量度，也是综合应用了图形和属性的查询功能。连续性度量描述相连的空间实体的特征，判别是否可将它们视为一个连续区域。一个连续区域是一个整体，它包括具有某种共同属性特征的一组空间实体（单元），通常用于选址决策。这里“连续”的定义是相对的。一个连续区域可能没有间断，也可能有某种形式的“间断”。图6-4中的（a），如果在某一点相接的单元就认为是连续的，那么数字“9”形成的连续性区域只有一个；如果只将边相邻作为连续的条件，那么“9”就形成了两个连续区域。图6-4（b）中公园、苗圃和农田是三个连续区域，其中有一条公路穿过，如果考虑绿地情况，那么这三者可以看成是一个连续区域，而不考虑公路的“隔断”情况。

连续性量度的另一个常用标准是区域的大小及跨区域的最大、最小直线距离。如一个森林公园的选址问题就可能是要寻找一片面积大于$100km^2$而最小宽度为5km的区域，域中的用地性质应主要为森林，也可包含小面积的农田、村庄等。从系统操作的角度来看，连续性量度首先是选出满足属性条件的区域，然后判断该区域是否符合几何图形上的标

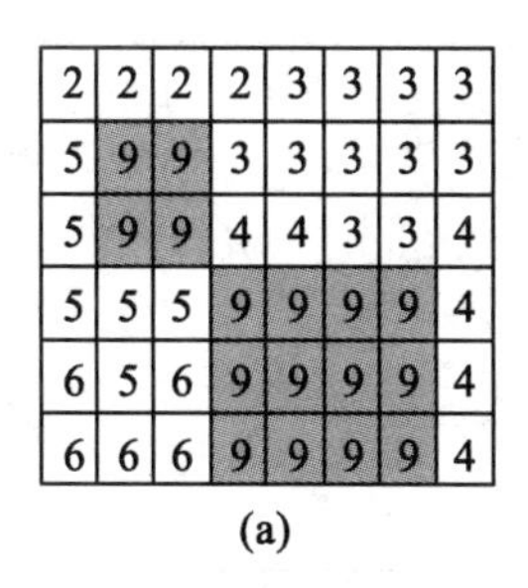

(a)

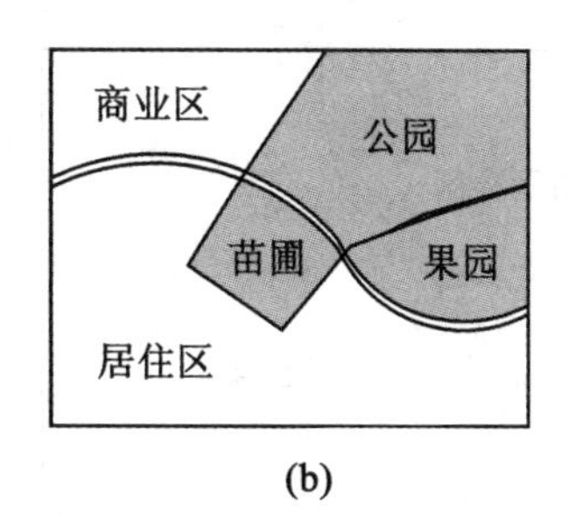

(b)

图 6-4　连续性量度

准。其中还涉及某些必要准则，如“隔断”、“岛屿”等区域“不纯”时的判别依据。

6.1.2　数据分类

GIS 的空间分析前后都需对大量的数据进行分类，分类要按某种规律进行，使数据更容易被理解。分类也是对数据进行综合的过程，使分类后数据量减少，方便数据的处理。

从统计学的角度看，非空间数据依据其本身的特征可分为四类：

①命名数据：这种数据涉及对象或事件的概念及种类的划分，是按事物描述性的本质属性进行命名，以区别于其他事物的一种分类，如道路、河流等。城市信息系统中空间实体的分类与编码就是这样的数据类型。

②排序数据：对实体按其某种属性进行排序，如道路可分为一级道路、二级道路、三级道路；工业用地可分为一类、二类、三类等。

③数值数据：是用仪器观测得到的数量上的信息，如道路宽度值可能为 60m、40m 等。

④比例数据：是指个体占总体的比例值，常见的比例如 30%、1/4，22‰等。

空间实体的属性可能包含以上全部四类数据，也可能只包含其一、二类。从计算机数据类型来看，数据有字符型、数值型、逻辑型等类别。可以看出，命名数据一般是字符型方式存储，排序数据可能为字符型，也可能为数值型，而数值数据和比例数据则为数值型。可见数据本质的类别基本上决定了其在信息系统中的存储格式。

非空间属性数据的分类结果在地理信息系统中可通过空间实体的分布显示出来，这种分布可以揭示带有某种属性的空间实体的分布规律，它可能是更深层次空间分析的基础。

城市中空间实体种类繁多，对其划分的标准可能各不一样，但都是从不同侧面来反映其规律。以图 6-5 为例，一片区域有四种用地类别：城市居住区、城市工业区、郊区林带、郊区农田。可以按“城市建成区”与“郊区”两个概念将这四块用地归并为二类，即建成区和郊区。

由于分类贯穿于整个 GIS 分析的各个环节，前面的分类对后续的结果有决定性的影响。这说明分类时必须认真考虑数据的内涵及分析工作的目的与要求。同时，分类方法的恰当与否也会影响分类的质量。

数据分类方法有外生分类、任意区间分类、等区间分类、频率统计分类、连续分布数

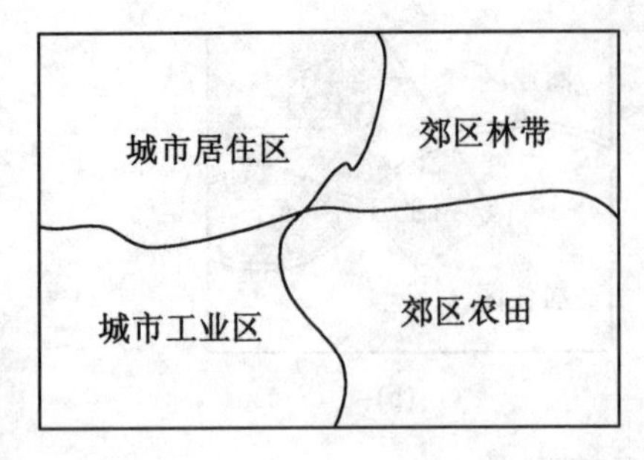

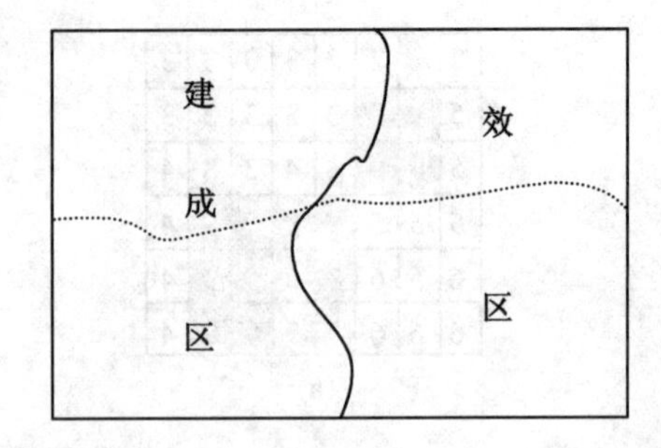

图 6-5 数据分类

据分类等。

外生分类是指按数据的表观特征（不是现象的真实特征）分类，或用可视界线代替那些不可视特征的类别界线。如将某年代之前建筑的房屋列入需改造或拆除的房屋类别中，又如根据植被的种类来划分土壤类别。

任意区间和等区间分类带有明显的主观色彩，其应用范围有很大的局限性。

频率统计分类是对离散数据进行的，主要观察其频率分布的特征从而决定类别；连续分布数据分类是对连续性数据进行的，需要计算其期望值及偏差，即可按下列公式确定类别：

$$\mu \pm k_1 \sigma$$

其中，μ 为期望值，σ 为偏差，k_1 为分类系数，视具体情况确定。该方法对正态分布的数据效果最佳。图 6-6 是这两种分类的图形描述。

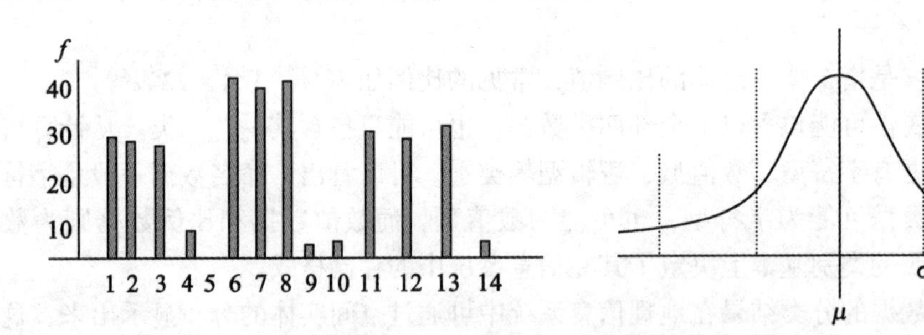

图 6-6 离散与连续变量的分类

如果分类涉及多个变量，那么需要考虑这些变量的分布特征及相互关系，一般采用主成分分析法和聚群分析法将它们进行归类。前者是找出一组分类变量中的主要变量作为分类依据，后者则是考虑变量之间的空间关系，以总距离最小的那些变量的值作为一“簇”(类)。空间分析中分类虽然是对非空间数据进行的，但由于空间图形与非空间属性数据的紧密联系，分类结果必然在图形上反映出来，表现为多边形的合并（图 6-5）或组合、符号的变化等。这些图形上的反映是进行空间分析的基础。

对城市数据的分类与编码是一种空间数据标准，将在有关的章节中介绍。

6.2 空间叠加

人类对自然界初步的认识来源于从不同的角度（学科）对其进行的一系列观察。在20世纪六七十年代，资源调查、土地评价、用地规划等都是人们应用空间数据的热门领域。由于地表特征是由多种因素综合影响的结果，科学家们意识到必须有一种综合的手段来分析由不同学科调查得到的地表数据。这种认识带来的方法之一是寻找所谓的“环境单元”，一个环境单元是空间上的一片区域，该区域是由地形、地质、土壤、植被、水文等环境地理要素综合作用形成的能被唯一标识的组合，这一基本思想被用于综合性资源调查。但这种综合调查的结果没有反映某一学科感兴趣的特殊信息，因而人们更感兴趣的是如何从现有各学科的调查数据中获取信息并按某种方式进行组合，以得到综合结果。这一想法带来的是应用广泛的多因素空间叠加（亦称为空间叠置）。

空间叠加的最早应用是在透光桌上进行的，将各类单因素的空间分布数据分别描绘于透明的薄膜上，将这些薄膜置于透光桌上并使其在空间位置上对准，所见的各类多边形区域就是各因素综合影响所致，将这些多边形用另一张薄膜勾绘出来，再根据原始因子图的值进行必要的属性运算，即可得出各因素综合影像图。显然，透光桌上的叠置带有明显的制图特征。计算机技术的发展使人们自然想到用它来自动完成透光桌上的叠置过程。最早的地图叠置程序是由美国哈佛大学计算机图形设计实验室编制的 IMGRID，其后，类似的程序陆续出现。受计算机计算能力的限制，这时期的叠置程序都是以栅格数据为基础完成的，数据精度较差，图形输出也不美观，因而运用并不广泛。但它们为以后的叠加操作提供了成熟的算法。随着数据库技术及计算机计算能力的提高，空间叠加操作被运用于矢量数据上，操作的精度得到极大的改善。

6.2.1 空间叠加的概念及要素

空间叠加就是将两幅或多幅图以相同的空间位置重叠在一起，经过图形和属性运算，产生新的空间区域的过程。叠加的每幅图称为一个叠置层，每个叠置层带有一个将用于综合运算的属性。一个叠置层反映了某一方面的专题信息。

叠加中的图形运算的复杂程度视数据结构的不同而不同。栅格数据已是对空间的规则划分，几乎没有空间图形的运算，因为各个栅格的位置、大小对叠置层都应该是一致的。矢量图的叠加就要复杂得多，这种复杂性来源于空间线划相交的判断与计算，以及空间对象、拓扑结构的重建。当然，这里的“复杂”是从软件设计的角度来看的，从用户的角度看，矢量数据叠加操作并不复杂。由于矢量数据的图形精度高于栅格数据的精度，矢量数据叠加的结果一般也优于栅格数据叠加结果。

空间实体有点、线、面三种基本类别，叠加运算一般是对面状数据层进行，极少数情况涉及点（线）-面的叠加操作。尽管栅格数据中各层的单个栅格可看成点，但这些点绝不会孤立存在，因此也是面的叠加。

6.2.2 叠加的空间运算

前面已提及，由于栅格数据具有空间上的规则性，栅格叠加基本没有图形上的运算，它只是将任何一个叠加层的栅格位置复制，即成为叠加后的图形层，各栅格的属性按照叠加算子进行运算，放入新图层中（如图 6-7）。

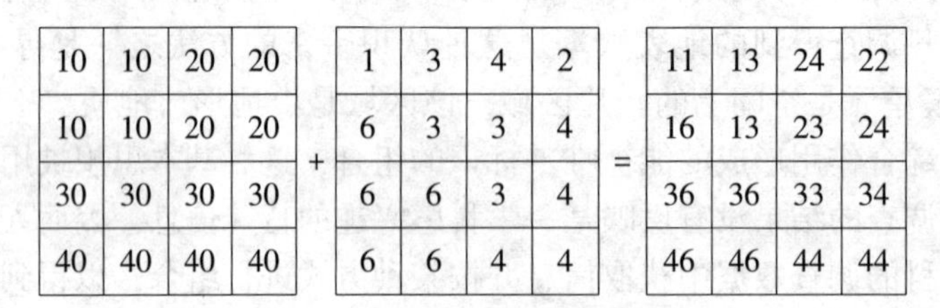

图 6-7 栅格图的叠加

矢量图层叠加后在空间上呈现出比较复杂的局面，需要进行几何图形的求交运算，并对运算结果进行多边形重构。由于矢量多边形没有确定的形状，两幅图的叠加所产生的新多边形的数量是不可预见的。如图 6-8 所示，（a）、（b）两类叠加所用的第一层是一样的，第二层形状不一样，但有相同数量的多边形，它们叠合后（a）形成 8 个多边形，（b）形成 14 个多边形。

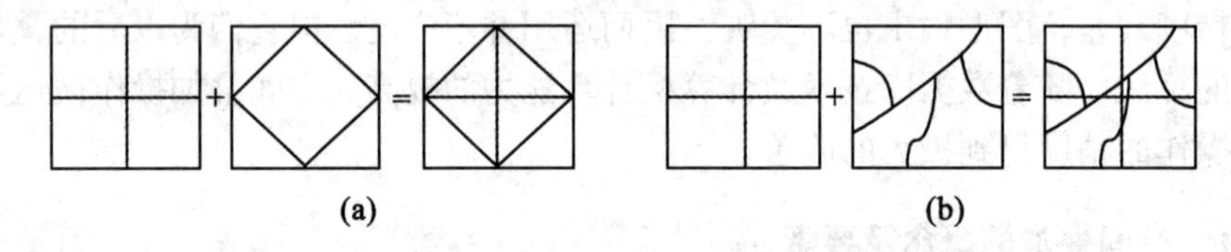

图 6-8 矢量多边形叠加的复杂性

几何求交的数学方法是比较容易实现的，但搜索与一个叠加层中的某一条边相交的过程要花费一定的时间，如果两幅图层的多边形数量较大，那么这样的搜索量是相当可观的，这也是早期叠加运算软件不能对矢量数据进行处理的原因之一。计算机的运算速度越快，搜索所花的时间越少。现在比较成熟的空间数据库都采用某种图形索引方式，大大加快了空间图形的搜索速度。矢量-栅格一体化的数据结构由于具有良好的空间位置特征，是空间叠加的理想数据结构。

观察图 6-8（b）可以发现，矢量多边形叠加后会产生一些细小的多边形，这些小多边形对于空间叠加的运算没有多大的实际意义，它们是由于矢量数据的不规则性引起的，一般称为“碎多边形”。碎多边形在空间运算中没有现实意义，在多幅图叠加时，又大大增加了空间叠加的图形运算量，而由于其面积极小，最终的叠加图也难以表示出来。因此，一般在图形运算后即把它们归于周围的大多边形中去（如图 6-9（a）所示），这一功能可能以单独的命令出现，以便用户能根据实际需要来决定多小的多边形将被“清除”掉。

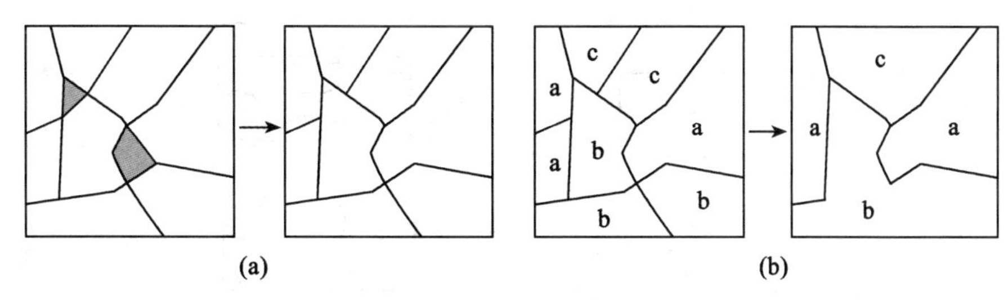

图 6-9　矢量叠加的图形处理

矢量叠加图形的运算一般为两两叠加，如果叠加层多于两层，就需重复两两叠加过程。在这些过程中，每叠加运算一次，最好进行一次碎多边形的清除。当然，如果数据量不大，也可在最后的叠加图进行清除。

图形叠加运算后进行属性的运算，属性运算后尚需进行分类，以形成对空间分布的明确描述。分类后的图形可能会形成与相邻多边形的属性值一样的情况，这一状况并不影响叠加成果的应用，但在图形输出时会出现相同类别的区域之间有一条边线隔开或晕线表达不连贯的情形，且从整个图形来看，保留值相同的相邻多边形已没有多大的实际意义。因此，有必要对此类多边形进行一次合并，将值相同的相邻多边形合并简化为一个多边形。图 6-9（b）是矢量叠加运算后多边形合并的一个例子，显然，多边形的合并是一次图形运算，是一个简化空间图形的过程。但同时它也涉及属性数据的改变，即合并后要素关系表中要去掉一条或多条记录。

可以看出，空间图形的运算贯穿着矢量多边形叠加的整个过程，它确定了空间实体的属性组合方式，又进一步实现了属性计算后的图形简化。图形运算是矢量数据空间叠加的一个基本特征。

以上都是假定各个叠加层具有完全一样的空间范围。在实际工作中，常常会遇到各要素层的空间范围不一致的情况，这在栅格和矢量数据中都可能出现。各层的空间范围是由专题信息的调查范围确定的，远离调查点的区域可能会出现“无值”的情况，矢量数据分布不规则，这种情形更容易出现。

不管“无值”区域是怎样出现的，在叠加的图形运算中都须考虑其取舍问题。这种取舍可归结为三种形式（图 6-10），三种形式分别为“或”（UNION）的形式、“等同”（IDENTITY）形式、“与”（INTERSECT）形式，它们的含义在图中表示得最为清楚，此处不再赘述。实际操作时，采用哪一种形式，完全是由具体情况来决定，例如如果只对“公共”的部分感兴趣，就可选择“与”的形式；如果对所有的范围感兴趣，可选择“或”的形式；如果只对某一叠加层内的内容感兴趣，就可选择“等同”的形式，以该层为“等同”层。

6.2.3　叠加的属性运算

空间叠加操作除图形运算之外，属性运算也是十分关键的，叠加后的多边形属性是各叠加层综合作用的结果，也就是各叠加层的函数，可用如下关系式表示：

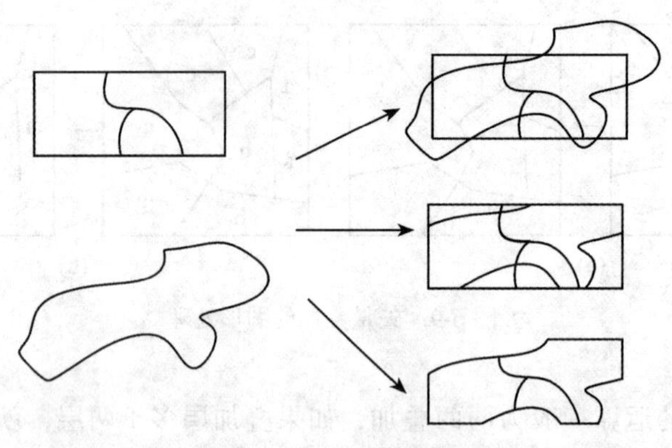

图 6-10 三类多边形叠加方式

$$R=f(R1, R2, R3, \cdots)$$

式中 R1、R2 和 R3 表示叠加时第一、第二和第三层的属性值。f 是运算函数，它取决于用户的实际需求。R 是最终结果。

叠加运算函数一般只是一些普通的数学函数，如：

- 加：$R=R1+R2+R3$
- 减：$R=R1-R2-R3$
- 乘：$R=R1\times R2\times R3$
- 除：$R=R1/R2$
- 乘方：$R=R1^n$ ($R2^n$)
- 三角函数：sin、cos、tan
- 逻辑函数：AND、OR、NOT
- 最大、最小：$R=\max(R1, R2, R3)$　$R=\min(R1, R2, R3)$
- 多变量分类（主成分，聚群分析……）

属性运算的另一种是对两个层进行频率统计以及双向比较。通过两幅图属性的频率统计，可以生成各自的直方图，这些频率值可能成为新图的属性值。两个层的双向比较可以提供一种“变化”比较，这在同一地区不同年代的地图叠加中具有重要意义，如可以比较某城市两个时间所发生的用地变迁，并通过统计方式得出一些有价值的用地变迁信息，这类信息在研究城市的发展方面极有价值。

对于栅格数据而言，属性值的运算是分别对各个栅格单独进行的，不考虑各叠加层中某一栅格的邻域情况，因此有时称栅格数据叠加为点运算。叠加层的栅格值记录了该层的属性，因此栅格数据叠加时属性的运算是对栅格值进行的。

矢量数据以属性（关系）表形式记录各层的属性信息，叠加后图形运算所得到的新多边形的属性表中含有各叠加层的属性项（字段）。属性运算就是用给定的函数来计算这些属性项，图 6-11 是属性运算的图解。

由图 6-11 可见，矢量叠加时属性的运算是在已建立拓扑结构的结果图关联表上进行

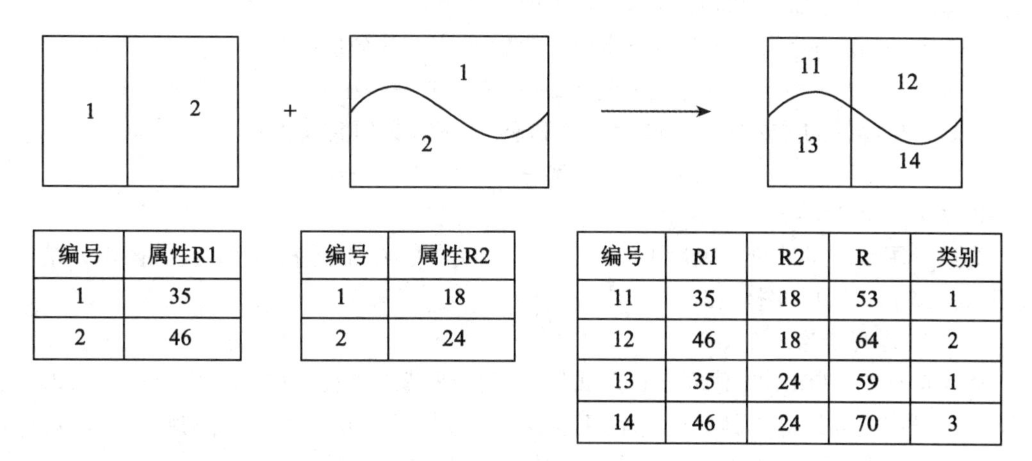

编号	属性R1
1	35
2	46

编号	属性R2
1	18
2	24

编号	R1	R2	R	类别
11	35	18	53	1
12	46	18	64	2
13	35	24	59	1
14	46	24	70	3

图 6-11　空间叠加的属性运算

的，是对关系数据表的一种运算。属性运算过程并不涉及复杂的命令，运算之前应先建立一个存放最终运算值的字段。如有必要，还需建立一个分类字段。

属性运算的结果一般是一组离散数值（如图 6-11 中的“属性 R”项），需进一步分类才能使叠加结果被正确而方便地理解。图 6-11 中的“类别”项是对“属性 R”项分类的结果，从中可以看出，数据被大大地简化而概念更为清楚。

正如图形运算一样，属性运算也是空间叠加必不可缺的一个部分，它反映的是各叠加因子综合作用后“量”的大小，可看成为一种定量分析。而对叠加运算结果的分类在很多情况下也是一个重要的环节，不可忽视。分类的基本方法在本章的第一节已有介绍。

6.2.4　空间叠加的应用实例

以下以 ArcGIS 为例，说明空间叠加的一整套过程。ArcGIS 软件的图形显示模块为 ArcMap，分析工具模块为 ArcToolBox，在 ArcMap 中可以调用 ArcToolBox。先介绍该软件与空间叠加操作有关的几条命令。

第一条，UNION/INTERSECT/IDENTITY：完成矢量叠加的图形运算，生成空间图形要素类及其属性表，该属性表中包含各叠加层的有关属性项。注意，如果两个叠加层的空间区域不同，这三条命令的作用是不一样的，参见本节第二部分。

第二条，ELIMINATE：清除满足某一条件的多边形，这里用于清除碎多边形，也就是面积小于一定值的小多边形。清除后自动重建拓扑结构。

第三条，DISSOLVE：合并多边形，将给定属性值相同的相邻多边形合并为一个多边形。

以上三条命令均产生新的多边形要素类（Feature Class 或 Shape 文件）。

属性运算直接在多边形的属性表中进行，运算过程涉及选择集生成方式设定、查询条件、字段添加、属性计算等，它们均可进行可视化操作。

现有土地利用和防洪两幅专题图，层名分别为 LANDUSE 和 FLOODING（图 6-12 之

(a)、(b))。两层都已按原始数据质量进行了分类：

LANDUSE 层的分类信息存放于字段 LUTYPE 中，其数值的含义为：

1——差　2——中　3 ——好

FLOODING 层的分类信息存放于字段 FLOOD 中，数值含义为：

10——差　20——中　30——好

1. 图形叠加运算

为进行用地质量评价，现用 UNION 命令对两个专题因子进行图形叠加操作，结果存放于 RESULT1 层中（图 6-12（c））。

2. 碎多边形清除

程序自动为 RESULT1 建立多边形属性表。由于其中存在一些无意义的小多边形，进行下一步操作之前最好先删除这些小多边形。经分析，面积小于 0.04 的碎多边形可以清除。ArcGIS 提供了 ELIMINAT 以完成这一功能，具体操作如下：

先按照条件选中小多边形：Select AREA < 0.04；

将选中的小多边形作为一个新的图层（Layer）加入 ArcMap 显示框中；

实施 Eliminate 操作；

RESULT2 即是清除了碎多边形的多边形要素。下一步就要对属性进行运算。

3. 属性运算

RESULT1 层的属性表中包含了两个叠加层的对应属性值（图 6-12 表中的 LUTYPE 和 FLOOD 两项），这些属性值是属性运算的依据。运算函数为加法，为此，先建立一个新字段 REST 用于存放运算结果（图 6-12 表中的第 4 项），这样运算公式即为：

$$\text{REST} = \text{LUTYPE} * 10 + \text{FLOOD}$$

运算后的数据还要进行分类，以简化数据，使结果容易理解。ArcGIS 中的属性运算在属性表中进行，为此，建立另一个新字段 FINAL 以存储最后分类结果，按以下方法给其赋值：

$$\text{FINAL}=\begin{cases}1，若\ \text{REST}\in[10,20]\\2，若\ \text{REST}\in(20,40]\\3，若\ \text{REDT}>40\end{cases}$$

4. 融合多边形

RESULT2 层的图形及其最终计算属性 FINAL 的值在图 6-12（d）中显示。观察该图可以发现，有一些相邻多边形具有相同的属性值。为进一步简化，可将这样的多边形进行合并，用 DISSOLVE 命令完成此任务，RESULT3 即为最终的叠加成果图（图 6-12（e））。

整个过程可用流程简要表示（图 6-13）。若被评价的因子多于两个图层，只需重复以上步骤。绘制分析流程图是空间分析的基本技能，流程图可以从概念上理清数据之间的相互关系，保障分析过程和结果的正确性。

为方便运算，ESRI 公司在其 ArcGIS 系统中植入了 ModelBuilder 工具。ModelBuilder 是空间分析流程的可视化表示，用户可以添加分析图层，设定分析模型，绘制分析流程，并可对分析模型给出必要的参数。该工具可以使分析过程具有可重复性，用户可以根据实际需求调整参数，比较分析结果，还可以保存其分析模式便于后续使用。

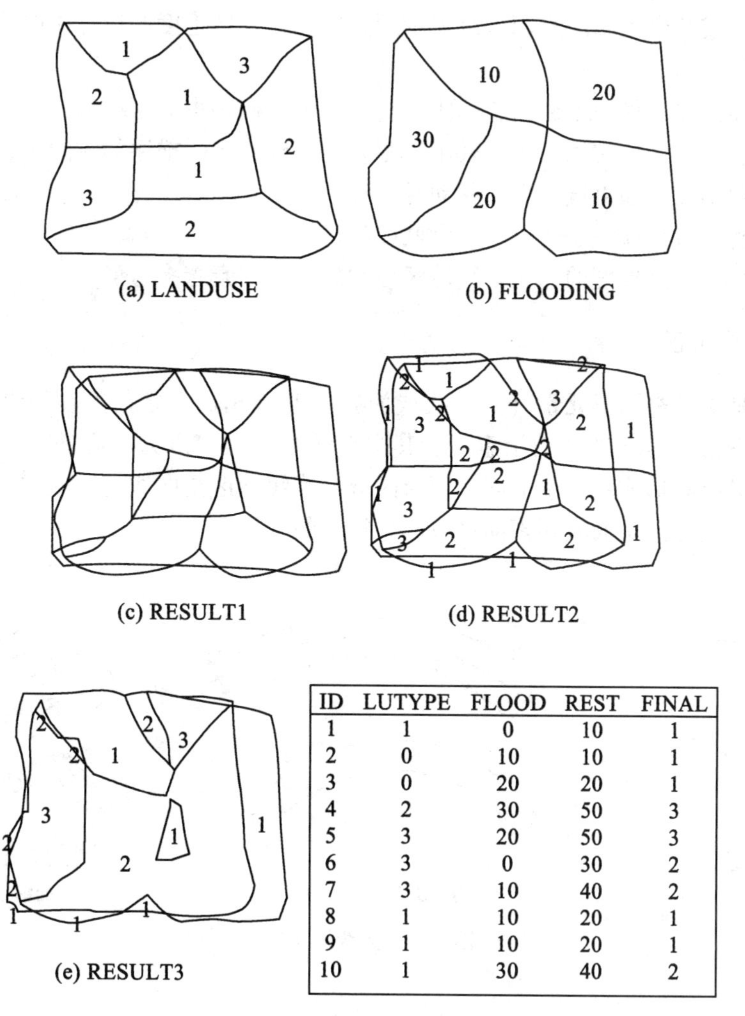

ID	LUTYPE	FLOOD	REST	FINAL
1	1	0	10	1
2	0	10	10	1
3	0	20	20	1
4	2	30	50	3
5	3	20	50	3
6	3	0	30	2
7	3	10	40	2
8	1	10	20	1
9	1	10	20	1
10	1	30	40	2

图 6-12　空间叠加操作各阶段结果图示

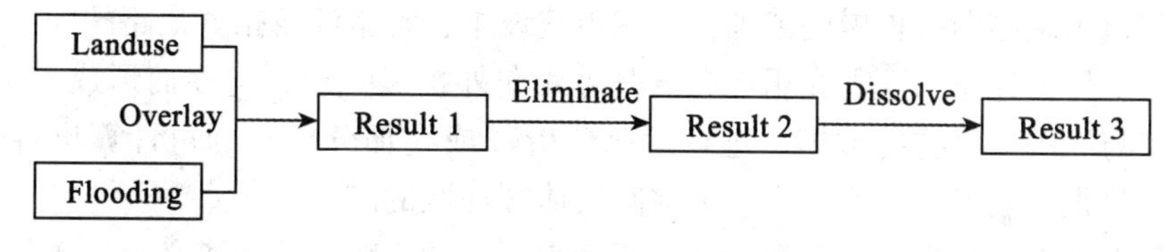

图 6-13　叠加操作流程图

6.3　空间接近度分析

接近度（proximity）是要素之间距离的一种量度方法，也可能是对时间或噪声标准的量度。接近度运算的结果是一个区域或几个区域多边形，用以表示目标的“影响”范围；也可能是一个或几个距离的累积，以表示距离的远近。接近度的运算一般具备以下四个参数：

——目标位置，如一条道路、一座医院、若干个购物中心等；

——量度单位，如用米或千米表示的距离，用分或小时描述的时间等；

——量度函数，如直线距离、移动时间等；

——分析区域，如一条街道、一个城市等。

本节介绍三类接近度的运算：缓冲区、空间扩展和泰森多边形。

6.3.1 缓冲区

缓冲区是以某类图形元素（点、线或面）为基础拓展一定的宽度而形成的区域。图6-14是三类图形元素缓冲区的示意图，其中点缓冲区是以点为中心的一个圆形区域，视具体情况也可能只形成一个扇形或半圆形区域；线缓冲区是向线的两边或一边平行扩展形成的区域；面缓冲区是面状要素向里或向外扩充的区域。

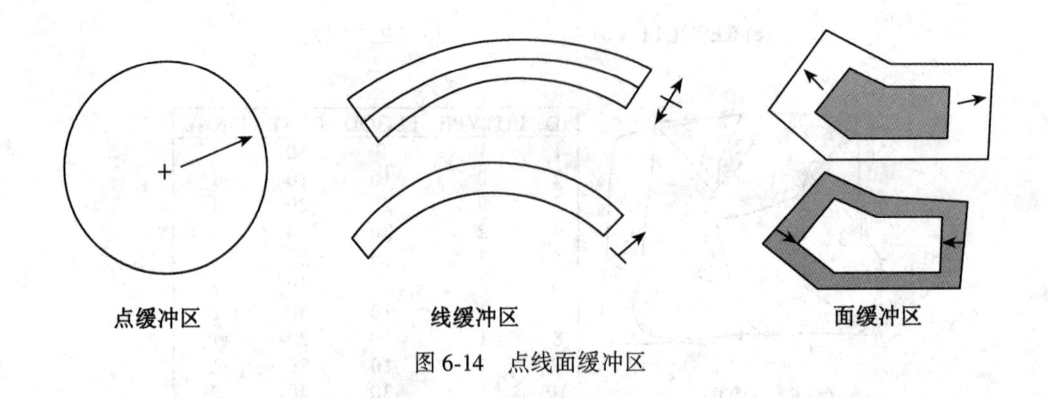

图6-14　点线面缓冲区

缓冲区在实际工作中具有重要意义，如查找一个噪声点源的影响范围可以以该点源为中心建立一个缓冲区，缓冲区的半径即最远的影响距离；又如一个飞机场噪声的影响范围是以飞机跑道为基准向外扩展的范围；在城市建设中，常常涉及拓宽道路的问题，拓宽道路需要计算房屋拆迁量，这需先用现有道路边线向外扩展一定的宽度而形成一个缓冲带，将该缓冲带与有关建筑物的数据层进行对比分析（或叠加分析）即可计算出拆迁量。以上三个例子分别代表了点、线、面三类空间实体缓冲区的应用。

缓冲区操作中除给定目标要素外，还要确定缓冲的距离，该距离必须有实际意义，如以上三例中，点源噪声影响缓冲区的缓冲距离就是噪声实际影响的最远距离，它随着点源噪声强度的增大而增大；道路拓宽的缓冲距离是拟建道路与现有道路宽度的差值的一半；飞机跑道噪音的影响范围也是由噪音传播的最远距离来确定的，这可能与飞机的型号有关。

实际软件操作中的缓冲距离可以由两种方式给出：一是在操作命令后直接给出统一的距离值，二是将距离值先存入要素属性表的某一字段中，操作时由该字段读出其值。前者操作时比较简单，但所有图形要素只有一个缓冲距离，这在某些应用中是不能接受的；后者则能够解决不同的图形要素采用不同的缓冲区距离的问题，因此较为灵活。如果被操作的图层中含有多个被缓冲的目标，而且这些目标具有不同的缓冲距离，那么采用第二种方式比较理想。缓冲操作后形成一个或多个多边形区域，多边形的拓扑结构由软件自动建立，多边形的属性值也由程序自动给定，一般由一个专门的字段来表示，一个多边形有一个值。

另外，可以从同一个对象开始向外做若干个缓冲区，每个缓冲区代表一个距离范围，如对于道路我们可以获得50m、100m、150m三个缓冲区域。这种多层缓冲区图可以反映实体对象的影响强度，如沿飞机跑道制作多层缓冲区可以描述不同噪音等级的影响区域。

图形运算是缓冲区操作较为复杂的部分，这种复杂度不是来自以点为中心作一个圆，也不是作某一线的平行线，而是来自多个缓冲区域有相交时的运算。当然，这些运算与建立拓扑结构的算法比较起来却是微不足道的。图6-15表示的是图形运算中可能出现的情况。

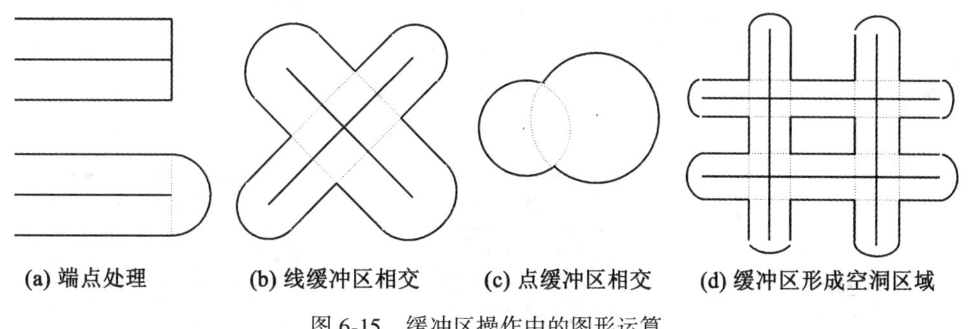

图6-15　缓冲区操作中的图形运算

可以看出，单独进行缓冲区的操作并没有太大的意义。缓冲区功能必须与其他的空间分析一起使用才能发挥应有的作用。如前面的道路扩建例子，如果没有房屋层数据，不利用叠加功能，那么拆迁量是无法计算的。因此，缓冲区操作应理解为为达到某种目的而进行的一系列空间分析中的一个部分，其数据可能来源于其他分析结果，其成果也将为进一步的分析提供数据。只有领会了这一点，才能真正灵活应用空间分析功能。

这部分所讨论的缓冲区操作是以矢量数据结构为基础进行的，那么栅格数据的缓冲区操作是怎样的呢？栅格数据的操作具有相同的规律，只是运算更为简单，由于它具有明显的扩展特色，因此将在扩展部分中一并介绍。

6.3.2　空间扩展

缓冲区的区域内部是同值的，没有远近、强弱之分。如一个人从某点出发，十分钟所能走的路程范围是以该点为中心的一个圆，在缓冲区操作中该圆的内部被认为是统一的“10分钟路程”区域。现假定要考察该区域内部的情况，如想知道每分钟向外行走的区域分布，此类问题就是所谓的空间扩展问题。

空间扩展是从一个或几个目标点开始逐步向外移动并同时计算某些变量的过程，是用于评定随距离而累加的现象。如以上例子，向外行走累计的是时间，该值随距离的增大而增大。扩展功能的突出特点是对每一步的评价函数的累计值都进行了记录，常见的评价函数为距离求和、时间求和（累计），其间也考虑到限制因素。

扩展操作可以在矢量数据中实现，也可以用栅格数据的方式实现。由于扩展是一种分步累加的现象，每一步都记录累计值，而栅格数据的每一栅格可看成是扩展的“一步”，因此采用栅格数据结构来实现扩展功能比用矢量数据结构更为直观和方便。在能够处理栅格数据的 GIS 软件中都有比较成熟的扩展功能。

尽管矢量数据的扩展运算比较复杂，但用矢量方式来描述扩展过程却是十分方便有效的。研究中一般以等值线的形式来表示扩展过程，等值线的应用使扩展的效果十分明显。

以下从几个具体的方面阐述扩展的应用。

1. 距离量度

虽然两点间的直线距离可以通过一个简单的平面距离公式很快求得，但应用扩展方法可以解决更为复杂的问题。

其一，从一个起始点扩展而得到的距离图中，可以不再经计算而获得任何一点到起始点的最短距离，这是因为每一点的扩展值在图中都有记录。如图 6-16（a）所示，从中可立即看出目标（起始）像元到像元 A 的距离为 2. 4 个栅格单元。

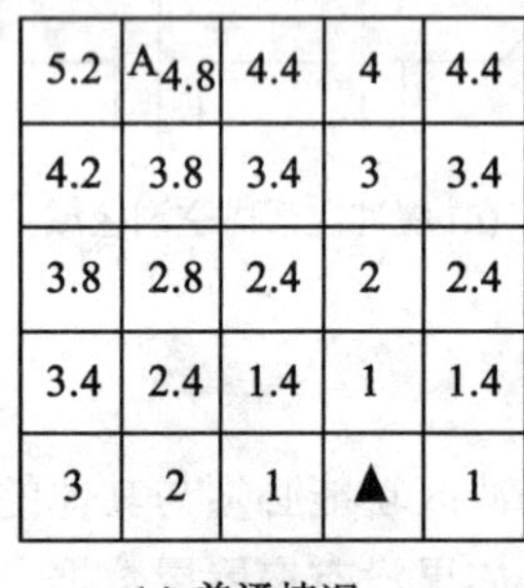

(a) 普通情况

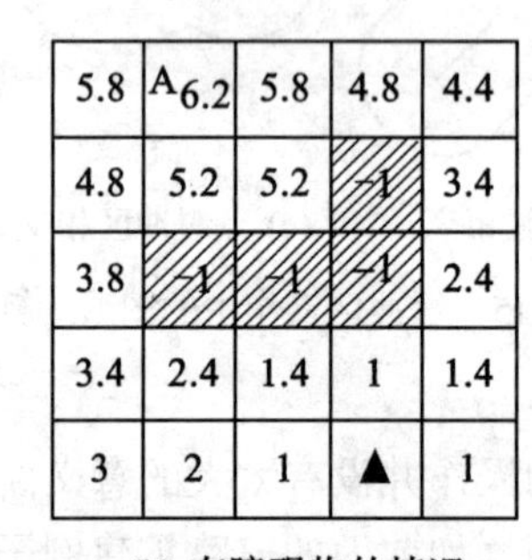

(b) 有障碍物的情况

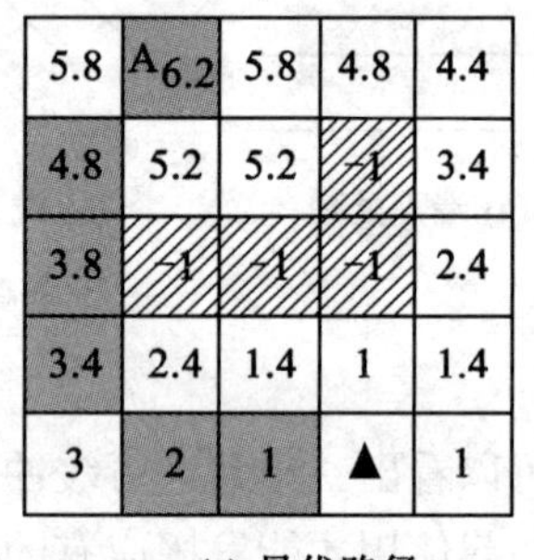

(c) 最优路径

图 6-16　栅格图上的距离扩展

在有障碍物存在的情况下，各点所记录的最短距离值就不一定是它们到起始点的直线距离，如图 6-16（b）所示。障碍物的实际意义是禁止通过，如一幢建筑物可挡住直线前进的方向，一河流可隔断两岸的联系，一块用地可人为地阻止人们的穿过。图 6-16（b）中目标点到 A 点的正常扩展距离为 4. 8 个栅格单元，由于中间存在障碍物（图中值为-1 的栅格），实际两点间的最短距离为 6. 2 个栅格单元。由于网络操作的一个重要功能是寻求最佳路径及最短距离，因此扩展操作具有网络的特性。其中最佳路径的寻找只是一个反向搜索问题，即由某一点开始逐步寻求其邻域（周围）的最小值，直至找到起始点，再将各步满足条件的点串联起来，就是一条自起始点至某点的最短路径，如图 6-16（c）所示。

其二，从多个目标同时扩展所得到的距离图中，可以得到各个目标点的最佳影响

（服务）区域。图 6-17 是该类扩展的一例。由于各目标点是同时起步向外扩展，其扩展的步长都是一样的，因此可以想象，在两个扩展区域连到一起时，扩展操作即告结束，所得到的各个区域是各目标点的最佳影响范围。这一概念反映在矢量图形上其实就是下一部分将要介绍的泰森多边形。

3	2	1	1	1	2	3	4	5	4	3	2	2	2	2	2
3	2	1	★	1	2	3	4	5	4	3	2	1	1	1	2
3	2	1	1	1	2	3	4	5	4	3	2	1	◆	1	2
3	2	2	2	2	2	3	4	4	4	3	2	1	1	1	2
3	3	3	3	3	3	3	3	3	3	3	2	2	2	2	2
4	4	4	4	3	2	2	2	2	2	3	3	3	3	3	3
5	5	5	4	3	2	1	1	1	2	3	4	4	4	4	4
6	6	5	4	3	2	1	▲	1	2	3	4	5	5	5	5
7	6	5	4	3	2	1	1	1	2	3	4	5	6	6	6
7	6	5	4	3	2	2	2	2	2	3	4	5	6	7	7

图 6-17　多个目标的扩展

2. 时间及费用量度

空间扩展中对距离的累加是一种简单而实用的方法，而时间及费用的累加就复杂一些。用扩展方法来实现时间及费用的量度是基于这样一个简单的事实：当我们从目标点出发向外行，每走一步都要花费一定的时间，如果是运输的情况，就要花去一定的费用。时间或费用的逐步累加就形成了扩展面。

除计算方法略有不同之外，时间及费用的量度与距离量度所形成的扩展面是十分相似的。图 6-18（a）是没有障碍物时从 A 点扩展形成的等时区，由于这里假定地面情形相同，行走是匀速的，因此亦可将其看成是距离扩展区。图 6-18（b）是有障碍物时的时间扩展情况，由于要绕道而行，B 点距 A 点的行走时间要多于图 6-18（a）中的情况。图 6-18（c）则是另外一种情况，这里障碍物不是绝对的，仍然可以通过，只是由于地面状况欠佳而使行走速度减慢。此时在障碍区内时间增加很快，最终使得扩展等时线形成一种不规则的分布状况。从最终等时线图可以分析出，从 B 点至目标 A 点是绕过障碍物省时，还是直接穿过障碍物省时。

如果将以上情况进一步推广，可以得到与实际更为相似的情况。现实世界中在不同的地面上行走的速度有很大的不同，如城市中不同的路面有不同的最大允许行驶速度，沥青或水泥路面上的速度比碎石路上的速度要快，沿道路行走比沿非道路（如草地、空地）速度快。根据路面的不同性质，可以确定各类别用地上的速度，这样形成的扩展区域是不规则的，非均值的，但却更符合客观实际。图 6-19 是这类不规则分布扩展的一例。图

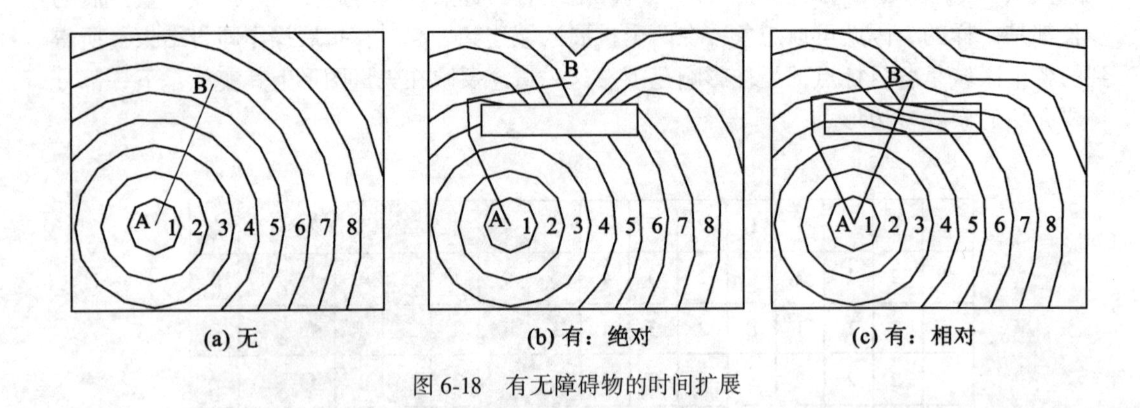

(a) 无　　(b) 有：绝对　　(c) 有：相对

图 6-18　有无障碍物的时间扩展

6-19（a)是土地利用图，图 6-19（b）是行走时间图，它是指在不同用地上行走同样的距离（这里指穿过各格网）所用的时间，时间值越大表示行走速度越慢。采石场不能通过，因而用“+”号表示。图 6-19（c）是从三类用地的三个点同时起步行走所形成的等时线图，通过对它们的比较可以获得我们预想的结果：农田中等时线最密集，行走最费时；牧场上次之；道路上最为快捷。

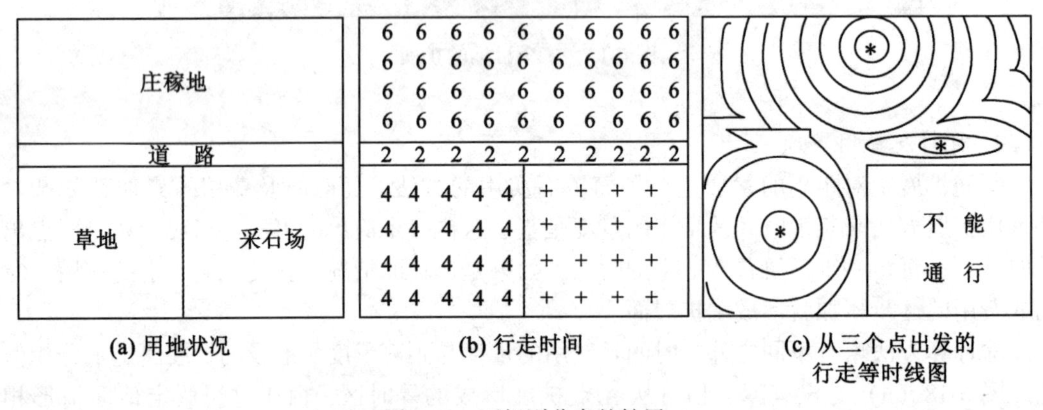

(a) 用地状况　　(b) 行走时间　　(c) 从三个点出发的行走等时线图

图 6-19　不规则分布的扩展

观察图 6-19 可能会产生一种疑问：图 6-19（b）中农田用地上的数值最大，而得出的等时线却最密，为什么？这是因为在实际扩展操作时，这些标出的数值是作为一种“阻力”出现的，是一种减缓的作用，运算时要作一种转换，例如可能作为负值出现，也可以用一个较大的数来减去它们。这样保证扩展操作仍为一种累加，扩展运算得以进行。扩展操作中根据具体情况来确定各部分行走的“阻力”是要由用户完成，对其概念上的理解是最为关键的。费用的量度与时间的量度有相同的规律，这里不再举例说明。这里再次指出，正如距离的量度使扩展具有网络特性，时间及费用量度也使扩展具有网络特性，因为网络操作中也要涉及“阻力”的问题。

从这方面的应用也可以看出，扩展功能的重要性在于它能综合各种条件下的变动信息，并将这些变动以累计的形式反映出来。

3. 流域范围确定

流域范围是指一条河流或一个水系的汇水区域，也是两个分水岭之间的区域。区域可以用 DEM 中的高程矩阵来表示，而流域范围的确定也就是通过比较高程矩阵中各点的高程来完成。

高程矩阵可看成为一幅栅格图，各栅格的值就是其中心点的高程。探求汇水区域的过程是从某一个点出发，用一定大小的算子（比如 3×3 像元窗口）进行一系列的比较操作，符合条件的像元即标记为汇水区域，最终得到的是整个流域范围。

严格地讲，这种运算过程与扩展的运算有些不同，但由于其图上表示过程与扩展现象十分相似，因此可视为一种特殊的扩展。

6.3.3　泰森多边形

泰森多边形（thiessen polygon）的另一个名称是弗若洛依多边形（Voronoi diagram），是为了纪念荷兰气候学家泰森而命名的。其最早的应用是在降雨量的预测方面。为了从分布在某一地区的气象台站观测到的年降雨强度计算该地区的降雨量，泰森提出根据气象台站的分布来确定其影响大小（亦即权重）的方法，即：先将所有气象台站依据一定原则组成三角形，再作各边的垂直平分线，各平分线相交即构成若干个相邻的多边形（图 6-20），这些多边形的面积作为各台站降雨强度的权，按公式 $\sum a_i p_i / \sum a_i$ 即可推算该地区的降雨强度。

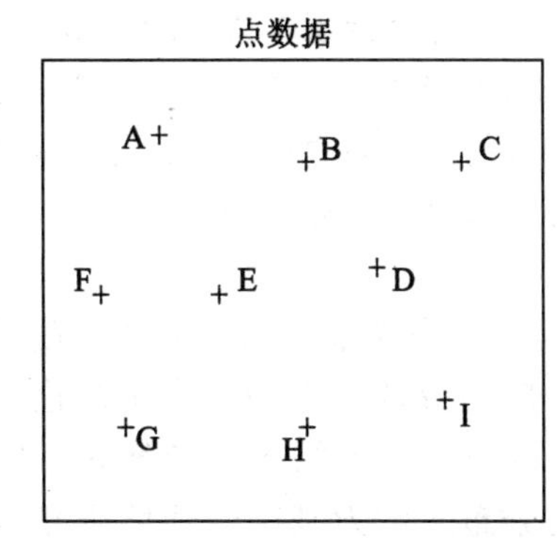

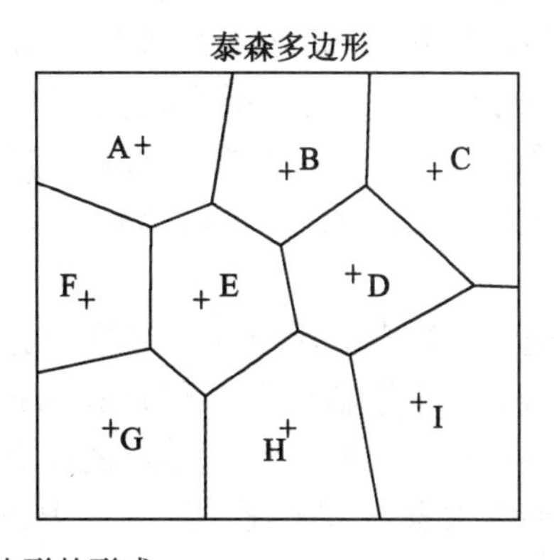

图 6-20　泰森多边形的形成

泰森多边形的形成是基于这样一个假定：如果空间中的某一点没有观察值信息，那么最能描述该点状况的是离它最近的已知观察点。从图 6-20 中可以判断，一个已知观察点的泰森多边形内任何一点离此点的距离最近。从图中还可以看出，各已知点相连形成的是一个三角形网，该三角形网是泰森多边形的对偶图，它被称为笛劳利三角网（delaunay triangulation）。需指出的是，对于同样的一组离散点，构成三角形网的方法是多种多样的，这说明各点的泰森多边形不是唯一解。顺便指出，Delaunay 三角网是模拟自然面或人工构成面的理想方法，在数字高程模型（DEM）中，它又被称为不规则三角网（TIN）。人们对 Delaunay 三角网的构建作了大量的研究，总结出诸多实用的算法，如三角形扩展法、二维点集三角剖分的动态生成与修改法、快速动态法等。

泰森多边形在城市研究中有较大的应用价值，如用于研究现有设施的负荷状况、多设施选址问题等。以下分别作简要介绍。

1. 设施负荷分析

学校、医院等公共服务设施一般为其周围的居民服务，这些设施在现在和将来能否满足城市居民的要求是规划人员所关心的问题。评价设施的运转负荷可以用泰森多边形来完成初步的分析。下面以学校为例进行说明。

现假定评价小学的负荷状况，我们需要准确的小学分布图及城市土地利用、人口分布图。

第一步，确定各小学的位置。

第二步，构成小学的泰森多边形。

第三步，统计各泰森多边形内人口状况。理想的方法是能够获取多边形内各栋住房的居民结构，经简单的累加即可得到各区人口的数量及年龄结构。由于目前不可能有如此详细的信息，只能从住房的结构及数量上作简要的估计，得出现在和将来小学生的数量。

第四步，分别将各小学的规划容量与其实际需求作对比，即可获得该学校是否满足要求的定量信息。

其他设施负荷的评定过程与此大致类似，只是数据源的要求有些不同。但需指明，城市中道路、建筑物等的空间分布是不规则的，不能保证各个方向都通畅无阻，因此用泰森多边形来确定的服务范围并不能完全反映客观实际，这也是前面提出的“初步分析”的原因。而如果设施的服务不受空间地物的阻隔所限制，那么泰森多边形的应用将更为人们所接受。传呼台就是这样一类设施，除高大建筑物的阻挡外，由它发射的电磁波基本均匀地覆盖其周围一定范围的区域。所以，将传呼台构成的泰森多边形与其实际功率所覆盖的空间范围进行对比，可以评价城市各地接受到的移动通讯的服务水平。

2. 设施选址

设施选址是综合应用定性、定量、定位方法的典型代表，国外学者很早就对这一问题展开了研究。由于新技术（如计算机技术）的应用及认识上的一步步深化，选址问题已有一些比较成熟的算法。早期的研究一般是将用户（或需求）离散化，成为空间上的一系列需求点；而连续二维表面上以用户的分布函数为基础的选址研究尚处于探索阶段。

设施选址可分为单设施选址和多设施选址两类。对于单设施选址，情况较为简单，只要先确定一定的区域范围，如在某一行政街区内建设一所中学，再以已有离散化的用户需求点为依据，求其距离总和最小的点位，该点位就是设施的地点，这种运算需要一个优化的过程，优的算法也比较关键。多设施选址中由于要顾及所有设施，使其总体布局最优化，因而要应用运筹学中的最优算法，比如线性规划法。多设施选址的一般数学模型为：

$$ABC\,f\ (f_1, f_2, \cdots, f_m, u_1, u_2, \cdots, u_n)$$

其中：函数 f 为设施点和用户点的费用函数。A、B、C 为选址准则，A 表示优化的动作（最大或最小）；B 表示优化的设施对象（最大、最小表示考虑个别设施、总和表示全局考虑）；C 表示优化的用户对象（它决定了是以全体用户为基础进行优化，还是只以部分用户为基础给予优化）。

以上的数字模型可形成多种选址准则（共 18 种），而以下三类是经常遇到的：

第一类准则称为“总和最小化”（minisum）准则。它的直观解释是使所有用户距待定址设施的距离总和达到最小，这样的结果是使用户总的出行量达到最低，从而最大限度地达到方便用户的目的。学校、商场、医院、邮局等类型的公共设施要应用这类准则进行选址。

实际运算时先根据具体情况划分用户区，利用单设施选址算法求得各区内最优设施点；以各区的最优点为基础构成泰森多边形，重新计算各多边形内的距离点乃至整个区域的距离总和；将泰森多边形作为新的用户分区，继续以上求解过程，得出各区新的设施点。直至最终用户区不再变化时，各设施的点位即为最佳位置。

求解的过程比上述的描述要复杂得多，这里只给出该问题的目标函数模型：

设 S 为二维平面 R^2 上的一个有界封闭区域，该区域确定了空间计算的范围。$P=\{x_1, \cdots, x_m\}$ 为该区域内 m 个设施点。$\Phi(x)$ 为用户密度函数，可理解为用户分布密度，它是一个连续函数。$\mathrm{VD}=\{V_1, \cdots, V_m\}$ 是 m 点集 P 且以区域 S 为边界构成的泰森多边形（VD 图）。各用户点 x 到设施点 x_i 的几何距离记为 $|x-x_i|$，费用函数为 $f(|x-x_i|)$。那么目标函数记为：

$$F(x_1, \cdots, x_m)=\sum_{i=1}^{m}\int_{V_i} f(|x-x_i|)\Phi(x)\mathrm{d}x$$

优化的数学模型为：

Mini $F(x_1, \cdots, x_m)$　　其中，$x_i \in S \quad i=1, \cdots, m$

第二类准则称为“最大最小化”（minimax），也就是要使设施点到其服务范围最远处的用户距离达到最小，以便给用户提供及时服务。这类准则可运用于那些非经常性提供紧急服务的公共设施，如公安局、消防站等。

以消防站为例。每个消防站都有其“反应范围”，即某一规定的时间（如 10 分钟）所能到达的区域，超过这个范围，将不能保证在规定的时间内到达。选址问题是使各消防站都能满足这一要求，或者说，在现实状况中尽量满足这一需求。

运算中以某种方法先形成初始的设施位置，计算各位置形成的泰森多边形内与最远距离用户的距离值，如果所有设施点都满足给定的距离要求，那么可得到设施点的优化布局。

第三类准则称为“最小最大化”（maxmini），也就是尽量使设施远离用户区。这种准则应用于那些“不受欢迎”的设施类别，如污染工厂、火葬场、传染病医院、煤气站、易燃易爆品仓库、垃圾处理厂等。这些设施对环境有较大的影响，有些则是对周围环境有较大的敏感性。

这一准则主要是看设施点与最近用户间的距离是否大于某一规定的标准。如果研究区域内有这类地区，则可将设施置于该地区内；如果没有符合的地区点位，则意味着需采取必要的隔离措施。不管是否要采取隔离措施，仍然有必要找到较为合理的点位——如果没有最理想点位。

这一问题最终仍归结于寻找一些泰森多边形区域，不同的是此时最佳的选址点已经不再是泰森多边形的中心，而是靠近整个区域边界的某些泰森多边形顶点上。由泰森多边形的性质可知，这些多边形的顶点是距其中心（用户点）最远的点，因而是此类设施的最佳位置。

以上所提供的几类设施选址问题已进行了多年的研究，而其中最优解的算法则处于不断发展之中。泰森多边形的应用也将随着研究的不断深化而得到深化。需再次指出，泰森多边形是解决问题诸多环节上的一环，与相关的方法联合使用能使其发挥最大的效益。

缓冲区、扩展、泰森多边形与接近度并无概念上的隶属关系，这里将它们集中在一起介绍，是由于它们都能实现空间实体间距离关系的量度，体现了接近度的特色。这是一种划分方法，重要的是对这三类功能本身的概念及应用要有十分清晰的了解。

6.4 网络分析

所谓网络（network）是指线状要素相互连接所形成的一个线状模式，如道路网、管线网、电力网、河流网等。网络的作用是将资源（resource）从一个位置移动到另外一个位置。资源在运送过程中会产生消耗、堵塞、减缓等现象，这表明网络系统中必须有一个合理的体制，使得资源能够顺利地流动。

网络分析是在网络系统中进行的，它有五个构成要素：

①一个完整的网络体系（如道路网、电力网）；

②一套资源（如电力、货物等）；

③资源的分布位置（如储存货物的仓库、学校等）；

④一个目标，可能是资源运送的目的地（如货物的买主）；也可能是要给一个区域提供某种基本的服务（如就学、垃圾转运等）；

⑤达到目标的限制因素（如容量限制、速度限制等），这些限制因素一般被称为“阻力”（impedance），有时在研究中也用费用函数来表示。

网络功能用于模拟那些难以直接量测的行为。一个网络模型中，实际的网络要素由一套规则及数学函数描述。而基于地理信息系统的空间网络分析则往往是将这些规则及数字上的描述通过某些形式转换到空间及属性数据库中，便于运算。

网络分析是在线状模式基础上进行的，线状要素间的连接形式十分重要，而这种连接以矢量数据结构最能描述，因而一般系统中的网络功能都以矢量数据来实现。但是，栅格数据模型通常也能完成类似的功能，极少数情况下可能更为方便。

网络分析的形式可有多种，常用的三类分析功能为：网络负荷的预测、线路优化（最优路径）、资源分配。本节将对这三个部分作概念上的介绍，为此，先介绍构成网络分析的基础——网络体系。

6.4.1 网络体系

既然网络是一种线状模式，那么网络体系当然应由一系列相互关联的弧段构成。城市中的道路网就能清楚地反映这一现象。

1. 网络的要素

图论中一个网络G被定义为｛edge，node｝，即边和结点的集合。由于GIS管理空间地理数据，因此GIS中网络的边具有地理位置的含义。一个网络体系中包括至少四种数据类别，这些数据类别被称为网络要素，它们是：网络段、链接点、停留点、中心点。下面分别加以介绍。

①网络段（link）：即带有某种属性（阻值或需求）的弧段，如街道段、河流段、管线段等。每条弧段随各点坐标数据的录入顺序都产生了一个方向，其两端的结点分别称为“始”结点和“止”结点。资源在网络段上的流动是有方向性的，不同的方向阻力值可能不一样，如具有一定坡度的道路段，上坡和下坡对车的影响是不同的，上坡时阻力大，下坡时阻力小。需要特别说明的是，一个网络段不必与基础道路边一一对应，它可以跨越一些交叉口，如一条公交线路的网络段可以表示为站点之间的图形对象，而不必理会道路交叉口，公交线路之间的关联只发生在公交站点上。

网络段的另一个属性——需求，是代表离该弧段一定范围的区域对资源或服务的要求值，如沿某路段周围有100个学生，这100个学生就是就学习的一种需求。需求是资源分配中的一个属性项。

②链接点（turn）：是某结点处资源从一条网络段转到另一条网络段的路径，在运转过程中会有阻力存在，如在道路交叉口需等待绿灯亮时，等待的时间就是一种阻力。在交叉链接点处，可能发生的运转方向是相交于该结点处网络段的条数的平方，例如，三条网络段相交会产生九个运转的方向。链接点处的阻力值若为0，表示“畅通无阻”；若为负值，则表示不能运转，如某些道路口可能禁止左转。

③停留点（stop）：分布于网络段沿线的点，如车站。是资源“装”或“卸”的地点，其属性为“需求”，正数值表示装上资源、负数值表示卸下资源。每一次经过停留点的动作都会发生资源的增或减的现象，如接送学生的站点，公共交通的站点等。

④中心点（center）：类似于存放资源的仓库，或提供某种服务（如上学、就医）的中心，用于资源分配操作。它有一个资源极限值（容量），超过这个值则资源分配过程停止进行。例如按照就近原则可以计算某学校能够提供上学的路段，也就是可以获得其就学的服务区域；对于消防队也可得到类似的区域。

以上的四类网络要素分别有各自的特殊属性项，可将它们归纳为三种：阻力值、需求和容量。

阻力值（impedance）用于量测在网络中移动的阻力，它类似于物理学中的阻抗。它是网络段和链接点的属性，负值表示禁止资源流动。应用阻力的目的是为了模拟网络上的可变条件，网络分析中的最优路径就是阻力值最小的路径。

资源需求（demand）是网络中可被“运送”的资源量，如水管的流量、沿街道居住的学生、某一站点要被运送的货物等。

资源容量（capacity）是指一个中心站可以容纳或运出的总资源，如学校的总人数、停车场的停车位、水库的容量等。显然，只有中心站才具有此属性。

对以上网络要素及其属性掌握后，就不难理解网络的三类主要应用。

2. 动态分段技术

弧段的两个端点一般在各类交叉点中定义，如道路交叉口之间的道路一般作为一条弧段。弧段内部具有同样的性质。而实际情况中一条弧段内部的性质可能会发生变化，如一条道路的路面状况可能因路段的不同而不同，可能一部分为水泥路面、一部分为沥青路面，它们对行车的速度会产生影响。如果将这样的一条弧段作为一个整体看待，那么其内部的差异将会降低网络分析的质量。

为解决以上类似的问题，有些 GIS 系统（如 ARC/INFO）提出利用路径系统（route system）作为网络分析的基础。一条路径（route）可由若干个段（section）构成，而一个段可以由一条或多条弧段构成，也可以由一条弧段的一部分构成。段和路径都有自已的属性表，存放其特有的信息。这种组织方式就是所谓的动态分段（dynamic segmentation）技术。动态分段是在现有弧段体系的基础上定义一种逻辑关系，段和路径中只定义其相对于弧段的位置，而不记录具体的坐标值。这种方式避免了繁琐的对弧段断开或重组的操作，使弧段构成的数据层不致变动。

图 6-21 是城市中动态分段的例子，图 6-21（a）是因路面状况不同而导致的行车速度的限制，它们分别为 20km/h、35km/h、45km/h，以段的形式定义；同时其中还定义了另一类事件——交通事故，这是一类不可预知地点的事件，可用相对于路段的位置表示。有关的属性（行车速度限制、路面结构、事故情况等）存储在段表中。图 6-21（b）则是定义在道路段（弧段）上的公共汽车线路，它起始于道路段的某一点，经过若干个完整的道路段，最后终止于另一路段上的某一点。不同线路的公共汽车有各自不同的路径，它们都以道路段为基础进行定义。

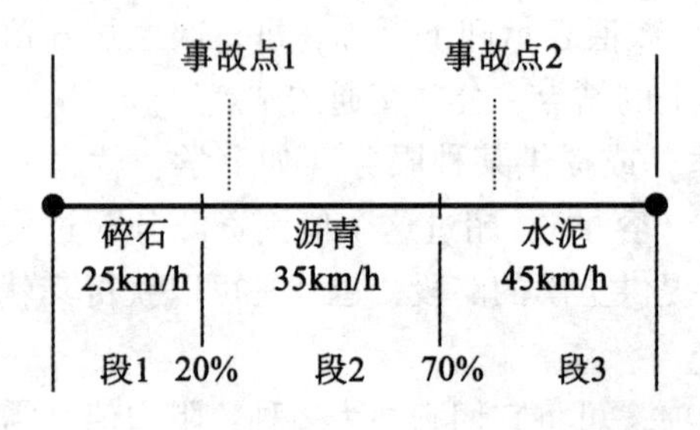

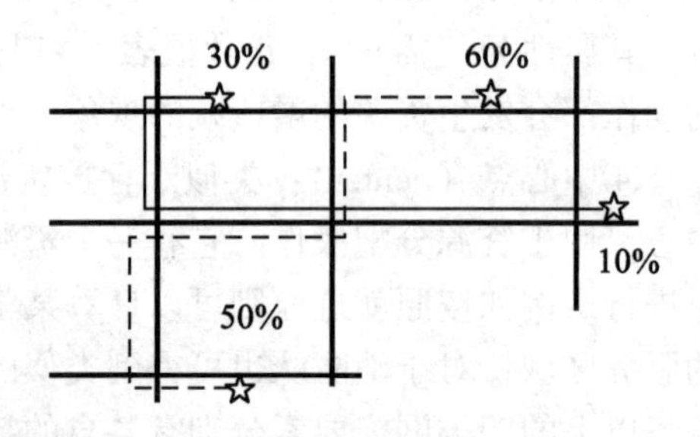

图 6-21　动态分段与路径

路径中的各段还可以有多种属性，这些属性又称为事件（event）。事件依据性质的不同又有点事件、线事件和连续事件，它们相对于路径的位置及相关属性都存放于关系属性表中，通过关键字段与相应的路径相连。

动态分段方法使空间分析所依据的空间数据来源更为灵活，因而在许多情况下更能符合客观实际。如根据一条公共汽车路径产生某一距离的缓冲区可以得到更为精确的乘客源。在必要的情况下，可以将动态分段产生的路径系统转换为基本的空间数据层，以便利空间操作过程。本节中为方便起见，也假定路径系统已转换为以弧段为基础的数据层。

6.4.2　网络负荷

网络负荷是用于评价网络中各网络段运送资源的饱和程度，这种模拟预测可以及时为有关部门提供决策信息，以采取相应的调整对策，同时还可以继续对新的方案进行同样的评定。网络负荷的预测可以在水系、电力网、给排水管网中得到应用。

以城市雨水排水系统为例，一个雨水排水系统由各级支管和主管构成（图 6-22）。首先从理论上可以分析这种管网结构是否合理。

同时，在夏季雨量较大时，城市地表的雨水通过各地排水管线逐级汇集，到达主干管线。根据支管的雨量观测，可以大致估计主干管某一点在某一时段的雨水状况。假定各支管中间均设感应设备，观测其流速并估算流量。如果发生较大的降雨，要知道未来的某一时段对 P 点的影响。

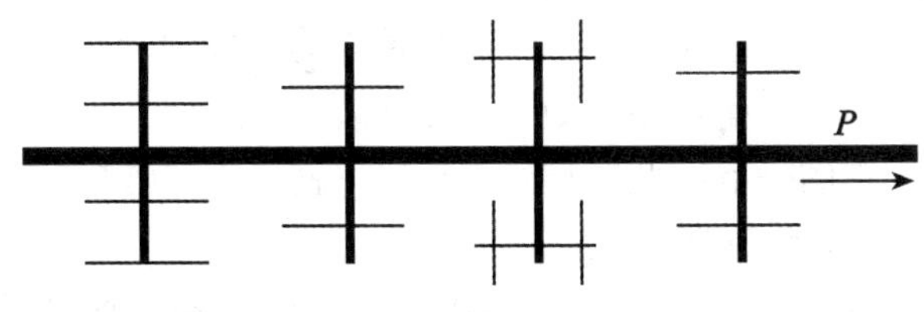

图 6-22　城市排水管网示意

P 点处的主干管断面一定，比较前面各支管的排水量，可以判断该处主干管的大小是否满足要求。通过在各测点一天 24 小时的监测，可以实时预测 P 点的水量。当然，这里给出的只是理想化的计算模型，实际情况中还要做一些改正，如加上沿主干管注入雨水的改正数等。

6.4.3　最优路径

最优路径有三种类别，一是最短距离路径，二是最短时间路径，三是最小费用路径。在空间分布上则有两种形式：一是由目标起点至目标终点的最优路线；二是由目标起点经若干个目标中间点再到目标终点的最优路线。最优路径的应用包括救护、消防、巡警的路线选择，以及航班安排、公共汽车、邮件传递、垃圾清理的有效路线。

由本节第一部分的介绍可知，最优路径其实就是阻力值最小的那一条路径。如果求最短距离，则网络段的长度即为阻力值；如果求最短时间，则需根据资源运送速度来计算阻力值，且考虑在网络段交点处（链接点）的时间损失。因此，最优路径求解的关键是确定各网络段的阻力值。

在网络中两点之间通过的路径是不可简单预见的，网络中寻求最短距离需要有专门的算法，其中常用的是 Dijkstra 算法。

Dijkstra 算法可以计算起始点到网络中各点的最短路径与距离。计算之前，给每个网络结点 j 定义三个值：该点到起始点的最短距离 D_j、该点最短路径上的前一点 P_j、该点的状态 S_j（用于表示该点的最短路径是否已经找到，记“-1”为已找到，“0”为未找到）。

那么根据以下的运算方法可以求得起始点 Q 到网络上各结点的最短距离。

①初始化各点：

- 对于起始点：$D_Q=0$，$P_Q=Q$，$S_Q=-1$
- 对于其他点：$D_j=\infty$，$P_j=\text{NULL}$，$S_j=0$

②开始循环。检验从所有 S 已标记为“-1”的结点 k 到与它直接连接的尚未找到最短路径（$S_j=0$）的 j 点的距离，设置：

$$D_j=\min\ [D_j,\ D_k+L_{kj}]$$

其中，L_{kj}是 k 点到 j 点的（直线）距离，由上面的含义知，k 点与 j 点之间没有其他的网络结点。同时，更新各 j 点的前点信息：

$$P_j=\begin{cases}P_j & D_j\leqslant D_k+L_{kj} \quad \text{维持原来的前点}\\ k & D_j>D_k+L_{kj} \quad k\ \text{点变为前点}\end{cases}$$

重复本过程直至完成所有点的计算。

③比较 $S_j=0$ 的各 j 点，选取其中最小的 D 值作为关闭对象，即寻找点 i，使

$$D_i=\min\ \{D_i,\ \text{所有其他点的}\ D_j\}$$

i 点即是最短路径中的一点，此时记：$S_i=-1$（表示该点已找到最短路径）

而此时 P_i 的值就是 i 点的前一点。

④如果所有点的 S 均标为“-1”，则退出运算，说明各点均已找到最短路径；否则，转到第②步继续运算。图 6-23（b）表示了 A1 点到各点的最短路径。

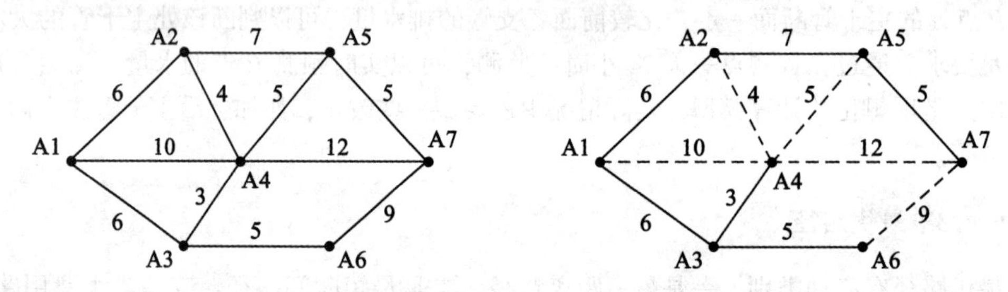

图 6-23 网络与最短路径

以上的运算中利用了点与线的空间拓扑关系（第②步），可见拓扑结构构成了网络运算的基础。

如果网络结点较多，则按 Dijkstra 算法需形成比较大的数组，运算中可能会超出计算机的内存，或使计算机不堪重负。而在实际网络中，可能存在如下的机会：①可以忽略某些无意义的结点；②由于空间检索的有限性和可分性，并不是所有点间的最短距离都必须求出。这两点可以大大减少实际运算中对计算机内存的需求。如果只计算两点间的距离，则运算可进一步简化。

从 Dijkstra 算法的结果中可以立即得到各点 j 到起始点 Q 的最短距离（D_j），而其最短路径则需通过 P_j 进行反向搜索找出。

6.4.4　资源分配

资源分配是将中心站的资源或某种服务分配给其周围用户的过程。由于需求点及中心站的分布位置均不规则，就需采用一定的规则使总的分配形势为最优。这些规则包括最少的运行时间，或最短的距离，或最小的费用。用运筹学的语言来讲，就是寻求满足约束条件的最优解，使总的费用最低。在城市管理中，资源分配模型常常用于确定诸如医院、学校、消防队、公安派出所等的社会服务区域，以及垃圾处理站的服务区域。

资源分配模型的计算是基于网络体系实现的。在计算机能够处理网络功能之前，距离的计算是采用某种简化的方式来完成的。将各种已经运用过的模型进行归纳，我们可以发现，它们在处理需求点的位置方面可以分为三种类型：

第一种类型是一种简化的情况，即以一个区域（行政区或街区）的中心点代替整个区域的需求，所有的距离只是这些中心点到目标中心站的距离。这种类型常常出现在运输优化模型中。例如，为研究城市垃圾的处理问题，先根据地理分布状况将市区划分为若干个地理区域，计算出每个地理区域每天产生的垃圾数量，列出现有垃圾处理站每天能处理的垃圾数量，然后来求解怎样分配才能使垃圾运输费用最低。如图 6-24 所示，A、B、C 为三个垃圾处理站，区 1 至区 5 是五个划分的地理区域。

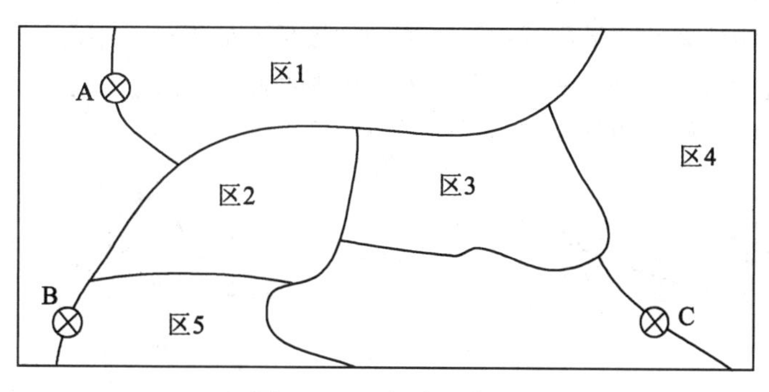

图 6-24　垃圾处理分配

设各区每天产生的垃圾数量为 b_i（$i=1$，2，3，4，5），各处理站每天能处理的垃圾数量为 m_j（$j=1$，2，3），从各区到各站的运输费用为 C_{ij}，设 x_{ij} 为 i 区送往 j 站处理的垃圾数量，那么该运输问题模型为：

$$\min Z = \sum_{i=1}^{5}\sum_{j=1}^{3} C_{ij}x_{ij}$$

$$\text{满足：}\begin{cases} \sum\limits_{j=1}^{3} = x_{ij} = b_i(i = 1，2，3，4，5) \\ \sum\limits_{i=1}^{5} x_{ij} \leqslant m_j \quad (j = 1，2，3) \end{cases}$$

显然，这里的关键是求出运输费用 C_{ij}，它与工人工资、汽油消耗量、每辆垃圾车一次能装载的垃圾量，i 区到 j 站的平均运输时间等因素有关。而前三个都是常识性的问题，最后一个则需要分别通过计算 i 区中心点到 j 站的路程、垃圾车的平均运输速度来求得。设平均速度为 V，距离分别为 d_{ij}，那么每一趟运输所花的时间为 d_{ij}/V；又设工人工资及油费总价为 S（元/小时）、一辆车一次能装 N 吨垃圾，则运输费用 C_{ij} 可表示为：

$$C_{ij}=S\times(b_i/N)\times(d_{ij}/V)\quad（元）$$

从空间数据处理来看，用各区的中心来代替整个区域是一种简化，所求得的距离只能是粗略的。随着空间数据表示的精度越来越高，这种计算模型可以越来越细，如将地理区域逐步缩小，或沿街道放置垃圾点，都可以使区域的分配更加合理化，当然，计算量就更大一些。

第二种类型是以网络路径体系为基础，将资源需求平均存储在路径上，这样就使得资源分配过程只沿着路径进行。这种类型的资源分配不需使用第一种类型的目标函数和约束条件方程，直接通过图形上的操作即可达到目的。仍以上面的垃圾处理情况为例，假设现在已有比较详细的数据，即整个城市的街道图，以及各街道段的垃圾产生量，如图6-25（a）所示。街道的相互连通构成了一个复杂的网络体系，A、B、C 为垃圾处理站，它们都通过某条路段与街道网相连。

图形上的分配操作采取就近原则，三个垃圾站点同时从离其最近的街道段开始计算其服务区域。由于就近服务费用最小，此时已不再需要给出运输费用，而只是根据各中心站的垃圾处理能力及各街道产生的垃圾量逐步计算。每选取一条最近的街道，就作一归属标识，并从中心站能处理的数量中减去该街道的垃圾量。如果最后中心站已不能再处理新分配的街道（即处理能力达到饱和），那么该中心站的服务区域就确定了（图 6-25（b））。这种图形上的资源分配有如下几点需说明：

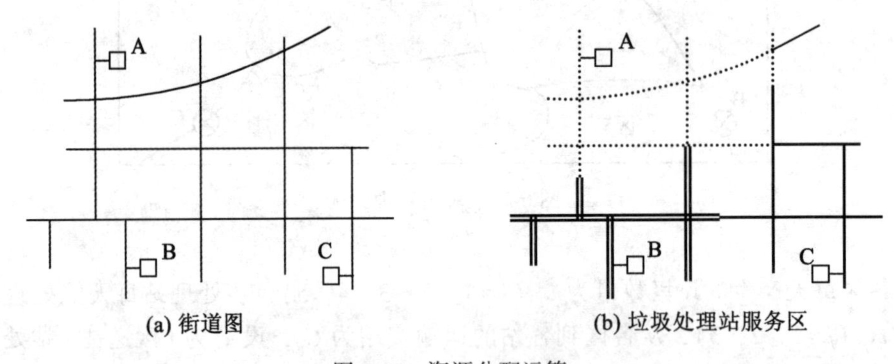

图 6-25　资源分配运算

第一点，资源的供应能力（中心站）及需求量（需求服务点）均存储于相应的要素属性表中，分配量的计算就是对要素属性表值的计算；

第二点，用路径需求（街道）代替路径上各点的需求是一种有效的简化，方便了运算；

第三点，分配过程中总是选取离中心最近的尚未分配且阻值最小的路径进行；

第四点，各中心站同时开始分配计算，在图形上表现为同时向四周“蔓延”的现象；

第五点，如果一个中心站的服务能力已不足以服务整条路径，则只分配该条路径的一段给它，剩下的另一段由其他中心服务。此时根据线性比例的方法来划分阻值（需求

量)。分配过程是一个动态分段过程;

第六点，最终分配的结果中可能出现没有服务到的路径，这说明现有中心服务站点不能满足需求，需要增加服务站点或扩大服务点的服务能力;

第七点，分配过程中的阻值（费用）可能是距离、时间、运输费用或需求量。在社会服务领域，比较常见的是需求量;

第八点，网络中可以增加若干约束条件，如转弯处可增加阻值;

第九点，分配中还可增加一些策略，如 A 站分配完毕或分配到某一值之后才进行其他点的分配。

该种类型的分配充分体现了 GIS 综合处理空间图形和属性数据的能力，某些软件已经能够很好地实现。

第三种分配类型仍然以网络路径体系为基础，但需求信息存在于网络路径的结点上，且服务中心站点可有多个候选点供选择。这种类型常被称为定位与分配模型（location-allocation model)。定位与分配模型在运筹学中可用线性规划方法求得全局最优解，只是其计算比较复杂，需占用相当的计算机内存，因此在实际计算中常利用空间特征进行启发式运算，以使求解过程简化。定位与分配模型求解的空间基础是各结点间形成完整的网络(这其中也包括待求服务点)，而且已经求出各结点间的最短路径及最短距离。

启发式算法有很多种类别，其中交换式算法运用较多。所谓交换式算法，就是逐步交换候选点，分别计算各候选点集的费用值，并比较这些值，值最优者即为满足条件的服务中心点。交换式算法也有多种，其中有泰茨-巴特（Teitz-Bart）算法，用以解决 p-中心的定位分配问题，即在 m 个候选点中选择 p 个供应点为 n 个需求点服务，使得服务的总距离（费用）为最小。假设 r_i 记为需求点 i 的需求量，d_{ij} 为 i 到候选点 j 的最短距离，那么 p-中心问题即可描述为:

$$\min\left(\sum_{i=1}^{n}\sum_{j=1}^{m} a_{ij}\cdot r_i\cdot d_{ij}\right)$$

满足:

$$\sum_{j=1}^{m} a_{ij} = 1,\ i = 1,\ 2,\ \cdots,\ n$$

$$\sum_{j=1}^{m}\left(\prod_{i=1}^{n} a_{ij}\right) = p,\ p < m \leqslant n$$

其中，a_{ij} 是分配指数，其取值为:

$$a_{ij}=\begin{cases}1 & i \text{ 由 } j \text{ 服务}\\ 0 & \text{其他}\end{cases}$$

上述目标函数中，将 $r_i\cdot d_{ij}$ 记为 F_{ij}，其取值可根据实际问题的需求作些限制，有如下两种情况:

①有时需限定服务的最大距离 S，大于该值则不考虑服务（如消防站、救护站):

$$F_{ij}=\begin{cases}r_i\cdot d_{ij} & d_{ij}\leqslant S\\ \infty & d_{ij}>S\end{cases}$$

②有时需要使点的服务范围为最大，如图书馆、医院等公共服务设施。给定一服务范

围 S，那么：

$$F_{ij}=\begin{cases}0 & d_{ij}\leqslant S\\ r_i & d_{ij}>S\end{cases}$$

如果限定最小的服务范围 T，则：

$$F_{ij}=\begin{cases}0 & d_{ij}\leqslant S\\ r_i & S<d_{ij}\leqslant T\\ \infty & d_{ij}>T\end{cases}$$

这类问题中距离不再是权因子，其意义是尽量选取 S 之内的需求点。

在上一节泰森多边形一部分中，对选址问题作了一些介绍，通过比较可以发现，这在很大程度上是同一类问题的两个不同的表示方法。只不过在选址问题中候选点是经过计算得到的，不是已经确定的。它们在实际工作中又有其运用领域，如前者可用于新类别服务设施的定位选址，后者则用了对现有可能成为服务点的求解。

下面简要介绍泰茨-巴特算法的运算过程：

第一步，将 P 个候选点作为起始供应点集，P_1：C_1，C_2，…，C_p；

第二步，将所有的需求点归为它们最邻近的服务点，使距离为最短，加权距离记为 D_1；

第三步，在起始供应点集之外选取一候选点 C_b，C_b 不属于 P_1；

第四步，对 P_1 中的每一候选点 C_k 用 C_b 代替，求加权距离总和的变化 Δb_k。找出 $\Delta b_k<0$且为最小时的候选点 C_j。C_j 点将被 C_b 点取代；

第五步，用 C_b 点取代 C_j 点，形成新的供应点集 P_2，如果找不到 C_j 点，则保留 P_1，同时不再考虑 C_b 候选点；

第六步，选取既不在 P_1 中也不在 P_2 中的候选点，对 P_2 重复第四步~第五步的运算，新的结果记为 P_t（$t=3$，…）。完成所有在 P_1 之外候选点的替代，那么最终总有一个供应点集使得总的加权距离和为最小，这一点集即是所求的 P 个服务中心点。

6.5 三维分析

三维信息是二维平面向立体方向的扩展。日常人们所见的地形起伏、建筑物都是三维的概念，它们是现实世界的真实体现。而从测绘的角度讲，地形图纸是一个平面，它不能直观描述真实世界的三维景观，于是只能在测绘图上间接地表示出来，如用等高线方式描述地形的起伏状况，用层数标注来大体说明建筑物的高度等。随着对二维平面数据结构及其分析方法研究取得比较成熟的成果，对三维方法的研究势在必行。三维分析功能是地理信息系统的一个重要构成部分，而 DEM 是该功能的重要体现。本节只讨论 DEM 的概念、表示及应用。

6.5.1 基本概念

地形不同于土地利用、土壤类型、地质单元等，地形通常被理解为不能用“等值区域”地图模式进行近似模拟的连续变化表面。地形的急剧变化如峭壁等虽然存在，但这类突变情况常常认为是特殊情况而不是普遍规律。

连续表面可以用等值线（等高线）表示，而等高线又能有效地看成一些封闭的嵌套多边形，因此等高线不需要等值区域图的数字化方法和存储方法。虽然等值线法十分适合于连续变化表面的表示，但并不适合于数据分析或模拟。于是发展了其他一些新方法来表示和有效应用空间上连续变化的特征（通常指地形高度）。

空间起伏连续变化的数字表示称为数字高程模型（DEM），通常也称为数字地面模型（DTM）。由于“地面”经常含有土地景观中的属性意义而不仅是地表高度，因而 DEM 这一名称比 DTM 更适合于高程数据的模型。尽管 DEM 是为了模拟地面起伏而发展起来的，但也可用以模拟其他二维表面上连续变化的特征。

数字高程模型有许多用途，其中最重要的一些用途是：

①在国家数据库中存储数字地形图的高程数据；

②计算道路设计、其他民用和军事工程中挖填土石方量；

③为军事目的（武器导向系统、驾驶训练）的地表景观设计与规划（土地景观构筑）等显示地形的三维图形；

④越野通视情况分析（也是为了军事和土地景观规划等目的）；

⑤规划道路线路、坝址选择等；

⑥不同地面的比较和统计分析；

⑦计算坡度、坡向图，用于地貌晕渲的坡度剖面图。辅助地貌分析，估计侵蚀和径流等；

⑧显示专题信息或将地形起伏数据与专题数据如土壤、土地利用、植被等进行组合分析的基础；

⑨提供土地景观和景观处理模型的影像模拟需要的数据；

⑩用其他连续变化的特征代替高程后，DTM 还可以表示如下一些表面：通行时间和费用、人口、直观风景标志、污染状况、地下水水位等；

⑪城市规划中的竖向设计。

6.5.2　DEM 的表示方法

DEM 的主要表示方法有数学函数、高程矩阵、TIN、等高线以及用于表示典型特征的点或线的定义方法。它们可以用表 6-2 的方式进行归类。

表 6-2　**DEM 的表示方法**

A	数学函数法
	A—1　整体——傅立叶级数；高次多项式
	A—2　局部——规则块；不规则块
B	点方式
	B—1　规则（高程矩阵）——密度一致；密度变化
	B—2　不规则——三角形网（TIN）；邻近网
	B—3　典型特征——山峰、洼坑、隘口、边界
C	线方式
	C—1　等高线
	C—2　典型线——山脊线、谷底线、海岸线、坡度变换线

下面对各种方法分别作简要介绍。

1. 数学函数法

一般说来，某一地理位置的高程值通过该邻域的函数曲面拟合后与其平面坐标有某种关联，即 $z_i = f(x_i, y_i)$。数学方法拟合地球表面（曲面）时需要依靠连续三维函数，因为连续三维函数能以较高的平滑度表示复杂曲面，这就是用数学方法表示 DEM 的依据。运用傅立叶级数或高次多项式能够实现 DEM 的数学表示，这需要先观测一系列的特征点，利用它们求得函数所需的有关参数。

由于真实世界地形的变化十分复杂，对于一个较大的区域，若要用一个数学函数进行表示，要么多项式的次数太高而使计算变得异常复杂，要么根本无法求解多项式。因此一般采用局部拟合法，先对表示区域分块，再为各块分别建立数学模型。

局部拟合法将复杂的曲面分成正方形规则块或面积大致相等的具有不规则形状的小块，每一小块内用一个较为简单的数学函数来表示其高程值，即：

$$z_i = f(x_i, y_i)$$

其中 $(x_i, y_i) \in D_i$（D_i为某一小块区域）

局部拟合方法可能在边缘相接处出现曲面不连续变化的情况，此时还附加一些边界条件来保证其连续。

2. 高程矩阵

高程矩阵是 DEM 的常见表示形式，它由等距离的高程点构成，也可以看成为规则的矩形格网。

由于计算机中矩阵的处理比较方便，特别是以栅格为基础的地理信息系统中高程矩阵已成为 DEM 最通用的形式。英国和美国都用较粗略的矩阵（美国用 63.5m 像元格网）从全国 1∶25 万地形图上产生了全国的高程矩阵。

虽然高程矩阵有利于计算等高线、坡度、坡向、山地阴影、自动描绘流域轮廓（见后）等，但规则的格网系统也不是没有缺点，如：

①地形简单的地区存在大量冗余数据；

②如不改变格网大小，无法适用于起伏复杂程度不同的地区；

③对于某些特种计算如视线计算时，格网的轴线方向被夸大。

渐进采样法（progressive sampling）的实际应用很大程度上解决了采样过程中产生的冗余数据问题。渐进采样法就是用立体像对自动扫描产生 DEM 数据时，地形变化复杂的地区增加格网数量（提高分辨率）而在地形起伏变化不大的地区则减少格网数（降低分辨率）。然而，数据存储中的冗余问题仍然没有解决，因为连续变化的高度表面不太容易按照与栅格数据兼容的形式编码，而栅格数据又是专题制图需用的各种属性数据，当属性数据与地形数据组合使用时，它们的栅格大小必须统一，使 DEM 数据不得不填充所有的像元。

高程矩阵也和其他属性数据一样可能因栅格过于粗略而不能精确表示地形的关键特征，例如，山峰、洼坑、隘口、山脊、山谷线等。这些特征表示得不正确时会给地貌分析带来一些问题。

不规则的离散采样点可以通过内插方法产生高程矩阵，如样条函数法、移动平均法、

Kriging 法以及不规则三角网法等。

3. 不规则三角网

不规则三角网（triangulated irregular network，TIN）是由采样观测点相互连接而构成的一系列连续相邻的三角形。三角形的三个顶点是已知高程点，三角形内的高程点可由内插方法获得。TIN 中三角形的构成不是随意的，必须满足一定的条件，采用适当的步骤才能完成。一般是用笛劳利（Delaunay）法生成，即笛劳利三角形。在本章的第三节我们提到它是泰森多边形（Thiessen polygon）的对偶图。TIN 克服了高程矩阵中的数据冗余问题，它允许在地形平坦的地区收集少量的信息，而在地形复杂地区采集（测量）较多的高程点。

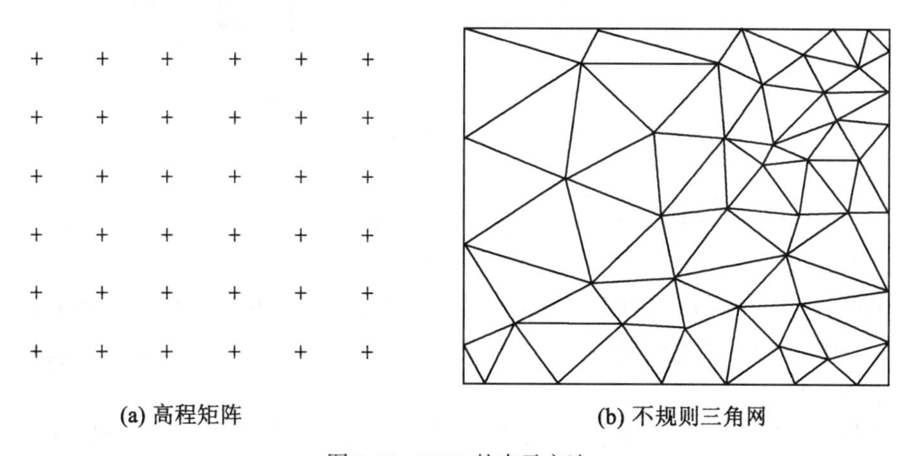

图 6-26　DEM 的表示方法

不规则三角网数字高程模型由连续的相互连接的三角面组成，三角面的形状和大小取决于不规则分布的观测点（或称结点）的密度和位置（图 6-26）。不规则三角网与高程矩阵不同之处是能随地形起伏变化的复杂性而改变采样点的密度和决定采样点的位置。因而能够克服地形起伏变化不大的地区产生冗余数据的问题，同时还能按地形特征点如山脊、山谷线、地形变换线和其他能按精度要求进行数字化的重要地形特征获得 DEM 数据。

实际上 TIN 模型是在概念上类似于多边形网络的矢量拓扑结构，只是 TIN 模型没有必要去规定“岛屿”和“洞”的拓扑关系。TIN 把结点看作数据库中的基本实体。拓扑关系的描述，则在数据库中建立指针系统来表示每个结点到邻近结点的关系，结点和三角形的邻里关系列表是从每个结点的北方向开始按顺时针方向分类排列的（图 6-27）。TIN 模型区域以外的部分由“拓扑反向”的虚结点表示，虚结点说明该结点为 TIN 的边界结点，使边界结点的处理更为简单。

图 6-27 只表示出 TIN 网络数据结构的一部分，其中包括三个结点和两个三角形；数据则由结点列表、指针列表和三角形列表组成。在边界结点处设虚指针，值为-32000。

由于结点列表和指针列表包含了各种必要的信息和连接关系，因而能够满足多用途要求。对于坡度制图、山体阴影或与三角形有关的其他属性的分析等都必须直接以三角形为

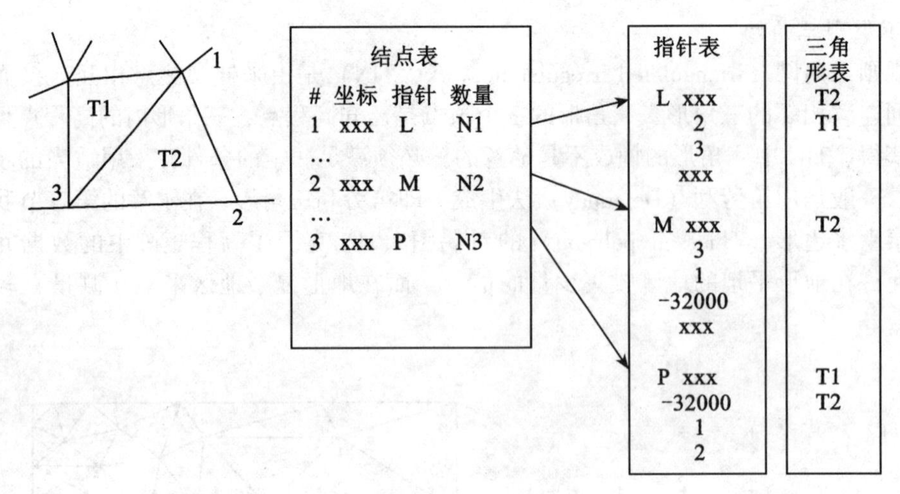

图 6-27 TIN 的数据结构

基础。用三角形列表将每条有方向性的边与三角形联系起来就能完成上述分析。图 6-27 中三角形 T2 与指针列表中的三条有方向性边有关，即结点 1→2，2→3，3→1。

有关研究表明：TIN 结构的建立有多种方法。从手工数字化获得的数据或者自动正射像片仪获取的密集栅格数据以及点的自动选取过程收集的数据都可用来建立不规则三角网数字高程模型。

TIN 结构可以用来产生坡度图、晕渲图、等高线图、三维立体块图（图 6-28）。虽然从图上仍能看出三角形的痕迹，但也能满足一定的精度要求，至少表明了由 TIN 产生这些地图的可行性。另外还可以把属性数据与三角面连接起来。连接方法是把专题属性数据的拓扑多边形网与 TIN 网叠置使每个三角面都包含相应的属性编码值。

图 6-28 等高线图和三维立体视图

从整体区域上来看，TIN 的数据量仍然是很大的，在实际构造及运算中要占用相当多的计算机内存空间。因此一些研究仍然先进行适当的空间分割，以保持运算的效率。同时，从软件的角度对存取策略的改进（由内存依赖转化为硬盘依赖）也引起了有关研究人员的兴趣。

4. 等高线

等高线（contour line）是人们熟悉的表示三维高程的方式，在地形图上都可以看到。一条等高线上具有相同的高程值，它一般是一条封闭的曲线。等高线一般由观测点通过适当的内插获得，而最佳方法则是用航空摄影测量手段来完成，测量仪器可以（自动）跟踪立体像对上的某一高程的点，从而绘出等高线。对于地形图上的等高线，可以用扫描方式输入计算机，然后采用专业线画跟踪软件完成等高线的跟踪。这种方式比手工直接数字化的效率要高得多。

在等高线图中加上适当的描述信息，如高程值注记、山脊线、山谷线等，就可以直接观察出地形的缓陡起伏。利用它可以进行坡度分析、构造正射影像、生成剖面图和三维透视图，也可以转换为 DEM 的其他表示形式（如高程矩阵）。著名的“格拉茨（Graz）地面模型”系统就能够实现数字等高线向高程矩阵的转换。

格拉茨地面模型产生高程矩阵的步骤是：将像元尺寸适合的格网覆盖在包含等高线包络线（等高线多边形）和山脊线、谷底线的数字图像上，凡是位于或接近某一等高线的像元都将该等高线的高程值分配为这些像元的 Z 值，其他像元则分配-1。获得-1 值的像元又按下述步骤分配高程值，即在栅格数据库的矩形子集（或窗口）中进行内插。内插工作通常沿 4 条定向线搜索，即东西，南北，东南西北，东北西南等。内插时按已分配高程的像元高差的简单函数计算窗口内的局部最大坡度。然后将各窗口内的坡度分成 4 类，从最陡的一类开始给未分配高程的像元分配高程值。其他坡度类别重复相同的分配过程，而平坦地区是在所有 DEM 的非平坦部分都计算完后单独计算。这种算法被称为“依次最陡坡度算法”。

等高线也常常被称为“等值线”，有时它表示非地面高程信息，如降雨量、大气中二氧化硫等物质的分布、人口密度等。在应用中采用“等值线”这一名称更具有实际意义。

6.5.3　DEM 的数据源与采样方法

地表的高程数据通常用航测仪器从立体航空像对上获取，在航测方法不能即时供给数据时现有地形图的数字化也是常用的方式。此外，地面测量、声呐测量、雷达和扫描仪数据也可作为 DEM 的数据来源。

摄影测量采样法还可以进一步分成：①选择采样：在采样之前或采样过程中选择需采集高程数据的样点；②适应性采样：采样过程中发现某些地面没有包含什么信息时，取消某些样点以减少冗余数据；③渐进的采样法：采样和分析同时进行时，数据分析支配采样进程。渐进采样法在产生高程矩阵时能按地表起伏变化的复杂性进行客观、自动的采样。实际上它是连续的不同密度的采样过程：首先按粗略格网采样，然后对变化较复杂的地区进行细格网（采样密度增加一倍）采样（图 6-29）。需采样的点是由计算机对前一次采样获得的数据点进行分析后确定的，即确定是否继续进行高一级密度的采样。

渐进采样中计算机分析过程是在前一次采样数据中选择相邻的 9 个点作为窗口，计算沿行或列方向邻接点之间的一阶和二阶差分。由于差分中包括了地面曲率信息，因此可按

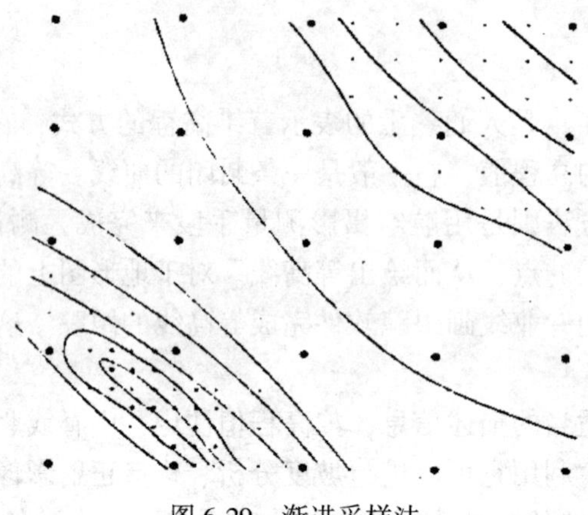

图 6-29 渐进采样法

曲率信息选取阈值。如果曲率超过阈值时就有必要进行另一级格网密度的采样。

渐进采样法在无云层覆盖、无人工地物和地形起伏变化不突然（无陡坎）地区的航片上实施时，能获得良好的效果。地形起伏变化特别复杂且多陡崖地区的采样必须用混合采样法才能保证精度。在陡崖区用手工描绘出需进行选择性采样的范围并用手工进行采样，其余地区则进行自动采样。半自动采样法和混合采样法对地形突变地区而言都不可能获得满意的结果，必须选择多种采样方法才能按需要获得全部地形数据。

渐进采样法及混合采样法获取的数据必须自动地转换成统一的高程矩阵。

以上传统的方法是基于解析测图仪或机助测图系统利用半自动化的方法进行的，现在研究人员已经能够利用自动化测图系统进行完全自动化的 DEM 数据采集。这类系统一般是将立体航空像对扫描输入计算机中，由软件完成数字像对的定向、同名影像点的匹配并得到精确的二维及三维信息。

6.5.4 DEM 的分析与应用

本节的开始已经列出了 DEM 的一些重要用途。这里仅从几个方面作较为详细的说明。

1. 单点高程的求解

求某一位置点的高程是 DEM 最基础的应用，这可以通过内插算法来实现，如加权平均法、曲面拟合法等。在 DEM 的数据体系已经以某种形式（高程矩阵或 TIN）构建时，求解某点的高程可以作某些简化。以下以高程矩阵为基础说明。

如图 6-30 所示，设要求解正方形格网（1，1）~（2，2）中点 P 的高程。正方形格网的边长为 S，四个角点的高程分别为 z_{11}，z_{21}，z_{12}，z_{22}。

根据四个顶点作出一个双线性（双曲面）多项式，即：

$$z=a_0+a_1x+a_2y+a_3xy$$

该曲面的特点是，当 x（或 y）确定时，高程 z 与 y（或 x）呈线性关系。由于只计算正方形格网的四个角点，正方形以外的点不予考虑，因而可用一定的算法（直积运算）求出 a_0、a_1、a_2、a_3 四个未知参数。此处不作详细推导，直接给出如下求解公式：

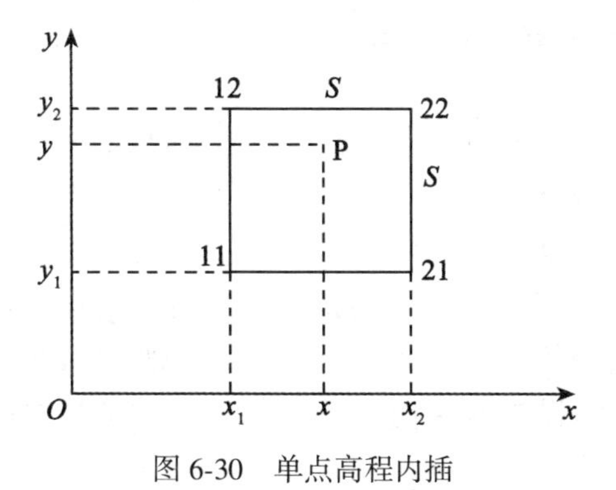

图 6-30　单点高程内插

$$z_p=\left(1-\frac{x_p}{S}\right)\left(1-\frac{y_p}{S}\right)z_{11}+\left(\frac{x_p}{S}\right)\left(1-\frac{y_p}{S}\right)z_{21}+\left(1-\frac{x_p}{S}\right)\left(\frac{y_p}{S}\right)z_{12}+\left(\frac{x_p}{S}\right)\left(\frac{y_p}{S}\right)z_{22}$$

这种方法的计算量小，比较有效，但在边界处与其他相邻的曲面可能达不到光滑地衔接。对于 TIN 结构中单点高程的求解，可简单利用加权平均法，即设 P 点位于 TIN 的某个三角形（$p_1p_2p_3$）内，则：

$$z_p=（d_1^{-2}\cdot z_1+d_2^{-2}\cdot z_2+d_3^{-2}\cdot z_3）/（d_1^{-2}+d_2^{-2}+d_3^{-2}）$$

其中 d_1，d_2，d_3分别是 P 点与 p_1，p_2，p_3三个顶点的平面距离。

如 $d_1^2=（x_p-x_1）^2+（y_p-y_1）^2$。

更为理想或者说更为复杂的单点高程值内插涉及邻近的格网或三角形。

2. 等高线生成

在以高程矩阵或 TIN 为基础的 DEM 中生成等高线的运算原理并不复杂，一般有如下几个步骤：

①确定等高线的值及数量：首先找出本区域的最大、最小高程值 z_{max}，z_{min}，然后根据等高线的高程间距值（如 5 米/根）求出本区域应有的等高线数量。

②寻找起始点：各条等高线采用追踪的计算方法比较可行，因而先要寻找到某条等高线上的一点，亦即具有给定高程的一点。假设给定高程为 z_0，那么如果某一高程矩阵格网的任一边界顶点 z_1，z_2满足如下条件，

$$（z_1-z_0）（z_2-z_0）\leqslant 0$$

则说明有该高程值（z_0）的等高线穿过该边界。通过一个简单的线性内插可求得起始点位。

③以起始点为基础向各方向追踪：在矩形格网或三角形中作简要的判断，即可确定追踪的方向，可能的追踪方向有自上而下、自下而上、自左至右、自右至左。依次求出等高线在各边界上的交点并编号。

④等高线的光滑：一条等高线追踪完毕之后，形成一个点位序列，需将之加密以形成光滑的曲线。曲线光滑方法主要有：正轴/斜轴抛物线加权平均法、五点/三点求导分段三次多项式插值法、张力样条函数法等。无论采用何种插值算法，都必须满足以下条件：

- 曲线应通过已知的等高线点（结点）；

- 曲线在结点处光滑，即一阶导线（或二阶导数）是连续的；
- 相邻两个结点间的曲线没有多余的摆动；
- 同一等高线自身不能相交。

光滑后的等高线就是最终的成果。在等高线生成过程中，需要注意山脊线、谷底线、陡坎线的情况，作必要的处理。

3. 三维视图

DEM在三维显示中的应用主要是在与地形起伏有关的自然景观、建筑景观和地形形态等。图6-31左边的图显示地形起伏形态，它是由规则DEM经平滑处理后的形态。与柱状三维视图不同之处是没有阶梯状结构。图6-31右边的图是地形与建筑物合成的景观三维视图。

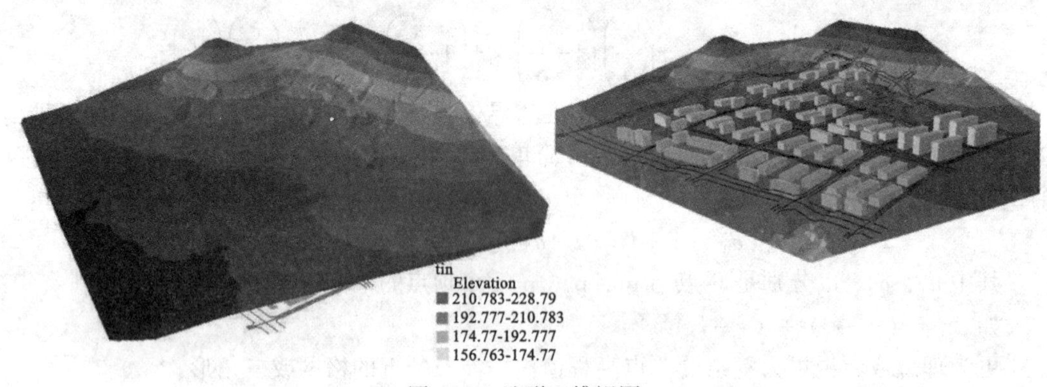

图6-31　地形三维视图

4. 视域图（视线图）

确定土地景观中点与点之间相互通视的能力对军事活动、微波通讯网的规划及娱乐场所和风景旅游点的研究和规划都是十分重要的。按传统的等高线图来确定通视情况较为困难，因为在分析过程中必须提取大量的剖面数据并加以比较。

通视区域计算采用简答的几何原理，图6-32中，从P点向左方向观察，中间有建筑物A遮挡，则V为可视区域，而被建筑物遮挡的区域S可以用以下公式计算：

$$S=D\times h/(H-h)$$

式中：S为不可视部分的区域范围，D是两个点之间的水平距离，H为观测位置高程，h为障碍物高程。

数字高程模型（无论是高程矩阵还是不规则三角网）的建立为这类分析提供了极为方便的基础，能方便地算出一个观察点所能看到的各个部分。在DEM中辨认出观察点所在的位置，从这个位置引出所有的射线，比较射线通过的每个点（DEM中的每个像元）的高程，将不被隐藏的点编上特殊码，形成通视情况图。图6-33是观光塔高度设计时模拟塔高产生的通视情况图，图中没有虚线覆盖的空白部分为不可视区域。

5. 坡度坡向图

在使用数字高程模型以前，地貌的描述和比较都是用变化范围较大的定性或半定量分

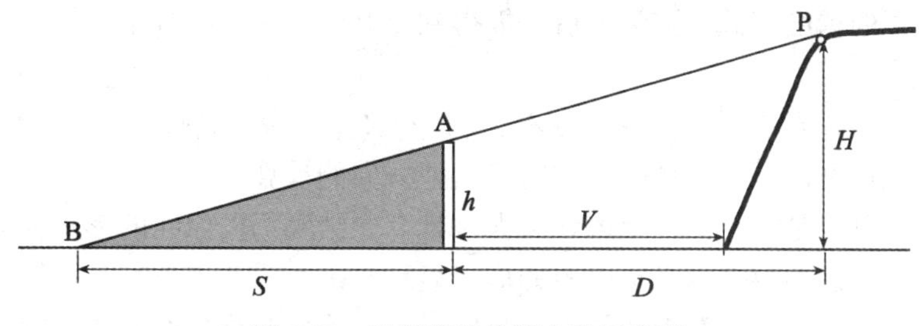

图 6-32　通视范围估算方法示意图

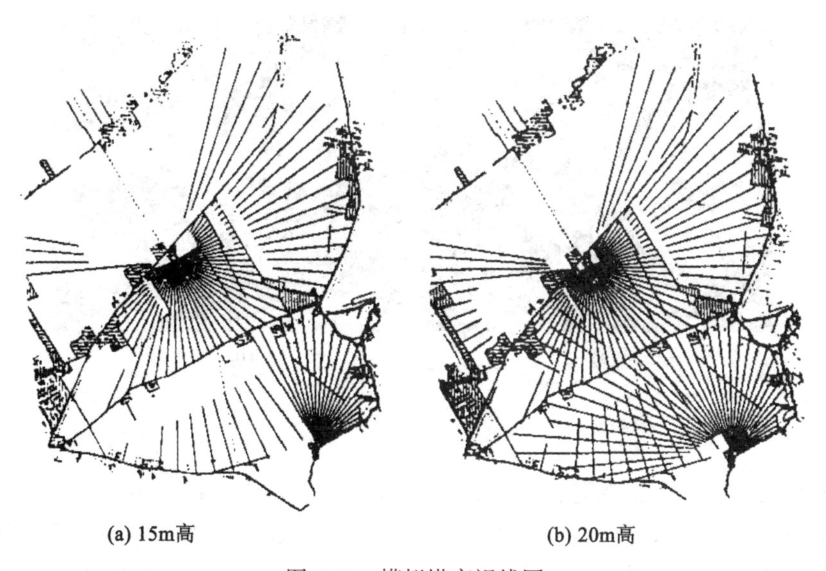

图 6-33　模拟塔高视线图

析技术，而没有采用定量分析技术。原因是无论野外测量还是航测方法都要耗费大量的时间，定量分析难以实现。GIS 技术的发展使高程数据以数字形式产生高程矩阵或 TIN 系统后能用多种标准程序进行坡度和其他地面特征的运算工作。

坡度定义为水平面与局部地表面之间的正切值。坡度包含两个成分：斜度是高度变化的最大比率（常称为坡度）；坡向是变化比率最大值的方向。斜度和坡向两个因素基本上能满足环境科学分析的要求，但地貌分析中需用二阶差分凸率和凹率。较通用的度量方法是：斜度用百分比测量；坡向按北方向起算的角度测量；凸度按单位距离内斜度的度数测量。

坡度计算在 GIS 中主要用有限二阶差分法，此法将数学计算式由带平方运算的公式简化为加减运算为主。最简单的有限二阶差分法按下式计算 i，j 两点在 x 方向的斜度（坡度）：

$$(\delta z/\delta x)_{ij}=(Z_{i+1,j}-Z_{i-1,j})/2\delta x$$

式中：δx 是像元中心间的距离（沿对角线方向计算时 δx 应乘以 2 的平方根）。这种方法可以计算8个方向的斜度，运算速度也快得多。但地面高程的局部误差将引起严重的坡度误差，计算的精度较低。数学分析法能得到更好的结果。用数学分析法计算东西方向的坡度时用下式：

$$(\delta z/\delta x)_{ij}=[(Z_{i+1,j+1}+2Z_{i+1,j}+Z_{i+1,j-1})-(Z_{i-1,j+1}+2Z_{i-1,j}+Z_{i-1,j-1})]/8\delta x$$

按同样的原理可以写出计算南北方向式其他方向的计算式。

坡度的表示可以是数字，把上述计算方法计算的结果仍以像元的形式存储或打印。但人们还不太习惯读这类数据，必须以图的形式显示出来。为此应对坡度计算值进行分类并建立查找表使类别与显示该类别的颜色或灰度对应。输出时将各像元的坡度值与查找表比较，相应类别的颜色或灰度级被送到输出设备产生坡度分布图（图6-34（a））。

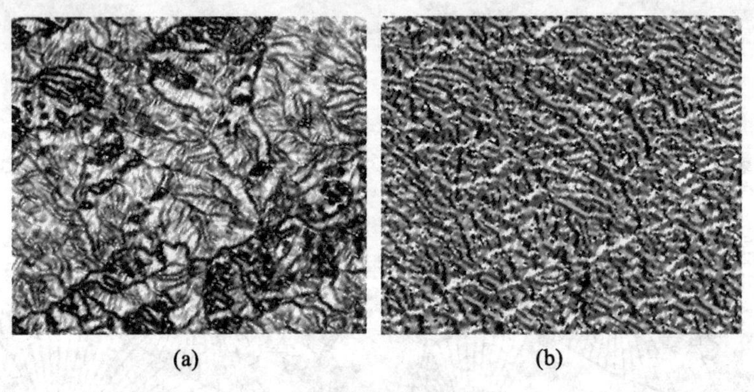

图6-34　坡度图与坡向图

坡向也用类别显示，因为任意斜坡的倾斜方向可取方位角0°~360°中的任意方向。坡向一般分为9类，其中包括东、南、西、北、东北、西北、东南、西南8个罗盘方向的8类，另一类用于平地。虽然人们都想按统一的分类定义，但坡向经常随地区的不同而变化，用统一分类定义后不利于强调地区特征。于是最有价值的坡度和坡向图应按类别出现的频率分布的均值和方差加以调整。按均值、方差划分类别时，一般都这样定义类别：均值为一类，均值加或减0.6倍方差为另两类，均值加、减1.2倍方差再得两类，其他为一类共6类。这种分类法往往能得到相当满意的结果（图6-34（b））。坡度、坡向还可以用箭头的长度和方向表示，并能在矢量绘图仪上绘出精美的地图。

从高程矩阵中派生出的地图总是比原始数据有更多的噪声，而差分或导数阶数越高噪声也越多。解决噪声问题的方法是在制图输出之前，用局部移动平均法进行平滑处理或者用激光绘图仪以线或颜色绘出地图。任何GIS系统都不希望把高程矩阵的栅格设置得太精细，而希望在需要精细格网时由内插程序插出精细格网并用细格网数据绘图，使输出的地图较为平滑。

本章小结

1. 地理信息系统最基本的功能是能够查询空间实体要素及其属性，查询形式有对实体要素的几何特征查询、对属性数据查询、实体图形要素及其属性的联合查询。查询过程中选择集是一个很重要的概念，一般也对选择集进行一些统计操作。数据分类是简化数据表达的手段，在 GIS 查询与空间分析中被大量应用。

2. 空间叠置运算、缓冲区生成是 GIS 最基本的功能，其运算量主要集中在图形处理部分，GIS 软件可以直接完成，但后续图形的整理和属性操作必须由用户根据情况进行处理。基于矢量和栅格数据均可实现空间叠置和缓冲区运算。

3. 空间接近度是反映空间实体要素影响范围的一种概念，可以用缓冲区、扩展距离图、泰森多边形等几种方式进行表达，它们分别适用于不同的实际需求。

4. 网络分析基于图论中的网络结构算法，在地理空间中对网络要素进行了对应设置，可以计算最短路径、网络负荷，并进行资源分配。

5. 三维分析功能基于三维数字高程模型（DEM），包括等高线、TIN、高程矩阵等，它们之间可以相互转化。基本的三维分析包括多要素的三维合成显示、通视范围计算、坡度、坡向等。

思　考　题

1. 地理信息系统的数据查询可分为哪几个类别？
2. SQL 语句能操作什么类型的数据？
3. 试写出 SQL 语句的基本结构。
4. 怎样理解查询与统计的关系？
5. 试述空间叠加的现实意义。
6. 试述矢量多边形空间叠加操作的基本过程。
7. 试举几例说明缓冲区的实际应用。
8. 泰森多边形有哪些应用？
9. 空间网格体系是怎样构成的？
10. 试分别说明空间网络功能的应用。
11. 试编程实现计算最短路径的 Dijkstra 算法。
12. DEM 有哪几种表示方法？
13. 举例说明 DEM 的实际应用。

第7章　城市规划信息系统数据库

随着信息技术在城市规划管理中的逐步应用，城市规划地理信息系统已成为城市规划管理工作的重要支撑，城市规划空间数据库是城市规划信息系统的重要组成部分，城市规划信息系统的建设就是基于数据库基础之上的。数据库设计及质量与系统运行效率息息相关。由于城市规划信息多而繁杂，为了适应新形势下城市规划工作的需要，不仅要求城市规划系统数据库能根据不同业务特征进行建设，以满足不同部门、不同业务的需要，还要求基于数字城市规划体系的构建，在城市规划信息系统的使用过程中，能按照一定的标准、规范和编码体系对城市规划设计方案、相关知识、法律法规及各类数据、素材等进行系统的收集、整理，并通过对数据的综合分析和提取，为城市规划和建设部门提供及时、准确的决策辅助信息。

7.1　城市规划信息系统体系

城市规划数字化工程，也可以理解为“数字城市规划”，通过众多规划管理子系统构建成一个城市规划信息大系统，该系统利用计算机技术对城市规划信息进行获取、处理、存储、管理、分析及辅助决策。

7.1.1　城市规划信息化建设

伴随社会和经济的发展，城市建设节奏越来越快，城市规划信息化建设工作也逐步开展，随着信息化工作的逐步深化，各个领域中支持规划信息处理的GIS系统逐渐建立，逐渐形成了众多不同类型、服务于不同规划管理阶段的子系统，这些子系统主要包括：

1. 总体和分区规划系统

总体规划系统是系统的龙头，具有城市规划信息的综合查询、规划控制和土地利用管理等功能。

2. 城市控制性详细规划系统

城市控制性详细规划系统是整个规划信息系统的核心。随着规划小区报批软件的完善与规划方案报批实施细则的执行，控制性详细规划信息系统将发挥越来越大的作用。

3. 城市修建性详细规划系统

城市修建性详细规划系统日常工作大，具有建筑审批、市政工程管线审批、规划管理、测绘管理和政策法规管理等功能。

4. 道路规划系统

在道路规划系统中，城市规划道路一经确定，立即可调用地形与地籍图等数据，查找到国土、房产等对应信息，综合分析并计算出规划道路内需要拆迁的房主情况、房屋结构和房屋基底面积等，为建设管理提供高效的决策支持。

5. 地下管线信息系统

地下管线信息系统具有网络分析、任意断面生成等功能，能够根据事故发生地的位置及管线现状，确定受影响区域的大小，绘制受影响区域的管线现状图；并且可以根据规划设计的要求，自动进行管线信息的筛选、接边处理等。

6. 规划管理办公自动化系统

规划办公自动化系统全面支持城市规划部门的日常管理工作，强调案件跟踪与流程的规范化、自动化，以利于市场经济条件下的公平、效率原则，整体提高规划管理效率与管理质量，改善政府机关办事的公众形象。

7. 辅助设计系统

在辅助设计系统中，控制性详细规划辅助设计系统是协同设计平台的主要组成部分，它还可以在法定图则、分区规划、总体规划等规划设计项目中使用，主要包括平衡表计算、图例自动生成、图案填充、自动标注、地形图裁减、拼图、容积率计算等功能。

8. 城市规划网上咨询信息系统

该系统是城市规划信息在互联网上发布的专用系统，系统具备先进的算法与加密技术，保证了数据在Internet环境下运行的安全与高效。主要包括查询、视图管理、数据统计、用户交互等功能。

9. 即时通信&OA系统

在传统办公自动化的基础上，利用即时通信平台进行管理流程信息的传递和处理，实现整个系统的高效便捷，系统具有项目管理与即时通信的无缝衔接，局域网内能进行高效的文件传输、电子签名等。

10. 专项规划管理系统

结合城市规划专项规划设计和各种专题研究，建立城市规划专项规划管理系统，所有的专项信息系统采用统一的技术平台，方便资源共享和整合。

7.1.2 城市规划信息系统应用的几个层面

目前，信息技术已成为各种城市规划管理业务中必不可少的工具，从城市规划图纸的绘制到规划信息的管理，再从单纯的城市规划信息管理到更具深入性的城市规划信息挖掘，城市规划信息系统已经应用于城市规划管理业务中的各个层面，具体来说，体现在以下几个不同阶段：

（1）基础资料收集阶段。主要为基础资料的收集与管理，包括各种现状和历史资料都需要入库，成为城市规划编制的基础。

（2）规划方案分析阶段。通过相关技术和模型对基础资料进行分析，为规划方案的制定提供决策支持。

（3）规划制作阶段。利用CAD技术辅助城市规划成果的绘制，完成各种规划信息的输入。

（4）规划存档及规划管理指导阶段。对各种规划数据进行存档管理，并建立规划信息查询系统。

(5) 规划管理审批阶段。利用数据库技术、CAD 技术和 GIS 技术完成修规及建设工程的设计和审批。

(6) 建设工程竣工验收阶段。对验收结果进行数字式存档，该存档结果将成为新的城市基础信息。

7.1.3 城市规划信息系统主要功能

城市规划信息系统种类繁多，各子系统在数据构成及操作流程上各有差异，但作为一个城市规划信息系统整体，其系统功能应该全面、完备，才能高效、系统地服务于城市规划管理业务的各个层次，在此，城市规划信息系统功能主要体现在以下几个方面：

1. 地形管理

用于对基础空间信息的存储与管理。城市规划制作是以地形作为底图完成的，它提供了城市规划方案制作的定位信息和地形等环境约束信息。

2. 规划设计

用于城市规划设计，提供计算机辅助城市规划设计的基本功能，包括自动生成外围线、提供标准图例、自动计算用地平衡表、自动填充等功能。

3. 城市规划信息管理

用于对各种城市规划信息的管理、调用和综合查询，为城市规划管理提供依据。

4. 规划审批

主要面向从事规划管理的办公人员，从管理业务的专业内容来划分，划分为建设用地审批模块、建设工程审批模块等。

5. 网络发布

信息发布模块是通过建立 Internet 网站向社会公众发布与城市规划、管理有关的法律法规、城市规划方案及规划建设项目审批进展情况，并提供公众参与城市规划讨论的空间。

6. 系统管理

这是系统运行的基本模块。通过此模块可以添加用户、设置用户权限，实现数据库管理控制。还可以通过此模块进行审批管理的流程设置等，使办事流程更符合本单位的实际情况。

7.1.4 城市规划信息系统体系概述

由于城市规划管理业务之间是相互联系的，所以要考虑根据规划管理业务的相应流程及各子系统之间的可能联系进行数字城市规划体系的构建，数字城市规划体系的构建主要是通过综合利用数据库、CAD 及 GIS 等信息技术处理好数字规划流程之间的相互衔接及各子系统之间的联系，以充分利用软硬件资源及信息资源，减少信息技术应用过程中的重复建设，方便信息的使用，保证信息的前后一致，促进规划信息的快速更新，并有利于信息的综合分析，从而使数字规划过程成为一个有机运作系统。具体地说，城市规划信息系统体系的系统性特征主要体现在以下几个方面：

（1）系统信息的承接性。即输入的信息能顺利地被相关系统接收，不需要复杂的数据转换或处理。城市规划管理是一个基于多种空间与非空间数据的涉及多部门、多任务、多目标的系统运作过程，必须保证城市规划管理业务中的信息流畅，因此，信息处理过程也要具有系统性，而不是各成一体，相互排斥。

（2）系统信息的完整性。即城市规划中的各种信息，从总体规划信息到控制性详规信息，从城市基础信息到各种专项信息都能完整、集中地反映出来。

（3）系统功能的完备性。应用于城市规划管理中的信息系统主要有三类，一类是城市规划辅助设计系统，它能提供方便的数据输入和辅助规划设计及绘图功能；一种是数据管理信息系统，它可提供方便的数据管理、查询、统计、显示等功能；另外一种是辅助决策系统，它能构建相关的模型，为规划方案制订和管理提供决策支持。这三类系统之间在功能上既相互独立，又相互联系，不应有不必要的功能重叠，从整体上要保证系统功能完备，能为城市规划管理提供全面、完善的服务。

7.1.5　数字城市规划体系构建方法

在城市规划管理信息系统中，城市规划数据是系统的血液和运行基础，对于一个良性运转的城市规划管理系统而言，城市规划数据的质量非常重要。由于城市的不断发展和城市规划的动态性，城市规划现状和规划数据都不是一成不变的，因此，在城市规划信息系统体系的建立上要考虑能保证系统内信息的一致性和整个系统内信息的及时更新，并在此基础上加强各系统之间的信息联系。在此，数字城市规划体系构建主要从以下两方面着手：

1. 数据纵向衔接

主要通过数据在规划业务流程方向上的有机联系体现数字城市规划体系的系统性。主要利用以下两种技术手段：

①城市规划数据的统一数据标准。系统中的数字式信息在使用上有两种可能：一种是本系统数据可能被下一流程系统直接使用，另一种可能是下一流程系统将在此数据基础上产生新的数据。无论怎样，上一层次的数据都将成为下一层次操作的基础，在此，保证数据在相关子系统之间的有效流动是数字规划体系构建的重要环节，因此，在进行相关子系统设计时，要考虑该系统的数据分类标准、编码方式、数据输入方式、数据格式等能在整个系统内连续统一。

②信息技术综合。现有的多数城市规划设计都是利用CAD技术辅助完成的，一般情况下，设计人员只考虑规划成果的表现，而未考虑数据的后期使用，这也是数据资源的一种浪费，在这里把CAD、GIS、数据库及网络等技术综合起来，最大效率地利用现有技术，促进城市规划信息系统体系的建立，例如CAD与GIS技术结合不仅方便了制图，又能使这一阶段的数据成果成为下一阶段业务系统的数据源，而通过数据库、网络技术与GIS技术综合可以帮助构建城市规划信息网络系统，实现城市规划信息的分级管理和有序传递。

2. 数据横向联系

主要通过系统之间的数据综合利用和信息的整体分析加强数字城市规划体系的建设，

在此，涉及以下两个方面：

第一，数据嵌套和叠加。数据的集中和综合将有助于规划方案分析及重要信息的捕捉与提取，例如规划数据与现状数据集中在一起有利于分析规划布局的合理性；控规和总规放在一起可以明晰不同层次对用地的控制程度，有利于准确把握土地利用的适用范围等。由于所有的城市规划信息都是建立在同一城市空间内，通过相同的坐标就可以把各种数据组织起来，是一种相对来说比较简单有效的方法。在这里主要有三种城市规划信息集中形式：①不同层次城市规划数据的嵌套，进行层层深入，如总规的地块中嵌套控规中的更小地块，或在1∶2000的地形图中嵌套1∶500的地形图。②同一层次规划数据的叠加，如用地布局规划数据和给排水管线规划叠加。③规划与现状数据的叠加。

第二，建立整体分析模型。城市规划中规划方案的制定和调整都建立在大量数据分析的基础之上，在城市规划管理数据仓库上建立数学模型，把相关的空间数据和属性数据放在一起进行分析，发现城市问题的根源，探索城市的发展规律，也就是通常所说的“数据挖掘”是人们一直关注的研究方向。

城市规划信息系统体系的建立，使整个系统从底层实现了GIS与CAD的高度融合，将计算机辅助设计与数据查询、分析集成在同一个平台下，既有利于数据的更新与交换，又可以更好地为规划设计和规划管理提供数据和功能支持。

7.2 城市规划数据分类与数据源

城市规划涉及内容广泛、信息繁杂，不同类型数据以数字式方式表达时，相互之间会表现出一定的差异。对城市规划中不同类型数据特点的认识有助于避免系统建库时数据组织混乱，减少由于数据组织不当对后期系统操作和数据分析造成的不利影响。以下对数字城市规划空间数据类型及其层次进行分析，以对城市规划信息系统的数据构成及系统组织有更清晰的认识。

7.2.1 城市规划信息系统数据来源

城市规划信息可分为两类：一是支持城市规划的信息，如基础地形、地质、社会经济统计信息等，另一类是规划产生的信息，如规划法规、规章、规范、图则等。城市规划信息系统中所涉及的各种空间和非空间信息，也可以被归并到以上两类数据中。

1. 城市规划支持数据

①基础信息或地形图数据。城市基础信息的主要内容为市（县）域的地形图，包括图纸比例为1/50000~1/200000及1/500~1/50000城市基本比例尺地形图。

②地质和地震资料。包括不同工程地质条件范围，潜在的滑坡、地面沉降等地质灾害空间分布、强度划分，地下矿藏、地下文物埋藏范围等。

③区域城镇体系及基础设施资料。包括主要城镇分布及用地规模，区域基础设施、市政公用设施等分布状况。

④城市历史发展资料。包括城址变迁、市区扩展、历次城市规划的成果资料等。

⑤城市土地利用资料。主要指城市规划发展用地范围内的土地利用现状，城市用地综

合评价或城市土地质量的综合评价等数据。

⑥城市道路交通信息。城市主次干道、重要对外交通位置等。人防设施、各类防灾设施及其他地下构筑物分布等资料。

⑦城市风景名胜及文物保护信息。主要风景名胜、文物古迹、自然保护区的分布及需要保护的历史地段范围等。

⑧工业分布信息。主要产业及工矿企业分布状况，经济技术开发区、高新技术开发区、出口加工区、保税区等范围。

⑨公共设施分布信息。行政、社会团体、经济、金融机构、体育、文化、卫生设施等分布状况，尤其是商业中心区及市、区级中心的位置等重要信息。

⑩城市建筑资料。包括住宅及各项公共服务设施的建筑面积、质量和分布状况。

⑪城市环境资料。城市环境的有害因素（易燃、易爆、放射、噪声、恶臭、震动）的分布及危害情况，污染源的数量和影响范围，城市垃圾站分布等情况。

⑫其他专题信息。工程管线信息、电信和邮电等专题信息。

2. 城市规划成果数据

①城市总体规划数据。城市土地利用宏观控制数据，主要包括城市建设用地范围内的各类用地的空间规划布局。

②控制性详细规划数据。城市地块的开发强度、建设形式等控制数据，包括容积率、绿地率等控制指标及分区界线。

③区域规划数据。区域性交通设施、基础设施、工业园区、风景旅游区等各类用地的总体布局。

④道路交通规划数据。包括主、次干道和支路的走向及红线规划数据，主要道路交叉口用地范围及主要广场、停车场位置和用地范围等。

⑤城市中心规划布局数据。规划的市级、区级及居住区级中心的位置和用地范围。

⑥城市内各种控制保护范围数据。绿地、河湖水面、高压走廊、文物古迹、历史地段的用地界线和保护范围，重要地段的高度控制等。

⑦对外交通规划数据。包括铁路线路及站场、公路及货场、机场、港口、长途汽车站等对外交通设施的位置和用地范围，市际公路、快速公路与城市交通的联系等数据。

⑧历史街区保护范围数据。确定文物古迹保护项目，划定保护范围和建设控制地带及近期实施保护修整项目的位置、范围。

⑨园林绿化、文物古迹及风景名胜规划数据。市、区级公共绿地用地范围，如公园、动物园、植物园，较大的街头绿地、滨河绿地等用地，及苗圃、花圃、防护林等绿地范围。

⑩环境保护及环境卫生设施规划数据。环境保护规划主要包括污染源分布、污染物质扩散范围，及垃圾堆放、处理与消纳场所的规模及布局等。

⑪郊区用地规划数据。郊区主要乡镇企业、村镇居民点与农副食基地的布局及禁止建设的绿色控制范围。

⑫专项规划数据。包括给水工程规划、排水工程规划、供电工程规划、电信工程规划、供热工程规划、燃气工程规划、防洪规划、地下空间开发利用及人防规划等专项规划

布局要求。

7.2.2 城市规划空间数据特征分类

因为不同的数据类型将直接影响数据在数据库中的存储方式和数据操作，通过数据类型的分析能够从数据库设计者的角度更好地理解空间对象的复杂语义，并且，空间数据类型的正式定义将直接影响对相应的空间操作的定义，它对用户来说也更清晰和一致。因此，认识不同的数据类型特点，对于数据组织、系统分析、系统管理都具有重要意义。

空间数据类型可以从不同的角度来表现，从空间实体抽象的基本构成角度，可以把空间数据分为点、线、面、体，根据数据描述内容的不同或者应用研究的需要不同可以把空间数据分为有拓扑关系数据和无拓扑关系数据，按其以数字式方式表现现实世界方法的不同可以把空间数据分为矢量数据形式和栅格数据形式。以上各种不同的分类方式从不同的角度表现了空间数据自身所具有的特点。从数字式信息的实际应用上，可以对各种数字式空间信息做进一步的理解，在此，空间数据可进一步分为以下两种类型：

1. 表达独立空间对象的数据

表达独立空间对象的数据用于表现某一范围内独立存在的空间实体或现象，它用点、线、面表达各种点状、线状及面状空间地物及空间现象，例如，可用点状数据（图7-1（a））表达城市、城堡、房屋、教堂、水井、旗杆等；可用线状数据（图7-1（b））表达高速公路、河流、电缆、路线等；可用面状数据（图7-1（c））表达城市、湖泊、行政地区、农田等。在此，可通过点集理论（point set theory）对这类数据进行描述，点集理论把空间基本假设为由无限个点组成，空间内包括一组空间对象，每一个空间对象被看做由此对象所占据的点的集合，解析几何通过数字表现点、线、面和他们之间的关系，可通过并、交、差等操作重建新的物体，并通过解析几何的数学计算推导出拓扑关系。

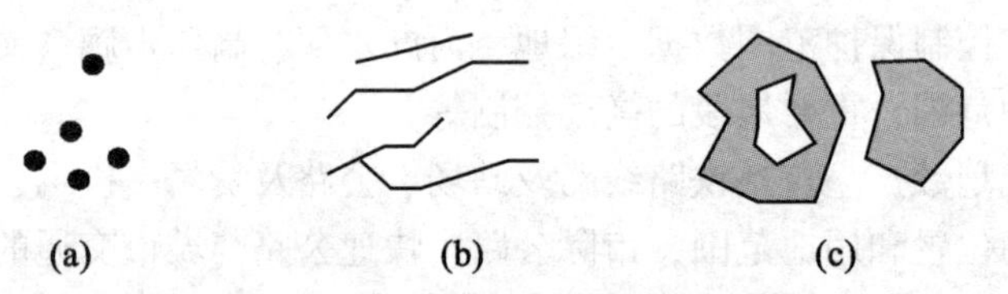

图7-1 表达独立空间对象的数据形式

2. 表达关联空间对象的数据

表达关联空间对象的数据主要包括分区数据形式和网络数据形式。空间分区形式（图7-2（a））往往用来表达土地利用、行政区划、国土权属等；空间网络形式（图7-2（b））往往用来表达高速公路、铁路、河流、电讯等。这类数据所描述的空间对象之间相互联系，拥有共同的边界或者结点。其中，分区数据形式是把空间细分为两两相邻的区域，每个区域与某种属性相关，这种属性可具有简单或者复杂的结构。Erwig 和 Schneider 1997 年给出了空间分区的正式定义，他们认为空间分区是二维平面的一个投影，相邻区域有不同标识和属性，边界为两个相邻区域共有。这种类型数据具有某种特定的拓扑关系，如空间分区中隐含着具有共同边界的多边形之间的邻接关系和不具有共同边界的多边形之间的相离关系。

图 7-2　表达关联空间对象的数据形式

不同类型的空间数据，其数据操作也各有各的侧重点。作为独立存在的物体，只有在两个物体相切时才会有公共边或公共点，而关联空间对象如分区形式，每两个相邻区域之间都会有一条公共边。因此，独立空间对象数据的空间操作更灵活、种类更多，其中包括：①返回逻辑值的空间操作，如拓扑关系操作中的相等、不相等、分离、相邻、相交、叠加、相切、在里面、在外面、被覆盖、包含等操作；空间秩序和顺序关系操作中的在后/在前、在上/在下、在里/包括等操作；方向关系操作中的北/南、左/右等操作。②返回数值的空间操作，如计算面积、周长、长度、直径、距离、最大距离、最小距离、方向等操作。③返回新的空间物体操作，如空间重建操作中的合并、相交、差除等操作；空间变形操作中的拉伸、旋转、平移等操作；对空间一组对象操作的找出最近对象、求 VORONOI 多边形等操作。

空间分区数据形式主要侧重于叠加、融合、叠印、裁减、重分类等特定的操作方式，其中比较典型的操作是叠加、融合、重分区操作，它主要应用于城市中各种用地适宜性评价中，对用地分级、用地结构分析具有重要意义。而网络空间数据形式的主要操作方式一般为求最优路径操作。

7.2.3　城市规划空间数据层次

城市中存在的房屋、道路、植被、花坛等地物及地形地貌是城市规划制作的重要基础信息，可以通过点、线、面来表示，点、线、面彼此相互独立，公共边信息在此没有实际意义，它符合独立空间对象数据特征；而土地利用规划及城市总体规划、控制性详细规划中的用地规划都是针对整个城市空间的，是对整个城市空间的分割，在这些空间数据中，各个面或线彼此具有一定联系，其公共边和公共点是其空间操作的重要基础，它们具有关联空间对象数据的特征。

在此，根据城市规划业务自身特征，把数字城市规划空间数据分为基本层、实体层、结构层三个层次（如图 7-3 所示）。

1. 基本层

尽管在分析城市空间现象时，是针对城市空间地物和空间分布的，但是在计算机中，均被抽象为可由计算机表达的点、线、面形式，任何空间操作都是建立在点、线、面上的，因此它是空间表达的基本层。基本层的主要研究内容为如何用由计算机所能理解的数学方法表现点、线、面和其之间的各种关系，它只考虑点、线、面之间的纯空间位置关系，本身不代表任何意义。

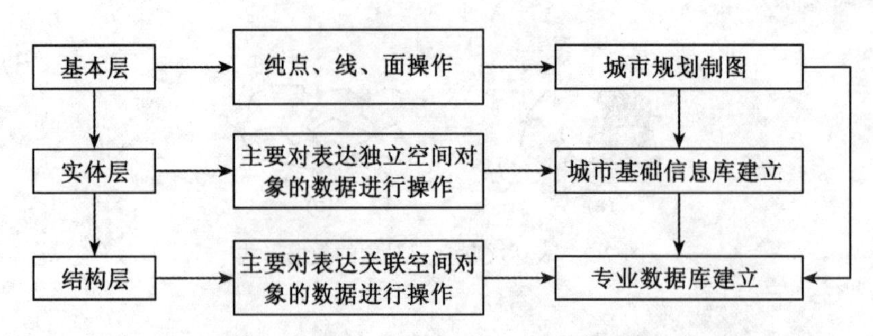

图 7-3　数字城市规划空间数据层次分析

对城市规划信息的管理，一般不需要对基本层操作，但在城市规划辅助设计及制图中，将涉及与制图相关的纯点、线、面的操作。因此，它既是一个广义的空间系统的基本层，也是城市规划信息系统数据操作的内容之一。

2. 空间实体层

基本层所涉及的点、线、面可以表达地球空间上存在的任何实体和现象，城市规划制作过程中所涉及的城市空间实体和存在，也可以由具有一定意义的点、线、面表示，在数字城市规划建设中，这些数字化的空间实体构成了城市基础信息库的主要内容，属于城市规划空间数据的实体层。空间实体层的操作对象一般指那些不需要进行二次分类和重构就可以直接进行描述的空间实体，如房屋、河流等，这类空间实体往往是独立存在的，一般代表实际存在的空间地物或对象，它们具有独立空间对象数据的特征。该层次数据更侧重于对空间存在进行描述，而不是分析。

3. 空间结构层

空间结构层主要为关联空间对象数据类型，它侧重于对城市空间结构的认识，它是基于基础信息上的总结、归纳。如城市总体规划和控制性详细规划是根据人们自己制定的标准对城市空间的重新分区，并形成对城市空间总体形态和结构的认识，这种认识可以深入到对社会、经济、文化的城市空间构成作用的更深刻理解上。空间结构层体现了城市规划师对城市空间构成的认识和认识的提高，它是对空间实体层认识的一种提升。

从以上可以看出，数字城市规划空间数据的这三个层次分别以不同数据类型为主，它们之间既相互关联又有各自的特点，数字城市规划中的空间数据层次、空间数据类型及在城市规划设计与管理中的实际应用之间的关系如图 7-3 所示。

7.3　空间数据库设计与建立

空间数据库是描述空间物体的位置数据及空间实体之间拓扑关系的数据库，同时附带描述这些物体的属性数据，由于这种特征，空间数据库是面向特定领域、针对特定应用的数据库系统。城市规划数据库就是这种以空间数据为主的特定数据库之一，同时附带其他相关非空间信息。而对于城市规划数据库，它又有自己的系统数据特征，如它主要是以不同的方式表现城市各类用地，包括不同大小、不同时段、不同应用目标下的城市用地的空间形态及其所承载的社会、经济、人文及生态等属性信息，当然，对于城市道路交通的规划，还会涉及网络数据模型的使用。因此，根据不同的规划业务需要做好数据库建立的需求分析与数据模型设计，使得城市规划信息系统能更好地满足规划管理工作的需求，就是城市规划数据库建立工作的主要任务。

7.3.1 空间数据库建立过程

在现代科学技术中，对现实世界的抽象和简化表达，通常称为模型。模型是对现实世界的认识和理解，特别是对客观事物中一些要研究的特征、结构或属性及其变化规律的抽象描述。数据模型是模型概念在计算机领域的发展，实际上是通过数据手段对现实世界进行的抽象描述，并对操作与完备性规则的目标集合及表达数据库逻辑组织的集合给予形式化定义。数据模型的建立应尽可能自然地反映现实世界和接近人对现实世界的观察和理解，也就是要面向现实世界。一般来说，为了使模型既要面向用户，又要面向计算机系统，需要根据不同的使用对象和应用目的，由低级到高级，从多层次上进行抽象。城市规划中所涉及的空间数据，也需要经历一个从概念数据模型到逻辑数据模型，最后转换为物理数据模型的过程，从而把现实世界的数据组织成计算机能接受的数据集。

为了实现空间数据的数据库管理，任何系统中所涉及的空间数据都要经历一个数据库设计过程（如图7-4所示)，完成从现实世界到机器世界的转换，包括需求分析、概念设计、逻辑设计、物理设计、建库实施及运行维护几个阶段。数据库因不同的应用要求会有各种各样的组织形式，GIS的开发平台已经提供相应的数据库管理系统，空间数据库设计就是根据不同业务中不同的应用目的和用户要求，在一个给定的环境中，确定最优的数据模型、处理模式、存储结构和存取方法，建立能反映现实世界地理实体之间的联系，并能实现系统目标的数据库。

7.3.2 数据库建立需求分析

需求分析是设计数据库的起点，需求分析的结果是否准确反映了用户的实际要求，将直接影响后面各个阶段的设计，并影响到设计结果是否合理和实用。需求分析是空间数据库设计与建立的基础，需求分析的结果是产生用户和设计者都能接受的需求说明书。具体包括：

1. 调查用户需求

调查用户需求阶段主要是了解用户特点和要求，取得设计者与用户对需求的一致看法，调查的重点是“数据”和“处理”。

2. 收集与分析需求数据

调查完用户需求后，要对需求数据进行分析，通过调查、分析，明确收集信息的内容、特征，获得用户对数据库以下几方面要求：

①信息要求。指用户需要从数据库中获得信息的内容与性质。由信息要求可以导出数据要求，即在数据库中需要存储哪些数据。

②处理要求。指用户要完成什么处理功能，对处理的响应时间有什么要求，处理方式是批处理还是联机处理。

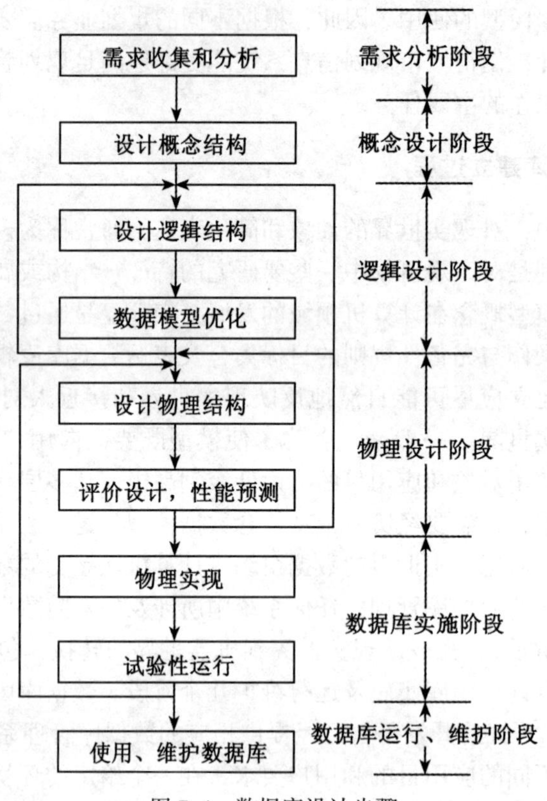

图 7-4　数据库设计步骤

③安全性与完整性要求。

3. 编制用户需求说明书

用户需求说明书将形成需求分析的最终成果，主要包括需求分析的目标、任务、具体需求说明、系统功能与性能、运行环境等。

确定用户的最终需求是一件很困难的事，这是因为一方面用户缺少计算机知识，开始时无法确定计算机究竟能为自己做什么，不能做什么，因此往往不能准确表达自己的需求，导致所提出的需求往往不断变化。另一方面，设计人员缺少用户的专业知识，不易理解用户的真正需求，甚至误解用户的需求。因此用户的积极参与十分重要，设计人员必须不断深入与用户交流，才能逐步确定用户的实际需求，因此可以说，需求分析也是一项技术性很强的工作，有时还需要由有经验的专业技术人员完成。

7.3.3　空间数据库设计

空间数据库设计是指在数据库管理系统的基础上建立空间数据库的过程。数据库设计要完成空间实体的抽象过程，并且抽象后的空间数据模型越能反映现实世界，在其基础上生成的应用系统就越能更好地满足用户对数据处理的要求。在此，空间数据库设计主要包括概念设计、逻辑设计、物理设计三部分。

1. 概念设计

从现实世界到计算机系统，人们首先要做的是概念模型的建立。概念模型反映了人们对现实世界的认知与理解，是从现实世界到人们大脑世界的映射，对后期 GIS 的建设起着先导性的作用。

GIS 作为一种信息系统，其以现实世界为研究目标，以计算机内部的二进制数字世界作为存储载体。现实世界极其复杂，把现实世界中的事物直接转换为机器中的对象非常不方便。因此，人们研究把现实世界中的事物抽象为不依赖具体机器又接近人们的思维的方法。于是，在需求分析和逻辑设计之间增加概念设计阶段，对需求分析阶段收集的数据进行分析、整理，确定地理实体、属性及其关系，产生一个反映用户观点的概念模式。这样做可以使数据库设计各阶段的任务相对单一化，设计复杂程度降低，便于组织管理，且不依赖于具体的硬件环境和 DBMS，更容易为用户所理解，因而能准确反映用户的信息需求。

由于职业、专业等的不同，人们所关心的问题、研究对象、期望的结果等方面存在着差异，因而对现实世界的描述和抽象也是不同的，形成了不同的用户视图，并将各用户的局部视图合并成一个总的全局视图，形成独立于计算机的反映用户观点的概念模式。概念数据模型的内容包括重要的实体及实体之间的关系，在此，可使用概念模型描述工具 E-R 模型，即实体-联系模型，包括实体、联系和属性三个基本成分，它比一般模型能更好地模拟现实世界，具有直观、自然、语义较丰富的特点。用它来描述现实地理世界，不必考虑信息的存储结构、存取路径及存取效率等与计算机有关的问题，比一般的数据模型更接近于现实地理世界，并且独立于计算机存储，因而比逻辑设计得到的模式更为稳定，在地理数据库设计中得到了广泛应用。近几年来，E-R 模型得到了扩充，增加了子类的概念，即增加了语义表达能力，使之能更好地模拟现实地理世界。

例如在城市道路数据库系统设计中，我们将城市道路组成要素抽象为道路、道路边线、路段、街区、结点等实体，然后明确实体属性，如道路等级、道路名称等属性，以及路段的走向、路面质量、宽度、等级等属性，再明确实体间的相互关系（如图 7-5 所示）。在初步 E-R 图中，可能存在一些冗余的数据和实体间冗余的联系，一般情况下，冗余的数据和冗余联系容易破坏数据库的完整性，为数据库的维护增加困难，应当予以消除。

2. 逻辑设计

逻辑设计是在概念设计的基础上，按照不同的转换规则将概念模型转换为具体 DBMS 支持的数据模型的过程，包括确定数据项、记录及记录间的联系、安全性、完整性和一致性约束等。概念设计是对客观世界的描述，与实现无关，而逻辑设计依赖于实现的 DBMS，从数据库逻辑设计导出的数据库结构应是 DBMS 能接受的数据库结构。由于 DBMS 目前一般采用关系数据模型，因此数据库的逻辑设计，就是将概念设计中所得到的 E-R 图转换成等价的关系模式。逻辑结构设计的任务就是把概念结构设计阶段设计好的基本 E-R 图转换为与选用的 DBMS 产品所支持的数据模型相符合的逻辑结构。具体的转换过程分为如下两类：一类是实体和实体属性的转换，一个实体对应一个关系模式，实体的属性对应关系的属性，实体的码对应关系模式的候选码；另一类是实体之间的联系和联系属性的转换。

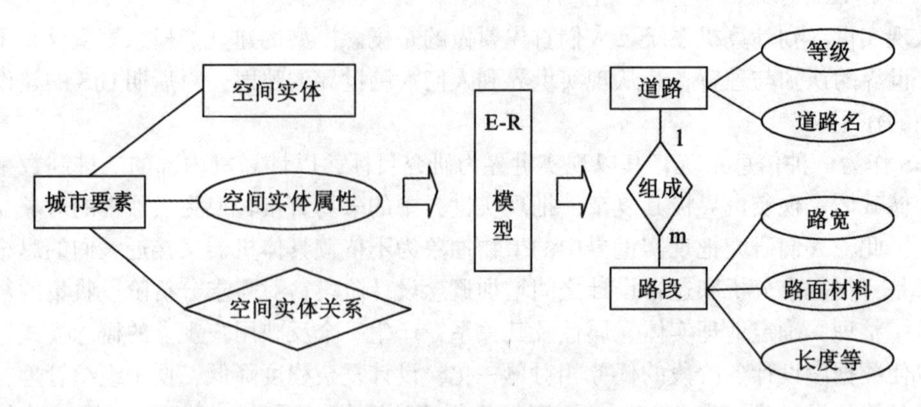

图 7-5　空间数据模型概念设计

逻辑数据模型的内容包括所有的实体和关系，需要确定每个实体的属性，定义每个实体的主键，指定实体的外键，需要进行范式化处理。逻辑数据模型的目标是尽可能详细地描述数据，但并不考虑数据在物理上如何实现。逻辑数据建模不仅会影响数据库设计的方向，还间接影响最终数据库的性能和管理。如果在实现逻辑数据模型时投入得足够多，那么在物理数据模型设计时就可以有许多可供选择的方法，逻辑数据模型反映的是系统分析设计人员对数据存储的观点，是对概念数据模型进一步的分解和细化。而导出的逻辑结构是否与概念模式一致，能否满足用户要求，还需要对其予以优化，在有些数据模型的设计过程中，概念数据模型和逻辑数据模型是合在一起进行设计的。

由于各种 DBMS 产品一般都有许多限制，提供不同的环境与工具，因此，逻辑设计首先将概念模型向一般关系、网状和层次模型转化，然后依据应用的需求和具体的 DBMS 的特征进行调整和完善，即数据库逻辑设计的结果不是唯一的。数据模型的调整通常包括两个方面：根据数据字典中对信息查询响应时间的要求和查询频率要求，适当调整数据结构，例如可增加必要的冗余数据，另外可把经常进行查询连接的两个关系合并为一个关系，这些调整需要仔细考虑后再进行修改。

3. 物理设计

为一个给定的逻辑数据模型选取一个最适合应用要求的物理结构的过程，就是数据库的物理设计。物理设计是指数据库存储结构和存储路径的设计，主要内容包括确定记录存储格式，选择文件存储结构，确定所有的表和列，定义外键用于确定表之间的关系，决定存取路径，分配存储空间，即逻辑设计在计算机的存储设备上实现。物理设计依赖于给定的计算机系统和 DBMS，一个好的物理存储结构必须满足两个条件：一是地理数据占有较小的存储空间；二是对数据库的操作具有尽可能高的处理速度。

数据的物理表示分两类：数值数据和字符数据。数值数据可用十进制或二进制形式表示。通常二进制形式所占用的存储空间较少。字符数据可以用字符串的方式表示，有时也可利用代码值的存储代替字符串的存储。数据库的物理设计通常分为两步：首先确定数据库的物理结构，在关系数据库中主要指存取方法和存储结构；其次在数据库物理设计过程中，需要对时间效率、空间效率、维护代价和各种用户要求进行权衡，其结果可以产生多种方案，数据库设计人员必须对这些方案进行细致的评价，从中选择一个较优的方案作为数据库的物理结构。如果该结构不符合用户需求，则需要修改设计。应注意的是，数据库中运行的事务会不断变化、增加或减少，以后需要根据上述设计信息的变化调整数据库的物理结构。不同的 DBMS 所提供的物理环境、存取方法和存储结构有很大差别，提供给设计人员使用的设计选择范围也不相同，因此没有通用的物理设计方法可遵循，只能给出一般的设计内容和原则，希望设计的物理数据库结构各种事务响应时间少、存储空间利用率高、事务吞吐率大。

物理设计中还包括数据字典的确定，数据字典是关于数据描述信息的名词数据库，用于描述数据库的整体结构、数据内容和定义等，它包含每一数据元的名字、意义、描述、来源、功用、格式以及与其他数据的关系，是数据库的元数据。

4. 数据层设计

数据层是 GIS 中的一个重要概念，大多数 GIS 都将数据按逻辑类型分成不同的数据层进行组织。GIS 的数据可以按照空间数据的逻辑关系或专业属性分为各种逻辑数据层或专业数据层，例如，地形图数据可分为地貌、水系、道路、植被、控制点、居民地等数据层分别存储，将各层叠加起来就合成了地形图的数据，在进行空间分析、数据处理、图形显示时，往往只需要若干相应图层的数据。

良好的数据分层可使数据的含义明确可辨，减少内外数据交换量，并获得理想的显示效果，一般情况下，空间数据分层主要包括以下几种方式。

（1）按空间数据所涉及的主题内容进行分层

即垂直方向的设计，不同类型的数据由于其应用功能相同，在分析和应用时往往会同时用到，因此在设计时应反映出这样的需求，即可将这些数据作为一层。例如，多边形的湖泊、水库，线状的河流、沟渠，点状的井、泉等，在 GIS 的运用中往往同时用到，因此，可作为一个数据层。同时考虑建立分类编码标准，以便区分空间要素的类型，并设计主题空间要素的属性表。

（2）按空间要素实体类型分层

地理要素在空间形态上可分为点、线、面三种要素，设计图层时一般将点、线、面实体分别放在不同图层上。如虽然都属于城市道路交通要素，但是面状的交通站场设施和线状的道路交通线路就可考虑分别存储，反而有利于系统操作。

（3）根据用户业务要求分层

不同部门或用户所需要的操作信息或信息处理过程不同，即使同一类型数据，业务处理过程不同，结果也可能不同，根据用户的使用目的把各专业要素分开，反而有利于信息的提取和处理。

数据层的设计一般是按照数据的专业内容和类型进行划分的，通常，数据的专业内容是数据分层的主要依据，同时也要考虑数据之间的关系，如考虑道路与行政边界重合、河流与地块边界重合等，这些数据间的关系在数据分层设计时应体现出来。

由于空间数据范围的限制，对于大面积、大区域空间数据，还要考虑数据的分幅，即将图形对象划分为多个不同位置范围的数据集合。在此，图形数据分幅主要包括两种方法：一种是等间隔分幅法，如地形图的分幅，另一种是区域分幅法，如以行政区域分幅，当用户只对某区域内的图形感兴趣时，就可以“滤掉”其他区域的数据了。

7.3.4 空间数据库建立的实施和维护

1. 空间数据库的建立

在完成空间数据库的设计之后，就可以建立空间数据库。建立空间数据库包括三项工作，即建立数据库结构、装入数据和试运行。

①利用 DBMS 提供的数据描述语言描述逻辑设计和物理设计的结果，得到概念模式和外模式，编写功能软件，经编译、运行后形成目标模式，建立起实际的空间数据库结构。

②数据装入。一般由编写的数据装入程序或 DBMS 提供的应用程序来完成。在装入数据之前要做许多准备工作，如对数据进行整理、分类、编码及格式转换等。装入的数据要确保其准确性和一致性。最好是把数据装入和调试运行结合起来，先装入少量数据，待调试运行基本稳定了，再大批量装入数据。

③调试运行。装入数据后，要对地理数据库的实际应用程序进行运行，执行各功能模块的操作，对地理数据库系统的功能和性能进行全面测试，包括需要完成的各功能模块的功能、系统运行的稳定性、系统的响应时间、系统的安全性与完整性等。经调试运行，若基本满足要求，则可投入实际运行。

2. 空间数据库的维护

建立一个空间数据库是一项耗费大量人力、物力和财力的工作，其原则是应用得好，生命周期长。而要做到这一点，就必须不断地对它进行维护，即进行调整、修改和扩充。空间数据库的重组织、重构造和系统的安全性与完整性控制等，就是重要的维护方法。

（1）空间数据库的重组织

空间数据库重组指在不改变空间数据库原来的逻辑结构和物理结构的前提下，改变数据的存储位置，将数据予以重新组织和存放。因为一个空间数据库在长期的运行过程中，经常需要对数据记录进行插入、修改和删除操作，这就会降低存储效率，浪费存储空间，从而影响空间数据库系统的性能。所以，在空间数据库运行过程中，要定期对数据库中的数据重新进行组织。DBMS 一般都提供了数据库重组的应用程序。由于空间数据库重组要占用系统资源，故重组工作不能频繁进行。

（2）空间数据库的重构造

空间数据库的重构造指局部改变空间数据库的逻辑结构和物理结构。这是因为系统的应用环境和用户需求会发生变化，需要对原来的系统进行修正和扩充，有必要部分地改变原来空间数据库的逻辑结构和物理结构，从而满足新的需要。具体地说，对于关系型空间数据库系统，通过重新定义或修改表结构，或定义视图来完成重构。空间数据库的重构，对延长应用系统的使用寿命非常重要，但只能对其逻辑结构和物理结构进行局部修改和扩充，如果修改和扩充的内容太多，就要考虑开发新的应用系统。

（3）空间数据库的完整性、安全性控制

空间数据库的完整性指数据的正确性、有效性和一致性，主要由后期日志来完成，它是一个备份程序，当发生系统或介质故障时，利用它对数据库进行恢复。安全性指对数据的保护，主要通过权限授予、审计跟踪，以及数据的卸出和装入来实现灵活方便的系统管理与维护。

7.4　空间数据库组织形式

地理信息系统管理空间数据的方式与一般数据库技术的发展紧密联系，由于空间数据的特殊性，通用数据库难以描述非结构化的空间几何数据及其拓扑关系，所以空间数据库最初采用的是文件管理方式，目前有的系统采用文件与关系数据库混合管理模式，有的采用全关系型数据库管理模式，而随着面向对象技术与数据库技术的结合，面向对象空间数据模型已经提出，但由于面向对象数据库管理系统价格昂贵且技术还不成熟，目前在 GIS 领域不太通用，基于对象-关系的空间数据管理方式将可能成为 GIS 空间数据库发展的主流。

7.4.1　数据管理模式发展阶段

数据管理指的是对数据的分类、组织、编码、储存、检索和维护。30 多年来随着计算机的发展，经历了三个阶段：人工管理阶段、文件管理阶段、数据库系统阶段。

1. 人工管理阶段

20 世纪 50 年代中期以前，计算机主要用于科学计算，外存没有软、硬盘，软件没有操作系统。这个阶段数据管理的特点是数据不保存，没有软件系统对数据进行管理，数据是面向应用的。

2. 文件管理阶段

20 世纪 50 年代后期到 60 年代中期，计算机除了用于科学计算外，还大量用于管理，外存有了磁盘，软件有了操作系统，操作系统有了专门管理数据的文件系统。这个阶段数据管理的特点是用软件管理数据，能进行数据处理，可长期保存数据，文件多样化。但缺点是数据的存取以记录为单位，数据冗余度大，数据和程序之间缺乏独立性。

3. 数据库系统阶段

20 世纪 60 年代后期，软件价格上升，硬件价格下降，开始有了大容量的磁盘，促使计算机管理数据的规模增大，共享需求增强，这时已逐步考虑到分布式处理。这个阶段的特点是开始形成复杂的数据结构，数据冗余度小，易扩充，数据和程序具有独立性，有统一的数据控制功能。

7.4.2　空间数据的管理模式

地理数据库是一种应用于地理信息处理和分析的数据库，它管理地理数据，它要求数据库系统应具备对地理对象进行管理建模、操纵、管理和分析的功能。自从空间数据能够由计算机管理和操纵以来，空间数据管理主要经历了以下几种方式：

1. 基于文件管理的方式

在基于文件管理方式中，各个地理信息系统应用程序对应各自的空间和属性数据文件，当两个 GIS 应用程序需要的数据有相同部分时，可以提出来作为公共数据文件（如

图 7-6 所示）。

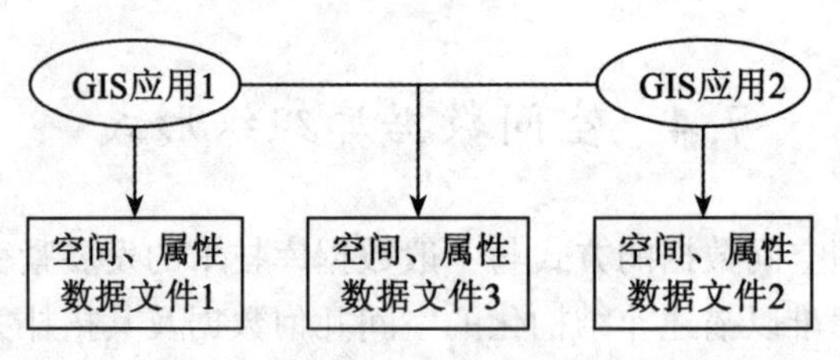

图 7-6　文件管理方式

这种管理空间数据方式的缺点是：程序依赖于数据文件的存储结构，数据文件修改时，应用程序也随之需要改变。当多个程序共享一个数据文件时，文件的修改，需得到所有应用的许可，不能达到真正的共享。采用文件管理系统管理空间数据，数据的安全性、一致性、完整性、并发控制以及数据修复等方面都有很大欠缺，不能说是真正意义上的空间数据库管理系统。

2. 文件与关系数据库混合管理系统

随着数据库技术的发展及商用 DBMS 的成熟，GIS 也开始采用数据库技术来管理空间数据，但由于关系数据库系统主要操纵诸如二维表这样的简单对象，而商品化 GIS 软件大多采用了以“结点—弧段—多边形”拓扑关系为基础的数据模型，我们称这种数据模型为拓扑关系数据模型，一般 DBMS 无法有效支持以复杂地理实体对象为主体的 GIS 工程应用，因此不适于存储和管理空间数据。所以在拓扑数据模型的基础上，一些软件将空间数据和属性数据分开存放。较为常用的是文件与关系数据库混合管理模式，即文件系统管理几何图形数据，商用 DBMS 管理属性数据，它们之间通过目标标识码进行连接。8.0 版以前的 Arc/Info 就是将位置坐标数据存放在文件系统中，而将拓扑属性和其他属性存放在关系数据库的表格中。

在这种管理模式中，几何图形数据与属性数据除依靠连接关键字 oid 进行连接外，两者几乎是独立地组织、管理和检索各自的数据。就几何图形而言，由于 GIS 系统采用高级语言编程，可以直接操纵数据文件，而在与属性数据的关系上，则可分为图形与属性分开处理模式和图形与属性混合处理模式。

3. 全关系型空间数据库管理系统

如果空间数据采用文件方式管理，一般情况下，为了提高效率要按一定的区域划分物理存储，在分区管理时容易造成空间对象的人为分割，如按图幅分区，可能使一个房子变成两个多边形或者更多，这是采用文件方式存储空间数据的最大缺点，而采用关系数据库管理空间数据则无须考虑分区存储的问题，整个层对应一个虚拟的表，可以充分利用关系数据库的海量数据管理功能存储整层数据，确保空间数据的完整性和一致性，同时也将空间和属性一体化存储，但缺点是数据可移动性较差，因此要考虑用一定方式来弥补这种不足。由于标准 RDBMS 不能直接处理空间数据，在此，如果将空间数据与属性数据统一用现有的 RDBMS 管理，需要 GIS 软件商在标准 DBMS 顶层开发一个能容纳、管理空间数据的功能，如图 7-7（a）所示。

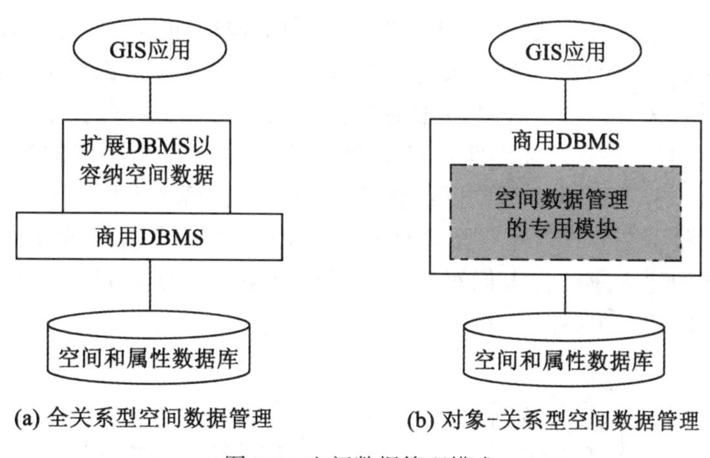

图 7-7　空间数据管理模式

4. 对象-关系数据库管理系统

ESRI 推出的 Geodatabase 数据模型是基于面向对象技术的，即在通用的关系模型数据库基础上建立空间数据库，通过空间数据引擎进行访问，这种对象-关系数据库管理模式已经在很多领域投入使用，是一种较为优越的高效的空间数据库管理模式。

在对象-关系数据库管理方式中，由 DBMS 软件商在 RDBMS 中进行扩展，使之能直接存储和管理非结构化的空间数据（图 7-7（b）），如 Informix 和 Oracle 等都推出了空间数据管理的专用模块，定义了操纵点、线、面、圆等空间对象的 API 函数。这些函数将各种空间对象进行预先定义，用户使用时必须满足它的数据结构要求，用户不能根据 GIS 要求再定义。也就是说，这种模式涉及的空间对象一般不带拓扑关系，用户不能用这种模型存储拓扑数据结构。

这种扩展的空间对象管理模块主要解决空间数据的变长记录的管理，由于是由数据库软件商扩展的，效率比二进制块的管理高得多，但仍没有解决对象的嵌套问题，空间数据结构不能由用户定义，使用上受一定限制。

5. 面向对象地理数据模型

GIS 的各种地物对象分为点、线、面状地物以及由它们混合组成的复杂地物。每一种几何地物都可能由一些简单的几何图形元素构成。为了有效地描述复杂的事物或现象，需要在更高层次上综合利用和管理多种数据结构和数据模型，并用面向对象的方法进行统一的抽象，这就是面向对象数据模型的含义，其具体实现就是面向对象的数据结构。面向对象模型最适合于空间数据的表达和管理，它不仅支持变长记录，且支持对象的嵌套、信息的继承和聚集。

对于一个面状地物，它由边界弧段和中间面域组成，弧段又涉及结点和中间点坐标，或者说，结点的坐标传播给弧段，弧段聚集成线状地物或面状地物，简单地物聚集或联合组成复杂地物，若采用面向对象数据模型，语义将更加丰富，层次关系也更明了，可以说，面向对象数据模型是在包含 RDBMS 的功能基础上，增加面向对象数据模型的封装、继承和信息传播等功能。

面向对象的地理数据模型的核心是对复杂对象的模拟和操纵，它根据 GIS 需要，允许用户定义对象和对象的数据结构及它的操作。每个地物对象都可以通过其标识号和其属性数据联系起来，例如，在城市用地数据的模型构建上，可按照一定分类方式进行类与子类的划分，并定义各类实体的数据结构、确定各类实体的属性与操作方式(如图 7-8 所示)。若干个地物对象可以作为一个图层，若干个图层可以组成一个工作区。需要注意的是，在 GIS 中建立面向对象的数据模型时，对象的确定还没有统一的标准，但是，对象的建立应符合人们对客观世界的理解，并且要完整地表达各种地理对象，及它们之间的相互关系。

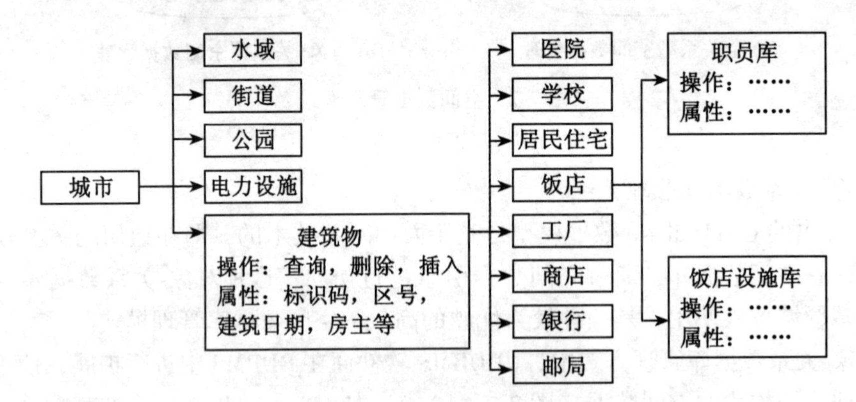

图 7-8 土地利用管理的面向对象数据模型

7.5 城市规划数据库的构建

城市规划管理信息系统的数据类型具有多样性，即在时间上是多时相的，结构上是多层次的，性质上又有“空间定位”和“属性”之分，既有图形为主的矢量数据，又有关系型的统计数据。根据规划管理信息系统功能对数据的要求，必须建立相应的空间数据库和属性数据库系统，以及业务管理文档数据库。城市规划管理空间数据库是用“层”的概念来分别存储不同的图形信息，即每一“层”存放一种专题信息，城市规划管理属性数据一般采用“关系型”数据模型，还有那些难以将其作为 GIS 的属性，需要用 RDBMS 来管理的文件文本数据，如办理情况、法律法规等，须建立相应的业务管理文本数据库。

7.5.1 城市控制性详细规划系统数据库构建

1. 控规系统数据库组成

控制性详细规划是城市规划体系中的一个重要环节，是对总体规划、分区规划的深化，也直接指导修建性详细规划和建筑设计。控规信息系统作为规划设计与管理之间的桥梁，具有较广的使用范围，包括规划管理部门、规划设计部门、政府机构、社会团体、建设单位、市民等（如图 7-9 所示），要求客户端通用性好，使用平台广泛，同时系统应具有较强的处理并发事务的能力，并能建立起迅捷的消息反馈机制，规划管理部门、规划设计部门、政府机构、社会团体、建设单位、市民等用户的要求都应该能够立刻反馈到设计人员，实现全方位的公众参与，进而提高规划设计和管理的科学性和全面性。

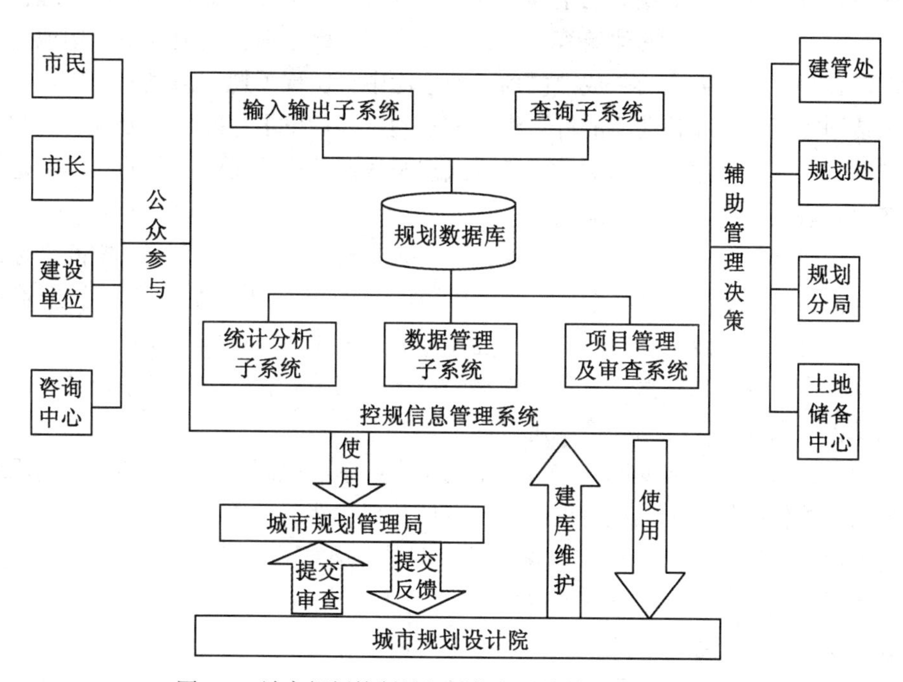

图 7-9　城市规划控制性规划信息系统数据库使用流程

控规信息系统为规划设计工作提供技术和数据支持，为规划管理提供决策依据。控规信息系统将全部规划设计成果置于一个大型数据库，既保证了规划资料的长期保存，又方便了资料的查阅，系统数据主要包括：

- 中心城区用地规划信息库，包括用地规划信息及其全部属性信息（用地性质、用地面积、规划容积率、建筑密度、绿地率、配套设施等）。
- 中心城区区片编码示意库。包括每个区片的编码、面积、其他设计信息等。
- 中心城区文物保护规划图（紫线）。包括每个保护范围的类型、面积等。
- 中心城区绿地系统规划图（绿线）。包括每个保护范围的绿地类型、面积等。
- 中心城区市政设施系统规划图。包括每个市政设施的类型、级别及规模等。
- 湖泊保护规划图。包括每个湖泊的等级、面积等。
- 中心城区用地规划图。包括每块用地的容积率、建筑高度控制等。
- 中心城区道路规划图（红线）。包括规划道路的类型、级别等。
- 城市总体规划图。包括每个规划地块的用地性质、面积等。

- 市区地形图。包括市区内建筑、注记及其他线段。
- 城市地名数据库。城市内的主要地名及其所处位置信息。
- 城市地形图图号对照表。

2. 全数据库管理模式及分布式技术的使用

控规信息包括空间信息和属性信息，控规信息系统可采用空间信息和属性信息的全数据库管理模式对控制性详细规划的空间地物信息以及规划中的全部指标进行管理，通过空间数据引擎，系统将控规中的建筑容积率、建筑密度、绿地率、用地性质、用地边界等指标和图形信息都存储在大型的、成熟的商业数据库中，实现了规划信息和商用数据库之间的无缝联结和控规图形和属性库的统一组织和管理，并提供了空间事务处理功能和对多用户并发控制，彻底抛开过去利用文件共享方式组织数据结构的无法克服的缺陷，是数据仓库技术在规划数据管理上的成功应用。

在该数据库结构中，图形和其相应属性以一条变长记录的形式存储，空间坐标以二进制的方式保存，GIS 开发时可直接利用数据库的安全机制，因此数据库在数据管理、储存、分析上具有以下特点是文件系统所不能比拟的，具体体现在以下几点：

①数据具有高度的独立性，软件与数据的物理存储独立，既方便了系统的开发，也有利于后期维护，保证了系统的高度稳定可靠性。

②高度的共享特性，数据库数据可被不同用户共享使用而不会互相冲突，利用数据库完善的数据保护机制保证了系统数据的高共享性和高效性。

③冗余度小，易于扩充。逻辑数据文件和具体的数据文件不必一一对应，存在“多对一”的重叠关系，有效地节省了存储资源。

④数据易于集中管理，避免了文件系统中对数据访问不一致的情况。

⑤运行效率高。数据与代码之间的高度独立性提高了数据处理的稳定性，从而提高了程序运行的效率。

⑥安全可靠。商业数据库具有非常成熟的安全管理机制，建立在这些大型数据库上开发的系统可以直接借助这些机制保证数据的安全。在单个图元记录及空间范围层面上支持共享和独占的锁定机制，数据无法下载到本地硬盘上，在保证用户方便使用系统的同时，也防止了任何恶意窃取数据的企图。

规划信息系统的一个重要特征是规划信息包含大量的空间数据，而且这种数据不断增长，仅靠一台工作站或小型机，无论其配置有多高，都无法满足城市规划呈几何级数增长的数据量的需求，控规信息系统在服务器端采用分布式数据库结构，数据可以分布在不同的操作系统、不同的数据库平台上协同工作，前端采用多线程并发访问技术，运行时系统根据数据源的分布情况创建多个进程同时进行连接多个数据源，实现数据的并发访问，可实现一图对多库、多图对一库应用要求（如图 7-10 所示）。

控规信息系统所采用的分布式技术和多线程并发访问技术打破了单机的限制，充分利用了多台计算机的集合优势，从理论上说，系统对服务器数量的增加是没有限制的，因此系统所能负荷的数据容量也是没有限制的，增加了新的数据只需要增加新的服务器即可，这种技术既保护了现有的投资，又方便了系统的升级，而且即使在升级期间也不会影响系

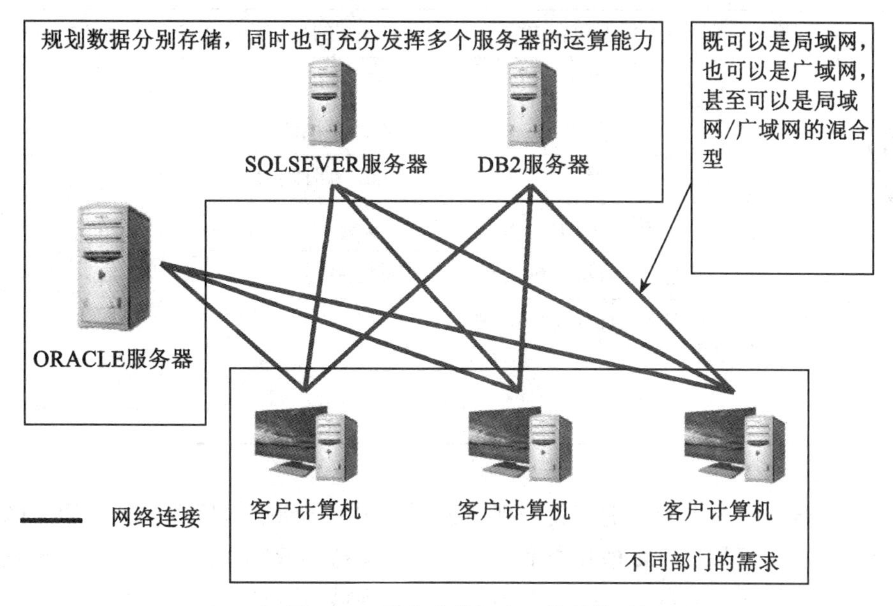

图 7-10　分布式数据库网络结构

统的正常运行。由于服务器端可采用多种网络操作系统和数据库平台，实现了多源数据融合，也为不同部门之间的数据共享做好了技术准备。

7.5.2　城市规划道路系统数据库构建

城市规划道路信息系统主要解决道路及市政设施规划设计成果的信息化管理问题。该系统利用最新的地理信息系统技术、空间数据库技术、网络及组件 GIS 等技术，紧密结合道路及市政基础设施规划设计业务及其信息管理的实际需要，建立功能强大的、专业性强的道路及市政基础设施信息系统，实现道路及市政基础设施管理的科学化、规范化。

1. 城市规划道路信息系统数据源分析

城市规划道路对城市用地布局及其他规划具有重要作用，它具有精确的空间定位，是在城市总体规划设计的基础上，结合城市道路发展需要设计并绘制完成的。其中，城市规划道路的最初数字化是基于城市道路规划图的绘制需要，在 CAD 技术支持下完成的，主要软件为 AutoDESK 公司的 AutoCAD 软件。因此，在 AutoCAD 支持下的数字式城市规划道路数据将是城市规划道路信息系统的主要数据源。

AutoCAD 下绘制的规划道路数据与系统所要求的数据之间既具有一定的区别，又具有一定的联系，在此体现在，AutoCAD 中规划道路信息主要是通过图来表达，是显性地表现在图面上的。而城市规划道路信息系统中的数据主要通过空间数据库对规划道路进行管理和操作，需要对 AutoCAD 支持的数据进行必要的取舍和处理，其关系如表 7-1 所示。

表 7-1　　　　**规划道路要素之间的联系与区别**

AutoCAD 支持的城市规划道路数据包含内容		GIS 下的城市规划道路信息系统数据内容	
R=300 R=30	红线	红线	
	—	红线辅助线	
	中线	道路中线；路段；折点	
	折点辅助线	—	
	折点标注及标注辅助线	—	
	转弯半径标注及辅助线	—	
	—	交叉点	

这是两种数据本质上的区别，其表现在道路名称、等级、宽度等数据从原来图面上的查询转变为通过空间数据库管理和查询。AutoCAD 支持的数字式信息主要用做规划结果的表现，而城市规划道路信息系统中数据不仅可以表现城市规划道路，还可以支持最短路径及道路流量等分析。

2. 城市规划道路信息系统数据库设计

对城市规划道路信息我们可以从地理角度和网络角度两个方面认识。从地理角度认识规划道路，要能使规划道路本身符合空间实体要素表现和管理的要求；从网络角度认识道路，则需要明确各路段与各路段之间、路段与交叉口之间的连通关系。如果按 AutoCAD 中的表现方式，规划道路的交叉口处将会有多个线结点，它很容易造成路段、交叉口之间逻辑关系上的混乱。

（1）几何网络模型和逻辑网络模型

几何网络模型（geometric network）是组成线性网络系统的要素的集合，几何网络模型是从要素集合的视角来看网络模型。描述边线和交汇点的要素被称为网络要素（network features），每个网络要素带有坐标值，只有网络要素能参与到几何网络模型中。逻辑网络模型（logical network）与几何网络相似，逻辑网络也是相连的边线和交汇点的集合。主要区别在于逻辑网络没有坐标值，它的主要目标是用特定的属性表存储网络的连通性信息。既然逻辑网络中的边线和交汇点没有几何属性，因此，它们不是要素，而是元素。

一个几何网络总是与一个逻辑网络相联系，在编辑几何网络要素的时候，相应的逻辑网络元素会自动更新。在几何网络中的网络要素和逻辑网络的元素间有一对一和一对多的关联关系。一个网络要素类是以下四种网络要素类型之一的集合：简单交汇点要素（simple junction feature）、复杂交汇点要素（complex junction feature）、简单边线要素（simple edge feature）、复杂边线要素（complex edge feature）。几何网络中的简单边线要素与逻辑网络中的一条边元素相联系，几何网络中的复杂边线要素与逻辑网络中的多个边元素相对应，同时这些边必须是一个链状结构，如图 7-11 所示：

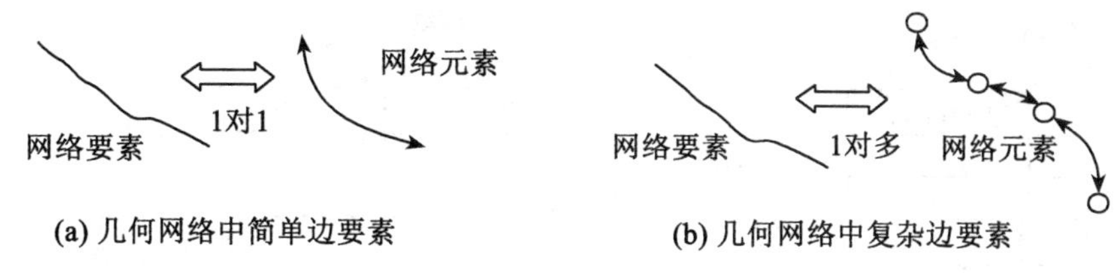

图 7-11　1 对 1 及 1 对多关系表现

我们是通过网络要素与网络发生作用的。当对一个几何网络进行添加或删除网络要素时，系统也会添加或删除相应的网络元素。在进行网络分析时，系统会向逻辑网络传递分析方案，几何网络和逻辑网络总是密不可分的。

(2) 城市规划道路空间要素构成

城市规划道路主要包括道路中线、道路边线（也称道路红线）及道路交叉口三部分内容，其中，道路中线和交叉口是网络分析的数据基础，红线则为地块划分和面积量算等提供依据。为了满足系统功能的需要，对其空间要素及其相互关系进行了深入的分析，如图 7-12 所示，并在此基础上完成数据库模型设计。

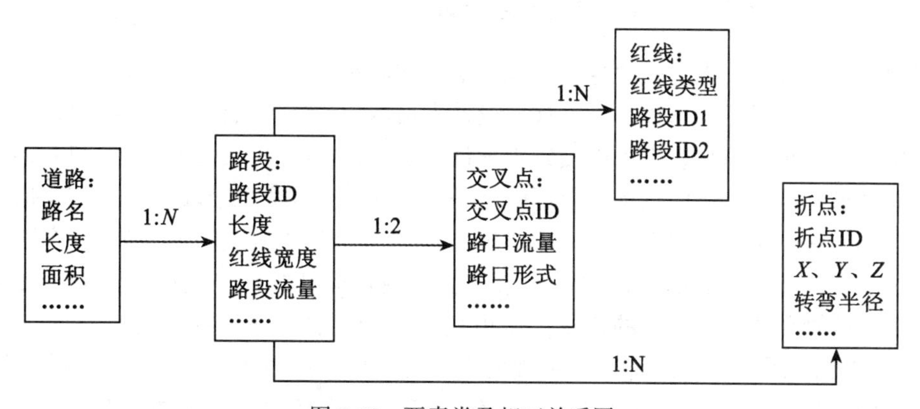

图 7-12　要素类及相互关系图

(3) 城市规划道路信息系统数据模型

依据几何与逻辑网络模型概念进行城市规划道路信息系统数据库结构设计。在几何网络模型中，道路红线、中线及交叉点要素将以数字式方式表现其几何特性，确定红线、中线及交叉点要素的空间位置，它们与逻辑模型中的边元素及点元素相对应。而逻辑网络模型中通过边元素及点元素表格管理红线、中线及交叉点的非几何信息，并通过连通性表格建立各要素之间的连通关系。道路中线及红线要素的空间存储不会影响逻辑模型中对路段之间的连通关系的表达，其结构如图 7-13 所示。

对于道路，一条主要的城市道路往往包括很多路段，这时，我们可以有两种方式表现道路空间构成，一种是简单边要素方式，一种是复杂边要素方式。简单边要素方式的特点是几何网络中的中线要素与逻辑网络中的中线元素为一对一的关系，而复杂边要素方式的

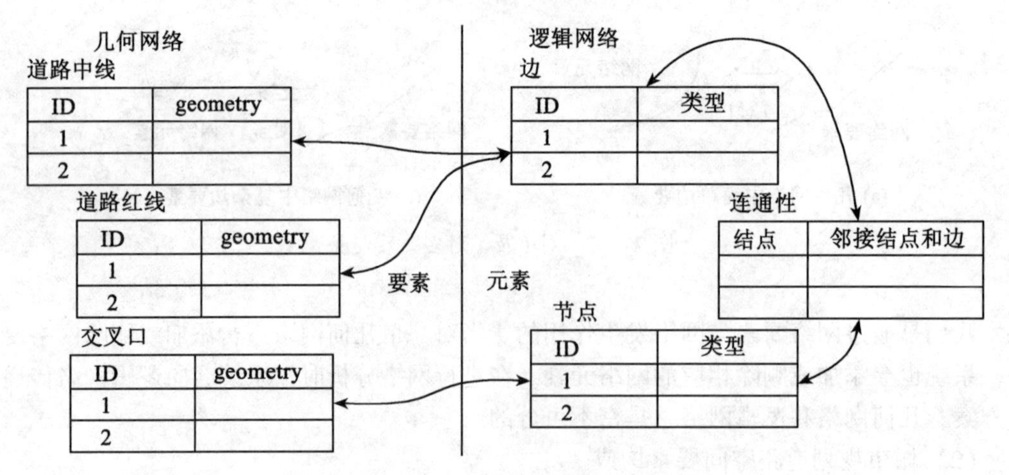

图 7-13　规划道路信息系统数据模型

特点是几何网络中的中线要素与逻辑网络中的中线元素为一对多的关系，如图 7-14 所示，这两种方式在使用上可以自行选择。

7.5.3　城市规划综合信息系统数据库构建

城市规划过程需要大量的信息，从现状信息的收集、调研、分析到规划制定以及后期依规划管理部门等意见的修改，依靠规划设计人员的记忆在短时间内获得并提取重要信息是非常困难的，规划信息仓库可以预先为设计人员提供这些资料，同时进行归并整理，方便查询和提取。城市综合信息系统数据库就是在此基础上建立的。城市规划综合信息系统数据库可作为城市规划行政主管部门行使规划行政许可权的法定依据，是具有合法审批文件或局技委会审查通过后的规划编制成果和各类现状信息的系统性集成，是城市规划编制、审批、管理、执行和监督的依据。城市规划综合信息系统数据库由“一图三库”构成，“三库”分别为法定规划库、专项规划库与现状信息库三个数据库，“一图”是“三库”中经审批的法定规划信息的集成，是城市规划综合信息系统数据库辅助规划编制、审批、管理、执行及对外发布的核心内容。

1. 法定规划库的构成

法定规划库是由合法审批的控制性详细规划导则、细则和大型单位的修建性详细规划构成。在过渡期内，未能及时编制或审批控制性详细规划细则的区域，暂时由控制性详细规划导则代替；未能及时编制或审批控制性详细规划导则的区域，暂时由分区规划代替。

根据入库项目的审批情况，法定规划库分为审批层、审查层和历史层。其中，审批层为具有合法审批文件的规划成果，是规划审批的法定依据；审查层为局技委会及以上会议审查通过，但尚未正式审批的规划成果；历史层为被新的规划成果取代的原信息内容。

2. 专项规划库的构成

专项规划库由通过合法审批或局技委会审查同意的城市设计、历史街区及风貌区规划、地下空间规划、旧城改造规划、综合交通规划、市政设施等专项规划以及其他专项规

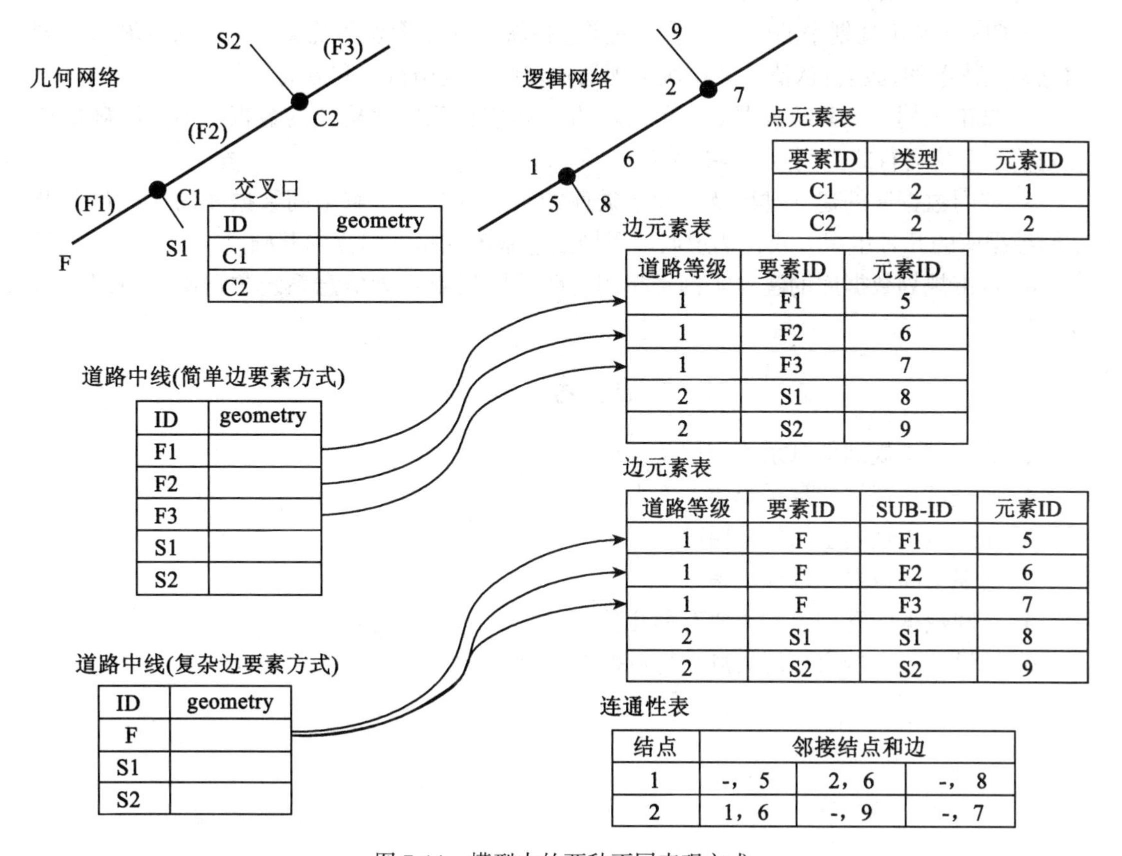

图 7-14　模型中的两种不同表现方式

划，城中村改造规划、规划咨询等支撑性规划编制成果构成。

专项规划库根据入库项目的审批情况，分为审批层、审查层和历史层。其中，审批层为具有合法审批文件的规划成果；审查层为局技委会及以上会议审查通过、但尚未正式审批的规划成果；历史层为被新的规划成果取代的原信息内容。

3. 现状信息库的构成

现状信息库由用地现状信息、审批信息、地形图、影像图、地下管线、地籍权属信息以及社会、经济、人口等基础性信息构成。

在城市规划综合信息系统数据库中，数据采用实时维护，规划成果数据在审批完成即更新至后台数据库，供规划管理人员使用。系统可进行规划资料查询，根据所受理区域的空间位置，调出涉及该区域的规划成果资料列表，供规划管理人员选择，系统还可进行现状数据查询，包括查询所受理区域的地形、容积率等指标、受理区域的土地用途等土地信息查询及估算现状拆迁量等。

本 章 小 结

本章主要针对 GIS 在城市规划管理中广泛而系统性的应用，学习城市规划管理系统数据库的建立，主要包括以下几方面内容：

1. GIS 在城市规划中的应用体系。主要包括城市规划管理系统类型和层次及城市规划信息系统体系的构建，认清 GIS 在城市规划管理中的应用目标和方向。

2. 城市规划信息系统数据源。了解城市规划信息系统库构建的数据来源，明确城市规划信息系统运行的空间数据层次支持。

3. 空间数据库的建立过程及空间数据库的组织方式。了解空间数据库的建立过程及空间数据库的几种组织方式，奠定城市规划信息系统数据库建立的基础。

4. 城市规划数据库的建立实例。举例说明不同城市规划信息系统数据库的组织与建立方法。

思 考 题

1. 简述城市规划信息系统应用及类型。
2. 简述城市规划信息系统数据库来源。
3. 简述城市规划空间数据层次。
4. 简述空间数据库设计步骤。
5. 空间数据的管理模式主要有哪几种？
6. 试设计一个城市规划信息系统数据库。

第8章　城市规划中的空间数据分析

城市规划的核心问题是对城市有限空间资源的合理利用，因此空间特征十分明显。在规划编制过程中，除必须遵循国家和地方的各种标准外，还需要对总体规模、空间格局、空间形态、空间容量等专题进行详细分析。这些专题既有定性的特征，也有定量的特征。地理信息系统及相关技术提供了充分的空间量化分析方法，对提高城市规划的科学性具有十分重要的意义。

8.1　土地适宜性评价

自古以来，土地就一直是人类最重要的自然资源和劳动对象，同时它也是人类一切生产生活活动的载体。土地适宜性评价（land suitability evaluation）是指对某一地块的土地就满足某一特定用途所进行的适宜程度的评价。

土地适宜性评价是一个综合的评价。对于土地适宜性的评价是多方面的。土地的用途不仅仅局限于生产方面，除经济效益外，有时候还要考虑社会效益和生态效益。进行土地适宜性评价一般是根据该地块本身的自然生态条件、现有的土地利用方式以及生产经营状况，并结合其他的社会经济要素，综合分析各要素对植物生长以及建设等用途的适应性和限制性，从而对土地的用途和质量进行分类定级。

土地的适宜性只有与特定用途相联系才有意义。这是因为同一块土地对于不同的用途，它的适宜程度是不同的。例如，某一块土地土壤肥沃，那么对于农业耕种它可能就是适合的，而对于旅游开发就是不适合的。

土地适宜性评价是一项基本的工作。不管在项目建设、土地利用规划和城市规划中，土地适宜性评价都是必需的工作内容。只有明确了土地的适宜性，才能合理利用土地资源，发挥其最佳效益。例如在县域开发与规划中，对土地资源的评价既是开发项目选择及其可行性论证的依据，又是农业生产布局和土地利用规划决策的基础。

8.1.1　土地适宜性评价的发展历史

土地适宜性评价并不是一个新事物。20世纪60年代以前，对土地利用的适宜性评价就已经存在了。那时土地评价目的一般是鉴定土地的等级，并将其作为纳税的依据。20世纪70年代以后，土地适宜性评价被广泛应用于土地利用规划。这个时期土地评价的目的一般是为土地利用规划提供基础资料和依据，选择土地利用的最优方案。

各个国家和地区对于土地适宜性评价的标准是不同的。为了统一评价的标准，1976年联合国粮农组织（FAO）公布了《土地评价纲要》。它是目前最有影响力和广泛共识的土地适宜性评价标准。这个纲要用纲（Order）、类（Class）、亚类（Subclass）和单元(Unit)四个等级的指标来表达土地的适宜性体系。“纲”表示土地对特定利用方式的评价，一般以英文字母表示，分为适宜（S）、有条件的适宜（Sc）、不适宜（N）；“S纲”表明土地质量能充分或基本满足某种特定用途的需要，而且没有破坏土地资源的危险性。“N纲”表明土地质量不能满足某用途的需要，如土地质量太差、经济效益过低或该用途会引起严重的环境恶化等。“Sc纲”则表示在一定的条件下，经过适当的改造措施后，土地能够满足某用途的需要。“类”反映各类用途中适宜性的程度，以数字表示。按照纲内适宜性程度，一般分为三级，其中S1级是高度适宜，S2级是中等适宜，S3级是临界（勉强）适宜。按照纲内不适宜性程度，可分为两级，即当前不适宜类（N1）和永久不适宜类（N2）。当前不适宜类指当前技术和现行成本下不宜加以利用的土地，而永久不适宜类是指一般条件下根本不可能利用的土地。“亚类”反映了土地适宜性级内限制因素的原因或所需改良措施的种类，以英文字母表示不同的限制因素（例如用m表示水分的限制性，e表示侵蚀的危害性。如S2e表示是受土壤侵蚀中等适于发展畜牧业的亚类牧草地）。“单元”是亚类的续分，亚级内的单元具有同样程度的适宜性和相似的限制性，以括弧中的数目字表示。

表8-1 **联合国粮农组织《土地评价纲要》的土地适宜性标准体系**

纲（Order）	类（Class）	亚类（Subclass）	单元（Unit）
S（适宜）	S1	S2m	S2e-1 S2e-2 S2e-3
	S2	S2e	
	S3	S2me	
Sc（有条件适宜）			
N（不适宜）	N1	N1m	
		N1e	
	N2		

需要指出的是，土地适宜性又可以分为目前适宜性评价与潜在适宜性评价。这是因为社会是不断前进的，而随之而行的科技进步对于土地资源的改造能力也会不断增强，因此对于土地适宜性的评价也不是一成不变的。其中，目前适宜性是指土地在未经重大改良的现状下对规定利用方式的适宜性，而潜在适宜性是指土地在经过重大改良之后对规定利用方式的适宜性。

自20世纪50年代以来，我国在黑龙江、新疆、内蒙古等地区对宜农荒地进行了土地资源适宜性评价，以此来判明农垦的潜力。根据开发利用的难易程度、土壤肥力、物理性质和厚度、自然条件（日照、积温、无霜期、降水、地表径流、地下水源、坡度、地形、植被构成和覆盖度）等指标，划分宜农荒地为4等。第1等土地本身质量好，开发容易，垦后能获高产；第2等农业利用受一定限制，需采取保护和改良措施，才能建成高产稳产农田；第 3 等土壤肥力低，改良困难，需采取较复杂的工程措施才能开垦；第 4 等是严重积水沼泽地，土壤有效肥力低，难以开垦。

土地适宜性不仅仅局限在针对农业的土地利用规划领域，随着城市化进程的加快和全世界范围内城市人口的不断增多，对于城市用地也广泛进行了土地适宜性评价，这就是我们现在熟悉的城市用地适用性评价。城市用地适用性评价始于 20 世纪 70 年代，1971 年联合国教科文组织在第 16 届会议上提出了“生态城市”概念，强调要以生态学的角度来研究城市，这使土地适宜性评价从农业领域扩大到城市规划领域。这一时期的城市土地适宜性评价的主题思想是将生态价值较低、建设后对自然影响较小的土地作为建设的合理用地，而将生态价值较高、建设后对自然影响较大的土地作为生态保护用地，通过选择适宜的土地开发方式，使人类的建设活动对自然环境产生尽可能小的消极影响。

目前的城市土地适宜性评价既可以是对土地利用的综合评价，例如根据各项土地利用的要求，分析城市区域内土地开发利用的适宜性，确定区域开发的制约因素，从而寻求最佳的土地利用方式和合理的规划方案；例如目前规划中常有的四区规划的空间管治政策。即根据土地适宜性评价结果，将国土空间划分为优化开发、重点开发、限制开发和禁止开发四个级别。每个分区执行不同的土地开发政策。也可以是专项的评价，例如按应用范围基本分为 5 大类：一是城市建设用地的评价，二是农业用地的评价，三是自然保护区或旅游区用地的评价，四是区域规划和景观规划，五是项目选址以及环境影响评价。其中，最常用到的是城市建设用地的适宜性评价。合理确定可适宜发展的用地不仅是以后各项专题规划的基础，而且对城市的整体布局、社会经济发展将产生重大影响。

而针对城市建设用地的评价，目前在我国又有严格和系统的规定。情况分两种，一种是对整个区域建设用地的适宜性评价，这种情况即需要对结果进行分析，对分值进行排序分类，得到限建区、协调区、适宜建设区等，也可以分为建筑用地、生态保护区等，这种情况的分析结果应用性较强。另一种是针对建设用地中的居住用地、工业用地等的适宜性分析，结果得分较高的地方即为适宜工业用地居住用地的地区。我国的《城市规划编制办法》规定，需要按城市建设用地的适宜性进行综合用地评价，为用地布局提供依据。一般可将建设用地分为三类（有时也可分为四类、五类）：一类用地即适于修建的用地，是能适应城市各项设施的建设要求的用地。这类用地一般不需或只需稍加简单的工程准备措施，就可以进行修建。二类用地是指基本上可以修建的用地。这类用地由于受某种或某几种不利条件的影响，需要采取一定的工程措施改善其条件后，才适于修建的用地。三类用地即不适于修建的用地。不管是市区的空间管治还是建设用地分类，都必须以土地适宜性评价为主。

近年来，随着可持续发展和生态观念的不断深入，越来越多的人关注可持续的生态系统，尤其是作为根本的可持续土地生态系统。与之相对应，土地适宜性评价也强调了生态学和可持续发展的原则，并将其作为土地适宜性评价的重要内容，由此形成了土地生态适宜性评价。

对土地进行基于生态学的适宜性评价最早是由美国景观设计师和规划师 McHarg 提出

的。在其1969年出版的《设计遵从自然》(*Design with Nature*)一书中，他提出土地的最终用途取决于所在地块的自然属性。这一理论的主题思想是，某一地块景观的形成是一个长期的自然演变过程。这个过程可能持续数百万年甚至亿万年，而城市的形成和存在只是几百年或几千年的结果。相对漫长的自然过程来说，城市的存在是一个短暂的时期。为了保持城市的长久生存和活力，对于城市土地的利用必须要融入这一自然过程。这就是所谓的自然决定论（natural determinism），也是现在我们所说的生态规划（ecological planning）的起源和开端。

后来的生态学研究表明，传统的基于自然决定论的土地适宜性评价并不能保持土地生态系统的平衡。首先，传统的土地适宜性评价强调自然因素，而自然因素是一个长期的历史过程，这个过程是纵向的、垂直的，而横向的或者说是水平的因素，也就是真正的生态系统，即生态环境和生物群体之间的横向的联系并没有真正去探究。这也就是现在土地适宜性评价中为什么注重景观生态学的原因。因为景观生态学是连接生态学与地理学的桥梁。简单地说，通过景观生态学，可以将生态系统的规律空间化。而对于空间的认识是一切物质规划（包括土地利用规划、城市规划以及更小尺度的物质规划）的基础。其次，传统的基于自然决定论的土地适宜性评价并没有考虑人的因素。人具有主观能动性。人不仅仅是适应自然，同时也是改造自然景观的最重要力量。因此，与人的活动有关的社会经济因素也必须在土地适宜性评价中一并考虑。

8.1.2 土地适宜性评价方法及原理

1. 图层叠加法

从一开始，土地适宜性评价的基本方法就是图层叠加法。它也是由McHarg提出并建立起来的。McHarg评价土地适宜性采用了众多的自然因素，包括深层地质（基岩类型）、气候、表层地质、水文、土壤、植物类型、动物类型。McHarg描述这一自然过程是，基岩类型和气候决定了表层地质，而表层地质和气候又决定了水文和土壤性质，土壤和水文条件又决定了相应的植物群落所生长的环境，而特定的植物群落又为与之相适的动物的生活提供场所，动植物的类型和环境决定了最终人的生存状态。McHarg把这些因素首先描述为单独的图层，然后将所有的图层重叠在一起。最终的结果看起来像是一个多层的蛋糕。所以人们形象地称之为“千层饼”模型。从20世纪60年代开始这种方法被广泛采纳，并随着地理信息系统的普及广泛应用于高速公路选线、土地利用、森林开发、流域开发、城市与区域发展规划中。

“千层饼”法形象直观，计算公式简单。通过GIS空间分析中一些常用的功能如地图运算、栅格重分类等就能够实现。下面我们举一个最简单的例子说明该方法的应用。例如对于某一个地块，我们用三个因素来评定土地的适宜性，分别是坡度、高程和地基承载力。其中，坡度<5%的地块被认为是最适合，可以赋值为3；坡度在5%~20%之间的地块也比较合适，赋值为2，而坡度>20%则不合适该用途，赋值为1。同样的原理，对于不同的高程和不同的地基承载力，我们也可以赋不同的值（表8-2）。由此产生了三个不同的图层（图8-1）。栅格中的单元就是最小的土地利用单位。这三个图层经过栅格叠加（栅格图层叠加运算是利用某种计算模型对不同栅格图层中相同位置像元的值进行计算，得到新的栅格图层）就可以得到一个综合的图。最后将这个图的每个单元值分类，就得到了土地利用的适宜性评价图。

表 8-2　　土地适宜性评价的分类实例

评价因子	属性分级	评价值	权重
坡度	<5%	3	0.2
	5%~20%	2	
	>20%	1	
高程	<150m	3	0.4
	150~250m	2	
	>250m	1	
地基承载力	承载力大	3	0.4
	承载力中	2	
	承载力小	1	

这是最简单的情况。在这种情况下，我们假定各个因素之间的影响是相同的。实际情况可能并非如此。例如山地城市，房屋可能建筑在比较陡的斜坡之上，但是它不可能位于洪水线以下。在这种情况下，我们可能认为坡度并没有高程重要。相比坡度，高程应当赋值更大。这就是权重的概念。如果我们认为高程比坡度重要一倍，而高程和地基承载力同等重要，则我们可以将权重分别定义为 0.2、0.4、0.4（权重总和可以为 1 也可以不为 1）。所得到的结果也就不同以前。同样将这个图的每个单元值分类，就得到了土地利用的适宜性评价图（图 8-1）。

以上就是通过图层叠加法进行土地适宜性评价的基本原理。然而我们同样可以看到，这种方法的缺点就是各评价指标权重的确定并不固定。对于不同的研究者，对于同一个因素权重的定义可能是不同的，而这个定义大多依靠主观判断。为了减少这种情况的发生，出现了许多的方法来确定因子的权重，如专家判断法即德尔斐（Delphi）法、层次分析法、主成分分析法、排列比较法、模糊评价法等。这些方法虽在一定程度上增强了城市土地适宜性评价的客观性，但没能从根本上解决权重赋值主观性问题。目前出现了一种叫做逻辑规则组合的方法，试图解决这一问题。

2. 逻辑规则组合法

所谓逻辑规则组合是指针对分析因子存在的复杂关系，运用逻辑规则建立适宜性分析准则，并以此为基础判别土地的适宜性。这种方法不需要通过确定生态因子的权重就可以直接进行适宜性分区。逻辑规则组合将分析因子两两比较，最终形成分类矩阵，通过矩阵从而判定土地利用的适宜性。例如通过对土地的坡度和地基承载力的组合来判断土地合理的利用程度。

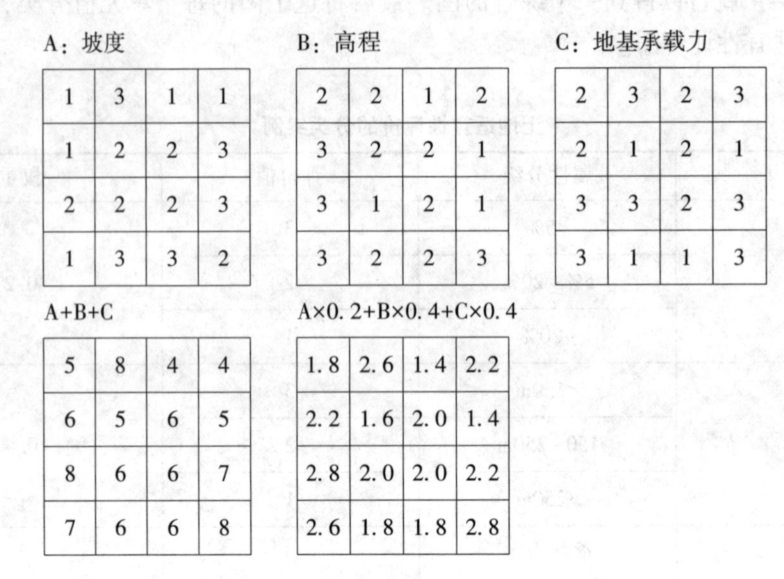

图 8-1　基于栅格图层的叠加运算

表 8-3　**适宜性条件的组合判断**

分类		坡度		
		<5%	5%~20%	>20%
地基承载力	承载力大	优化开发区	重点开发区	禁止开发区
	承载力中等	重点开发区	限制开发区	禁止开发区
	承载力小	限制开发区	限制开发区	禁止开发区

逻辑规则组合法是一种无需经过大量计算，仅靠定性判断就可实现土地适宜性评价的方法。但是这种方法也并非没有缺点。当评价的因子过多时，要获取土地的生态适宜性与评价因子之间的逻辑关系就显得十分困难。

前述的两种城市土地适宜性评价方法是目前常用的两种方法。但是这两种方法都还是有缺陷的。它们的前提条件是各个评价因子是独立的，只有这样才能确定各个因子的权重，才能制定逻辑规则。然而我们知道，影响土地利用的因素之间的关系是复杂的，通常是相互联系相互制约的，而它们之间的这种关系目前并没有被考虑到。

8.1.3　土地适宜性评价的因子

土地适宜性评价的因子是不固定的，常用的土地评价因素及指标有：气候因素，包括光照、降水等；地形、地质，包括地貌类型、地质结构、岩石组成、沉积物质、海拔高度、坡向、坡度等因素；土壤，包括土地厚度，土质特点，有机质含量，pH 值、水分、盐分状况、土壤改良条件等；水文，包括地表水和地下水源的有无、种类、水量、水质及利用难易；植被，包括天然植被的类型，有用植物的质量、数量和生产量，以及植被的保护、利用、改造的条件；社会经济因素，包括人口、劳动力、交通运输、市场的技术条件，以及现有生产基础等。

土地适宜性评价因子的不固定性取决于评价的目的，也就是土地的用途及其应用尺度。首先，针对不同的用途，土地适宜性评价的因子不相同。例如对于农业来说，我们可能关心的因素主要是自然生态因素，如坡度、高度、地形地貌、降雨量、土壤类型、土壤有机质、土壤质地、潜育层埋深等、洪泛灾害（包括频率及淹水历时）、气温类型、辐射能及光周期、影响植物生长的灾害性天气（风暴、霜、冰雹等）、空气湿度、土地侵蚀方式和程度等，此外我们还要考虑其他的社会经济因素，如水土流失、灌溉条件、交通条件、利用现状、生产经营方式、生产单元规模、地籍等。而针对城市土地的适宜性评价，我们可能更关心用地是否适合于城市开发，建筑基地是否安全稳固等，而不太关心土地本身的生产效率。因此，对于自然因素，我们可能关心的因素包括地基承载力、地下水位、风向等，而对于土壤类型、土壤有机质、积温等可能不予考虑。对于社会经济因素，我们可能考虑更多的是原有的布局结构、市政和公共服务设施、工程准备条件（如平整土地、防洪、改良土壤、降低地下水位、制止侵蚀、防止滑坡和冲沟的形成等）和外部环境条件（如与周围城镇的经济联系、资源的开发利用、交通运输条件、供电和供水条件等），以及地租、地籍等。

同样，对于不同的范围，土地适宜性评价的因子集也不相同。例如对于整个区域的建设用地的适宜性评价，我们可能要考虑生态方面的限制性因素，如与水源，生态敏感地的距离，坡度、高程、工程地质灾害、农田保护等因素。如果具体到城市内部的居住用地或工业用地的适宜性评价，则可能考虑交通条件、公共设施配套水平、绿地公园率等。而具体到某一个建设项目，则可能更关心地基承载力、景观价值、文物保护等。

8.2　拆迁量运算

拆迁是指因城市发展的需要，经政府有关部门审批，对房屋进行拆除，并给予补偿和安置的行为。拆迁是城市发展过程中必不可少的现象。一方面，随着城市规模的扩大，城市边缘的农村土地有可能被划入新的城市规划所确定的城市建设用地的范围，而原来土地上的村民建（构）筑物要被拆除而用于城市的各项建设；另一方面，由于城市本身的发展，城市内部也在不断更新。这也涉及大量建（构）筑物的拆迁工作。随着我国城市化速度的加快，城市化水准的不断提高，需要拆迁的建（构）筑物越来越多，拆迁的工作量也越来越大。尤其是随着社会主义市场经济的深入发展，原来计划经济体制下不合理的土地利用体制造成的弊端日益显现，原来位于城市中心的工厂和单位由于区位不合理纷纷进行外迁，从而获得资金和更大的发展空间。这种土地置换也产生了大量的拆迁工作。对城市规划和管理部门来说，准确计算拆迁工程量以及拆迁补偿费用至关重要，它是保证拆迁工作以及后续城市规划与建设工作顺利进行的基础。以这些拆迁数据为依据，并综合考虑城市建设的年度工作计划和财政计划，就可以指导规划设计部门做出合理的拆迁安置规划，有效调整规划方案及分期实施策略。

8.2.1 城市拆迁的类型

总体来说，城市范围内建（构）筑物的拆迁大致可以分为三种类型：一种是如前所述，随着城市范围的扩大，原来农村土地上的建（构）筑物需要被拆除而用于城市建设。另一种是城市某一地块内或区域范围内的成规模拆迁。这种拆迁有可能是由于城市的发展需求所形成的城中村的改造，也有可能是前面所说的原有工厂和单位进行土地置换而进行的拆迁，还有可能是对老的或旧的居住区或社区的旧城改造。第三种常见的拆迁就是由于道路拓宽而进行的道路两边建筑的拆迁和改建。

8.2.2 GIS 技术辅助拆迁量计算的过程

拆迁建筑面积的统计是一项非常复杂的工作。以前多是由手工方式进行的，效率低、精度差。近年来，GIS 技术的发展为拆迁工作提供了新的辅助手段。大致来说，GIS 技术辅助拆迁量计算的过程可以分为三个步骤。

1. 拆迁区域内地理数据的准备

拆迁区域地理数据主要是指建筑物分布及相关的信息，包括建筑类型、建筑基底面积、建筑层数、建筑结构、建筑质量、使用年限等。此外，针对不同的建筑质量，还需要确定地方性的拆迁补偿标准，才能最终计算各类建筑的补偿数额。对于不同的区域，建筑类型的确定也可能不同。例如，对于原有农村的建（构）筑物，可以分为多层建筑、中层建筑、简易棚、牲畜棚、水泥地（一般是农民自建的道路或晒场）等。而对于城市某一地块内的拆迁来说，可能不需要考虑简易棚、牲畜棚以及道路（城市中的道路基本上为城市政府投资建设的道路，不牵涉补偿问题）等。但是，要确定需保护的不需拆迁的建（构）筑物如历史建筑、文物古迹等。

2. 拆迁范围的确定

对于不同的拆迁类型，拆迁范围的确定方法也不相同。对于某一区域范围内的拆迁，不管是农村的还是城市的，如果需拆迁的建筑是连续集中的，则拆迁范围只需在前面所准备的地图上圈定就可以了。如果拆迁的建筑不连续而是分散的，则需要有针对性地确定拆迁范围，然后用这些范围同原有的建筑图层叠加，从而得到需拆迁建筑的信息。

对于道路扩建所产生的拆迁范围的确定，需要用到我们前面所说的缓冲区分析。道路拓宽工程的设定范围，一般是一规则的区域，它是根据规划设计的道路中心线、道路宽度，即道路红线数据为依据，而形成的缓冲区。缓冲区是指在给定空间实体（点、线或多边形）的边缘形成的一个特定宽度的区域带。从地理信息系统角度来讲，缓冲区的生成是一个复杂的拓扑叠加过程，不仅要求图形剪裁正确，而且更重要的是剪裁后的图形要具有正确的拓扑关系，同时完全继承原图形的目标属性。通过建立缓冲区来确定拆迁的范围，然后选择拆迁范围内符合拆迁条件的建筑。

3. 拆迁指标的计算

一般来说，拆迁工程量的计算首先是计算出划定拆迁范围和待拆迁房屋的总用地面积（即基底面积），然后依据基底面积和层数计算出总建筑面积；再按房屋性质、结构等分类，精确统计不同类型房屋拆迁的总建筑面积；最后根据建筑结构、质量和使用年限所确定的地方性的拆迁补偿标准，计算出各类房屋的拆迁费用和总拆迁费用。

下面举例说明此方法的运用。图 8-2（a）是一个老的居住区。由于历史原因，道路狭窄（红线只有 25m），道路两旁的建筑也缺乏规划和管理，布局散乱，日照间距不符合标准。城市发展需要拓宽道路（到 60m），由此需要确定拆迁的工程量以及计算每个建筑的赔偿数额。图 8-2（b）我们通过道路中心线，定义了左右都为 30m 的缓冲区。

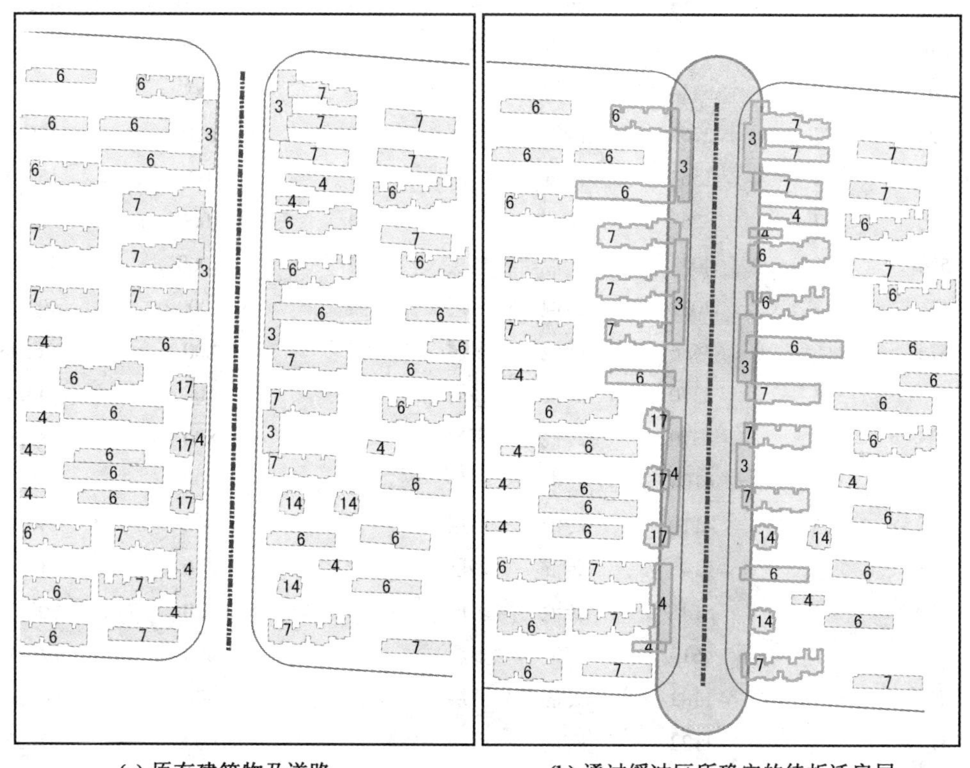

(a) 原有建筑物及道路　　**(b) 通过缓冲区所确定的待拆迁房屋**

图 8-2　道路拓宽拆迁实例

通过空间选择（通常是附加空间限制条件的 SQL 语句），或通过将此缓冲区与建筑物数据进行拓扑叠加产生新图，我们可以容易确定所有部分或全部位于缓冲区内的建筑物。依据其建筑基底的面积和层数我们可以统计分析每个建筑的总建筑面积。再依据其拆迁补偿标准，就可以计算每栋建筑的赔偿额和总的赔偿额（表 8-4）。

表 8-4　**拆迁量及拆迁补偿数额计算实例**

基底面积(m^2)	层数	总建筑面积(m^2)	结构	建筑类型	建筑质量	赔偿标准(元/m^2)	赔偿额(万元)
214	14	2996	框架	高层	1	2200	659.12
214	17	3638	框架	高层	1	2200	800.36
214	17	3638	框架	高层	2	1800	654.84
214	17	3638	框架	高层	2	1800	654.84
214	14	2996	框架	高层	3	1500	449.4
609	14	8526	框架	高层	3	1500	1278.9
735	6	4410	砖混	多层	1	1000	441
658	6	3948	砖混	多层	1	1000	394.8
579	7	4053	砖混	多层	1	1000	405.3
576	7	4032	砖混	多层	3	600	241.92
492	7	3444	砖混	多层	1	1000	344.4
395	7	2765	砖混	多层	3	600	165.9
391	4	1564	砖混	多层	1	1000	156.4
466	7	3262	砖混	多层	1	1000	326.2
576	7	4032	砖混	多层	1	1000	403.2
576	7	4032	砖混	多层	1	1000	403.2
576	6	3456	砖混	多层	2	800	276.48
395	6	2370	砖混	多层	3	600	142.2
395	6	2370	砖混	多层	2	800	189.6
684	6	4104	砖混	多层	2	800	328.32
685	6	4110	砖混	多层	3	600	246.6
735	7	5145	砖混	多层	2	800	411.6
735	7	5145	砖混	多层	3	600	308.7
659	7	4613	砖混	多层	2	800	369.04
394	3	1182	砖混	低层	2	800	94.56
374	3	1122	砖混	低层	1	600	67.32
479	3	1437	砖混	低层	3	400	57.48
292	3	876	砖混	低层	2	500	43.8
604	4	2416	砖混	多层	3	600	144.96
539	3	1617	砖混	低层	1	600	97.02
126	4	504	砖木	多层	3	600	30.24
126	4	504	砖木	多层	3	400	20.16
合计		101945					10607.86

8.3　填挖方计算

填挖方工程又称为土（石）方工程。它是指根据一定建设的要求，对地形所做的适当改造。改变后地形的高程称为设计标高。土（石）方工程因此包括对低于设计标高所做的填方工程和对高于设计标高所做的挖方工程。填挖方工程的原则是在最小限度的改变地形的同时，尽量做到填方和挖方的平衡。不管在土地利用规划、土地整理规划、城市规划（竖向规划）、工程项目建设中，填挖方工程都是必不可少的工作内容。填挖方工程基本上可以分为两种，一种是场地平整，或称一次土方工程量；二是建筑、构筑物基础、道路、管线工程余方工程量，也称二次土方工程量。对于我们城市规划工作来说，一般我们所涉及的填挖方工程主要是第一种的场地平整。土方量的测算精度直接影响到工程的进度、资金的使用以及规划方案的顺利实施，因此正确计算填挖方量具有重要的意义。

8.3.1　填挖方工程量计算的传统方法

传统的计算填挖方工程量的方法有很多，三种最为常见的是方格网法、断面法和等高线法。其中，方格网法是在地图上绘制规则的方格网（一般是 20m×20m。对于局部复杂的地形，可以加密到 10m×10m），然后计算每个方格网交点的施工标高（即设计标高与自然地面标高的差值），最后再根据一定的公式分别计算每个方格网的填挖方量，累加得到整个工程的填挖方量。等高线法是以不同高程的水准面（等高线）切割立体（通常是山体）得到若干个高度相同的不规则台体，通过计算各台体上下平面的面积（即等高线所包围的面积）与台体高度（等高距）的乘积得到该台体的体积，再求总和，即为场地内最低等高线以上的总土方量。断面法是以一组等距（或不等距）的相互平行的截面将地形分截成若干“段”，计算这些“段”的体积，再将各段的体积累加，从而求得总的土方量。

在实际工作中，这三种方法都具有针对性。方格网法模型简单，易于实现，但精度不高，主要适合平坦地区及高差不太大的地形场地平整时使用。等高线法适用于当地面起伏较大、坡度变化较多时且仅计算挖方的情况，精度不高，一般较适用于工程概算。断面法适用于地形沿纵向变化比较连续，且所取两横截面应尽可能平行，横向不连续变化的地形情况，例如河道、道路的土方计算。由于适用的情况不同，传统的土方计算方法对于同一个地块，可能存在结果相差悬殊的问题。尤其是对于地面复杂，地形起伏变化较大的地形，传统的土方计算方法都存在计算结果精度低的问题。

这三种方法都是在计算机普及以前常用的计算土方量的方法。传统的方法计算填挖方工程量不仅费时费力，而且有时候结果也不准确。以最常用的方格网法为例，对于每一个方格网，我们都需要用到不同的公式计算土方工程量，这是一项繁琐的工作，而且计算速度和精度也不高。在计算机普及，尤其是地理信息系统产生以后，填挖方工程量计算的方法发生了根本的改变。

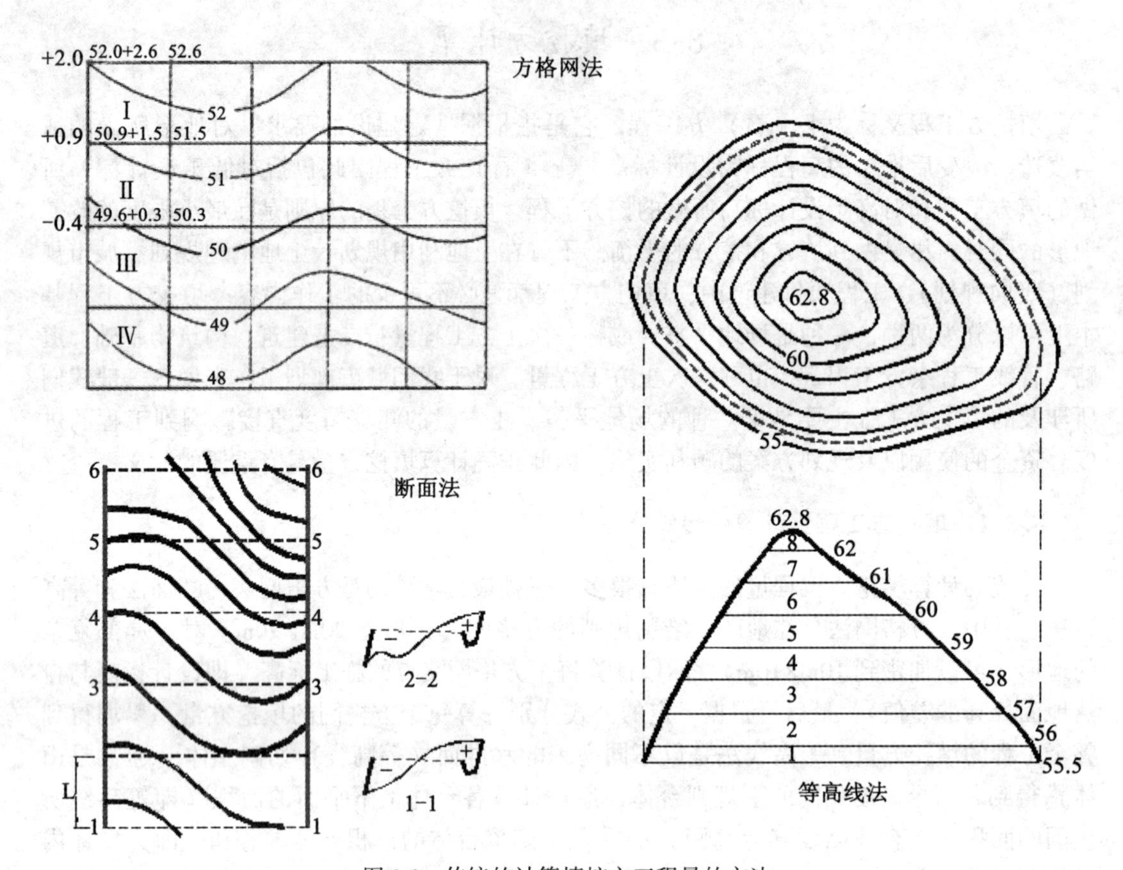

图 8-3　传统的计算填挖方工程量的方法

8.3.2　GIS 中的填挖方计算

在 GIS 中，我们用数字高程模型（digital elevation model，DEM）来描述地形。在 GIS 中，通常有两种方法来描述 DEM，一种是规则网格（GRID），另一种是不规则三角网（triangulated irregular network，TIN）。一般情况下，规则网格是栅格数据，而不规则三角网是矢量数据。不管是规则网格还是不规则三角网，都是参照已有的高程点（或等高线）的坐标而得到的。有关 DEM 的表示方法请参阅第 6 章。地形的变化可以通过分析 DEM 的变化来得到。这是我们应用 GIS 计算填挖方的基础。具体来说，对于原有地形和设计地形我们分别建立 DEM，通过比较两个 DEM 的差异从而计算区域内土方的变化情况（即填挖方量）。

在 GIS 软件中，填挖方计算的原理是将原有地形和设计地形所构建的两个数字高程模型投影到一个水平的格网上，通过计算每个格网的高差变化，并乘以每个格网的面积，从而得到填挖方量。这个过程可以用一个简单的示意图表示（图 8-4）。图 8-4（a）为原有地形，图 8-4（b）为根据设计标高所确定的设计地形，图 8-4（c）表示每个格网单元的高差变化。对于每一个单元的填挖方量，也就是体积的变化可以这样计算：

单元格填挖方量 = 单元面积×（设计高程 - 原有高程）

累计所有单元的填挖方量，就得到所需要的总填挖方量。例如，如果单元格的面积为 10m×10m，则整个区域的填挖方量累加所得为：

区域挖方量 = $10\times10\times5\times2=1000\text{m}^3$

区域填方量 = $10\times10\times5\times1=500\text{m}^3$

50	50	50	50
50	50	50	60
50	50	60	60
50	60	60	60

（a）原有地形

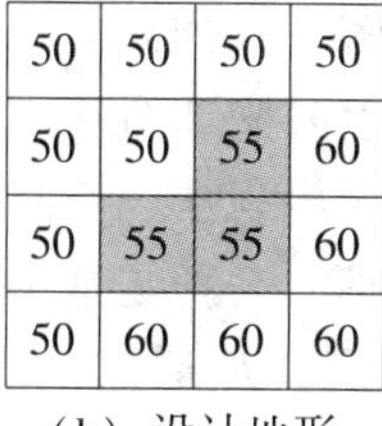

50	50	50	50
50	50	55	60
50	55	55	60
50	60	60	60

（b）设计地形

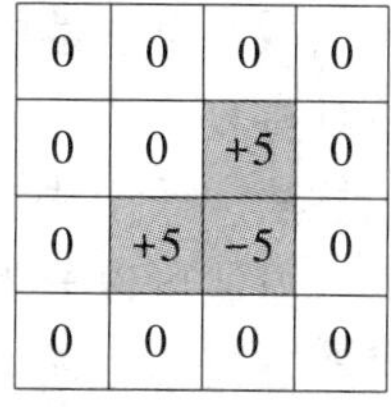

0	0	0	0
0	0	+5	0
0	+5	−5	0
0	0	0	0

（c）高差变化

图 8-4　基于 DEM 填挖方计算示意图

这与传统的方格网法有些类似，但是与前者不同的是，GIS 软件中并不计算每个格网角点的高差，而只计算整个网格单元的高差变化。因此，网格单元的大小定义，也就是网格分辨率的大小很大程度上决定了填挖方量计算的精度。

然而，我们也可以看到，目前 GIS 中通过比较两个数字高程模型的差异来计算土石方量的方法还是一个大概的数值。这是因为，我们需要将 TIN 投影到一个假想的平面上。而这个平面的每个栅格单元内要么是填方，要么是挖方。而实际工作中，即使是在一个尺寸比较小的单元内，既有填方也有挖方的情况是常有的情况。目前的改进方法是不通过投影，直接计算地形改变前后的两个 TIN 的每个三角面所构成的三棱柱的体积变化来计算填挖方量。这种方法不将三角面分解，从而提高了计算精度。但是，这种方法的实现也有难度。这是因为，由于原有地形表面和设计表面并不重合，所构建的两个 TIN 模型具有不同的三角形结构。解决的方法是分别对两个 TIN 模型进行加密处理，即将设计表面中的点加入到地形表面中，并按内插方法求出设计表面散点的地面高程；同时也将地形表面上的点加入到设计表面，并求出地形点的设计高程。此外，不同 TIN 上三角形边相交处的位置的高程也要求出。这样才能建成具有相同结构的两个 TIN 模型。计算每个三角面所构成的三棱柱的体积变化后叠加，就可以计算出两期之中的区域内土方的变化情况。此方法最适用的情况是两次观测时该区域都是不规则的复杂表面。

8.4　交通可达性分析

可达性有些文献也称之为通达性，是指从某一地点出发到达另一活动地点的便利程度（或容易程度、能力、潜力等）。由于应用领域不同，目前既有交通意义的可达性，也有更广泛的人文地理学、社会学和心理学意义的可达性。在这里我们所讨论的是指交通可达性，即通过一定的交通系统到达某一地点的便利程度，一般取与交通量相关联的量度，如时间、距离、费用等。可达性是衡量城市交通系统和土地利用效率方面的重要指标。在国际上，目前澳大利亚和英国是这方面研究的先驱。英国政府通过行政手段把可达性规划硬性规定在2005年及以后的交通运输规划中实施。近年来，随着我国城市规模的不断扩大和交通量的快速增加，人们对于交通出行的关注也不断增加，作为出行方便性的一个重要方面，交通可达性也成为城市交通规划研究的一个热点。

8.4.1 交通可达性分析方法介绍

由于各个研究领域对可达性的理解不一样，加上应用的目的也不相同，因此目前对于交通可达性的分析具有多种方法，如上海交通所法、距离法、等值线法、潜力模型法、平衡系数法、时空棱柱法、效用法、机会累积法、空间句法、出行效率法等。总的来说，目前常用的可达性分析方法可以分为两种，一种是基于交通网络的方法。这种方法只考虑交通设施本身包括线路和结点的连接状况。从层次上说，这种交通可达性可以分为两个层次。第一层次是交通网络的可达性。这种可达性是把交通网络当做一个整体，从宏观上分析在此网络上（包括交通线和结点）流动的车流、人流的运行效率。这种可达性分析对于评价道路网的密度及结构，以及整个交通系统的效率具有重要作用。另一层次是指某一点到其他目的地点之间的可达性。这种可达性既包括微观的如我们居住的房屋与最近的公共设施（如消防栓）、商业服务设施（零售店或超市）、科教文卫设施（医院或学校）之间的距离和联系，也包括宏观的诸如城市与附近其他城市之间的联系。这种可达性分析对于我们常见的公共设施规划、商业网点布局以及区域规划等都具有重要的指导意义。另一种交通可达性分析的方法除了考虑两点之间的联系，还要考虑起点和终点的属性。这些属性主要是社会经济属性，例如产业规模、就业人口、经营范围等。对于不同的情况，交通可达性分析的方法也不一样。

8.4.2 基于交通网络的可达性分析方法

基于交通网络的可达性分析方法又可以分为两种，一种是时空距离法，另一种是拓扑度量法。

时空距离法是最常见的解决最短路径或最佳路径的方法。最短路径是指距离最短的路径。确定最短距离常常具有现实意义。例如我们前面所说的，火灾发生时，我们需要知道到最近的消防栓的路径。同样我们感兴趣如何到达距离我们住处最近的商店、学校、医院等。最短路径是指把网络边都考虑成抽象的线，不考虑它们的阻力（等级）的不同，只考虑它们的长度的区别。对于最短距离的量测我们通常假定道路是相同的。即道路没有等级或流向的差异。但是在日常生活中，道路不可能是完全相同的。例如城市道路可以分为快速路、主干道、次干道、支路等。在规划中，对于干道我们又可以分为交通性的和生活性的。不同等级和性质的道路，设计的行车速度是不一样的。在选择出行时，我们可能会有意避开那些交通繁忙的道路，而选择距离稍远但是速度更快的道路。同样，道路也有流向的差异。有些道路是双向通行的，然而有些道路可能只是单向通行的。方向的差异也影响了人们出行的选择。因此，最短的路径不一定就是最好的路径。对于最佳路径，不但要考虑它们的长度的不同，还要考虑边与边的阻力（等级）不同，因而与实际情况更接近。对于最好路径，我们可能考虑的是如何做到时间最省、费用最小等，即如何以最小的代价完成交通。最短路径或最佳路径并没有本质的区别。

对于最短路径或最佳路径，其分析方法基本是相同的。Dijkstra 算法是典型的最短路径算法，用于计算一个结点到其他所有结点的最短距离和具体路径。它的基本思想是由起始点开始，按照最短的路径寻找下一个结点，然后剔除这个结点，再次寻找距离最近的结点，以此类推，直到遍历所有的结点。Dijkstra 算法简单易懂，但由于它遍历计算的结点很多，所以效率低。对此，已经有许多改进的最优路径搜索方法。

另一种基于交通网络的可达性分析方法是拓扑的方法。拓扑度量法用于量测网络中各个结点或者整个网络的连接程度，这种连接程度从一定程度上反映了结点的可达性。拓扑度量法将现实中的交通网络抽象成图，通常只考虑点与点之间的连接性，而不考虑它们之间的实际距离。连接两点的具有最少的线段数的路径就是这两个结点之间的最短路径，最短路径包含的线段数是这两点之间的拓扑距离。拓扑可达性主要是用来度量在一个由结点与道路构成的系统网络（道路交通网络）内各个结点间的可达性。建立在拓扑网络上的可达性度量方法，根据度量因子所采用的运算方式差异，可划分为基于矩阵的拓扑法与基于空间句法的拓扑法。在许多实际问题中，我们常常遇到需要判断交通网络中一个结点到另一个结点是否存在通路的问题。可达性矩阵就是用矩阵形式反映有向图各顶点之间通过一定路径可以到达的程度。因为可达性矩阵通常表示为一个元素为 1 或 0 的布尔矩阵，因此可达性矩阵表明了图中任意两个结点间是否至少存在一条路以及在任何结点上是否存在回路的问题。当然可达性矩阵的概念，可以很容易地推广到无向图中。应用空间句法来量测交通可达性是目前流行的方法。空间句法最初是应用于建筑领域，主要用来衡量建筑内部的连接性。后来，空间句法应用于从小建筑扩展到大建筑，即城市形态。应用空间句法分析城市形态时，首先要利用地图绘制城市外部空间构成关系的联系线（类似于城市街道路网），以此构建轴线地图。通过分析轴线地图中网络的连接程度（称为集成度），并将其分类，就得到了不同集成度分布图（图 8-5）。通过空间句法所构建的轴线地图不仅反映了城市形态的整体和局部结构特点，而且也反映交通的连接性。近年来，越来越多的研究开始应用空间句法来分析航空和地铁网络交通的可达性。这是因为，轴线地图所强调的结点之间的关系与航空网络和地铁系统的需求是一致的。对于搭乘飞机和地铁来说，人们更关心的是如何减少换乘的次数，而不是实际出行距离的远近。下面的例子即是用空间句法来分析城市道路的连接性。

8.4.3　考虑结点属性的可达性分析方法

考虑结点属性的可达性分析方法一般称为引力模型（在地理学中称为势能模型或潜能模型）方法。在地理学中比较某一点与其他点的交通可达性时，如果目的点相同，则认为离目的点距离近的点的可达性要高于另外一个点；如果目的点不同，并且到目的点的距离相同时，则一般认为跟规模较大的目的点发生联系的点的可达性要高于另一个点。基于这样两点认识，交通可达性与万有引力定律有相同的作用规律——与规模成正比，与距离成反比。这也是万有引力定律的推广——引力模型引入到交通可达性的研究中的理论依据。

应用引力模型计算交通可达性的公式如下：

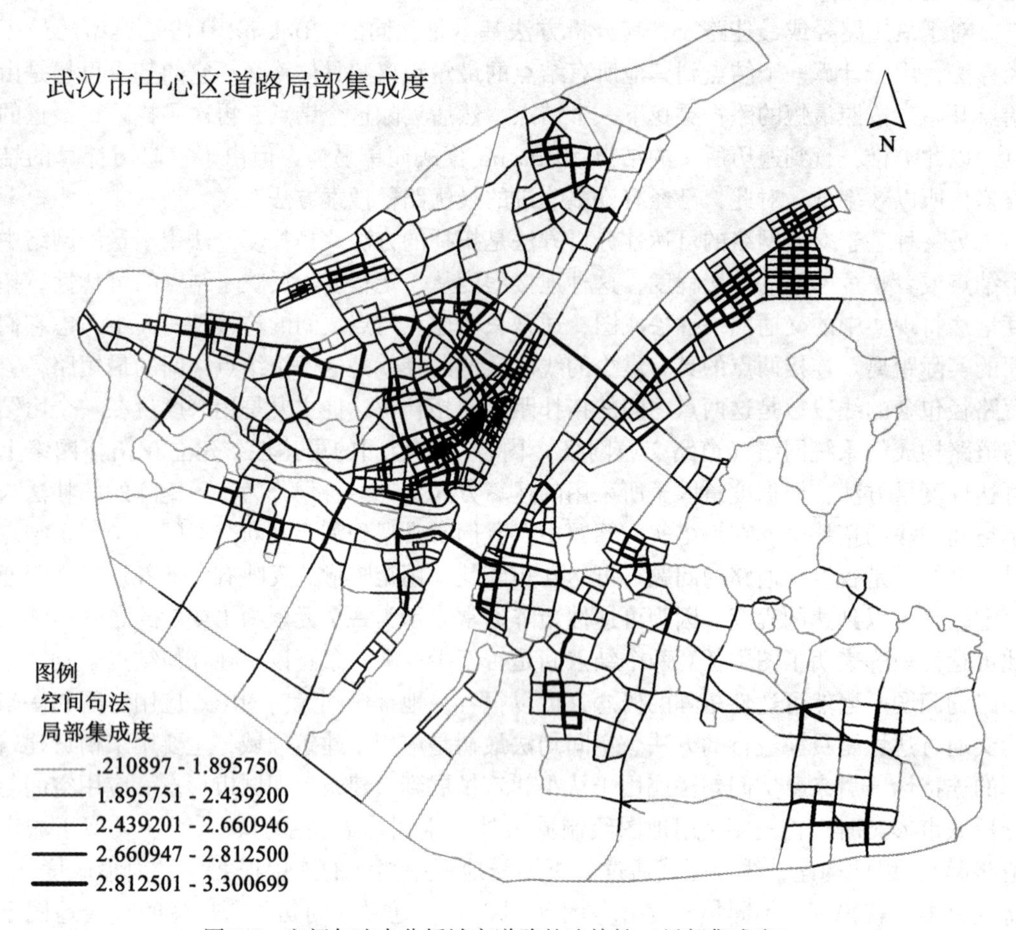

图 8-5 空间句法来分析城市道路的连接性（局部集成度）

$$P_{ij} = g\frac{M_i M_j}{d_{ij}^a} \tag{8-1}$$

其中，P_{ij}表示 i、j 两点的作用值，即物理学中的势能，g 是一个常数，M_i，M_j 表示 i，j 两吸引点的规模大小，d_{ij}代表 i、j 之间的距离（或者是交通成本，如最短距离、最少时间等），a 是距离衰减系数，一般取 1.0～3.0 之间的先验值。若在多个吸引点的情况下，上述模型中实质上只有两个因素起作用：一是中心点的规模 M，例如商业区的营业面积、工业区的就业岗位数、住宅区的居住人口规模等；二是中心点到吸引点的距离 d。在大部分情况下，可以不考虑出发点交通发生潜力的大小，这时公式（8-1）就可简化为单约势能模型：

$$P_{ij} = \frac{M_j}{d_{ij}^a} \quad (i \neq j) \tag{8-2}$$

如果同时考虑研究区域内的所有吸引点，则 j 点的出行总势能为：

$$P_{ij} = \sum \frac{M_j}{d_{ij}^a} \quad (8\text{-}3)$$

由公式（8-3）计算所得的总势能可以认为该点可达性的一种表示。但是这个结果是一个无量纲势能值，因此无法对多个吸引点的可达性进行比较。为了能使可达性便于比较，Geertman（1995）又将经典的引力模型修改为：

$$T_i = \sum_j P_{ij} d_{ij} \quad (8\text{-}4)$$

公式（8-4）中，Ti 代表基于势能的从点出发到所有吸引点的平均交通时间（可用分钟或小时表示），d_{ij}表示为交通时耗或成本。P_{ij}的定义和（8-2）式不同：

$$P_{ij} = \frac{\dfrac{M_j}{d_{ij}^a}}{\sum_k \dfrac{M_k}{d_{ik}^a}} \quad (i \neq j;\quad i \neq k) \quad (8\text{-}5)$$

公式（8-5）中，等式右边的分子是 i 到 j 的势能，而分母是 i 点总势能。两者相除代表了从 i 到 j 的势能占 i 总势能的比重，由此量纲被消除。

目前潜力模型法除了广泛应用于计算一些公共设施（如商业网点、医疗设施、学校等）的可达性之外，还可以应用到市场或城市的潜力研究中。

8.4.4　其他的可达性分析方法

除了上面两种基本的可达性计算方法之外，可达性的计算或表达还有别的方法，如等值线法、累积机会法和时空法。其中，等值线法是将可达性分析计算所得的时间或距离按照一定的间隔划分为不同的圈层，由此来量测某一点的可达性。我们常见的公共设施或商业设施的服务范围（服务半径）就是典型的等值线法的表示。此外，目前在都市区域研究中，我们也常用一小时交通圈或两小时交通圈等表达中心城市与其他城市或地区的联系程度。这也是等值线方法的具体应用。累积机会法则用在设定的出行距离或出行时间之内，从某地点出发能接近的机会的多少。这里的机会既可以是就学机会、就业机会、购物机会，也可以是就医机会、休闲机会。因此，累积机会法与上述的可达性计算方法不同，它衡量的是在一定的距离或时间内可以获得机会的数量。数量越大，可达性就越高，反之亦然。累积机会法在早期的研究中经常用到，如研究一个城市的商业零售设施、公共设施、医疗设施、教育设施、娱乐设施等的分布状况。可用于评价不同群体对于特定服务（如医院、公园、学校、购物等）的接近度是否公平，通过确定缺乏社会基础设施的区域，为规划工作提供决策支持。时空法首先由 Hagerstrand 提出。在这种方法中，可达性是从个体角度出发考虑的，也就是时空法考虑的是在时间约束下，个体是否能够和怎样参与活动。目前考虑时空因素的最常用方法是“时空棱”法，即通过“时空棱”来描述个体在特定的时间、特定的地点获得机会的可能性。换句话说，也就是在时间约束下，人们能够到达的时间-空间区域。这种方法最大的优点就是它能反映出个体的可达性差异，而一般的方法往往是考虑某一个群体。但是，优点也是它的缺点，首先，由于要考虑每一个人的行为，需要大量的数据，所以工作量特别大，很难应用于大尺度可达性的计算；其次，缺乏可行的算法来解决现实世界交通网络的复杂性。

本章小结

对城市用地的适宜性评价目前应用最广的是城市建设用地的适宜性评价。城市建设用地的评价，目前在我国又有严格和系统的规定。常用的土地适宜性评价方法有图层叠加法和逻辑规则组合法。土地适宜性评价的因子取决于评价的目的，也就是土地的用途及其应用尺度。

拆迁是城市发展过程中必不可少的现象。城市的外延增长和内部更新都涉及大量的拆迁。GIS 技术辅助拆迁量计算的过程可以分为三个步骤，即地理数据的准备、拆迁范围的确定及拆迁指标的计算。其中，拆迁房屋的选择主要是通过空间选择，或通过将此缓冲区与建筑物数据进行拓扑叠加来实现的。

在土地利用规划、土地整理规划、城市规划（竖向规划）以及工程项目建设中，填挖方工程都是必不可少的工作内容。填挖方工程的原则是在最小限度地改变地形的同时，尽量做到填方和挖方的平衡。填挖方工程基本上可以分为两种，一种是场地平整，另一种是建筑、构筑物基础、道路、管线工程余方工程量。利用 GIS 的三维功能，可以比较两个 DEM 的差异，从而计算区域内的挖填方量。

交通可达性分析方法大致可以分为两种，一种是基于交通网络的方法，这种方法只考虑交通设施本身包括线路和结点的连接状况；另一种是考虑结点属性的可达性分析方法，一般称为引力模型方法。基于交通网络的可达性分析方法又可以分为时空距离法和拓扑法。建立在拓扑网络上的可达性度量方法可划分为基于矩阵的拓扑法与基于空间句法的拓扑法。其他的可达性计算方法包括等值线法、累积机会法和时空法。

思考题

1. 土地适宜性评价的方法有哪些？
2. 简述地图叠加方法的优缺点。
3. 农业土地适宜性评价的因子有哪些？
4. 城市土地适宜性评价的因子有哪些？
5. 城市范围内的拆迁工作有哪些？
6. 简述用 GIS 辅助计算拆迁量的步骤。
7. 道路扩建拆迁中，拆迁指标如何确定？
8. 传统计算土方量的方法有哪些？分别适用于哪些情况？
9. 规则网格和不规则三角网的优缺点分别有哪些？
10. 如何在 GIS 中实现土石方量的计算？
11. 交通可达性的分析方法可以分为哪几类？原理有何不同？
12. 如何消除引力模型中的量纲？
13. 引力模型可达性方法适用于哪些领域？

第9章　城市专业管理信息系统

在漫长的历史年代中，生产力的不断发展导致人类活动的不断聚集，进而形成了原始的城市。经过几千年的演变，现代的城市出现了高度的社会分工，金融、服务产业极其发达，城市化水平不断提高，在发达国家甚至形成了相当规模的城市带。

城市的形成与发展有其深刻的地域、社会、经济背景，人类的活动是其重要的因素。人是城市发展的动力与源泉，城市的发展离不开土地。人的活动都是在一定的空间范围内的活动，因而城市的空间特性十分明显。城市的居住、办公、交通、商业、垃圾处理等活动都需要占用地域空间。长期的城市发展使这种用地空间变得相当复杂，因而人们在测绘、调查中需付出相当的代价，对城市信息的有效管理变得越来越重要。

计算机信息系统极大地方便了城市非空间信息的管理，并由此产生了各类专业性的信息系统，如银行数据库系统、人口统计系统、经济统计系统、企业信息系统等。这些非空间信息的管理基础来源于数据库技术特别是关系数据库技术的成熟与完善，但是基本不考虑空间分布等位置信息，没有图形处理功能。

地理信息系统技术的发展使空间数据库以及空间信息系统的建设成为必然。由于其强大的空间数据处理能力、良好的可视化特性，GIS技术正被城市各部门广泛采用。空间信息系统技术首先在测绘、规划、房地产等行业中受到重视，进而在环境、市政等其他部门得到应用。可以说，城市中的任何部门与机构都有运用空间信息系统技术的可能性，只不过需要的程度有所不同。

9.1　目标、内容与功能

9.1.1　目标

城市管理信息系统建设的目标在于充分利用空间信息系统技术的数据库管理、数据查询与统计、数据输出等功能，实现有关行业信息的有效管理，为用户提供快捷方便的信息服务。同时，利用空间分析技术，并与有关的预测模型相结合，为管理人员提供必要的决策信息。这样的体系一般也称为空间决策支持系统。

传统的空间信息的载体是各类地图，如地形图、人口分布图、规划图等。一个大城市的大比例尺地形图可能达到一千多张，其查找与利用比较麻烦，经常出现查找一幅图需要半月甚至几个月的情况。这种低效率的管理方式跟不上城市飞速发展的客观趋势，制约了城市建设审批的步伐。

空间管理信息技术可以提高管理的效率。计算机的信息检索速度是人工无法比拟的，查找一幅地图能够在几秒钟之内完成。一个以计算机网络为基础的空间信息系统可以将整个城市各种类型比例尺的图件存入数据库中统一管理，使得各种情况下都只有一个“版本”的数据是有效的，避免了各部门分别单独对图件的操作可能出现的空间定位不一致的现象。同时，网络体系构成可使用户在不同的地点同时查找相关的信息，减少了交通出行量。有关的专业信息如交通构成、旅游景点与路线等还可以通过互联网发布到全国乃至世界各地，产生潜在的社会效益和经济效益。

信息化社会发展的趋势使得城市各部门建设管理信息系统成为必然。纵观信息系统的发展历史，可以知道它的发展取决于计算机硬、软件技术的水平。早期的计算机系统并不能完成复杂的处理，尽管那时人们已经认识到自动化信息管理的巨大潜力，但却不能建立真正有效的系统，有限的尝试只是处于实验阶段。而计算机技术的飞速发展使得人们目瞪口呆的同时，也使得人们早期的认识很快变为现实。计算机硬盘容量的增大、运算速度的提高、内存限制的突破、层次与关系数据库技术的发展，使得金融、航空等领域最先建立起实用的管理信息系统，并实现城市之间的联网运行。空间数据处理技术（CAD 和 GIS）出现以后，首先引起城市建设部门的高度重视，进而在这些部门逐步实现空间信息的自动化管理。信息社会的特征表明，不建立完善的空间信息管理系统，城市的社会与经济发展就要落后。它将与西方工业革命给我们的教训一样深刻。因此，建立空间管理信息系统既是提高各部门自身的效率，又是积极加入信息社会大舞台的有力体现。

9.1.2 内容

广义地讲，城市管理信息系统指城市各个部门（规划、金融、市政）建立的各类（非空间、空间）管理系统。本书的目标使得本章的内容限于空间型管理信息系统的范畴，这其中当然也包括相关的非空间属性信息。

可以概括地将城市管理信息系统分为如下的类别：

- 城市基础地理信息系统
- 城市规划管理信息系统
- 城市土地管理信息系统
- 城市房地产管理信息系统
- 城市道路交通管理信息系统
- 城市管线管理信息系统
- 城市环境管理信息系统
- 城市灾害管理信息系统
- 城市公安管理信息系统
- 城市旅游信息系统
- 城市商业管理信息系统
- 城市环卫管理信息系统

从城市规划与设计的角度来看，以上的管理信息系统都可为城市规划提供必要的数据源。事实上，城市规划本身是一项复杂的系统工程，现代的城市规划学不仅要研究城市物质形态的演变规律与分布，而且还要研究城市社会与经济发展的内在趋势，把握城市发展的脉络。因此，一般城市建设部门将城市规划模型与管理系统合称为城市规划与管理信息系统，它的逻辑构成如图 9-1 所示。

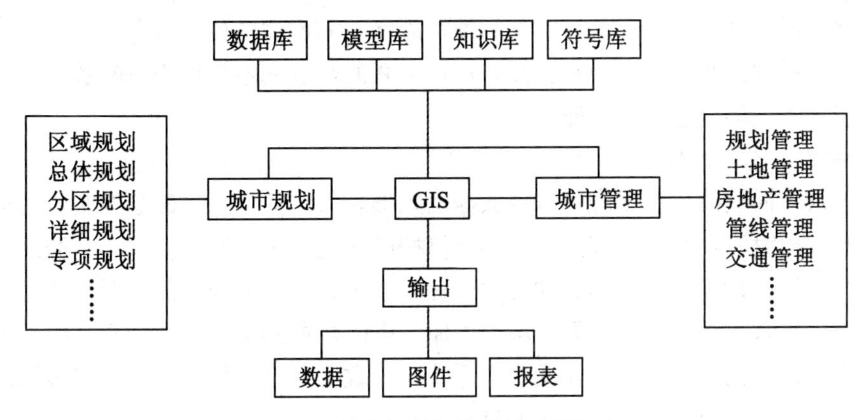

图 9-1　城市规划与管理的逻辑构成

9.1.3　功能

如前所述，本章所论之城市管理信息系统都是空间型的，采用空间信息系统技术特别是 GIS 技术进行数据的管理与运用。系统至少应具备如下的功能。

1. 数据库管理

一个完善的数据库是管理系统的基础，空间信息系统的数据库由图形库和属性库构成。有效的数据库系统具有以下的特色：

①合理的数据结构。数据结构是数据库的理论基础，它决定了数据库运用的效率。图形数据结构中要解决点、线、面的组织结构及拓扑关系、坐标范围与精度等相关问题。不同的 GIS 软件在图形组织方面都有自己的一套解决方案，它们之间可以相互转换，转换的依据是一些标准的文件交换格式（如 DXF）。属性数据库一般以关系模型为基础，关系理论与实用技术都是比较成熟的。此外，面向对象的数据库体系能够将图形与属性数据进行统一管理，其数据结构又有特别之处。

②分级的用户权限。任何数据库都应有读与写操作中的权限之分。为保证数据的安全，普通的查询用户应该没有修改数据库的权限；普通的数据操作员只能完成数据的录入与修改工作；只有超级用户（或称系统管理员）才能够对数据的结构、位置、系统用户级别等进行调整。用户权限的设置能有效地减少操作失误带来的损失，是一个成熟的管理系统所不可缺少的。

③充分的数据共享。建设城市管理信息系统的目标之一是能够让多个用户同时实施对数据的查询或修改，从而提高管理效率。数据共享机制不同于独占式的数据使用，它可以为各个用户分别建立一个数据“副本”，使用户的基本操作都在“副本”中进行。当有多个授权用户同时想对数据进行修改时，数据库管理系统通过所谓的并发机制使他们的修改按照一定的顺序进行，并消除他们之间因实时改动数据而可能出现的逻辑矛盾。高级的共

享形式是使数据不仅能被本地局域网使用，而且还能通过国际互联网被远离该地点的其他用户所使用。数据共享的另一个常用含义是指一个数据库系统能够读取其他格式的数据，其本身的数据也能通过中间格式转换到其他系统中去。

④空间与属性数据的综合管理。空间数据库将空间实体的位置信息与其固有的属性信息通过某种关联方式紧密结合起来，没有这种关联的数据库不能称为空间数据库，就无法实现空间管理系统的信息查询功能。

2. 数据的输入与编辑

数据输入遵循空间信息系统的普通数据输入形式。空间信息一般是按实体的类别分层录入与存储，同时，视城市范围的大小还可能按区域地块进行数据组织。数据录入时需严格按照数据库的设计规范，以确定的文件名称存放于计算机中确定的位置。数据录入时还必须满足精度要求，误差较大的数据不得入库。空间数据的编辑也是管理系统必不可少的工具，用于原始数据的修改，以及反映实际状况的数据更新。数据的输入与编辑都由系统指定的具有某种数据修改级别的操作人员来完成。

3. 数据查询与统计

作为管理型的信息系统，在数据被正确录入、数据库建立起来之后，主要给用户提供信息的查询与统计功能。空间管理信息系统中既能进行图形数据的查询显示，又能进行属性数据的查询统计，还能完成图形与属性的交互或联合查询、显示与统计。虽然数据查询的组合方式是多种多样的，但对某一个具体管理系统的具体应用来说，绝大部分查询的形式又是有限的，可以在系统界面上直接给出。有关专家曾指出，GIS 技术在城市中的应用在很长的一段时间内主要是在于城市管理方面，而在城市规划方面很少看到具有说服力的例子。究其原因，除了城市规划需要利用城市管理的相关数据和尚未很好开发的分析模型之外，还可能与 GIS 的本质功能——查询统计——正好满足城市管理信息系统的功能需求有关。查询统计是实施城市管理的重要信息获取手段。

4. 图形与报表的输出

查询与统计结果除直接显示在计算机屏幕上之外，还需经常将图形的统计表按一定的格式输出来，因此数据输出功能也是一个管理信息系统必须具备的。图形输出中常需定义比例尺，进行页面设计、符号设计、颜色设计等；统计表同样需进行报表的设计。两类成果不一定完全分开输出，在许多情况下它们可以被合入一张图纸之中，以更加清楚地说明图-文互查的结果。输出质量的好坏将会对其后具体的城市管理过程产生一定的影响。

5. 必要的空间分析功能

管理信息系统中也需要利用一些空间分析手段来获得有关信息，如确定设施服务的空间范围、设施的选址、最优路径的寻找等。无论是查询统计，还是空间分析，操作的目的在于提供相关的管理决策信息。许多情况下，还需将查询统计与空间分析结合起来使用。基于地理信息系统技术的空间管理信息系统一般都具备某些空间分析功能，但不一定能满足各类管理系统的需要，因此，在选定基础软件时需结合专业信息的特点与要求来进行。

9.2　城市基础地理信息系统

9.2.1　基本构成

正如测绘的地形图是城市规划、土地、房地产等专业部门运作的依据，城市基础地理信息系统也是城市各管理系统的基础，为它们提供城市空间的参照体系。城市基础地理信息系统的内容基本就是地形图的内容，因此地形图是该系统的主要数据来源。而航空像片、卫星影像、地面数字测量、GPS 定位等手段也是获取基础地理信息的重要手段。

基础地理信息的内容包括各类地形要素，如建筑物、地类界、围墙、道路、等高线、高程点、注记等；还包括土地利用状况的数据、行政区划数据等。有关的影像、图像也可作为基础信息直接存储于数据库中。数据库的构成可用图 9-2 表示。

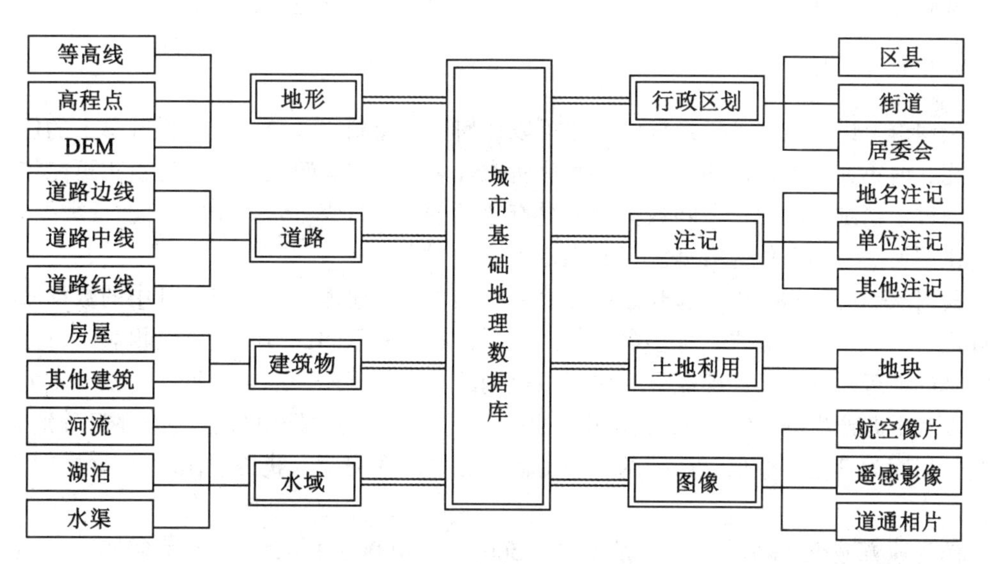

图 9-2　基础地理数据库的构成

9.2.2　数据库结构

基础信息数据库的主体是矢量形式的点、线、面、符号等地形、地物要素，如道路线、建筑物面、注记点等。矢量数据表示的精度高，易于理解，为其他各类系统的运用提供了较好的数据保障。

栅格形式的数据也是数据库的一个部分。栅格数据包括航空像片扫描图、遥感影像、景点照片扫描图，以及从地形数据中建立起来的数字高程模型（DEM）。这类数据为系统用户提供最为直观的现实世界的描述，同时还能用于用地分类、三维景观模型建立、竖向规划设计、通信设施的选址等方面。与必要的声音信息、文字描述信息等其他格式的数据相结合，可以产生基础信息的多媒体数据库。

各层数据单独以文件的形式存放，为方便数据管理，可划分工作区，按专题存放数据。如果城市的范围较广，各层数据量大，还可考虑分块存放数据。

矢量数据中是否要建立拓扑结构曾是引起有关专业人员讨论的话题。由于基础地理数据一般只提供地理参照，有无拓扑关系的定义显得并不重要；但在给其他分析系统如规划模型系统提供数据源时，带有拓扑信息的数据最能满足要求。综合这两种观点，我们认为，只要条件许可，对于明显有连接关系的线状地理要素（如道路）及面状地理要素（如土地利用）以建立拓扑关系为宜。相互连接的线状地理要素构成了网状体系，其中有物质流的运动，这种连接关系是网络路径、网络负荷、资源分配等问题的基础。面状地理要素以建筑物、行政区划、湖泊为代表，建立拓扑关系的目的是为了实现与属性数据的关联（当然，许多 GIS 系统图形实体及其属性的关联不一定要建立拓扑结构）。对于不含属性信息的数据（如地类界、道路边线），以及点状数据（如注记），一般不必构建拓扑关系。

基础地理数据库基本由图形数据构成，少量的属性数据是其必要的补充。

9.2.3 比例尺问题

从理论上讲，空间信息系统的数据可以任何比例绘制，系统也能提供屏幕上的任意缩放功能。但正如传统地形图的绘制必须有所取舍一样，空间数据在录入时也不可能将地物表示得过于精细。因此，空间数据录入是有比例的，也即基于某一比例尺进行数据采集，不同比例尺的地形图作为数据源正好满足了这种要求。

我国从 20 世纪 80 年代起开始由测绘部门建立基础地理信息系统，其中的数据库有百万分之一、二十五万分之一等多种比例的数据，它们表示的详细程度逐级提高。百万分之一的基础地理数据库已经建成，它包括该比例的地形数据库、地名数据库、试验重力数据库，以及由此产生的 DEM。二十五万分之一以下比例尺的数据由各省测绘部门分别完成。这些数据库为其他专业信息系统的研制提供了必要的数据源，获得了比较好的社会与经济效益。

作为地方城市，基础信息一般有 1∶500、1∶1000、1∶2000、1∶5000、1∶1 万、1∶5万等多种比例的数据，这些数据分别为不同的部门提供数据支撑与参照，如规划审批一般采用 1∶2000 的数据为依据、地籍管理则以 1∶500 的数据为基础。城市基础地理数据库应以不同的比例尺分别建库。

如果没有多种比例尺的数据源，那么数据采集时应越细越好，其依据是可以利用制图学的数据综合原理将精细的数据综合、归纳为较粗略（小比例尺）的数据，而反过来自粗至精的求解是不可能的。

9.2.4 应用

城市基础地理信息系统是城市其他专业系统的基础，为其提供空间地理要素的参照体系。

图 9-3 是基础数据地位的简单示意。

基础地理信息对于信息社会的重要性受到各个国家广泛的重视，它的功能类似于城市

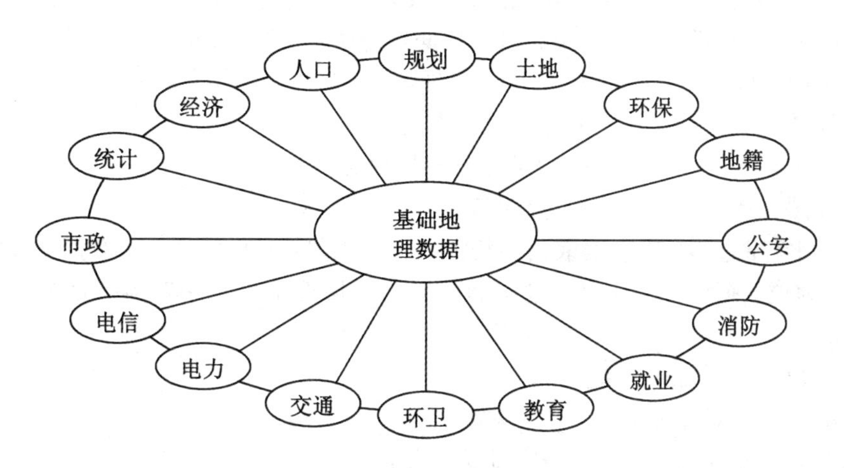

图 9-3　基础地理数据的应用

的各类基础设施，如果建设不当将会严重阻碍信息社会中经济的发展，这正如基础设施落后所带来的后果。事实上，美国在 1996 年已宣布将基础地理数据作为信息高速公路中的基础设施来建设。美国地质测量局（USGS）生产的数字式小比例尺地形数据是其基础地理信息的基础。它包括四个部分：数字线划图（DLG）、数字高程模型（DEM）、土地利用和土地覆盖、地名信息库。

基础地理信息作为一项基础设施，一方面可以给各部门提供一个统一的参照标准，另一方面将重复性的基础地形测量工作减小到最低限度。我国由于历史的原因，测绘、规划、土地管理部门各自有独立的测量队伍，它们生产的往往又是同样类别的基础数据，只是侧重点略有不同，这样就造成了地形、地籍、房产图的重复测量与数字化。若能采用一套基础共享数据，则可大大减少重复性劳动，提高工作效率。

9.3　规划管理信息系统

城市的物质环境建设是一个永无休止的活动，道路的扩建、管线的敷设、房屋的重建与改建等工程或以大规模的成片开发，或以小范围的局部更新，影响着城市的空间形态以及未来社会经济的发展。城市规划管理部门正是使这些城市建设合理化、有序化的职能机构。一个建设项目是否能够实施，就要看其是否符合城市发展的标准，这些标准来源于国家与地方政策以及总规、分规、控制、详规的规划成果。规划审批过程中要处理大量的图形与非图形数据，如基础图件、规划图则、规划文字说明、审批表格等。采用空间和非空间信息系统技术可以极大地提高规划管理部门的工作效率。

9.3.1　数据体系

基础地理图形数据是规划管理工作的基础，本章上一节已对此问题作了说明。

各级规划成果是规划管理最根本的依据，因而是重要的数据源。规划成果由规划图则及定性（定量）的文本描述信息构成。规划成果的内容是比较丰富的，需采用一定的数据库策略进行有效管理。规划成果的以下数据是管理的依据：

- 总用地平面构成图
- 用地红线图
- 规划管线图
- 建筑红线图
- 景观图
- 保护建筑（历史文物等）
- 道路红线图
- 紫线、绿线、橙线、蓝线图

建设项目审批过程中的各类表格与相关图件是规划管理中的另一类数据，其中非图形数据占主导地位。据统计，项目审批中的数据项（属性字段）一般为一百个左右，可分为如下几类：

- 项目登记数据（项目号、单位等）
- 初审数据（初审意见等）
- 审批数据（审批建设指标、各级审批意见等）
- 费用数据（建设费、工本费等）

9.3.2 系统结构

规划管理过程涉及管理部门的若干个下属机构（办公室、规划科等），各科室分别对数据有不同的操作权限，而数据只有一份。因此，管理系统的硬件应该以客户-服务器模式为基础，构成局域网络。图形工作站与微机都是由可行的硬件构成，前者投资大、功能强；后者投资小、使用灵活、功能上可满足要求。

GIS 软件可以有效地进行图形与属性数据的管理，是比较理想的数据管理工具。但与关系数据库管理系统相比，GIS 的属性管理功能则远远不及。规划管理中，特别是审批过程中有大量的非图形数据，它们之间还存在一定的逻辑关系与使用权限要求。现有情况表明，尽管 GIS 软件可以管理这些数据，但在应用的灵活性、用户界面控制、管理机制等方面仍显不足，因而，采用关系数据库软件管理办文类非图形数据较为理想。但这样也会产生图形与属性信息分属于不同的系统，联系较弱的问题。该问题可以通过二次编程得到解决，如采用对象嵌入与链接（OLE 或 OCX）手段可实现图文的互访。许多 GIS 软件都利用开放数据库互联（ODBC）技术实现属性数据的外部管理（即由关系数据库软件管理）。对于以 PC 机构成的客户-服务器硬件体系，可以采用图 9-4 的软件结构。

例如，规划管理局可利用 ArcGIS 或 MapInfo 进行基础地理数据及规划图形数据的管理，形成完整的数据查询、统计、表格制作、图形输出等功能的系统，其中还通过 ODBC 技术关联建筑项目审批的有关数据与指标。而建设项目审批过程在关系数据库系统中单独形成完整的管理系统，实现办公自动化管理，其中的系统界面特别安置一个对象嵌入控件（OCX/OLE），用于显示对应的图形数据；也可通过动态数据交换（DDE）技术进行两个系统间的切换。非空间信息的管理界面一般用表单（Form）及其控件（文字框、数据框等）来实现，GIS 软件中一般只用简单的表格窗口显示同样的数据。

9.3.3 规划成果管理

规划成果是规划管理工作的重要依据。为提高工作效率，采用空间信息系统技术管理

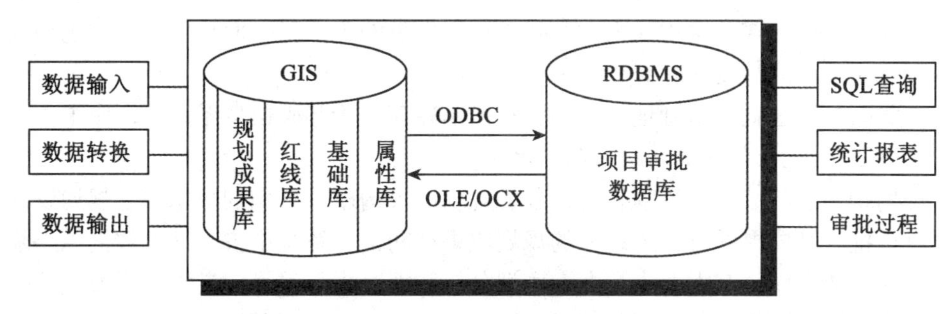

图 9-4　普通规划管理信息系统的软件结构

规划成果是必然的选择。在一般的城市规划与管理系统中，规划成果以子系统的形式存在。

规划的类别有总体规划、分区规划、控制性规划和详细规划，它们的调控范围、数据的详细程度是有差别的，在指导城市建设中有各自不同的功能，对其应分别建立数据库。

建立规划成果信息系统，需要在规划数据体系、规划设计手段等方面满足一定的技术条件，而且在空间数据库的组织上也要采取不同的策略。以下对这些问题分别进行说明。

1. 基本要求

从空间分布的角度来看，城市规划中的总体规划是对区域宏观的划分，分区规划和控制规划是中观的划分，详细规划是微观的划分。从概念上讲，这三种规划级别在空间形式上是层层向下的包含关系，它们在空间位置上没有交叉和重叠。这说明，城市规划本身是对城市空间的有机划分，它们形成了自己的体系——城市规划空间单元。尽管这种空间单元与其他类别的空间单元（如统计单元、行政区划单元）不能相互参照，而且在实际工作中规划图纸上的控制边界往往缺乏历史的连贯性，但在尚未形成各行业统一的空间统计单元之前，还是可以依据城市规划本身的空间单元体系，作为组织规划成果数据的基础。

除空间体系的完整以外，各次规划成果都应参照统一的空间坐标系统。

规划是针对城市的某一具体地域范围进行的，其空间特征十分明显，这就要求其位置的表示是精确的。在传统的手工规划设计中，一般在图纸边缘都有明确的范围标示（如道路、河流、人工界限等），在内部图形之间的相对关系也比较明确，但因多种因素的影响，图形的绝对位置精度则比较粗略。CAD 辅助设计技术使规划图件的精确表示成为可能，其关键是要对规划用的基础现状底图进行精确的坐标定位。基础底图一般用数字化或扫描的形式输入计算机，在此过程中能够实现精确定位。

从整个城市的范围来讲，空间信息系统必须只采用一套空间坐标体系，只有这样才能使空间数据库是一个完整而连续的数据库。有了这样一个基础，各个地块上的规划成果才能最终转换到一个统一的规划成果数据库中。这里的关键是规划管理部门有一套完整的具有统一坐标系的基础底图，而且这些基础底图已经以数字形式存在。现实情况是，各个城市勘测部门都有晒蓝的基础底图，但由于历史原因，有时出现不同地区采用不同坐标系、或不同比例尺采用不同坐标系（国家规范规定的除外）的情况，给底图的数字化工作带来不便。

随着CAD技术的广泛应用，规划管理部门对于基础底图的提供，将以晒蓝图纸形式转向数字式的文件形式，这不仅大大节省了规划人员的工作量，而且使得后续规划成果的吸收入库有了充分的精度保障。

基础底图一般也就是基础地理数据，它们单独存在于基础信息系统数据库中。

2. CAD规划设计软件及其成果的标准化

从规划管理部门数据的流程来看，各类规划成果构成了它们的数据源。规划设计方案一旦通过审批，其成果即可纳入统一的规划成果空间信息系统中去。这类数据源必须符合空间信息系统数据库的基本要求，在专题划分、数据格式、符号定义等方面形成统一的规范，以便为数据的入库建立良好的基础。目前，不同CAD辅助设计成果本身在图示的表示及非图形信息的选取方面缺乏一致的规范。

CAD辅助规划软件有多种，最常用的当属AutoCAD软件，一些研究单位在此基础上研制了专门的规划设计软件（如CARDS）。此外，一些GIS/制图软件也能进行规划设计的图形绘制（如GENAMAP）。尽管这些软件在体系结构、功能等方面各有不同，但它们绘出的规划图件一般没有多大的差异，这在当前仍用图纸作为审批依据的情况下并无不妥之处。然而，如果要求设计单位出具数字式的规划设计图以便入库，相关的问题就不能不认真加以考虑。

第一，CAD软件功能的标准化。图形绘制是CAD软件的基本功能，规划设计中的点（符号、文字等）、线（道路、管线等）、面（房屋、地块等）是基本图形元素，这些元素又各有表示的差异，如符号的大小、线的宽度与颜色、地块的填充式样及颜色等。规划设计中还会有一些特殊的图形表示要求，如绿地的符号、道路交叉口的曲线、一些背景符号等，这些图形在非专业规划CAD软件中一般不直接提供，设计人员要有足够的熟练技能才能绘制，这将给规划设计的效率带来一些影响。而且，规划人员各自采用的解决方案会有一些不同，反映在图形上也会有一些差别。这说明，专业的规划设计软件应具备绘制这些特殊图形要素的功能。

软件功能的另外一方面是图形要素的编辑修改，它们是“设计”二字的重要体现，主要是看使用是否方便。一般CAD软件的编辑功能是比较灵活的，在专业规划软件中只需加以归类。

第二，CAD数据格式的标准化。数据格式关系到不同系统之间的相互转换能否顺利实现。规划成果数据库是以空间信息系统为基础，其数据格式与CAD软件的数据格式可能是不一样的，这要求CAD软件能够将其数据转换为某种公用的交换格式。目前，最常见的中间格式是DXF格式，该格式已成为国际上通用的图形数据交换标准，所有的GIS和CAD软件都支持这类格式。DXF格式的不足之处是其在转换过程中可能会丢掉某些隐式关系，如“面”的定义。所以，如果CAD软件中能针对某类具体的空间信息系统软件来开发一种转换格式，最大限度地降低转换过程中显式和隐式信息的损失，那么从CAD到空间信息系统数据的转换就十分顺利了。

第三，CAD数据组织的标准化。CAD辅助规划的数据组织既要方便规划设计过程，又要为最终规划成果转入空间信息系统数据库做好准备。数据组织的依据在于与规划设计有关的数据分类方法。基本原则是对于不同的专题需采用不同的文件进行组织，同一专题内部则根据数据类型的不同进行分层。

3. 数据库的组织策略

空间数据库的组织方式取决于应用软件的功能及专题数据的内容，它对于整个应用系统的效率有着较大的影响。数据库文件过于庞大则系统的运行速度可能变慢，而数据库文件数量过多则显得过于繁琐。数据量与空间范围、空间实体密度有密切的关系。

数据库的组织方式首先应使得整个系统能够高效率地运转（这里主要由查询显示速度来衡量)。从专题意义方面来讲，总体规划、分区规划、控制性规划以及详细规划的规划图件表示的详细程度是有差别的，其成果应该分开管理，它们分别有自己的工作区，同时又处于同一个规划成果工作区下，以利于专题的管理及空间上的相互参照。在各专题内部，则需根据数据量进行空间细分，使每一部分的数据文件保持一定的大小。

系统效率除取决于硬件档次、软件质量之外，更主要地受数据库文件大小的约束。反映到空间地域上，就是要确定较为合理的最大空间范围，使得该范围内的规划成果数据文件能被系统高效率地读取。

城市规划工作是面向整个城市区域范围的，其覆盖面取决于城市自身的空间范围。城市规模越大、空间范围越广，数据量就越大。详细规划是针对城市的局部区域进行的，空间上有明确的分界线，一次规划成果的数据量总是在一定大小之内。从总体规划到分区规划再到详细规划，涉及的空间范围逐级缩小，内容上的详细程度逐级增加。因此，详细规划的总体数据量是十分庞大的，在计算机中的管理就需要妥善地加以处理。

结合规划中的各专题，得出图 9-5 的规划数据库组织模式，其中各专题均以工作区(或称为“项目”）的形式存在，工作区之内是分层数据。详细规划成果按规划地块进行组织也符合实际要求，即一次规划成果在数据库中应保持相对的独立性，以方便规划管理的实施过程。当然，在规划图的审批时，必须注意其与相邻地块设计图的衔接问题，不能出现道路、管线等设计要素在邻接地块的边界处断接或交叉的现象。

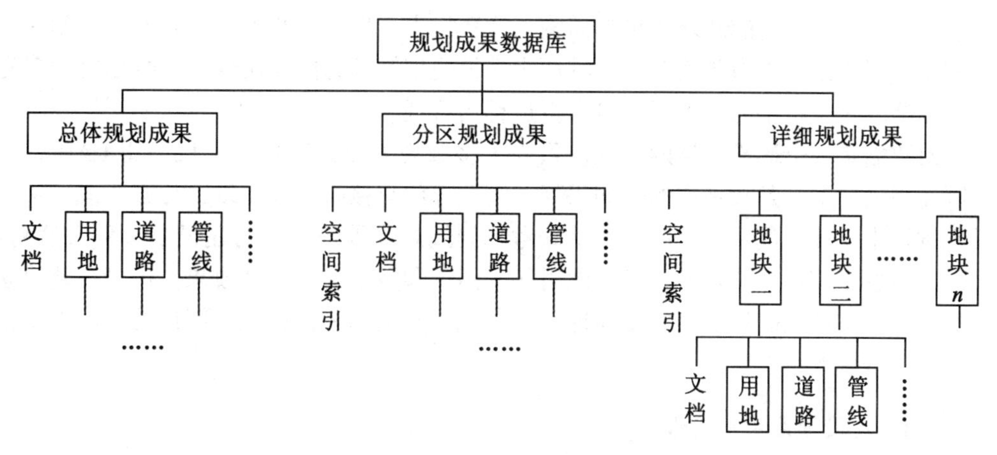

图 9-5　规划成果数据库的组织

4. 软件的选择

按照空间信息系统的特征，规划成果信息库应选择某一类 GIS 软件进行管理，但实际情况是各种规划设计都基本以 CAD 软件为基础进行，这使得对成果数据库管理软件的选择产生两种观点，一是以 GIS 为基础，二是以 CAD 软件为基础。二者都有其合理性及不利因素。

GIS 软件是处理空间信息最强有力的工具，它具有完善的空间数据库管理策略、灵活的数据查询手段、较强的空间分析功能、多样化的图形输出设计以及良好的体系结构。城市各类空间信息系统一般是以它为基础建立的。因此基于 GIS 软件的规划成果系统能够比较好地与其他空间子系统衔接，以构成完整的城市信息系统。利用 GIS 管理规划成果数据可能产生的不便之处在于 CAD 数据格式的转换。如果能够实现规划 CAD 软件及数据的标准化，那么这种转换可以通过标准的程序自动完成，不需花太多的时间与人力。此外，某些 GIS 软件（如 GENAMAP、MGE 等）也包含了功能较强的规划设计模块，其数据已是相应的 GIS 格式。

CAD 软件具有丰富的图形设计工具，用户界面友好，在我国的各级规划部门得到广泛的应用。并且除用于专业规划设计、制图外，也有一些单位将这类软件用于基础数据库或其他空间数据库的管理。可见，CAD 软件能够实现空间信息的管理，只是在查询功能上略有欠缺，这也正是用它来管理规划成果的不利之处。CAD 软件往往数据量大、图形处理速度慢、查询功能较弱、系统体系也很难满足多用户的需求。但设计人员对它的热情并不会因这些原因所淡化。由于 CAD 软件与其他软件一样，在不断完善与发展之中，它与 GIS 软件之间将会出现一定的功能渗透。

总体而言，若要用于规划成果的管理，对以 GIS 为核心的软件系统，需解决 CAD 数据格式的自动转换问题；对以 CAD 为核心的软件系统，需用高级语言编写相关程序，将空间规划地块与存放该地块规划成果的数据文件联系起来，以利于成果图件的查找。

除以上的技术因素外，建立规划成果数据库中最艰巨的任务在于数据的录入。在完成数据库的设计后，以前的规划成果都需输入计算机中。然而，数据的录入不是一朝一夕之事，需要花费相当的人力与资金。这种压力使得规划管理部门应用计算机技术时大多先避开这一复杂问题，将精力集中于项目审批过程的管理。

原始数据是一个逐步积累的过程。目前大多数规划设计都在计算机中用 CAD 软件进行，因而规划成果已是数字式的。如果规划管理部门只接收规划图纸，势必造成数字式规划成果搁置于设计人员手中而产生浪费。考虑到规划成果数据库的建设是一种必然趋势，管理部门在建立信息系统之前，可以同时接受图纸和数字文件两种成果。信息系统建立之后，这些数字文件只需经少量的变换即可转入成果数据库中，避免了图件的重新数字化工作。

9.3.4 建设项目审批管理

建设项目审批的依据是各级规划成果。城市的规划管理部门一般设有规划管理处（科），专门负责市区建设项目的审批工作。建立审批管理系统的目的是为了增强管理工作的效率，提高办事的透明度，使管理部门自觉接受公开监督。

建设项目审批遵循“一书两证”程序，一书即选址意见书，两证即建设用地规划许可证和建设工程规划许可证。许多地方规划管理部门还发放建设工程规划验收合格证，与前面的合并，成为“一书三证”。图 9-6 是规划管理部门对单位建设项目审批工作的典型流程。

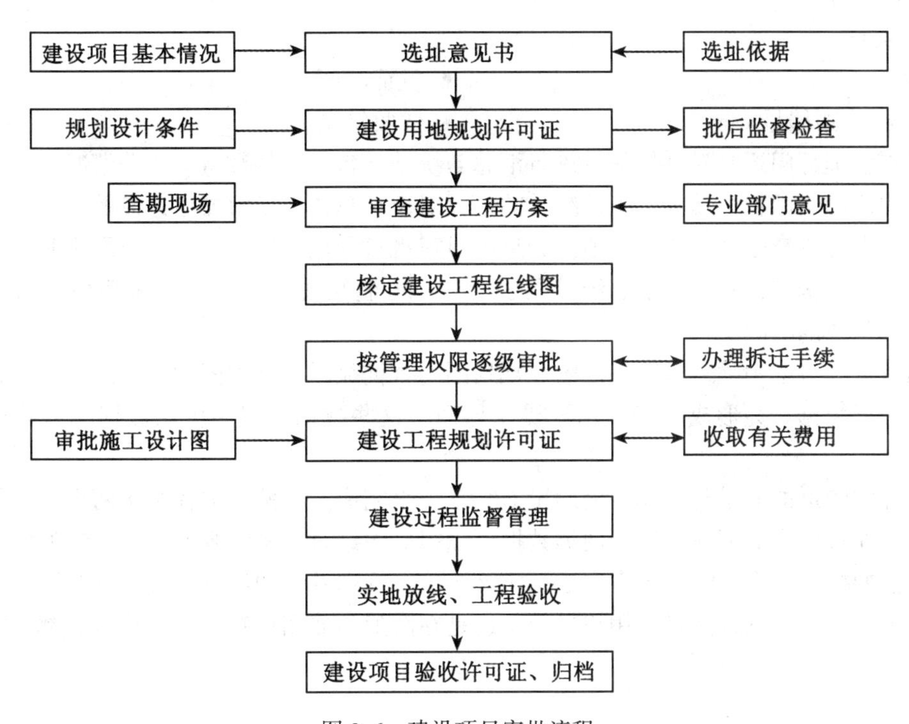

图 9-6　建设项目审批流程

审批过程涉及一百多个数据项，以下将其中带有普遍性的分类列出：

1. 登记数据项

- 建设单位名称
- 登记号
- 单位所属性质
- 批准投资部门及文号
- 建设性质（兴、扩、建、临、维）
- 工程项目类别
- 建设地点所处的 1∶2000 地形图号
- 登记时间
- 联系人
- 联系电话

2. 办理过程数据项

- 初审意见
- 经办人
- 接件时间
- 查看现场意见
- 专业部门（园林、环卫……）意见
- 设计要求（容积率、密度、间距……）
- 方案报审时间
- 领导审批意见及时间
- 转拆迁部门时间
- 返规划办理部门时间
- 审定施工图时间
- 审批信息（建筑面积、层数）

3. 收费数据项

- 市政配套费
- 教育配套费
- 商网配套费
- 人防配套费
- 白蚁防治费
- 放线费
- 规划管理费

4. 发证

- 发证号
- 发证时间
- 建筑红线图编号
- 验收结论

规划管理部门逐月对办件信息进行汇总与统计，包括办件数量、收费情况、按项目类别的分项汇总、面积汇总等。汇总统计的数据对于从总体上了解城市建设的进程、指导今后的工作方针具有较强的参考价值。如果项目审批过程用手工方法管理，那么其效率将是十分低下的。例如，月末的汇总统计用手工方式可能花去 1~3 天，而采用信息系统技术则只需几分钟的时间。

项目审批过程中除需进行基础图和规划图的查询显示、红线图的制作之外，其余数据均为非图形数据。为形成良好的用户操作界面，这些数据一般用关系数据库系统进行管理。

办件中图形的显示与操作需借助于 GIS 系统来完成。虽然数据存在于两个不同的系统之间，但通过特定的程序控制，两类数据可以很好地结合在系统界面上。红线的绘制则是一个单独的操作，在 GIS 系统中完成。应该指出，管理系统的组织方式可有多种方案，无论在数据库组织、软件选择、用户界面，还是在图形与非图形数据的连接方面都可视具体情况来确定。

9.4 土地管理信息系统

土地是人类赖以生存的基础，有效的土地管理是合理使用土地的重要保障。在城市中，土地的开发强度很高，必须建立必要的土地使用与转让机制。我国土地管理法规定，城市市区的土地属全民所有即国家所有；郊区的土地，除法律规定属于国家所有的以外，属于集体所有。国有土地可以依法给全民所有制单位、集体所有制单位，或个人使用，单位或个人需要在土地管理机构办理有关的土地使用证书。国家还可通过一定的程序征用集体所有的土地，所有权属于国家，所征用的土地用于国家建设，如国有企事业单位、社会服务设施等。法律还规定，国家依法实行土地有偿使用制度。这些法律规定其实已从根本上确定了土地管理部门的工作内容与任务。

由于城市中土地和房屋建设或开发是密不可分的一个体系，因而各城市土地的使用登记、各类建设项目的申报都在城市规划管理部门进行。

9.4.1 土地使用的管理

为保证土地的合理使用，任何单位和个人在进行土地开发之前必须先办理土地使用证书，该证书是项目建设的必要条件，因此土地机构与规划审批机构在工作流程上是前后衔接的。土地管理机构的另一项职能是依据国家政策合法征用土地，为城市建设服务。

要了解城市土地管理中的数据项目与类别，需先分析土地使用证办理及土地征用的工作流程。图 9-7 是土地使用证办理的基本流程及其数据内容。

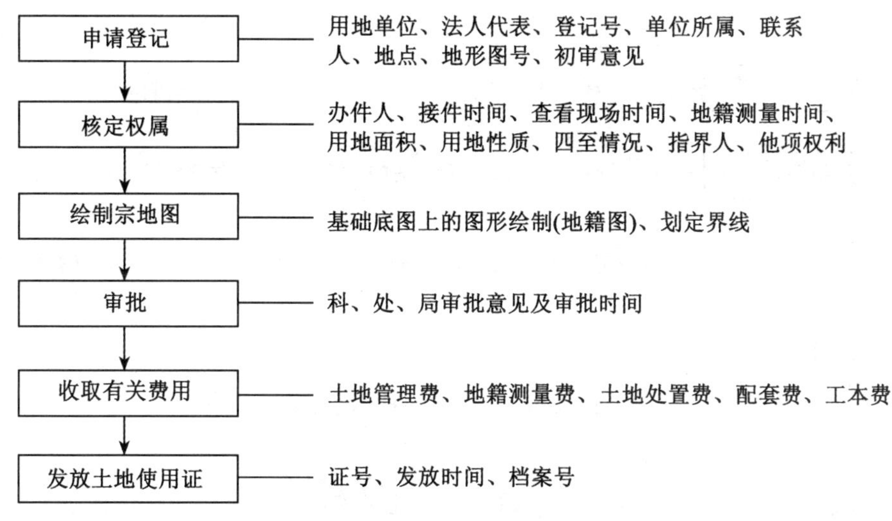

图 9-7　典型的土地使用证办理流程及其数据项

当城市土地的使用权发生变化时，需办理土地使用证。土地使用权的变更主要发生在国家和企业及事业单位之间。在适当的情况下，国家还可收回用地单位的土地使用权，即：用地单位迁出或撤销；规定的土地使用期限已满；土地使用单位在较长时间内没有使用已划拨的土地；由于国家建设事业的发展需要改变土地用途（如道路扩建、公共设施建设）；土地利用不当，土地资源遭到破坏。如果这些土地转入其他单位，这些单位也须按照土地使用权管理办法，办理土地使用证事宜。

城市土地权属变更的另一种形式即为征地。从土地所有性质上看，土地被征用后，将由集体所有变为国家所有。从空间范围上看，土地的征用是城市向郊区的扩展。因此，城市征地过程既改变了土地所有权及使用权性质，又改变了土地使用方向（由农业用地向城市建设用地转化）。而城市内部的土地不再有所有权的改变（国有土地），其中的使用权变更（如旧城区改造）不属于征地的范畴。

征地是一项复杂的工作，需要规划土地部门与相关部门通力合作才能完成。被征土地一般不是废弃或荒芜的地带，而是用于农业建设，如农田、菜地、农村建筑（住房）等。因此征地的同时需解决土地及地上物的补偿、房屋的拆迁、劳动力的安置等问题。这些与征地相关的信息可用专门的信息系统技术进行管理，也可统一纳入土地管理信息系统之中。征地的工作流程及其数据项如图 9-8 所示。

土地使用证办理及征地过程中涉及的图形数据是用地界址点及用地界址线，它们形成了用地地块。这些图形数据一旦确定，将具有法律上的约束力，因此地界（点）及地块数据是十分重要的信息。在管理信息系统中不仅要在图形数据库中存放该类数据，而且还

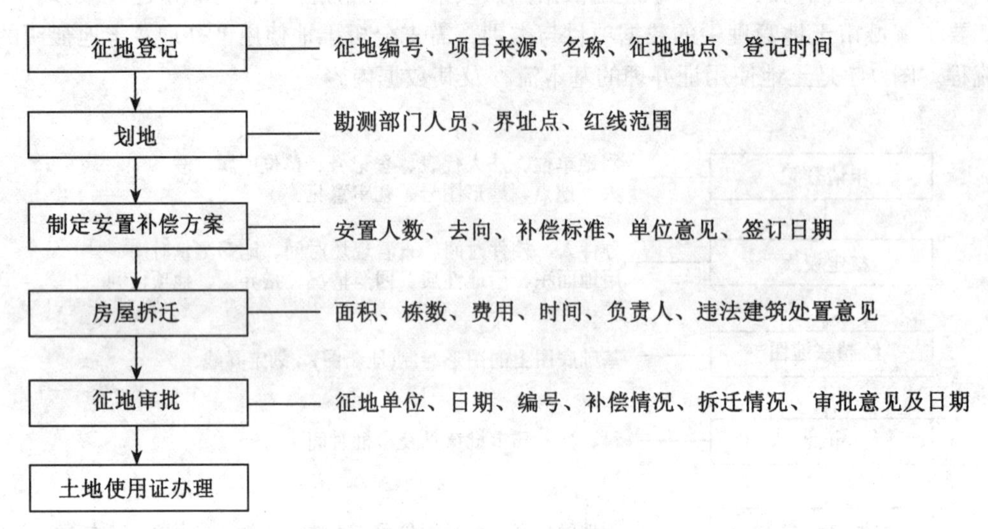

图 9-8　城市征地工作流程及其数据项

要在属性数据库中存放各界址点的坐标数据及界址线的连接数据，使法律程序上有严格的依据。用地管理的非图形数据内容比较多，一般也采用专门的关系数据库进行管理。

9.4.2　地籍信息的管理

地籍（cadastre）的历史比较悠久，最早提出时是为了征税而建立的一种田赋簿册。地籍是反映土地的位置（地界、地号）、数量、质量、权属和用途（地类）等基本状况的册籍，也称土地的户籍。1956 年，奥地利测绘部门首先利用电子计算机建立了地籍数据库，随后各国的土地测绘和管理部门都开始研制开发土地信息系统（LIS）用于地籍管理。土地信息系统曾因此是学术界讨论的热门话题，其提出甚至先于地理信息系统。

从本质上讲，地籍的管理其实是土地的管理。除用于征税目的外，地籍也逐渐成为土地及房产所有权或使用权的法律依据，与此同时，与房地产主有关的社会经济信息也被同时采集，进而演变为一个新的目的——多用途地籍（multipurpose cadastre）。土地价值评价是多用途地籍应用的一个重要方面，主要是作为房地产交易的依据。此外，多用途地籍在人口、经济、空间分布的形态规律等方面得到应用，它同时为城市其他领域的分析研究提供翔实的数据源。在西方国家有较多的研究。

我国的地籍信息是在进行土地管理过程中建立起来的。由本节的第一部分可以看到，地籍测量是发放土地使用证的基础，因此土地使用证办理的过程也就是完善地籍信息体系的过程。但由于历史的原因，城市中的许多用地缺少地籍信息，给用地管理带来不便，因而地籍的补测任务十分艰巨。受人力的限制，许多城市规划土地部门所属的测绘机构只能勉强完成办理土地使用证用地的地籍测量与调查任务，暂时难以开展全城市大规模的地籍调查。但无论是零星补测，还是全面测量，都是补充地籍数据库的机会。

地籍数据库的主体是空间图形数据库，城市基础地形数据是必要的参照依据。用地红线地块是地籍的面状数据，通过其标识可以与用地单位的有关数据关联起来，实施信息系统的查询。红线地块在地籍管理中也称为宗地，它由界址红线围成。界址线上的每个拐点都称为界址点。界址点与界址线除在图形数据库中进行记录外，其坐标数值一般也在属性数据库中进行记录，以提供精确的坐标信息。

在进行地籍图的绘制和显示时，除必要的基础背景信息外，还需对宗地的编号、尺寸、面积、户主姓名、四至关系等进行标识。应用 GIS 术进行地籍信息的管理是一个理想的方法，其功能完全适合于地籍管理及土地管理的要求。

9.4.3　房地产的信息管理

随着我国经济体制改革的发展，出现了一个新的行业——房地产行业。房地产是房产和地产的总称，我国城市房地产管理法（1995 年 1 月 11 日施行，1997 年修订）规定，房地产之“房屋”，是指土地上的房屋等建筑物及构筑物，如住宅、厂房、医院、学校、展馆等建筑物，以及院墙、停车场、变电室等附属建筑物。“房屋”是通过人的劳动创造的满足人们生活、工作、游憩需要的建筑物。而房地产之“地”，是指经过开发用于建筑房屋的土地，也即房基地或宅基地。所谓“经过开发”，是指在国家征用城市郊区土地后进行的基础设施配套建设，如修建道路、敷设管线等。在房地产概念中房与地是不可分割的，是房屋等建筑物及其建筑基地合为一体的财产形式。这种财产是一种不动产（real estate），使用时间长，比其他财产占资多、价值高（高于成本若干倍），所有权受法律保护，同时具有较强的保值性和较大的增值性。房地产是促使城市经济合理发展的一种机制，其行政管理内容不仅包括房地产基本情况的静态管理，而且包括房地产经济运行过程的管理，具体有：

- 房地产产权产籍管理
- 房地产开发建设管理
- 地产管理与房产管理
- 住宅小区管理
- 房地产交易市场管理
- 房地产行业管理

由此可见，本节前两部分所述的土地使用证和地籍的管理只是房地产管理的一个最初的基本环节，亦即只涉及城市地产的产权和产籍管理。房地产的空间特性存在于宗地的分布位置及其上建筑物的形态，信息系统管理中应能进行空间的查询统计以及制图输出。在房地产产权产籍基础上的建设开发、房屋修缮、房地产交易、土地估价等活动都有大量的非空间信息需要记录、存储、检索，因而需功能比较完善的非空间数据库系统。以下简要列出几类房地产管理中涉及的数据项。

1. 房地产开发建设管理数据项

- 开发公司名称
- 开发公司资质等级
- 开发地块编号
- 计划投资额
- 建筑地块开发面积
- 房屋建筑面积
- 施工范围和面积
- 竣工面积
- 工程合格率
- 工程优质品率
- 土地开发面积（七通一平）
- 商品房建设投资额
- 商品房屋建筑面积
- 商品房销售额

- 开工日期
- 施工工期

2. 城市国有公房的管理数据项

(1) 产权人

- 房屋坐落
- 产权单位名称
- 产别（公、私）
- 所有权证号
- 发证日期
- 共有权证号
- 占有份额
- 产权来源（调拨、历史）

(2) 地籍

- 丘号（宗地号）
- 土地来源
- 土地面积
- 土地等级
- 土地证号
- 四至关系（东、西、南、北）

(3) 楼信息

- 楼结构
- 层数
- 建成年份
- 建筑质量
- 楼住宅设备
- 占地面积
- 建筑面积
- 使用面积

(4) 房籍

- 产权范围
- 房屋用途
- 产权面积
- 使用面积
- 居住面积
- 房屋价值
- 成套住宅套数
- 成套住宅面积

3. 房产交易程序及数据项

由于房产的固定特性，房地产交易必须到实地进行（现场进行），因而需设立特定的交易所（市场）。而交易所中就需提供房地产的空间位置、形态，以及相关的房地信息，空间信息系统技术为此提供了必要的技术手段。房地产交易过程需要依法进行管理，一次交易的程序如下：

①受理：交易双方的基本情况。

②查验证件：产权证件（土地使用权证和房屋所有权证）；身份证件（经营资格证书或委托办理证书）；有关部门的审批证件；其他有关证件。

③产权审查：产权来源是否清楚，有无产权纠纷和他项权利不清的现象。

以上的信息，除需请当事人出具原件之外，应该还能从土地管理部门及房地产部门的有关档案（数据库）中查询出来。从这里可以看出，房地产交易中各有关部门的数据应该是共享的，这样的网络共享系统不仅能使各类信息相互利用，提高工作效率，而且能极大地防止土地与房产交易中的弄虚作假现象。

④现场调查：主要是现场调查承租人（出租房）或共有人（共有房）优先购买权的情况。如果数据库比较完善且在不断更新，则此类信息可以很快查询出来。

⑤现场勘估：估价结论。

⑥申报审批：由管理部门逐级审批。

⑦立契签证：房屋产权、土地使用权转移登记，交纳手续费和契税。

⑧归档：移交产籍档案管理部门，在计算机数据库中完成所有信息的录入。

总之，从管理过程来说，房地产行业管理应包括土地利用、开发、土地使用权的有期有偿出让和转让，房屋的建造、买卖、租赁、装饰、维修，房地产抵押、信贷、信托等一切过程。其中涉及的信息量是很大的，系统的数据库应该有清晰的体系结构，系统能够将它们有效地组织与管理。从现有的体制来看，以上的信息是分别存放于不同的管理部门之中，因而最艰巨的任务是要改变部门林立、条块分割的局面，实现由封闭的部门管理向开放的房地产行业管理转变。这些非技术因素与技术因素一样，对整个土地信息系统建设的成功与否起着决定性的影响。

9.5　管线信息系统

管线是城市的一类重要基础设施，它与城市道路一样，是城市中物质流与信息流的脉络，基本上与道路"相伴而生"。管网有地上和地下两类，地下管网是在地面上不可视的实体，对它们的管理是十分重要的。随着城市的发展，管网体系越来越庞大，管理的复杂度逐年增加，采用高效率的 GIS 空间数据库管理技术十分必要。

9.5.1　管线的分类与特点

管线是运送物质与信息或能量的线状实体的总称，根据其形状与用途，可以作如下的划分。

1. 管道类管线

这类管线包括运水管道和煤气管道，一些特殊的工业管道（如输油管、输料管）也属此类。它们的共有属性包括管径、管材、埋设年代、接头形式、埋深、使用状况、压力值等。管道与道路一样，也有主管、干管之分，它们形成特有的网络体系。

2. 排水道类管线

主要用途是污水、雨水的处理，设施的主要特点是水道比其他管道大，其实是一种"道"而非"管"。尽管如此，一般也把此类管线归于第一类的管道管线之中，它们有相同的属性。

3. 缆线类管线

其材料类型是缆线，其实是没有"管"的意义。缆线管线以传输能量和信息为特征，可分为三类：电力线、电信线、电视电缆线。

电力线在日常生活中比较常见，它是城市必不可少的能量来源，有高压线和普通电力线之分。高压线用于将电力从一个地区输送到另一个地区，普通电力线则是经降压之后供生产、生活使用的线路。电力线的属性信息包括电线的粗度（直径）、使用日期、埋设深度（或架设高度）、电压值、绝缘与否、相位数、杆塔类别、所属变电站等。

电信线是信息流动的通道，如电话线、光纤线。它们与电力线一样，连接到城市的千家万户。信息高速公路的建设离不开电信线，电信线是信息的载体。在实时运转中，对软件系统的要求比较高，因为每一次通信都发生在两个结点之间，系统应迅速地搜索出一条可用的物理通道来满足这一要求。这其中比较重要的信息有通道、缆线分布、通道空间(数)。对于各条缆线来讲，其属性应包括通信能力（通道数)、各通道状态、埋深（或架设高度)、使用日期、所属控制箱等。

电视电缆线也可以看成为一种电信线，但它只提供电视信号，不需特殊的软件系统进行管理。随着多媒体技术的发展，电视电缆线的应用范围将超出纯粹电视信号的传送。其属性与电信线类似。

对于缆线类管线有地下和地上之分，地上缆线无论是从架设成本或从维修方便程度来看，都优于地下管线，但前者易于受气候影响，且影响市容美观，因而较为发达的城市一般采用地下敷设的形式。由于管道种类较多，一般在地下开辟特别的地下空间，用于将其统一安置，这一过程在设计中称为管线综合，各管线间的距离、深度应满足其专业上的要求。

城市管线的密度及分布与城市的开发强度有着直接的联系。通过对其基本特征及相互关系的分析，可得出管线的如下一些特点：

- 城市管线与社会经济活动的强度有关，在城市空间上的分布是不均匀的，密度从城市中心区向边缘逐步降低；
- 任何管线都可看成为空间上的四维向量，即除平面位置外，还有竖向位置（深度或高度）和铺设时间。一般在空间信息系统中，后两维信息只存储于属性数据库中，它们是管线综合工程的重要数据源；
- 城市各个类别的管线构成了网络体系，管线中的资源可以通过此网络进行合理的优化组织，并能对突发意外事件做出反应；
- 城市的管线因经济、人口的增长而增多，管线的添加和维修是一项经常发生的城市工程；
- 城市管线在地下纵横交错，历史资料缺乏，常因开挖路面造成较大的损失，因而管线的探测是获取地下管线分布状况的必要手段。

城市管线的复杂程度说明，需要一个综合性的空间管理信息系统对各类管线信息进行统一管理。又因为城市管线分属于不同的职能部门，它们之间往往缺乏应有的协调及信息联系，使得管线管理信息系统建设的复杂度增加。

9.5.2 管线管理信息系统的数据库

管线数据库的建设首先要解决结构体系问题，其中的关键又在于空间数据库的组织。从管线的众多类别来看，分层的数据组织方式是一个必然选择，即每类管线构成单独的数据层（空间文件）。从管线所属部门来看，分层的体系也便于各部门分别管理各自的数据。

另一方面，空间数据文件的大小对于系统的运行效率有直接的影响。如果文件太大，系统的操作将变得十分缓慢。而文件的大小是由管线的数量决定的，对于中小城市，这个数量不会影响将整个城市的某类管线存入一个文件的效率；而对于北京、武汉、上海这样的特大城市，情况就有所不同，它们建成区的面积很大，管线也就很多，需采取一定的方法来减小数据文件。这就是空间数据组织中的分块（区）方法，分块时应保持空间上的一致性，也就是说，城市各类专题数据的分块都应按统一的标准进行。分块有规则分块和不规则分块两种。规则分块就是以标准比例尺的图幅为单位进行，可以以一幅图或几幅图一起为基础分块，如 1：500 图可以相邻 9 幅图作为一块，而 1：2000 图则可以一幅图作为一块。不规则分块可用道路围成的区域为依据，也可用行政区划边界为依据。

形成数据库的组织体系之后，还要分析具体数据文件的组织结构，这需要研究管线的数据构成。在前面一部分中，已经给出了各类管线的附属属性，而对图形实体没有作详细的分析。从实体类别来看，一条完整的管线由管线的线和管线之间互相衔接的点组成。

管线的线从图形上区分有直线、曲线、圆弧线几类；管线的点则可分为管线特征点（如弯头、三通、四通、出入孔等）和附属物点（如给水窨井、消防栓、接线箱、阀门等）两个基本类别。从图形实体划分，一条管线应由线实体和点实体构成。而线实体的起点和终点也由点实体定义，这包括：特征点、附属物点、变径点、变材点、埋设年代变化点、权属单位变化点等。管线点属性中也要存储管线的连接信息，也就是说，要建立完善的拓扑关系。管线的编码是建立管线数据库的必要前提。国家技术监督局 1993 年发布的《城市地理要素——城市道路、道路交叉口、街坊、市政工程管线编码结构规则》（GB/T 14395—93）中对管线的编码方法作了规定，即一条管线的代码由方位码、分类码和序号三部分构成。其中方位码有两种可能：如果市政工程管线沿着道路埋设，则该道路的代码即为管线的方位码（道路代码本身又由方位区码、分类码、走向码、序号构成）；如果市政工程管线没有沿着道路埋设，则管线所处的城市方位区码即为其方位码。所谓方位区码，是"根据各城市的布局道路网结构所形成的不同的分区形式，将城市划分成若干个能标识地理位置的方位区作为定位单元"并给出定位单元代码。

编码规则中的"分类码"是指各类管线类别的编码，例如，可以用数字、汉语拼音的首字母或英文首字母作为管线的类别码（如电信管线可用"D"或"T"表示）。

以上只是讨论了管线数据库的组织形式，而在城市规划中，管线规划是一项重要内容，因此规划管线的管理也是必要的。规划管线数据量相对较少，可以以一个数据库文件存放一类管线数据，而管线也不必预先编码。规划管线数据库可以与规划成果数据库一起存储，或者将其纳入规划成果数据库中。

还需指明的是，管线的管理中离不开城市的基础地理数据，这些数据在本章第二节已有说明。

9.5.3　管线管理信息系统的功能需求

管线管理信息系统除给用户及管理人员提供查询、统计、制表、输出等管理功能之外，还应充分利用空间信息系统的空间分析功能，结合管线本身物质、能量、信息流的特点，实现相关的空间分析，如网络的最优路径与负荷、管线断面分布、故障影响等方面的分析，以提供可靠而准确的决策信息。

1. 网络分析

各类管线本身构成了一个完整的网络体系，它们是网络分析的基础。网络负荷分析是第一类应用，利用该功能可以求解各变电站的服务范围，以及通信线容量是否够用等问题。最短路径是第二类，利用它可以求解最小连通树，这对于电信线体系中优化管线结构

(最优管线埋设)、扩展服务范围有较大的参考价值。故障影响分析是第三类，如果某一条线路出现故障，通过系统应能立即找出受影响的区域，并且给出由网络的其他部分提供服务的最优方案，对于管线网中的控制点（如阀门、变电站、分线箱等），给出是否关闭的指示。在某些网络如电力网中，当某一位置出现故障时，通过物理手段可以测出故障点到控制中心的最短路径距离，这时在网络系统中进行路径反算（扩展操作），可以确定故障点的实地位置。能找出实地位置的原因在于，管线数据是以基础地理数据作为参照的。

2. 施工影响分析

如果某段管线需要进行施工，可以预先用系统模拟这段管线被切断后所产生的影响，并且通过管网体系做出被影响区域的补偿方案。同时，管线施工对道路交通及附近的建筑会带来一些影响，利用系统可模拟各种施工方案影响的程度，从而确定最佳的施工方案。

3. 截面分析

对于地面上的构筑物，可以用实地照片来描述其空间形态，而对于地下管线则不能采用这种方法，一是因为管线是一种较长的线状实体，二是因为大部分管线埋设于地下，只有主体线路通过沿道路的涵洞铺设。为了模拟地下管线的分布情况，可以利用管线所带的属性进行截面分析。截面分析不是三维分析，它只是垂直面上的分析，可分为沿管线方向的纵截面和与管线相切的横截面两种。

管线两端的管线点具有埋设深度、管线顶和底的深度等属性，只要知道该点以上地面的高程，则其竖向位置即可确定。图 9-9 是管线纵、横截面的示意图，纵截面的运算是一个较为简单的过程。

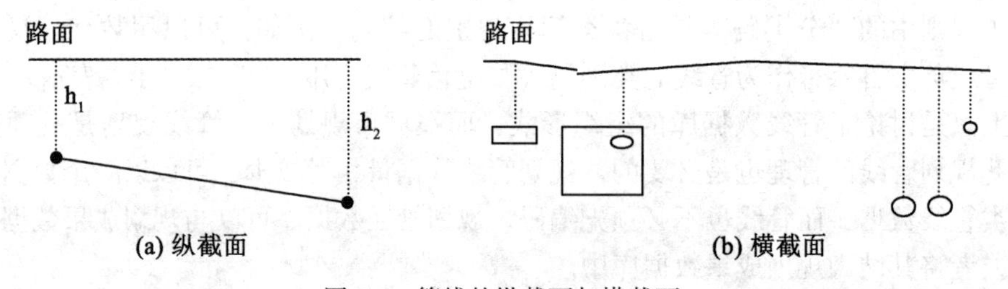

图 9-9　管线的纵截面与横截面

横截面的生成要复杂一些，其运算可分为如下的过程：①由用户自定义一条截面线；②计算该截面与经过它的各管线的交点的平面位置；③确定交点处的高程，这需要应用直线内插公式；④求出交点的管口断面形状，若截面与管线垂直相交，则为一圆；若非垂直相交，则为一椭圆；⑤涵洞的截面也应计算。归纳起来，运算中也就是求出切点的平面坐标、竖向高程及切口形状，这些运算及图形的显示需由用户编写程序，有些 GIS 软件中则已有此功能。

除以上的基本分析方法之外，系统还应能够对城市的老区改造或新区改造给管线的布局、容量带来的影响进行估计，并模拟各类解决方案。例如，一个小区的建设会对供电、供水、通信等方面提出新的要求，如果说这类新建项目一般有详细的管线规划，那么旧城区内兴建一幢二十多层的写字楼则只能依据现有条件进行调整。

各类管线分属于城市建设的各个部门，每类管线内部还有许多专业化的信息及技术要求，需要有针对性的详尽系统分析。本节只是给出了一般管线的普通属性信息，没有给出各类管线的全部信息及需求。

9.6　其他专业管理信息系统

9.6.1　交通管理信息系统

城市交通分为对外交通和对内交通两大基本类别。对外交通有水、陆、空三种形式，陆地交通发生在铁路、高速公路、城市快速路等设施上。内部交通有地铁、主干道、次干道、支路等设施。城市道路是交通流通的物质载体，因此交通信息系统中道路网数据是一个十分重要的组成部分。

交通部门是应用计算机技术比较早的行业，1981 年天津进行了居民出行调查综合研究，七万多张收回的表格都用计算机进行处理，在很短的时间内就获得了满意的结果。统计分析结果对交通规划及交通决策提供了详细的资料。同期上海也作了类似的研究，进行了居民出行、车辆出行、货物运输、市中心停放车、道路流量车速等调查，建立了规模较大的交通数据库，以该数据库为基础，开发了上海综合交通规划模型。这时期虽建立了交通数据库，但尚未形成信息系统，更谈不上空间信息系统。

专业化的交通数据处理软件发展比较迅速，这些软件一般包含若干个类别的交通规划模型。交通规划软件在图形处理方面的功能相对弱一些，有关人员提出应将其与 GIS 系统联合使用，而且在实际工作中作了试点研究，如武汉市城市综合交通规划研究所就以交通规划软件 EMME/3 和 ArcGIS 为基础，建立了综合交通规划空间管理系统，该系统可以提供宏观交通决策的信息及技术支持，同时为交通规划与管理提供工具。关于交通信息系统的另一个设想是在 GIS 系统中开发交通软件，使空间信息处理与交通分析模型紧密地结合起来。

交通设施信息是交通管理的主要数据源，而交通管理的信息是比较庞杂的，如：

- 道路网的现状：道路的宽度、路名、设计车流量、限速、铺面材料等。
- 交通控制标志：标志编号、类型、有效时间段等，控制标志为点状实体，在各路口均有设置，因而数据量很大。
- 交通沿线路灯的分布、杆高、编号、灯的类型，耗电量等。
- 交警站的位置分布、人数等。
- 交通附属设施的分布及容量，如加油站、清洗站、停车场、修理站等。
- 公共交通路线：路线号、起点、停靠站、车辆类型、所属站场等。

由分布在各地的摄像机传回的动态影像是一类动态数据，对交通的实时管理最为重要。但由于成本较高，这种系统尚难以普遍应用。

当因交通事故发生行车堵塞时，利用基于 GIS 的交通管理系统在确定了事故位置后，可以迅速搜寻疏散交通的线路，辅助控制中心进行行车调度。如果某路口发生行车堵塞，利用 GIS 系统可搜索避开该路口的行车线路，然后通过无线电台将信息传到各辆车上，这样就可减轻堵塞路口的压力，使城市总体的脉络仍保持畅通。长期的堵车事故地点统计可以促使有关部门分析其原因，并制定相应的对策。

利用交通网可以计算最短时间或路程的行车线路，这对于紧急突发事件来说十分重要。如将病人尽快送到医院、堵截犯罪分子等。在维护社会治安方面，公安部门有时要依靠路网进行警力的实时调度，此时各警车的位置十分重要，需要实时反馈到控制指挥中心。位置信息反馈的基础是需实时测量车辆所在的坐标，这可以通过在各车上装配 GPS 接收机，并用无线电将 GPS 数据自动传回指挥中心，再由有关软件实时解算，用这样一套技术方案来解决。这里我们可以看到，GIS 在与 GPS 结合中显示出的高效率的优势。

9.6.2 环境管理信息系统

环境问题是一个城市可持续发展的关键问题，在今天日益受到社会各界的广泛重视。环境污染随城市建设步伐的加快而加剧，工业污水得不到治理、房地产开发导致水土流失和生态环境破坏，这些问题应通过有效的环境管理措施得到根治。但环境效益、经济效益和社会效益之间存在着较大的分歧，如何将它们统一协调起来是一项艰巨的任务。对环境的治理需要先了解城市的环境状况，城市的环境保护局负责该市的环境监测、环境管理、环境分析与环境规划等方面的工作，其中数据的多样性决定了应用空间信息系统技术的必要性。环境管理中涉及如下一些内容：

- 建设项目的“三同时”管理。“三同时”是指环保设施与主体工程同时设计、同时施工、同时投入运行。该项管理主要是针对新建污染性项目。
- 老污染源的治理与改造。利用环保基金对污染较严重的现有工业进行生产工艺、废物处理设施的改进。
- 污染事故的管理，分析其产生原因及危害程度。
- 排污收费的管理，通过这种方式迫使污染严重的企业进行设备改造。
- 排污许可证管理，许可证的发放与管理是管理迈向科学化的一项重要措施。

与环境管理有关的空间数据有监测点的位置分布、污染源的位置、排污口的位置、工业及生活污水管道、道路网分布、环境功能分区、各类大气污染物的等值线分布、环境规划图等。这些空间信息在环境管理中主要作查询分析之用，如查看被治理污染源的位置情况、新建项目的可行性研究中查看该项目所在的功能区及环境规划的要求、污染事故的位置及其对周围环境的影响。基于空间分布的环境统计可以为环境规划提供依据。

环境管理中涉及的空间数据类型比较复杂，有点状、线状、面状三类，这说明 GIS 的空间数据库要分多专题进行管理。但环境空间数据的数据量又不是很大，因而空间数据库的建设相对来说较为简单。

环境管理的空间数据在环境分析中有极大的价值。如通过较为规则的环境噪声监测网所获得的数值，可以查看噪声分布状况，为环境质量分析提供依据；又如，利用 GIS 的数字高程模型，通过大气监测点获得的数据，可以分析大气污染物在城市上空的等值线分布情况；再如，利用大气扩散模型，可以计算出某气体排污口发生超标排放时所影响的范围。

环境质量评价是环保局工作的一项重要内容，它与空间位置密切相关，需要各监测点的观测值、排污渠道的监测值等环境监测数据，同时还需要评价区域内的土地利用状况、人口分布、工业产值等社会经济数据。

环境统计也是环境管理的一项重要工作，与环境监测相比，它是从行政渠道了解工业企业各污染源的生产及排污情况。环境统计数据对于了解环境状况、模拟环境决策具有重要意义。我国环保部门有一套完整的环境统计指标，而且有通用的环境统计软件。

环境监测、环境监理、环境统计、环境分析，再加上一些必要的基础信息，构成了完整的环境信息系统体系（图9-10）。

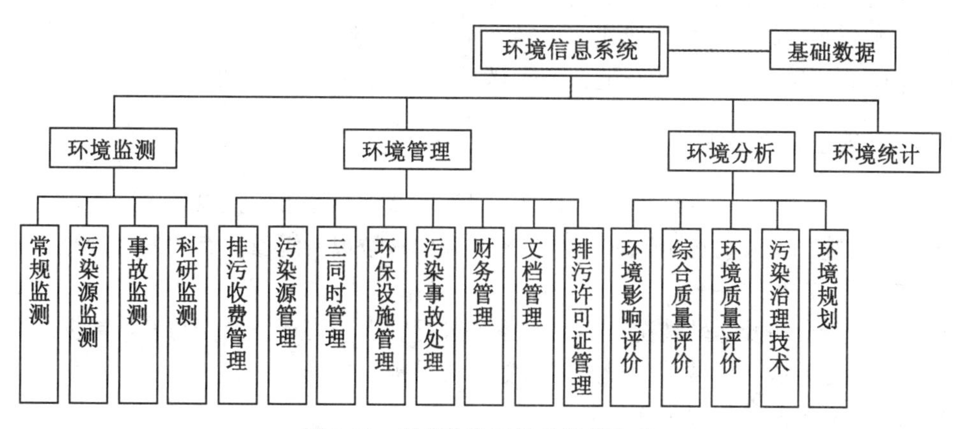

图9-10 环境信息系统的逻辑构成

9.6.3 灾害管理系统

由于城市区域开发强度很大，伴随的灾害对城市居民的威胁也有扩大的趋势。灾害有自然因素的，也有人为因素的。及时的灾害应急处理是灾害管理系统的首要目标。地震、滑坡、洪涝、火灾等都属于城市灾害，灾害的预测及其影响范围的模拟分析是关系到城市居民生命财产安全的重要手段。灾害影响的预测必须快速而尽可能准确，这就要求有现代化的空间信息系统。

灾害管理中涉及的数据有城市地形图、历史上灾害发生的位置及影响、潜在的灾害点等。如果有地震断裂带穿过城市，则在进行城市建设时要考虑设防。在断裂带活动时，通过地震预测手段可大致确定震源的位置，该位置可作为一类空间专题数据输入GIS空间数据库。根据地震可能发生的强度，可用GIS系统模拟影响范围，统计该范围内的建筑物及居民状况，对震前的疏散工作具有重要价值。

滑坡是山地城市常有的现象。有些国家的城市由于用地紧张，导致低收入或外来居民铤而走险，将住所建于山坡之上。这样，一旦坡体产生滑动，后果十分严重。GIS技术可以模拟这类灾害对周围的影响，还可借助DEM数据对潜在的危险进行分析。

洪水是邻江河的城市面临的重大威胁，沿江堤的护理极其重要。堤的位置与状况可录入GIS数据库中，利用一定的模型分析可以查看是否有薄弱的堤段。而一旦不幸有决堤的情况发生，GIS还可模拟其影响范围与程度，这要求有地形数据。

火灾是城市中较为频繁的灾害，其损失经常是巨大的。为将经济损失降低到最低程度，消防部门面临的问题是如何迅速调动消防车辆和消防人员及时扑灭火灾。一般的工作方式是调度员根据自己对当地的街巷及建筑物的熟悉情况与经验进行调度。而利用GIS系统，一旦确定火灾发生的位置，便可迅速显示出当地周围环境的状况，查询火灾毗邻的单位，显示当地有关的构筑物（消火栓、管网等），这种效率将大大提高消防的指挥能力。

一个基于GIS的消防指挥系统至少应包含如下的图形及属性数据：

- 城市路网分布，其名称、路宽、等级。
- 城市建筑及单位的分布，单位的名称、建筑高度、居民的数量。
- 消防水源分布，如消防栓的形式、口径、压力、流量等。
- 消防中队的分布，各中队的车辆数、车辆类型、消防队员数量等。

9.6.4 环卫管理系统

环卫部门的主要职责是维护一个干净、卫生的城市。城市中人口集中，用地紧缺，各种垃圾及废弃物如不及时运出，城市可在短时间内被垃圾所淹没。有效的管理是保证环卫体系正常运转的前提之一。

环卫设施的分布及运转情况可由GIS系统进行管理。将环卫数据与其他数据结合，可以分析环卫设施的服务区域，为设施的布置与调整提供依据。

环卫信息系统的数据源可包括：

- 环卫设施分布，其编号、类型、容量、工作人员数量等。环卫设施包括垃圾箱、公厕、垃圾转运站、垃圾处理场、垃圾焚烧场、清洁车辆场、堆肥场、粪便处理场等。它们分布于城市的各个角落，数量极大，数据的收集比较困难。
- 废弃物的转运路线，如下水管道、垃圾的运输路线等。
- 某些疾病源的分布区域、类型、特征等。

利用航空摄影方法收集有关固体垃圾堆放情况的信息是一种有效的手段。1986年完成的北京市航空遥感综合调查，从一个全新的视角审视了北京市的建设情况，其中的一个应用成果便是垃圾场的位置分析，以空间分布的范围与密度来说明垃圾治理的必要性和紧迫性。

9.6.5 统计管理系统

城市统计局负责全市国民经济和社会发展状况的统计工作。统计有定期与不定期两种方式，有抽样统计与普查两种形式，每年的统计数据十分庞大。统计数据库的建设已取得可观的成效，但只限于非空间统计数据的管理。

由于统计是针对城市居民及企事业单位进行的，因而它必然带有空间特性，这说明统计领域很有必要引入GIS技术，GIS在统计部门的潜在应用价值包括：

显示统计区域的范围及状况，查询各统计区域的统计数据。很多社会经济数据，如居民户数、人数、家庭收入、教育状况等，都是以行政级别的最小单元即居委会逐级汇总上报的，行政区划是这些统计数据的载体，通过它的空间分布可以了解各类统计项的空间分布状况，给人以直观的印象。

抽样统计的选址。抽样统计的样本要有代表性，这要考虑诸多因素，其中对抽样点的均衡布局是十分重要的。房地产部门的详细建筑分布图及其属性信息可作为抽样点选取的参考依据之一。

9.7　国外的实践

西方国家城市管理部门应用计算机技术比较早，各个行业都形成了自己的一套系统，有很强的实用价值。本节以美国一个小城市为例，介绍运用 GIS 技术进行城市管理的基本情况。美国威斯康星州的密尔沃基市（Milwaukee）自 1976 年开始进行城市地理信息系统的建设。经过多年的探讨，该市已建起了较为完整的城市数据库，在城市管理中发挥着比较重要的作用。这里分别介绍 GIS 技术在该城市管理中的一些应用。

9.7.1　土地区划管理

区划是市政府用于控制城市发展的管理条例。区划就是法律上采用的对某一区域土地利用及房屋规模的限制，政府的管理人员以此条例为依据审批开发建设项目。开发限制的法律描述及其应用区域记录在城市的“分区条例”中，区划图是该条例的图形描述。区划图的两个主要功能为：①登记区划的变更；②修建项目的审批。

密尔沃基市的区划由规划部门负责制订及修改，区划图由三种图构成：用途图、面积图、高度图。这些图中的每一类都用多边形表示其范围，三图叠合即可指示某一地块的区划控制，即允许何种土地利用、建筑面积与间距以及建筑高度。

传统的区划图是以类似纸质的物质存储。密尔沃基市的区划图约 4 米宽、15 米高，采用特殊的电动机械装置来卷动，供人们方便查找。区划图共有两套；一套放于规划部门，用于建设项目的审批和区划内容的修改；另一套放于房屋监察部门，用于审查建筑申请，发放许可证。这种传统的工作方式有如下一些缺陷：

①区划边界一旦有改变，要作六次区划图修正（每部门三幅图）；

②基础背景图的变化亦将引起区划图的更新，同时还影响房产图、测绘图及土地利用图；

③管理两套图的两个部门缺乏协调，引起内容的不一致；

④电动装置因长期使用出现故障，维修费用高；

⑤区划图不包含不动产的内容，也无地址可寻。而当开发者申请建房时，送来的是绘在地籍房产图上的报建项目和项目的街道地址。这样就导致了建筑审批要花额外的时间确定位置，通常是要到税收部门取出地籍房产图进行对照。

GIS 的引入彻底解决了这些问题。区划的三类图原来是分开存储，现在则可将其合并为一张图存入计算机内，三幅图的边界相交产生许多新的组合多边形，对这些多边形进行编码即可实施高效率的管理。另外，由于其他信息（公共道路、地产边界、地块地址等）已同样存入空间数据库中，区划范围便可与这些信息进行比较了。

输入 GIS 数据库中的区划图克服了传统区划图的精度不够问题，例如因区划边界不准导致的某一幢房子跨在两种区划限制区上，而这并非房主违反了区划规则。

税收部门征收房地税的依据之一是户主的地产处于何种区划范围之内，一旦区划的边界有所调整，税收部门通过计算机网络就可自动更新这方面的内容，进而马上可以调整税收额。

9.7.2 选区划分

每次人口普查后，美国人口普查局都给各地州政府提供新的人口数据，这些数据被用于随后的联邦、州、地方行政区域的划分。显然，各级政府对人口变动所引起的行政区划的变化有着极大的兴趣。这些区划变化的影响是广泛的：从上级政府划拨给下级政府的行政经费，到各级政府官员的变更（其选民不再处于他们的区域之内）。

选举委员会必须在他们收到数据后，尽快对各类区域划定边界，以尽可能减少政治官员之间的冲突。这一划分的过程见图9-11。采用GIS后，缩短了工作时间（从原来的6个月降到3个月），所花经费也大大减少（从6万美元降到2万4千美元）。

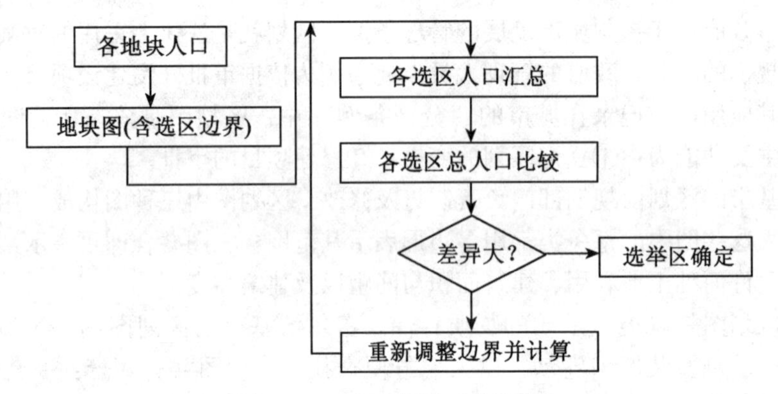

图9-11 选区的划分工作流程

9.7.3 建筑审批的工作平衡

建筑审批过程中涉及多项审查工作，需要审批人员现场踏勘。这种工作一般是按一定的地理区域进行，每个工作人员负责其中的一个区域。在密尔沃基市共划分了13个区，由13位专职人员分别负责。但由于城市中建筑物的拆除、新建、变更的分布并不均匀，且经常变化，因而造成工作人员负荷有轻有重，有时这种差别达到三倍之多。这种现象自然会引起工作人员心理的不平衡，给审批工作带来影响。

过去的做法是把13个人集中到一起，取出一年中所有的申请卡片，重新分成大小差不多的13堆，堆的分法要保证堆内的所有卡片都集中在一个连续的地理范围内，堆与堆之间在地理区域上不能相互交错。最后每堆所对应的地理区域即成为分工区域的边界。为了使这一工作既公平又合理，13个人必须停止正常工作，花一周的时间进行调整。由于费时，这种方法极少采用。

在没有地理信息系统时，部门的管理人员尝试过用计算机来调整审批区界，但由于没有空间数据库，只利用报建数据库是不够的。在GIS技术采用后，这一工作再次被提到议事日程上来。

建筑申请的卡片是记录在属性数据库中，其中有建筑物的地址信息。根据街道地址与地产编号之间的索引文件（如 DIME 或 TIGER），可以查到每一项项目发生在哪一个地块上。这样，可以把一定时期内所有修建申请的位置分布显示在地图上，再将各地块的申请分别作数量累加。以市区道路等作为背景图，工作人员在计算机屏幕上直接做出各审批区域的边界；再将各区域的报建数量分别累加并进行比较，若有不均，再作调整，直至得到满意的结果。分区中还要考虑两个因素，一是尽量使区域沿道路和自然地物的边界进行划分，方便调查人员；二是路程与复杂度，近郊的检视比市中心要多花一些时间，因而距离因素要加以考虑。借助 GIS，过去 13 人一周的分区工作量，现在只需半天即可完成，而且质量大大提高，从而改善了建筑审批部门的内部管理工作。

9.7.4　垃圾收集线路

密尔沃基市的环卫局负责给市民提供两个主要的服务：一是固体垃圾的收集，二是街道上冰雪的清除。从地理位置看，自 1970 年该局管理了北、中、南三个服务区域，各区域又分为若干区，共计有 9 个卫生服务区。

对于固体垃圾的收集，9 个环卫区又被细分为多条收集路线，这里的“收集路线”不是普通意义上的网络路线，而是一个地理区域，即一个收集队（一个司机加两个清运工）一周内所能处理的区域。收集队只对低于四层的住宅楼提供垃圾清理服务（较高层的住房由专门的商业公司负责）。一个垃圾收集线路就是一个卫生收集队一周的工作区域，在地图上表示为面状多边形。

在 1970 年至 1984 年的 14 年中，两种变化和一项政策引起垃圾收集方式的变化。首先，人口逐渐由市中心向城市外围迁移，导致市中心工作任务的减轻，而城市近郊的工作量加大；其次，城市 CBD 的成功建立使市中心的居民生活垃圾大量减少；最后，用垃圾车代替了垃圾罐，使清运队的人数由 3 减至 2。这些变化引起了工作量的改变。

自 1984 年，市政府决定采用一种“垃圾车系统”的六年计划，通过这个计划，工作人员可从 1000 人降到 250 人。这个决定做出后，环卫局的工作就是要对垃圾线路作重新调整。另外，由于该计划需要六年才能完成，说明这其中会有“垃圾车路线”和“垃圾罐路线”同时存在的局面，而前者的数量会逐渐增多，因而有必要每年对路线作些调整。

该市采用了 GIS 来处理以上问题。一般认为，一个垃圾车足够容纳一个家庭一周内的生活垃圾，因而垃圾清理区（路线）的范围便可以根据一周内能处理的垃圾车——从而也就是居民户数——来确定。通过调查，这个数量约为 2200 户。这样，垃圾路线的划分就成为对约 2200 个居住单元的合理划分，这里的居住单元是指一户居、二户居或四层以下公寓楼单元的划分。

居住单元的数据源存放于所谓的“主房产文件”中。余下的工作便是在计算机屏幕上勾画多边形区域，计算区域的居住单元，然后作调整，再计算，直至得出大约 2200 个单元的区域划分。划分中当然还要考虑诸如合理的行车路线、距离因素、非垃圾车因素（如前所述）等的影响。

9.8 城市管理信息系统的发展趋势

9.8.1 图文一体化数据模型及数据库

城市规划编制过程需要对空间布局进行全面的分析，编制成果的重要组成部分是用图件形式表示的空间布局和控制要素。规划编制成果又为规划管理提供决策依据。因此，城市规划的图形、属性数据和各种文档资料在本质上具有紧密联系，都是对城市空间对象利用的安排。为实现规划编制的交流和规划管理的实施，这种图文联系必须在信息系统中得到充分的体现。一般情况下，管理公文流传如果仅仅是办公过程的审批意见的记载，则采用文本数据库即可满足要求。但在实际管理过程中，必须对建设申请者所提供的规划设计图件进行审查，并与规划图件进行套合对比，必然涉及图形数据的利用。

实现图文一体化的两种基本模式：一是以数据库管理系统为基础建立公文流传管理系统，在该系统中应用插件的方式嵌入图形数据。这种模式系统花费较小，但图件的利用不够全面，且图形的操作（如绘制红线）难以完成。二是以地理信息系统为基础建立管理系统，将公文流转与图形数据一体化管理。这种模式系统开销大，成本高，但可以兼顾图文的一体化处理。为此，需要设计更有效的规划管理一体化数据模型，建立一体化数据库。

9.8.2 内部管理与信息发布

局域网技术逐步从客户-服务器（C/S）向浏览-服务器（B/S）结构转换，为管理系统提供更大的灵活性。Intranet 内联网就是一种 B/S 结构，已被很多管理信息系统采纳。Intranet 实际上是采用 Internet 技术建立的企业内部网络，核心技术是基于 Web 的计算，即在内部网络上采用 TCP/IP 作为通信协议，利用 Internet 的 Web 模型作为标准信息平台，同时建立防火墙把内部网和 Internet 分开，也可以自成一体作为一个独立的网络。它能够以极少的成本和时间将一个企业内部的大量信息资源高效合理地传递到每个人。Intranet 为企业提供了一种能充分利用通讯线路、经济而有效地建立企业内联网的方案。随着网络 GIS 技术的成熟，基于 Intranet 建立规划管理信息系统已经具有很好的前景。

同时，城市规划越来越强调公众参与，无论是规划编制中征求意见，还是管理建设项目时实施项目公示，都需要将规划信息向公众发布。基于互联网发布规划管理信息，可以极大地提高信息发布和处理效率，更好地为公众服务，并可能实现远程办公和远程系统维护。

9.8.3 组件开发方式与系统定制

组件开发是软件技术发展的重要方向，类似于搭建积木，组件可方便地嵌入到任何一种开发语言中，便利地调用任意一种开发语言的资源。GIS 软件像其他软件一样，已经或正在发生着革命性的变化，即由过去厂家提供了全部系统或者具有二次开发功能的软件，过渡到提供组件由用户自己再开发的方向上来。GIS 技术的发展，在软件模式上经历了功能模块、包式软件、核心式软件、组件式 GIS 和 WebGIS 的过程。组件式 GIS 的基本思想是把 GIS 的各大功能模块划分为几个控件，每个控件完成不同的功能。各个 GIS 控件之间，以及 GIS 控件与其他非 GIS 控件之间，可以方便地通过可视化的软件开发工具集成起来，形成最终的 GIS 应用。

在城市规划管理中，通过对业务过程的分析，可以识别一些业务共同特征和可变特征，抽象和形成领域模型，构成规划领域中一类应用系统具有的共同体系结构，并以此为基础提取、开发特定功能的组件。通过对组件的拼装组合，可定制满足特定业务部门需要的软件体系，从而可快速构造城市规划管理信息系统的应用系统。

9.8.4　三维虚拟

三维虚拟技术可以提高城市空间对象的逼真显示，使规划方案更好地被理解。三维数字城市通过将虚拟现实技术与 GIS 和 RS 技术相结合，模拟复杂多变的城市地形及构筑物，使用户能在交互的虚拟场景中进行实时的数据查询和可视化分析。由于城市是社会经济活动密集的地区，构筑物密度极高，数量众多，对这些对象进行三维虚拟建模对技术、资金都是一个严峻的挑战。

本 章 小 结

地理信息系统处理大量空间要素数据的能力使其自然成为与空间位置分布有关的行业管理系统的重要工具。在城市各类信息中，基础地理数据是所有其他行业数据的空间参照基础，具有极其重要的地位，因此各城市大规模 GIS 系统的构建都是从基础地理数据库的建设开始的。

城市规划与管理信息系统涉及规划管理编制、审批、监督等行政流程，为实施有效的管理，需要对规划成果进行合理组织，建立统一的规划成果数据库。同时，规划管理过程本身也在不断积累空间数据，可融入规划管理数据库中。

思　考　题

1. 怎样理解城市管理信息系统这一概念？
2. 城市基础地理信息系统的内容及其地位是什么？
3. 试述规划管理信息系统的系统构成。
4. 怎样实现基于 CAD 格式的规划成果的自动化管理？
5. 试说明地籍管理信息系统的内容与功能。
6. 试设计并实现一个简单的房产交易系统。
7. 结合给排水知识，设计一个给排水信息系统，并指出该系统应具备哪些功能。
8. 交通管理中的数据类型有哪些？试设计一个交通管理数据库。
9. 怎样理解环境管理信息系统的空间特性？
10. 结合我国城市中的问题，举例说明怎样利用空间信息系统手段来提高城市管理效率。

第10章　地理信息系统相关技术及其发展

地理信息系统技术由于其强大的处理空间对象数据的能力，是许多领域数据管理和空间分析的重要工具。在城市这个复杂的大系统中，有一些值得关注的技术建立在地理信息系统基础上，这些技术将对城市规划、管理与空间发展决策带来重要影响。

10.1　空间数据基础设施

10.1.1　背景

现代社会的特征之一是数据或信息资源的大量增长。有人把这一过程或现象比喻为信息爆炸。信息的快速大量增加给传递、管理和共享信息带来了新的挑战，传统的方式已不能满足现代社会快速传递和广泛共享信息的要求。信息高速公路的概念应运而生。所谓“信息高速公路”并不是指我们通常理解的交通公路，而是指通过光纤或电缆把政府机构、学校、科研单位、企业、图书馆（资料馆）、商业机构以及千千万万个家庭的计算机连接起来的一个高速通信网络。这个网络可以方便、迅速地传递和处理信息，从而最大限度地实现信息共享。

信息高速公路的正式说法是国家信息基础设施（national information infrastructure，NII）。NII的概念首先出现于美国1992年2月发表的国情咨文中，在1993年美国政府正式开始建设NII项目，并将其作为美国发展政策的重点和产业发展的基础。该项目计划用20年时间，耗资2000亿~4000亿美元，建成通达美国各地的高速信息网络。NII为每个接入用户提供各种各样服务的能力，保证其可以获得各种公用和专用的信息资源，满足不同类型用户的不同应用和不同性能要求。而将NII俗称为信息高速公路，是将其作用比喻为20世纪前期在欧美国家兴起中对其经济发展起到巨大推动作用和战略意义的高速公路。

在众多的信息之中，80%以上的信息都与位置有关。与位置有关的信息我们称之为地理信息（或者是空间信息）。地理空间信息具有基础性、区域性、共享性、综合性和分布性的特点。基于地理数据的重要性和基础性，很多机构、部门和企业都努力构建基于自身服务和应用目的的地理数据库。然而，由于缺乏统一协调和管理，各个系统之间通常是独立的。各个部门对地理基础数据的采集往往是重复的，从而浪费了大量的人力、物力、财力。而对于已建成的系统，地理信息的互操作还存在很多障碍，诸如信息的各种不同定义、不同的属性规则、不同的几何参考、不同的数据分辨率和比例、不同的数据格式、不一致的数据边界、不同的应用符号、不同的操作平台和处理功能等。由于存在这么多不一致的地方，地理信息系统之间无法做到正常的交流，数据也无法共享。这些都不能适应现代社会对于信息化和网络化的要求，限制了地理信息的使用和其他应用的发展。

为了解决这一问题，美国政府又于 1994 年提出了“国家空间数据基础设施（national spatial data Infrastructure，NSDI）”。国家空间数据基础设施是指对基础性的空间数据进行有效采集、管理、访问、维护、分发利用所必需的政策、技术、标准、基础数据集和人力资源的总称。其直接目的是有效地生产、方便地访问和共享高精度、高质量的空间数据，并以此为基础开发多种多样的应用和服务。NSDI 的最终目的是促进整个国民经济的发展，改进资源管理及环境保护。国家空间数据基础设施属于国家信息基础设施的一部分。

在 NII 和 NSDI 的基础上，1998 年 1 月美国副总统戈尔又提出了“数字地球（digital earth）”的概念，旨在全球范围内协调空间数据的使用、共享和开发应用。数字地球是“对地球的三维多分辨率表示，它能够嵌入海量地理数据”。严格地讲，数字地球是以计算机技术、多媒体技术和大规模存储技术为基础，以宽带网络为纽带用海量空间信息对地球进行多分辨率、多尺度、多时空和多种类的三维描述。戈尔撰文认为数字地球代表了空间信息科学的发展前景，而国家空间数据基础设施是连接信息高速公路和数字地球的桥梁。

综上所述，空间数据基础设施（spatial data infrastructure，SDI）是指用于采集、处理、加工空间数据，并进行管理、维护、分发服务和组织协调的基础设施体系。物理上，空间数据基础设施实质上是一个连接计算机、数据资源、数据库系统和人的分布式网络系统。建立空间数据基础设施的目的是为保证各种空间数据集的不重复采集，减少浪费，协调地理空间数据的使用，加强对地理信息资源有效管理，推动其他应用和服务的开发。

10.1.2　SDI 的层次

空间数据基础设施最初的构想是在国家层次上，也就是国家空间数据基础设施（NSDI）。国家空间数据基础设施旨在国家范围内协调基础空间数据的采集、存储、管理以及共享。最先提出的国家空间数据基础设施是美国政府的美国国家空间数据基础设施。随后，在美国的影响和带动下，加拿大、澳大利亚、新西兰、英国、日本、马来西亚、印度、韩国、伊朗等许多国家均已开始研究和建立各自国家的 NSDI。

国家空间数据基础设施的发展促进了区域空间数据基础设施（regional SDI，RSDI）的产生。区域空间数据基础设施旨在区域范围内（多个地理上相近或相关的国家）协调基础空间数据的采集、存储、管理以及共享。区域空间数据基础设施对于区域内的自然资源管理（尤其是水自然）、生态保护、环境问题的解决，以及经济的协调发展具有重要的意义。区域空间数据基础设施由几个 NSDI 组成。目前，欧洲、亚洲、大洋洲、拉丁美洲都在努力协调发展它们各自区域内部的 RSDI，其中比较活跃的是欧洲和亚太地区的 RSDI。

人口的增长、资源的短缺、生态环境的持续恶化使人们认识到此类问题的解决仅仅靠一个国家或几个国家的努力是行不通的，必须在全球范围内统一步调，协同合作才能实现。而要实现全球范围内的协调发展，空间数据基础设施的建设同样重要，由此达成共识的就是全球空间数据基础设施（global SDI，GSDI）。全球空间数据基础设施由几个 NSDI 或 RSDI 构成。全球空间数据基础设施的目的是在全球范围内提供一个空间数据基础设施框架。而所有的国家和地区都在此框架的基础上协调基础空间数据的管理和共享。我们常说的数字地球就是 GSDI。

以上的空间数据基础设施的层次是自下而上的，服务的范围不断扩大。实际上，空间数据基础设施还可以自上而下划分更细的层次。

在国家空间数据基础设施之下还有省级空间数据基础设施（provincial spatial data infrastructure，PSDI）。省级空间数据基础设施旨在省域范围内协调空间数据的采集、存储、管理以及共享，其目的是促进省域内经济、社会的可持续发展，保护环境。

省级空间数据基础设施多是由城市空间数据基础设施（urban spatial data infrastructure，USDI）构成的。目前在全国范围内，USDI 的建设方兴未艾。很多城市，特别是大城市如北京、上海、天津、重庆、武汉等纷纷立项建立自己的城市空间数据基础设施。城市空间数据基础设施的建设解决了以往城市中各个相关部门在使用和管理基础地理数据上相对混乱的局面，不仅保证了数据的集中统一管理，而且使数据共享成为可能。

10.1.3 SDI 的构成

由于空间数据基础设施的层次不同，而每个层次的建设要求也不相同。即使在同一层次上，每个国家、地区或城市的具体情况和战略考虑也不相同，因此目前对于空间数据基础设施的构成内容并没有一个统一的认识。美国政府最先提出国家空间数据基础设施时确定了四个组成部分，即为获取、处理、存储、分发和提高使用地理空间数据所需要的技术、政策、标准和人力资源；而很多相关的国际组织，如亚太 GIS 常设委员会定义的空间数据基础设施包括机构体系、技术标准、基础数据集和数据交换网络。无论如何定义，就内涵而言，空间数据基础设施都必须包括以下内容，即协调、管理与分发空间数据的体系和机构、空间数据基础设施建设的政策、空间数据基础设施技术标准和规范、包含基本数据集的基础空间数据框架、用于数据交换的空间数据交换网站和元数据，以及必不可少的人力资源。

1. 空间数据的协调、管理与分发体系和机构

由于使用地理数据的部门众多，因此需要建立专门的机构负责空间数据的协调、管理与分发。具体来说，这个机构负责制定有关空间数据的发展战略和政策、建立空间基础数据与专题数据的联系渠道、传输数据和开发数据库等。由于空间数据资源获取、处理和管理的特殊性，这个机构还需要负责空间数据的维护、更新和开发。例如，在美国，专门成立了由内政部长主持的联邦地理数据委员会，具体负责 NSDI 计划的实施。

2. 空间数据基础设施建设的政策

空间数据基础设施建设的政策是空间数据基础设施建设的制度框架。它的主要目的是在法律和制度上加强对国家空间信息基础设施发展的统筹协调和宏观指导。空间数据基础设施建设的基本政策涉及空间信息资源的共享政策、管理体制、地理信息技术的自主创新与成果产业化、空间数据基础设施建设的市场化运作、人才队伍建设等。其中，空间信息共享政策是空间数据基础设施建设政策的核心，主要包括数据投资政策、数据报偿定价政策、市场竞争和利益驱动政策、数据分类运作政策、数据公开和保密政策、数据安全和防护政策、数据产权保护政策、数据质量监督政策和数据标准化政策等。

3. 空间数据交换网站和元数据

空间数据交换网站是一个连接地理空间数据生产者、管理者和用户之间广域的分布式电子网络。空间数据交换网站的基本目的是存储空间数据、协调空间数据的使用、实现数据的共享和互操作。通过空间数据交换网站，用户可以确定存在什么样的空间数据和服务，评估这些数据的适用性，并以最快捷、最方便和最经济的方法获取和定购这些数据。由于空间数据是海量的，空间数据的网络服务器的存储容量也将是巨大的。例如据初步估算，覆盖我国全国陆域 1 : 5 万图幅范围的一个版本的成果数据总量就有 11 TB（1 TB = 1000 GB）。另一方面，由于空间数据量大，因此要求用于传输数据的网络也应当是高速的。

用户通过对空间数据交换网站中的 Metadata（元数据）的检索来实现对空间数据的检索和获取。Metadata 简单地说就是描述“数据的数据”。Metadata 在地理空间信息中用于描述地理数据集的内容、质量、表示方式、空间参考、管理方式以及数据集的其他特征。我们熟悉的地图图例就是一个典型的 Metadata 实例。通过图例描述的信息如地图出版者、出版日期、地图类型、地图描述、空间参考、地图比例尺及地图精度等，我们对地图的内容会有一个大致的了解。Metadata 帮助那些使用地理空间数据的人们按照空间范围或专题属性寻找他们所需的数据。Metadata 对于空间数据的生产至关重要。当组织和人事变动时，Metadata 使后来的用户了解数据的内容和应用，而没有归档和建立 Metadata 的数据将有可能失去其使用价值。元数据标准规定了不同地理空间数据的元数据的内容，其目的是提供一个共同的标准化的元数据术语和定义。Metadata 标准为数据目录或空间数据交换网络提供信息，是实现地理空间信息共享的核心标准之一。

4. 空间数据转换标准

空间数据转换标准是用于异种计算机或数据库间空间数据转换的标准。空间数据不同于一般的事务管理和商务管理的数据。由于人们对空间现象的理解和对空间对象的定义有较大的差别，致使空间数据模型和数据结构差异较大，造成空间数据的兼容性较差。因而必须制定统一的空间数据交换标准，以确保各个机构生产和收集的数据得以兼容。该标准规定了带有空间参考系信息的矢量和栅格（包括格网）数据的交换约定、寻址格式、结构和内容。标准中包括概念模型、质量报告、传输组件说明和对空间要素和属性的定义。

5. 基础空间数据框架

基础空间数据框架是空间数据基础设施的核心，它提供一个空间信息定位的公用基础框架。基础空间数据框架一方面为研究分析地球表面的地理现象提供了最基本和常用的数据集，另一方面为用户添加各种与空间位置有关的信息提供了地理坐标参考。而所有社会信息都参照这个统一的支撑平台进行整合。空间信息框架基础数据的几何参考坐标采用国家标准的水平坐标和垂直坐标系，采用国家标准投影。空间数据框架的基础数据一般包括七个图层，它们分别是：

- 大地测量控制数据。大地测量控制点坐标是获得其他地理特征的精确空间位置的基础，框架包括大地测量控制点的名称、标识码、经纬度和高程。
- 数字正射影像数据。正射影像数据是由航空摄影和卫星图像数据经过消除传感器取向和地形影响后的数字影像。框架包括正射影像，其分辨率从米级到数十米级不等。数字正射影像数据也是信息提取和制作影像地图的基础。
- 高程数据。框架包括陆地高程数据和水深数据。
- 交通数据。框架包括各级公路、铁路、水道、机场、港口、桥梁和隧道。
- 水文数据。包括河流、湖泊和海岸线数据。
- 行政单元。包括国家、省和县以及乡的行政边境和代码。
- 土地地籍数据。包括各种土地利用、地籍管理数据。

6. 人力资源

人是空间数据基础设施的决定性因素。空间数据基础设施中的人不仅包括空间数据基础设施的建设者、管理者，还包括广大的专业用户和普通用户。空间数据基础设施的建设者、管理者的素质和水平高低对于空间数据基础设施建设的成败具有决定性作用。而用户的需求是空间数据基础设施建设的源泉，对于空间数据基础设施的发展具有促进作用。

10.1.4 我国空间数据基础设施的建设

我国非常重视空间数据基础设施的建设，经过多年的发展，在组织机构、技术标准、基础数据和数据共享等方面都获得了一定的成果。

1. 空间数据的收集、协调、管理与分发体系和机构

目前，在空间数据基础的各个层次上，我国都建立了专门的机构负责空间数据的管理和分发。在国家层次上，国家计委牵头，各个部委协调成立了国家地理空间信息协调委员会（原国家地理信息协调委员会），旨在加强国家对 GIS 产业发展的统筹规划和宏观管理，扶持我国地理空间信息产业的发展，加速推进我国国家空间信息基础设施建设，促进地理空间信息的共享和应用。国家测绘局成立了国家基础地理信息中心，主要从事全国基础地理信息数据资料的汇集与处理、建库与维护、分发与服务、应用与开发。在省一级，各个省的测绘局或省测绘院都建立了基础地理信息中心或地理信息中心，负责协调全省范围内的基础地理信息的收集、建库、分发及应用开发工作。在城市一级，一般由规划局牵头，国土、房产和勘测部门合作，建立了城市地理信息中心，负责城市范围基础信息地理数据的采集、加工、更新、维护和管理；基础地理信息数据库的设计、开发；地理数据传输网络的安全维护及地理信息科技成果的推广应用工作。除此之外，城市地理信息中心还需要负责空间基础数据（测绘部门、土地部门等）与空间专题数据（资源开发、环境部门、农业、科研和教育等）的协调。此外，很多地方的规划局还建立了规划咨询服务中心，向大众提供关于土地、规划、测量等地理信息。

2. 空间数据基础设施技术标准和规范

空间数据基础设施技术标准和规范分为国家和行业内部标准两级体系。在内容上，又可以分为地理空间信息标准、空间数据标准以及专题空间数据标准三大类。

在地理空间信息标准方面，《国家地理信息标准体系框架》定义了通用类、数据资源类、应用服务类、环境与工具类、管理类、专业类和专项类共七大类四十四小类标准。已经发布实施的标准有：国家测绘局完成的“1∶500、1∶1000、1∶2000 地形图要素分类与代码”国家标准、国家测绘局负责研制的“地理格网”、“国土基础信息数据分类与代码”、林业部研制的“林业资源数据分类与代码”、测绘局和水利部等单位研制的“全国

河流名称代码”及测绘局、建设部、中国科学院等研制的“城市地理信息系统标准化指南”等。

空间数据标准包括数据和信息处理标准，主要有：国家空间信息框架水平坐标系和垂直坐标系标准、椭球和地图投影标准、地理空间定位精度标准、数字高程数据内容标准等。

专题空间数据标准包括：地籍数据内容标准、数字地理空间元数据标准、地址内容标准、行政单元边界数据标准、数字地质制图标准、土壤地理数据标准、植被分类标准、公共设施数据标准等。

3. 基础空间框架数据

基础地理信息是其他各类信息的空间定位基础和载体，是国家重要的战略性信息资源。我国已将基础测绘纳入国民经济与社会发展计划。最近几年，相关部门已经投入了大量的人力、物力开展了基础空间数据的生产和建库工作。目前我国已经建成的国家基础地理信息包括全国 1∶ 400、1∶100 万、1∶50 万、1∶25 万及部分地区 1∶5 万和七大江河流域重点防汛区 1∶1 万基础地理信息数据库。其中，全国 1∶100 万数据库于 1984～1995 年建设，主要包括地形数据库、地名数据库、数字高程模型及部分区域试验性重力数据库。全国 1∶25 万基础地理数据库于 1996～1998 年建设，包括地形数据库、地名数据库和数字高程模型等三个数据库。七大江河流域重点防汛区 1∶1 万基础地理信息数据库是 1999 年为防洪救灾而建立。全国 1∶5 万数据库于 1999～2006 年建设，包括 7 个数据库(如图 10-1 所示)。

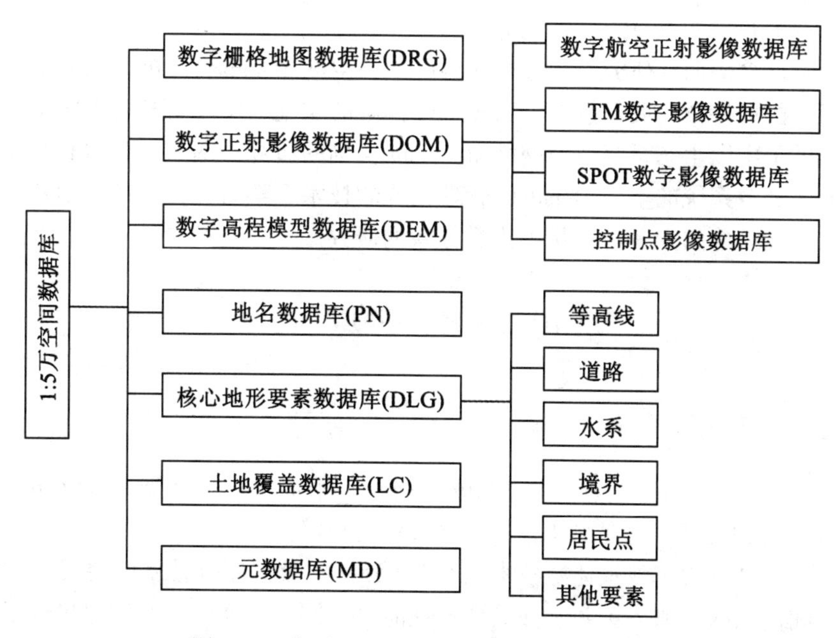

图 10-1　我国 1∶5 万基础地理数据库的构成

2001～2003 年完成全国 1∶100 万和 1∶25 万数据库首次全面更新。目前正在进行的

“国家1∶5万基础地理信息数据库更新工程”于2006年年初启动，计划用五年时间实现全国80%陆地面积1∶5万数据库全面更新，加上西部测图工程新测制的1∶5万数据库，达到全国陆地范围全覆盖。

除此之外，已经建成的土地基础数据库有1∶50万全国土地利用数据库、全国土地利用规划数据库、省级土地利用规划数据库、重点城市土地利用规划数据库。正在建设的土地基础数据库有土地利用遥感监测数据库、全国开发区数据库、全国城市基准地价数据库、1∶1万土地利用数据库、1∶1万~1∶5万县级土地利用规划数据库（包括乡规划数据库）。

另外，1∶500~1∶1000城镇地籍数据库、1∶2000~1∶1万城市基准地价数据库、建设项目用地与补充耕地数据库等也正在部分省、市、县建设中。在省一级，各省直辖市自治区有关部门也开始了1∶1万基础空间数据的采集和建库工作，此外还担负本省的1∶5万、1∶25万、1∶100万等比例尺的空间数据采集。在城市一级，很多城市，特别是大城市如北京、上海、天津、重庆、武汉等纷纷立项建立城市的空间数据基础设施。

4. 空间数据交换网站和Metadata

（1）建立中国空间数据交换网络

空间数据交换站（spatial data clearinghouse）是指对不同范围、领域的空间信息及其元数据进行有效关联管理，为需求者提供空间数据目录、元数据、链接地址等基本信息。交换站的作用是实现空间信息的网络共享，使得各部门或领域的空间信息生产者和使用者能够通过覆盖全球的通信网络共享空间信息，避免基础数据重复生产以及由此引发的标准不统一的问题。

（2）地理空间数据集Metadata标准

我国已有许多部门在研究和建立行业内的地理空间Metadata标准。国家基础地理信息中心开展了中国可持续发展信息共享Metadata标准的实施。中国科学院中国生态系统研究网络中心开展了中国生态系统研究网络Metadata实例的研究；国家信息中心开展了国土资源环境和地区经济系统的空间Metadata管理系统的技术框架研究；北京大学开展了基于国家空间信息基础设施的Metadata标准内容体系的研究。

10.2 数字城市

10.2.1 背景

数字城市（digital city）是“数字地球”的一个派生概念和重要的组成部分，是“数字地球”的细化和延伸，也是城市信息化建设的历史必然。

目前，由于高分辨率卫星遥感技术及GIS、分布式数据库等技术的突飞猛进发展，提高了城市空间信息的获取、更新、存储和管理能力，同时以宽带光纤和卫星通讯为基础的互联网的迅速普及，为数字城市提供了强大的信息交换和通讯平台。这些技术的快速发展使得数字技术、信息技术、网络技术逐步渗透到城市工作和生活的方方面面，全国许多城市实现了家庭的宽带接入、数字多媒体；很多政府机构都建立起比较完善的电子政务，实现机关办公自动化、服务窗口电子化，并在城市内基本实现了互通互联；许多学校实现了电子教育，并开办网上教育，在全国范围内实现在线教育；各种网上商城鳞次栉比，人们足不出户就可以在全国范围内采购到大部分想要的商品；各家金融机构更是在原先业务的基础上大力推动各种金融卡服务、电话银行服务、网上银行服务，人们已经可以做到只需拨几个号码、点几下鼠标，就能完成自己的金融消费。并且，很多城市已率先开始数字城市建设，香港出现“数码港”，上海出现“信息港”，新加坡、日本等国也相继着手数字城市的建设工作，同时，国内已涌现出许多成功的以建设数字城市为己任的 IT 企业，所有这些构成了数字城市建设的重要基础。数字城市是未来城市发展与建设的重要趋势，也是信息化社会发展的必然选择。

城市是人口、经济、技术、基础设施、信息最密集的地区，随着我国城市化水平的逐渐提高，不仅意味着城市数量的增加，还意味着对城市管理质量要求的提高和对城市规划、建设和管理工作的手段与方式的更高、更新与更复杂要求。数字城市是适应现代城市信息化发展的要求建立起的优化城市整体运行的全新解决方案，主要表现在城市交通的智能管理与控制、城市资源的监测与可持续利用、城市灾害的防治、城市环境治理与保护、城市通讯的建设与管理、城市可持续发展决策制定、城市生活的网络化和智能化等方面。

通过数字城市的建设，不仅能够更充分和高效地利用信息，加快信息流动，发挥城市集聚、辐射功能，从而扩大生产规模，增加财富收入，促进社会经济发展；而且提供给人们一种全新的城市建设和管理的理念，提高政府决策的科学性、规范化和民主化水平，提高城市的规划管理和决策效率。我国早在十几年前，就已将数字城市的核心技术——GIS 平台软件研制列入国家科研计划，并将数字城市项目列入国家重大科技攻关项目，将地理信息系统软件产业发展作为我国软件产业发展的首要产业。

10.2.2　数字城市基本框架

数字城市是城市基础地理信息和其他城市信息结合并存储在计算机网络上的能供远程用户访问的一个新的虚拟城市空间，它是以数字化方式来定量描述和研究城市，是物质城市在数字网络空间的再现，又称网络城市、智能城市或信息城市。数字城市利用 3S 关键技术，深入开发空间信息资源，建设服务于城市规划、城市建设和管理，服务于政府、企业、公众，服务于人口、资源环境、经济社会的可持续发展的信息基础设施和信息系统，其本质是空间信息基础设施建设并在此基础上深度开发和整合应用各种信息资源，从数字城市构架上，数字城市可划分为六个层次。

1. 技术层

技术支持层是对数字城市建设的技术支持，除了必要的 3S 技术，数据库技术、网络技术、数据共享和互操作技术都是数字城市发展的基础。技术层是数字城市建设的软支持，这些技术的发展会不断推动数字城市的发展和建设。

2. 基础设施层

基础设施层包括计算机网络以及硬件支撑平台和软件支撑平台。数字城市建设要有高速宽带网络、计算机服务系统和网络交换系统的支持，网络基础设施的完善和普及程度直接决定了数字城市建设的效率。相对于技术层，基础设施层是数字城市建设的硬件支持

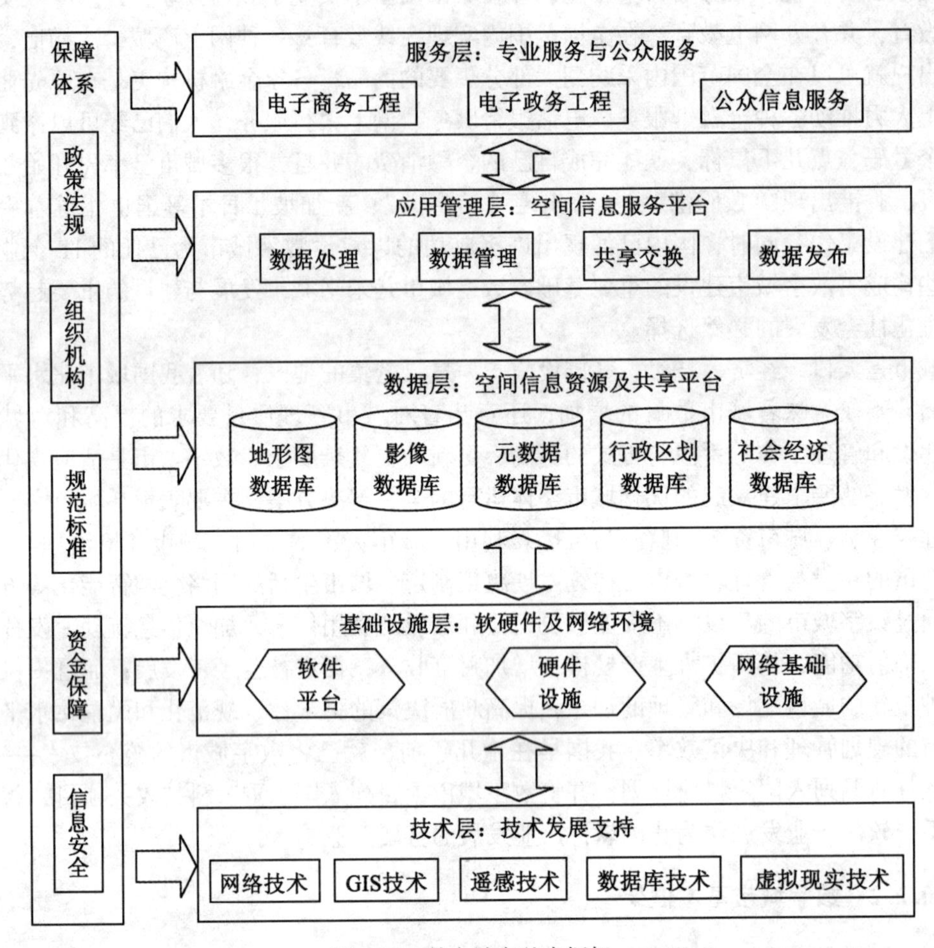

图 10-2　数字城市基本框架

层，它不只是停留在方法论和技术理论上，而是已经成型的产品，并且这些产品将支持数字城市的建设。

3. 数据层

衡量数字城市的指标，除宽带网里程以外，另一个重要指标是数据量的大小，特别是各类基础空间数据的数据量。数据是数字城市的灵魂，数字城市就是以数字化的方式表示城市及其各种信息，不仅包括与空间位置有关的信息，如地形、地貌、建筑、水文、资源等，还包括相关的人口、经济、教育、军事等社会数据。因此，数字城市的建设除了“修路”外，还必须建设第二项基础——数据。

4. 应用管理层

应用管理层处于中间层，对数据层能屏蔽数据资源的异构性，对服务层能提供透明的、一致的编程接口和环境。主要包括基础地理数据管理系统、地理空间数据共享交换系统、空间数据建库系统、信息服务系统等，实现对核心基础地理数据的组织与管理、数据转换处理、数据共享交换、数据发布等业务的支持。

5. 服务层

服务层主要是基于基础地理信息系统建立的专业地理信息系统和公众地理信息系统。在服务层面上，数字城市通过系统软件和数学模型，以可视化方式再现现实城市的各种资源分布，促进不同部门、不同层次用户之间的信息共享、交流和综合，为政府、企业和公众提供信息服务。

6. 实施保障层

实施保障层是数字城市建设过程中给予实施保障的标准与规范体系及法律法规体系，一个没有标准和安全保障的数字城市是没有长久生命力的，它会随着系统的不断使用，暴露出越来越多的问题，甚至于导致整个数字城市系统的瘫痪。因此，保障层是数字城市建设不可缺少的，要在数字城市建设初期就给予重视。

10.2.3　数字城市的关键技术

数字城市是以计算机技术、多媒体技术和大规模存储技术为基础，以宽带网络为纽带，运用遥感技术、地理信息系统技术、全球定位系统技术及虚拟仿真技术等，进行自动采集、动态监测管理和辅助决策服务的技术系统。在此，数字城市的关键技术主要包括以下几方面内容：

①城市地理信息系统；

②遥感技术；

③数字摄影测量技术；

④全球定位系统；

⑤网络技术；

⑥数据库技术；

⑦数据共享与互操作技术；

⑧三维景观虚拟现实技术；

⑨专家系统和决策支持系统。

专家系统是人工智能应用领域的重要分支，它是一种以知识为基础的计算机程序，能够广泛应用专门知识、经验进行推理和判断，模拟人类专家做决定的过程，来解决特定领域中复杂的实际问题。决策支持系统则是一个以计算机为基础的人机交互信息处理系统，它能够结合利用各种数据、信息知识、特别是模型技术，辅助各级决策者解决半结构化或非结构化决策问题。专家系统和决策支持系统可用于数字城市的决策过程。

数字城市对城市规划、建设、管理与服务工作的影响是方方面面的，它体现在城市管理手段的现代化、对突发性城市灾害进行准确的追踪调查、评估及制定应急对策等方面。特别是促进了城市规划手段的全面革新，在此，数字城市在技术应用上一个重要功能就是可以为城市设计提供数字化的建筑和设计平台，通过对城市各类建筑的三维立体仿真，并与自然环境的“融合”，为城市设计出高效、节能、舒适、美观、时尚的生活社区与特色建筑，并在此基础上不断修正来实施现实世界的城市建设与规划。

10.3 网络地理信息系统

网络地理信息系统（WebGIS）是GIS与网络技术的有机结合，通过互联网技术扩展和完善地理信息系统，在互联网上实现GIS的数据建库、查询、统计，甚至是空间分析功能，让用户通过浏览器浏览和获得GIS中的数据和服务。由于构建于互联网上，WebGIS成为一种社会普及的地理信息系统。从互联网的任意一个结点，用户可以通过普通浏览器浏览WebGIS站点中的空间数据，制作专题地图，进行各种空间检索和空间分析，从而使GIS进入千家万户。WebGIS的关键是网络环境下地理数据的建模、传输、管理、浏览、分析，其应用包括空间数据发布、空间数据检索、空间模型服务、Web资源组织应用等。

10.3.1 网络地理信息系统的特点

WebGIS具备以下一些基本特点：

①全球化的客户/服务器应用：全球范围内任意一个万维网结点的用户都可以访问WebGIS服务器提供的各种GIS服务，甚至还可以进行全球范围内的GIS数据更新。

②真正大众化的GIS：由于互联网的迅猛发展，网络服务正在进入千家万户，WebGIS给更多用户提供了应用空间数据的机会。额外的插件（plug-in）、ActiveX控件和JavaApplet通常都是免费的，降低了终端用户的经济和技术负担，很大程度上扩大了GIS的潜在用户范围。

③良好的可扩展性：WebGIS很容易跟Web中的其他信息服务进行无缝集成，可以建立灵活多变的GIS应用。

④跨平台特性：在WebGIS以前，尽管一些厂商为不同的操作系统（如Windows、UNIX、Macintosh）分别提供了相应的GIS软件版本，但是没有一个GIS软件真正具有跨平台的特性。而基于Java的WebGIS可以做到“一次编成，到处运行（WORA：Write Once，Run Anywhere）”，真正实现跨平台的应用。

GIS功能在网络上实现，首先得益于网络数据处理技术的发展，这些网络技术在过去二十年中逐步发展起来，功能不断增强（表10-1）。如对GIS数据在客户端的显示，从最早CGI的纯图像格式，到Java Applet的矢量数据查询，带给用户的体验是完全不同的。

表10-1　**可植入GIS功能的几种网络技术比较**

实现技术	运行环境	实例	优点	缺点
CGI	服务器	IMS，Proserver	客户端小；处理大型GIS操作分析的功能强；充分利用服务器现有资源	网络传输和服务器的负担重；同步多请求问题；作为静态图像，JPEG和GIF是客户端操作的唯一形式
Server API	服务器	IMS，GeoBeans	不像CGI那样每次都要重新启动，其速度较CGI快很多	需要依附特定的Web服务器和计算机平台

续表

实现技术	运行环境	实例	优点	缺点
Plug-ins	客户机	MapGuide	服务器和网络传输的负担轻；可直接操作 GIS 数据，速度快	要先安装到客户机上；与平台和操作系统相关；对于不同的 GIS 数据类型，需要有相应的 GIS plug-in 来支持
ActiveX	服务器、客户机	GeoMedia Web Map	执行速度快；具有动态可重用代码模块	与操作系统相关；需要下载、安装，占用存储空间；安全性较差；对于不同的 GIS 数据类型，需要相应的 GIS ActiveX 空间支持
Java Applet	客户机	GeoBeans，ActiveMap	与平台和操作系统无关；实时下载运行，无需预先安装；GIS 操作速度快；服务器和网络传输负担轻	GIS 数据的保存存储和网络资源的使用能力有限；处理较大的 GIS 分析的能力有限

10.3.2　网络地理信息系统软件工具

随着互联网的普及与完善，WebGIS 已成为各大厂商激烈竞争的焦点。几个重要的国外 GIS 厂商争相发布各自的 WebGIS 产品。至今，其中有很多软件版本已不断更新，功能也越来越强大。下面将着重介绍几种当今国际上市场占有率较高的 WebGIS 软件，其简要的特点比较见表 10-2。

表 10-2　**几种典型的 WebGIS 技术比较**

	MapInfo ProServer	GeoMedia Web Map	Internet Map Server (IMS)	MapGuide	ModelServer/ Discovery
公司	MapInfo Corp.	Intergraph Corp.	ESRI Inc.	Autodesk Inc.	Bently
Web 服务器	支持 CGI 的 Web Server	Internet Information Server	Internet Information Server (IIS) 或 Netscape Server	支持 CGI 的 Web Server	Netscape Server
其他服务器端软件	ODBC、MapInfo 4. x、MapBasic	ODBC	ArcView 或 MapObject 应用、ODBC	ODBC	MicroStation GeoGraphics ODBC
客户端操作系统	Windows 系列、Macintosh、UNIX	Windows NT/95	Windows 系列、Macintosh、UNIX	Windows NT/95	Windows 系列、Macintosh、UNIX

续表

	MapInfo ProServer	GeoMedia Web Map	Internet Map Server (IMS)	MapGuide	ModelServer/Discovery
客户端浏览器	支持HTML的任意浏览器	Internet Explorer、Netscape Navigator	支持HTML的任意浏览器	Internet Explorer、Netscape Navigator	Internet Explorer、Netscape Navigator
客户端是否需要插件(Plug-in)/控件(Control)	不需要	如果使用网景浏览器，需安装ActiveCGM插件	自动下载Java-Applet或ActiveX控件	需要安装MapGuide插件(1兆左右)	需要安装VRML、CGM、SVF等插件
网络传递的图形格式	JPEG(栅格图)	ActiveCGM(栅格图和矢量图)	ESRI矢量图和栅格图	MWF(矢量图)	JPEG、PNG、VRML、CGM、SVF(栅格图和矢量图)
地图预出版处理	动态生成地图	动态生成地图	动态生成地图	需地图预出版处理	动态生成地图
可发布的数据格式	MapInfo地图文件	MGE工程、MicroStation DGN、FRAME、MGEDM	Shape、Coverage、SDE地图文件、Autodesk DWG	Autodesk DWG	GeoGraphics工程文件、MicroStation设计文件

10.4 基于互联网的公众志愿地理信息

公众志愿地理信息（volunteered geographic information，VGI），亦称自发地理信息，是获取地理信息的一种新途径，它由民众个人自发地、自愿地利用由Web2.0环境支撑的互联网平台工具，创造和发布地理空间信息。

10.4.1 特点

VGI是一种相对于传统测绘和遥感而言的第三种获取地理信息的方法，这种方法会在一定程度上有效地补充已有的数据获取手段，填补当前数据采集流程中的一些空白。这种地理信息更倾向于那些不能通过GPS和RS手段直接就可以获得或可以视觉感受的信息，同时也更倾向于那些不能通过任何自动化的手段从影像中提取出来的信息。这些类型的地理信息主要包括：人类为地理要素所定的名字，也称地理名称或者地名词典条目；环境信息，包括空气质量的测定；与文化有关的信息，包括土地的使用信息和建筑的相关信息；人口信息，包括人口密度和一些社会经济学的指标等。

VGI是新地理下地理信息分发模式的典型代表。而新地理是指非GIS和制图专业人员基于公共平台或者私有平台，分享和提供各类信息，采用地理信息技术和工具制作地图和地理信息，为个人和团体服务，而不是规范的处理和分析。大众不仅是地理信息的受用者，也是地理信息服务中的信息提供者。

VGI 的世界与传统的测绘机构完全不同。后者代表一种自上而下、权威化和中心化的结构，这种模式已经存在了许多个世纪。在此模式下，地图由专业人士制作，以中心下发的形式传播，由业余者使用。对从业者专业性的衡量是客观标准化的，如是否拥有高级学位；专业上的进步和提升需要取得一致认可，这个过程缓慢而严格，并且花费也是稳步上升的。而 VGI 的世界则是混沌式的，没有什么正规严格的结构。信息不断地被创建并被交叉引用，并向各个方面传播，信息的提供者和消费者不再有严格的区分，信息创建的时间表被极大地压缩了，像维基地图这样的站点从无条目到百万级条目数只需要数月时间。VGI 世界中最令人惊奇的可能就是成千上万的人愿意花费大量时间贡献信息，并不期望金钱回报，甚至不能保证自己提供的信息会被别人使用。也正是这样的一种动力驱动了博客的兴盛，这些行为与其动机是随着 Internet 的成长而出现的那些新的社会行为中最值得探究的题目。

志愿者地理信息的特点包括：

1. 数据来源更加广泛

首先，VGI 强调了用户不再局限于专业 GIS 人员和制图人员，更多的是业外人士，也即普通民众，只要他能够使用电脑、PDA、手机等终端设备，他就是 VGI 的用户和提供者。其次，这里的“用户”，不仅仅是传统 GIS 应用中纯粹的地理信息消费者，更多的是地理信息的提供者，例如 OpenStreetMap 的 VGI 模式下，用户之间就有着良好的信息共享和相互补充校正关系。最后，VGI 处理信息的工具和方式都是简易的，是普通民众可以接受和使用的，而非传统 GIS 那种让外行望而生畏的复杂处理与分析。

总的来说，新地理时代下 VGI 的形成和发展极大地降低了普通民众获取、分享和处理地理信息的门槛，让更广泛的群体懂得利用地理思考和空间思维来为自己服务。它促进了 GIS 在更大范围的受欢迎程度，尤其是增加了人们对空间的想象，使之愿意去挖掘地理信息使用的方式，从而为 GIS 的发展创造新的机遇。

2. 数据质量具有不确定性

虽然公众志愿地理信息从根本上增强了地理数据的内容和数量，但是它的形成也使人们开始日益关注这种来源广泛的地理信息的质量、可信度和整体价值。

对于 VGI，我们所感兴趣的是人们对这种自发地理信息的认知，而不是其测量过程或测量结果。VGI 参与者并不像“数字探测器”那样能够通过传感器网络传送精确的数值，他们所做的不过是通过操作计算机或任何类型的移动电子设备来分享他们所感知的信息而已。VGI 参与者对于地理的认知具有先天的不明确、模糊性，这是很重要的一点且不容忽视。

3. VGI 是一种社会化的协作成果

地球表面生活着的超过六十亿的人类成员都可以是 VGI 的提供者，就如同一大群智能的移动传感器一样。这些传感器有着解读和集成信息的能力，这种能力的高低程度范围从未开化的小孩直到经过高度训练的专业科学家。每个人从幼年时代起就开始获得空间知识，至成年之时已对其所生活和工作的周遭环境、其曾经游历过或了解过的地区建立了一个详尽的理解。这些知识包括地名、地形特征和交通网络，这些正是极难用自动化手段获取的专题信息，它们的获得或许是通过人的五个感官，或许是通过书本、杂志、电视和因特网。在现代网络技术的支持下，这些志愿上传的地理信息被 VGI 系统有效地审查、管理和组织，最终形成一个相对较为完整、可供众多用户浏览查询、编辑和使用的信息知识体系。因此，可以说 VGI 是一种大社会化的协作成果。

10.4.2 几种典型的志愿者地理数据网站

1. OpenStreetMap（OSM）

OpenStreetMap 是一个网上地图协作计划，其目标是通过志愿者的努力建立一个公共版权的世界范围的街区图。这些个人贡献被汇集到一起，并且经过整理之后形成一个完整的地图数据集。因为每个地图片可能会有不同级别的准确度或取自于不同的时间段，因此在信息搜集的过程中，大量的元数据会被记载。

OpenStreetMap 计划的核心为 OSM 网站（www.openstreetmap.org）。网站首页为 Google Maps 风格的在线地图“查看”界面，页面允许用户对地图随意进行漫游、缩放，搜索 OSM 世界地图并寻找发现已经拥有完整数据信息和描述的地理区域。OSM 的输出功能允许用户下载部分的栅格和矢量格式的 OMS 信息，以作进一步的使用和处理。OSM 还提供标签编辑功能，允许任何用户数字化地理特征、通过手持 GPS 终端设备上传 GPX（GPS eXchange format）踪迹，同时用户还可以更正其发现的所在区域的错误信息。

2. WikiMapia（维基地图）

WikiMapia 是解释 VGI 很好的例子。WikiMapia 是一个 Google Maps 和 Wiki 的混合产品，亦是一个模仿维基百科运行的例子。它提供 Google Map 的界面，允许用户在提供的地图上标记他们自己感兴趣的地区，它支持 Tag 功能，可以为用户的标记添加 Tag，即允许用户发布与被标记地区相关的内容，如地区描述、地区地理空间位置等，并支持用 Tag 来搜索和链接其他来源，随后志愿者会审评监测结果，检查和评价这些自发地理信息的准确性和实用意义。

通常标记方式为用户在感兴趣区域上标定一块矩形区域，称之为“hotspot”，这个矩形的边平行于经度和纬度方向，且 hotspot 的矩形形状容许的最大边长是 20km 左右。用户可替每个 hotspot 加上一段文字资讯，以代表此区域内地物的信息。这段文字包含三个部分：标题、内容、标签。三个部分都开放给不特定用户编辑，并且编辑历史将被网站保存。由于采用 Google Map 界面，因此用户只需移动地图导航到其需要的“hotspot”位置，即可实现数据输入和编辑。

网站还替同一块 hotspot 提供了多语言版本功能，也就是说同一块 hotspot 可以有多种语言的文字资讯。网站也提供一个申请删除某块 hotspot 的超链接。且针对某些 Tag 作搜索时，用户可以在自己的地图上只显示有这些 Tag 的 hotspot。一些 Tag 搜索非常广泛，并且包括超链接。

WikiMapia 的条目增长迅速，2007 年已达到 480 万条。这些条目包括从整个城市细化至个别楼宇的特征尺寸的描述。所有条目被同样是由志愿者所组成的管理集团审查以保证这些条目达到了预定规则中的标准。480 万是一个很有意义的数字，因为世界上最大的地名辞典的条目数也差不多是这个数量。传统的地名库是高度结构化的，单条记录由一个三元组的形式组成，如<名称，地点，类型>，其中类型的值从一个固定的类别表中产生。与此对照，WikiMapia 是一个自愿完成的地名表，完全由用户制作，并且可以提供比辞典中详细得多的带有超链接等很多信息的地名描述。在 WikiPedia 中，越来越多的条目已经被附上地理参考。

3. Flickr

Flickr 为一家提供免费及付费数字照片存储、分享方案的在线服务，也提供网络社区平台。除了有许多用户在 Flickr 上分享他们的私人照片，该服务由于可以作为博客图片的存放空间。Flickr 受到欢迎的原因是其创新的在线社区工具，能够将照片标上标签（Tag）并且以此方式浏览。Flickr 与 WikiMapia 在某些方面很相似，它允许用户上传相片，并将其精确地定位至地球表面上对应的地理坐标位置。Flickr 上拥有澳大利亚中部乌卢鲁（艾雅斯岩）地区的 2500 多张由用户志愿上传的照片。

但 Flickr 区别于 WikiMapia 的地方是其由 Jackie Johnson 创建的一个站点MissPronouncer，MissPronouncer 虽然复杂，但它可以帮助用户宣传一些有特色的地名信息。例如，一名全职电台广播员—Johnson 女士利用她的工作之余扩展网站，她提供了威斯康星州近 2000 个地名正确发音的音频记录。这种利用语音表述地名的好处是，用户不再受由文字表述不同（如“Beijing”与“北京”）所带来的困扰，尽管由语音表述的公共地名可能由于选择的表述语言不同而有所差别。

Flickr 集合了藉由用户间的关系彼此相互连接的数字图像，图像可依其内容彼此产生关系。图片上传者可自己定义该相片的关键字，也就是“标签（Tags）”（是元数据 Metadata 的一种格式），如此一来搜索者可很快地找到想要的相片，例如指定拍摄地点或照片的主题，而创作者也能很快了解相同标签（Tags）下有哪些由其他人所分享的照片，Flickr 也会挑选出最受欢迎的标签名单，缩短搜索相片的时间。Flickr 被普遍认为是有效使用分众分类法（Floksonomy）的范型。此外，Flickr 也是第一个使用标签云（Tag Cloud）的网站。

用户可利用 Flickr 中的网络应用程序——Organizr 管理照片，即修改标签、描述相片以及制作照片集。Flickr 也让用户能将照片编入“照片集”，或是将由相同标题开头的照片结成组群。然而，照片集比传统的文件夹分类模式更有弹性，因为一张照片可被归类到多个照片集中，或是仅分至一个照片集中，或是完全不属于任何的照片集。

10.4.3　面临的挑战

随着卫星定位、遥感、信息系统、网络技术的进步和迅速发展，作为国民经济建设和国家安全的重要基础数据的地理信息，在经济建设和社会发展中发挥着越来越重要的作用。虽然新地理信息时代地理信息的发展前景是广阔且不可估量的，但是新地理信息时代在最大限度提供空间信息服务的同时，必然会带来一些新问题和新挑战。

1. 地理数据组织无序和信息爆炸

由于大众的参与，数据并不一定是按照规范来获取的，因此终端更新用户在采集了新数据后，可能面临数据格式不一致、数据内容不一致、数据时空不一致的问题，需要解决数据的互操作和各类信息的一致性同化问题。在新地理信息时代，重大突发事件发生时，地理信息的采集和上传下载将达到空前的水平，有限的存储空间与信息的爆炸式增长存在矛盾，有限的带宽传输速率与信息海量传输也存在矛盾。

2. 地理信息更新的质量问题

地理空间信息的更新原来是按标准更新，由专业人员完成的。现在有了大众的参与，普通终端用户也是数据的更新者，他们加入到更新团队中有利于空间信息的实时更新，可是如何保证更新质量，需要开发网络标准，并需要提供在线数据的更新和检查工具。互联网地图出现错误，不仅损害消费者利益，更有可能损害国家利益、民族尊严和国家安全，甚至造成恶劣的政治影响。因此，开发网络标准和提供在线数据更新与检查工具的行动迫在眉睫。

3. 地理信息服务的安全问题

由于互联网的高度开放的特征，地理信息的可量测性也带来了很多安全问题，如高精度的控制信息、特殊行业的语义信息、重要单位的定位和属性信息等。Google 开发的街景服务已涵盖了美国 30 个城市，该服务能够提供 360°全方位的视图。尽管这项服务很受游客欢迎，但其清晰的街道景物照片也必然会引发隐私方面的担忧。同时，在互联网地图上擅自标注、加载、上传重要地理信息数据和属性，就有可能泄露国家机密，给国家安全带来隐患。

本章小结

空间数据基础设施是指对基础性的空间数据进行有效地采集、管理、访问、维护、分发利用所必需的政策、技术、标准和人力资源的总称，是信息化社会提升空间位置服务的重要保障，从地方、国家、全球层面都在进行探索。

数字城市以计算机技术、多媒体技术和大规模存储技术为基础，以宽带网络为纽带，运用遥感技术、地理信息系统、全球定位系统技术及虚拟仿真技术等，进行自动采集、动态监测管理和辅助决策服务。

网络地理信息系统是 GIS 与网络技术的有机结合，通过互联网技术扩展和完善地理信息系统，在互联网上实现 GIS 的数据建库、查询、统计、甚至是空间分析功能，让用户通过浏览器浏览和获得 GIS 中的数据和服务。

公众志愿地理信息是建立在网络地理信息系统基础上的、由公众自发上传发布的与地理位置有关的信息。其数据质量不一定很高，但可以集大量互联网用户的工作于一体，构成庞大的社会经济活动数据，是一种重要的信息源。

思考题

1. 空间数据基础设施的作用是什么？
2. 空间数据基础设施的构成包括哪几个部分和层次？
3. 简述我国空间数据基础设施的现状。
4. 简述数字城市建设的基本内容。
5. 数字城市的关键技术有哪些？

6. 数字城市工程产品主要应用领域有哪些？
7. 什么是志愿者地理信息？它有什么特点？
8. 叙述城市规划与管理信息系统的功能和发展趋势。

附录　国内外几种主要 GIS 产品介绍

附录Ⅰ　ArcGIS

1. 概述

美国环境系统研究所（environmental systems research institute Inc，ESRI）创建于 1969 年，总部位于加州的 Redlands。公司最初是为企业创建和分析地理信息进行咨询工作的。20 世纪 80 年代，ESRI 致力于发展和应用一套可运行在计算机环境中的，用来创建地理信息系统的核心开发工具，这就是今天众人所知的地理信息系统（GIS）技术。

1981 年 ESRI 发布了它的第一套商业 GIS 软件——Arc/Info 软件。它可以在计算机上显示诸如点、线、面等地理特征，并通过数据库管理工具将描述这些地理特征的属性数据结合起来。此后，基于 DOS 操作系统的 PC 版 Arc/Info 于 1986 年发布，基于 Windows 的 ArcView 于 1992 年推出，ArcInfo 8 和用于互联网地图服务的 ArcIMS 于 1999 年推出，ArcGIS 的第一个版本 8.1 版于 2001 年推出。

ArcGIS 是一个里程碑式的产品，它不仅综合了以前 Arc/Info 的 Coverage，ArcView 的 Shape 数据格式，而且基于面向对象的概念增加了 GeoDatabase，同时对 AutoCAD 和影像文件的支持能力也大大增强。ArcGIS 有企业级（enterprise）和桌面级（desktop）两个级别，分别应用于大型网络服务器和个人电脑。

2. ArcGIS 的四个版本

针对不同的应用需求，ArcGIS 提供了四个独立的软件产品，每个产品提供不同层次的功能水平：

- ArcReader 是一个免费地图浏览器，可以查看的打印用其他 ArcGIS 桌面产品生成的所有地图和数据格式。还具有简单的浏览和查询功能。
- ArcView 提供了复杂的制图、数据使用、分析工具，以及简单的数据编辑和空间处理工具。
- ArcEditor 除了包括了 ArcView 中的所有功能之外，还包括了对 Shapefile 和 GeoDatabase 的高级编辑功能。
- ArcInfo 是一个全功能的旗舰式 GIS 桌面产品。它扩展了 ArcView 和 ArcEditor 的高级空间处理功能，还包括传统的 ArcInfo Workstation 应用程序（Arc，ArcPlot，ArcEdit，AML 等）。

因为 ArcView，ArcEditor，和 arcInfo 的结构都是统一的，所以地图、数据、符号、地图图层、自定义的工具和接口、报表和元数据等，都可以在这三个产品中共享和交换使用。除此之外，使用 ArcGIS 桌面系统创建的地图，数据和元数据可以通过下面的方式在多个用户之间共享，例如使用免费的 ArcReader 产品，自定义的 ArcGIS Engine 应用程序，ArcIMS 和 ArcGIS Server 创建的高级 GIS Web 服务。通过一系列的可选的软件扩展模块，这三个级别产品的能力还可以进一步得到扩展，比如栅格数据地理处理、三维可视化、地理统计分析的地理处理工作。通过使用 ArcGIS 软件的组建库 ArcObjects，开发人员可以为 ArcGIS 桌面软件创建新的自定义的扩展模块。用户使用标准的 Windows 程序接口，如 Visual Basic（VB），. NET，Java，和 Visual C++来开发扩展模块和自定义的工具。

3. ArcGIS Desktop 的应用程序

ArcGIS 桌面产品（ArcGIS Desktop）是一系列整合的应用程序的总称，包括 ArcCatalog，ArcMap，ArcGlobe，ArcToolbox 和 ModelBuilder。通过协调一致地调用应用和界面，可以实现任何从简单到复杂的 GIS 任务，包括制图、地理分析、数据编辑、数据管理、可视化和空间处理。

（1）ArcMap

ArcMap 是 ArcGIS Desktop 中一个主要的应用程序，具有基于地图的所有功能，包括制图、地图分析和编辑。ArcMap 是 ArcGIS Desktop 中一个复杂的制作地图的应用程序。

ArcMap 提供两种类型的地图视图：地理数据视图和地图布局视图。在地理数据视图中，你能对地理图层进行符号化显示、分析和编辑 GIS 数据集。内容表界面（table of contents）帮助你组织和控制数据框中 GIS 数据图层的显示属性。数据视图是任何一个数据集在选定的一个区域内的地理显示窗口。

在地图布局窗口中，你可以处理地图的页面，包括地理数据视图和其他地图元素，比如比例尺、图例、指北针和参照地图等。通常，ArcMap 可以将地图组成页面，以便打印和印刷。

（2）ArcCatalog

ArcCatalog 应用模块用于组织和管理所有的 GIS 信息，比如地图、数据集、模型、元数据和服务等，具体的功能包括：

- 浏览和查找地理信息。
- 记录、查看和管理元数据。
- 定义、输入和输出 GeoDatabase 结构和设计。
- 在局域网和广域网上搜索和查找的 GIS 数据。
- 管理 ArcGIS Server。

ArcCatalog 类似于 Windows 的文件管理器，GIS 使用者使用 ArcCatalog 来组织、管理和使用 GIS 数据，同时也使用标准化的元数据来说明他们的数据。GIS 数据库的管理员使用 ArcCatalog 来定义和建立 GeoDatabase。GIS 服务器管理员则使用 Arccatalog 来管理 GIS 服务器框架。

（3）ArcToolbox

一个空间处理工具的集合，ArcToolbox 内嵌在 ArcCatalog 和 ArcMap 中，在 ArcView、ArcEditor 和 ArcInfo 中都可以使用。主要功能包括：数据管理、数据转换、Coverage 的处理、矢量分析、地理编码、统计分析。

（4）ModelBuilder

ModelBuilder 为设计和实现空间处理模型（包括工具，脚本和数据）提供了一个图形化的建模框架。ModelBuilder 是数据流图示，它将一系列的工具和数据串起来以创建高级的功能和流程。普通用户可以将工具和数据集拖动到一个模型中，然后按照有序的步骤把它们连接起来以实现复杂的 GIS 任务。

（5）ArcGlobe

ArcGlobe 是 ArcGIS 桌面系统中 3D 分析扩展模块中的一个部分，提供了全球地理信息的连续、多分辨率的交互式浏览功能。像 ArcMap 一样，ArcGlobe 也是使用 GIS 数据层，显示 GeoDatabase 和所有支持的 GIS 数据格式中的信息。ArcGlobe 具有地理信息的动态 3D 视图。ArcGlobe 图层放在一个单独的内容表中，数据源整合到一个通用的框架中。

4. ArcGIS 的矢量数据格式

（1）Coverage

Coverage 是早期 Arc/Info 软件的图形数据格式，是一种基于拓扑结构的矢量数据格式。这种结构的主要优点在于多边形的公共边只需数字化一次，空间要素之间的拓扑关系直接保存在其属性表中，可以很容易实现空间连接关系查询和网络计算。但早期的软件在建立多边形时比较费力，需要先给出所有线状边界和中心点位。虽然在 ArcGIS 各版本中构建性能得到大大增强，但直接使用该格式的情况较少。

（2）Shape

Shape 格式是伴随 ArcView 2.0 版本出现的，是一种基于面条结构的矢量数据格式。这种结构需要对多边形的公共边进行重复数字化，但数据管理较为简单，易于理解；拓扑结构需要重新构建。

（3）GeoDatabase

GeoDatabase 是随 ArcGIS 8.0 推出的。GeoDatabase 是建立在关系型数据库管理信息系统之上的空间数据库，是在新的一体化数据存储技术的基础上发展起来的数据模型，是一种对空间数据和属性数据进行完全融合的数据组织方式。在一个公共模型框架下对 GIS 通常所处理和表达的地理空间特征如矢量、栅格、TIN、网络等进行统一描述。同时，GeoDatabase是面向对象的地理数据模型，其地理空间特征的表达较之以往的模型更接近我们对现实事物对象的认识和表达。

GeoDatabase 中包含许多元素，其中图形元素为 Feature class（可以称为空间要素类）、属性元素为 Table、关系元素为 Relationship class、网络元素为 Geometric network 和 Spatial network、注记元素为 Annotation class。相同空间特征的 Feature class 可以通过 Feature dataset 放在一起，便于管理。

（主要信息来源：http：//www.esrichina-bj.cn）

附录Ⅱ　MapInfo

1. 背景

MapInfo 公司是一家知名的全球性软件厂商，总部设在美国纽约州特罗依市，主要提供基于位置信息的软件产品、软件集成、数据以及咨询和相关的软件增值服务。1986 年 MapInfo 公司推出第一个 DOS 版本 MapInfo V1.0，到 20 世纪 90 年代初的 Windows 版本的 MapInfo V3.0，1995 年和 1998 年 MapInfo 公司又分别推出了 MapInfo Professional V4.0 和 V5.0，2009 年推出 10.0 版本。

MapInfo 系统软件产品行销 58 个国家和地区，有英文版、中文版等 20 种语言的版本，全球有超过 30 万个各行各业的用户，还有超过 1000 个应用软件开发合作伙伴。MapInfo 拥有广泛的业界支持，MICROSOFT、ORACLE、INFORMIX、IBM、SUN、HP 等都选择 MapInfo 作为长期合作伙伴。例如在微软公司的 Office 97 办公套件中，已经成功地加入了 MapInfo 的地图功能，称为数据地图；在与 Oracle、Sybase 等大型数据库公司的合作方面，已经将 MapInfo 作为企业级大型的数据库的前端工具，实现数据的地理空间查询及可视化显示。

2. MapInfo 产品定位

MapInfo 是一个桌面地理信息系统，是地理信息系统的一个小型应用平台。它采用了先进的软件开发思想，依据地图及其应用的概念，尽可能向微软公司产品（Windows/Office）的操作特性靠拢，全方位支持从单用户环境、客户机/服务器环境和网络环境（包括 Internet 和 Intranet）等各种体系结构，并支持 ODBC（开放的数据库连接）技术，使不同的数据库系统之间可以进行数据共享和链接。MapInfo 这种办公自动化的操作、集成多种数据库数据、融合计算机地图处理方法及部分地理信息系统分析功能的特色，形成了极具实用价值的、可以为各行各业所用的大众化小型软件系统。

对大众化的 PC 桌面数据可视及信息地图化应用来说，MapInfo 小巧玲珑，能很好地支持中文，使用简便，易学易用，价位较低，具备功能完整及高效率的二次开发工具，易于与其他应用软件集成，还有大量的商业应用范例。虽然与 Arc/Info 等大型 GIS 系统相比，MapInfo 不具备包含拓扑关系的数据结构，空间分析能力相对较弱，但 MapInfo 包含了地理信息系统的一些重要功能，如空间信息与属性信息的有机结合、地图与各种专题图的制作显示、空间查询及缓冲区分析功能等。因此，MapInfo 仍非常适合广大普通用户对地理信息系统的需求，是一个优选的 GIS 产品。

3. MapInfo 系统功能

MapInfo Professional 是一套强大的基于 Windows 平台的地理信息系统软件，其含义是 “Mapping+Information”，即：地图对象+属性数据。在 MapInfo Professional 中，包含一些基本的工作环境，如菜单区、工具条、状态栏、工作环境设置与保存，还有众多 MapInfo 的窗口，包括地图窗口、浏览窗口、统计窗口、布局窗口、统计图窗口等。

在系统环境支持方面，MapInfo 展现了较强的数据可视化和数据查询分析等空间数据处理功能，具体地讲，这些基本功能包括：

（1）地图编辑和数字化功能

可输入、编辑、输出计算机地图，具有完备的地图制作工具，可方便地绘制地图，包含丰富的符号库。

（2）图层控制

为了高效地组织地理信息，包括 MapInfo 在内的 GIS 软件通常采用分图层的方法对信息进行归类、存储和分析。

（3）专题图制作专题地图编制功能

可以基于自身管理的或来自其他数据库的属性数据制作专题地图，包括独立值、范围、直方图、点密度等多种专题图制作方式，地图上专题符号能自动改变。

（4）空间查询功能

包括属性到图形、图形到属性、地理空间查询及功能强大的 SQL 查询功能。GIS 区别于其他信息系统的关键技术就在于 GIS 实现了空间（图形）数据和属性（表格）数据的连接，并由此进行复杂的空间查询和分析。

（5）空间分析功能

包括直线距离及面积量算等测量分析；基于点、直线、曲线及多边形所做的缓冲区分析；多边形合并、分割等区域操作。而三维分析和网络分析功能则较弱。

（6）连接数据库

ODBC 可直接存取储存在本地的数据。数据类型可以为 dBASE、Microsoft Excel 等，还可以读取远程数据库，如 Oracle、Informix、Sybase、SQL Server 以及其他支持 ODBC 驱动方式的数据库类型。

（7）地理编码

为数据指定地图坐标的过程就叫地理编码。在选举、民意调查、商品销售、犯罪分析等没有地理或地图概念的事情中，图层支持自动地理编码，通过城市大比例尺街道图、邮政编码地图、政区图等，用户利用地理编码工具，把需要的非空间数据方便地转移到地图中去。

（8）数据接口

提供和其他软件的数据接口，主要包括数据格式转换等，即系统可接受和输出其他图形系统的数据（DXF 格式）。这一功能类似于许多 CAD 系统，如 AutoCAD、MapCAD、Microstation 等，可以直接打开 ESRI 的 shapefiles（*.shp）文件。

4. MapInfo 产品系列

MapInfo 公司为用户提供的软件产品系列包括用于构建单机、局域网（Client/Server 结构）的 GIS 低端产品及构建广域网、企业内部网（Browser/Server 结构）的 GIS 高端产品，以及空间数据库产品，主要包括：

（1）MapInfo Professional

MapInfo Professional 是一套基于 Windows 平台的地图化信息解决方案。可以方便、直观地展现数据和地理信息的关系，其周密而详细的数据分析能力，可帮助用户从地理的角度更好地理解商业信息，辅助用户的分析和决策。

（2）MapInfo MapX

MapInfo MapX 是一个性能价格比好，功能强大的 OCX 控件，是功能强大的 ActiveX 组件式 GIS 开发工具，它最早、最有效益地把绘图功能嵌入现有的、更新的应用中。通过标准的可视化开发环境——VB、VC++、Delphi 和 Powerbuilder 以及 Internet 开发环境，允许用户将地图制作等功能嵌入到一个新的或已有的应用中。MapInfo MapX 可以说是单机版的 GIS 开发工具，是 MapInfo 分布式部件对象模型，包括：地图显示、图层控制、专题制图、地图旋转、动态图层、对象编辑、空间选取、地理编码自动标注、查找、数据库链接、输出格式等组件。

（3）MapInfo MapXtreme

MapXtreme 是构建 Windows 平台的 Web 地图应用服务器，不但功能全面，而且易于二次开发（使用 Microsoft 的 ASP 技术），并智能化支持多并发用户。通过 MapXtreme for Windows 或 java，用户可以在 Internet/Intranet 上发布基于电子地图的应用系统。所有的最终用户只需在自己的机器上安装浏览器即可访问存放在服务器端的空间数据，用户可以很方便地对地图进行放大、缩小、漫游、查询、统计等操作。它支持 ASP。可以说 MapXtreme系列是在 MapX 的基础上开发出来的支持 B/S 结构的产品。

（4）MapInfo Spatialware

MapInfo Spatialware 是 MapInfo 公司最新推出的空间数据库服务器，是基于企业级大型数据库系统 Oracle、Infomix 等的空间信息综合管理系统，目前已发布了基于 Oracle、DB2、MS SQL Server、Informix 数据库的各种版本。它的主要作用是能够把复杂的 MapInfo 地图对象存入大型数据库中，并能为其建立空间数据索引，从而在数据库服务器上实现对属性数据和空间图形对象数据的统一管理。

（5）MapInfo Proserver

MapInfo Proserver 是计算机网络环境下的地图应用服务器。它可用于三种类型的网络：Internet、Intranet 和 Network，主要解决地图数据的统一管理、分布式访问、使用和更新，以及地图数据的网上传输等问题。

（6）MapInfo MapXtend

MapInfo MapXtend 是为开发者提供的，用于为无线移动设备提供地图服务。用户可以通过该产品创建基于空间位置信息的应用，从而通过手持设备获取各种基于空间位置的数据信息，帮助客户在任意时间和地点与信息中心进行适当的信息交换。MapXtend 是 MapXtrem 的自然延伸，通过 MapXtend，可以为 MapXtreme for Java 的顾客提供基于无线手持设备的空间信息浏览解决方案。

（主要信息来源：http：//www. mapinfo. com. cn）

附录Ⅲ GeoStar

GeoStar（中文翻译为吉奥之星）是武汉大学吉奥信息技术有限公司（简称吉奥）依托武汉大学（原武汉测绘科技大学）的学科优势和科研实力，历经20多年的开发和不断优化而形成的地理信息系统软件。GeoStar是国家科技部推荐和表扬的国产自主版权的GIS首选基础软件之一。目前，该软件已广泛应用于测绘地矿、电力电信、环境监测、土地管理、城市规划等领域。尤其是在测绘领域，GeoStar已经成为标准的空间数据管理软件。

第一，GeoStar改变了以前其他GIS存储数据的方式。从一开始GeoStar就采用了面向对象技术，以网络化和集成化为手段，将矢量数据、属性数据、影像数据、DEM数据高度集成一体。这四种数据既可以单独建库，进行分布式管理，也可以通过集成的界面，将四种数据统一调度，无缝漫游。第二，GeoStar是组件式GIS。应用GeoStar自己的组件开发平台，可以根据不同用户的要求组装成为不同的应用界面。第三，GeoStar初步实现了三维功能。GeoStar对三维的功能体现在其对地形数据库的管理。GeoStar不仅可以实现二维/三维互动方式的浏览、地形数据的晕渲、地形数据的三维灰度静态浏览、叠加矢量和影像库的三维浏览以及全库的飞行漫游，还可以将二维和三维的量算、查询功能集合在一起。

GeoStar的另一个显著优势是它的检索速度。GeoStar采用自己开发的面向对象空间数据库管理引擎管理空间数据，使其检索速度很快，对海量数据的显示和查询具有较高的效率。最新的Geostar 5.2立足于实现真正的空间数据库。它采用对象关系数据库存储和管理空间数据（包括几何、属性数据），既可以把几何和属性数据存放在同一条记录中以提高查询效率，也可通过对象标示（OID）关联分开存放。在大型数据库管理系统支持下，Geostar 5.2提供了空间事务控制功能，即在区域、地物类及对象层次上实施用户使用权限控制，通过提供区域、地物类及对象加锁来实现多用户对空间数据库的并发操作。

GeoStar Professional 5.2是空间数据管理平台与GIS应用系统开发平台，提供二维、三维空间数据、影像数据和元数据的建库、管理和应用等功能。它是GeoStar 5.2的核心，也是吉奥公司系列软件的核心。

除了桌面系统GeoStar，吉奥的序列产品还包括GIS基础软件平台二次开发套件GeoStar Objects 5.2，WebGIS平台软件GeoSurf 5.2，以及三维全球动态可视化软件GeoGlobe 2.0。

英文名称	中文名称
GeoStar Desktop 5.2	桌面地理信息系统
GeoDesktop	GIS基础平台桌面系统
GeoSymDesigner	符号设计工具
GDC Translator	数据转换工具

续表

英文名称	中文名称
GeoModel	数码城市建模
GeoModelDB	三维模型管理
GeoStar Objects 5.2	GeoStar 二次开发平台
GeoCore Objects 5.2	GeoStar 核心套件
GeoLOD 5.0	GeoStar 三维开发套件
GDC Objects 2.0	GeoStar 数据转换开发套件

GeoGlobe 通过对全球海量影像数据、地形数据和三维城市模型数据的高效组织、管理和可视化，从而实现任何人、任何时候、在任何地点，通过互联网，以任意高度和任意角度动态地观察地球的任意一个角落。

GeoGlobe 包括三部分：GeoGlobe Server、GeoGlobe Builder 和 GeoGlobe Viewer。GeoGlobe Server 通过分布式空间数据引擎，管理所有注册的空间数据，并提供实时多源空间数据的服务功能。GeoGlobe Builder 实现对海量影像数据、地形数据和三维城市模型数据的高效多级多层组织，为实现全球无级连续可视化提供数据基础。GeoGlobe Viewer 则装在客户端，通过网络获取服务器端数据，主要特点：

- 实现对 TB 级以上的海量空间数据的组织与分布式管理
- 实现多分辨率影像和地形数据的无极缩放
- 支持矢量数据显示（如点、线、面和注记显示）
- 各种三维效果的快速真实的显示
- 快速的浏览、查找与定位能力
- 支持海量三维城市模型的可视化

（主要信息来源：http：//www.geostar.com.cn/）

附录Ⅳ MapGIS

MapGIS 是武汉中地数码科技有限公司依托中国地质大学（武汉）和教育部地理信息系统软件及应用工程研究中心开发的 GIS 软件。其最新版本 MapGIS K9（于 2009 年推出）为新一代面向网络超大型分布式地理信息系统基础软件平台。

1. 采用面向地理实体的空间数据模型

MapGIS 将空间数据模型划分为两个层次：第一层是空间数据抽象模型或空间数据概念模型。这一层模型的目的在于提取地理世界的主要特征，而并不考虑其在计算机中的具体实现；第二层是空间数据组织模型，是空间数据概念模型在计算机中的具体实现。MapGIS K9 改变以往按照“点、线、区、表、网”来划分和组织图形及要素的方式，采用面向地理实体空间数据模型，通过描述实体的特性和实体间的关系，建立观察范围内地理世界的视图，模拟人类理解地理世界的语义环境，通过地理数据库、数据集、类、几何元素、几何实体、坐标点不同层次表示实体及其关系。因此，MapGIS 的空间数据模型可描述任意复杂度的空间特征和非空间特征，完全表达空间、非空间、实体的空间共生性、多重性等关系。

2. 用地理数据库存储和管理地理数据

MapGIS K9 地理数据库采取基于文件和基于商业数据库两种存储策略。应用规模小的用户可选择基于文件的存储策略；大型、超大型应用可选择基于商业数据库的存储策略。这两种存储策略支持相同的空间数据模型，具有共同的平台，因此在文件和数据库之间能够实现无损平滑的数据迁移。

3. 层次化的空间数据组织体系结构

MapGIS K9 按照“地理数据库—数据集—类”三个层次组织数据，其中，地理数据库是面向实体空间数据模型的全局视图，可以完整一致地表达了描述区域的地理模型。一个地理数据库包括多个数据集和各种对象类。数据集是地理数据库中若干不同对象类的集合，通过命名数据集提供了一种数据分类视图，便于数据组织、管理和授权。根据不同的用途，数据集分为要素数据集、栅格目录、栅格数据集、TIN 数据集、地图数据集。类是地理数据库中最基础的数据组织形式，包括要素类、对象类、关系类、注记类、修饰类、动态类、几何网络和视图。从用户的观点看，类是可命名的对象集合，以目录项为表现形式。

4. 面向“服务”的分布式空间数据管理方式

面向“服务”的数据管理方式是指数据存取操作由传统的“进行数据存取操作”变为“请求数据存取服务”，即谁管数据谁提供服务。MapGIS K9 的分布式数据管理体系采取跨平台的“纵向多级、横向网格”的组网方案，在级与级之间、结点与结点之间的连接采用一种“松耦合”方式，从而解决了网格结点之间、父结点与子结点之间、不同平台与不同系统之间数据兼容的问题。

5. 二次开发组件化

MapGIS K9 采用了全组件化的开发形式。MapGIS K9 定义了丰富的 GIS 功能组件接口标准，采用标准的 COM 接口，具有与开发工具和语言无关的特点。用户在 MapGIS K9 上进行二次开发时，可以使用各种开发语言，甚至可以对一个系统中不同的功能插件采用不同的语言开发。系统设计了一个应用开发框架模型，在系统框架中通过简单的定制将不同的组件整合成一个有机的整体。组件式 MapGIS 开发平台设计为三级结构，即面向空间数据的管理，提供基本的数据交换和组织的基础组件群；面向通用功能，提供 GIS 通用处理的通用组件群；面向行业应用特定算法，固化到组件中，进一步加速开发过程的应用组件群。

MapGIS K9 大大提高了海量数据的浏览和查询速度，还可满足用户长时间并发访问的要求，可以根据已有数据回溯过去某一时刻的情况或预测将来某一时刻的情况，以满足历史回溯和衍变、地籍变更、环境变化、灾难预警等应用的需要。MapGIS K9 可快速建立地下三维地质模型、地上三维景观模型、地表三维地形模型等和一体化管理，并可对三维数据的综合可视化和融合分析。

除了基础的 GIS 平台 MapGIS 外，中地公司的其他 GIS 序列产品还包括：彩色地图编辑出版系统 MAPCAD、数字测绘系统 MapSuv（MapGIS Digital Surveying and Mapping）、基于 Internet 的分布式 GIS 平台 MapGIS-IMS（Internet Map Server），以及面向嵌入式终端的 GIS 开发平台 MapGIS-EMS。

MapGIS 作为本土 GIS 软件的先行者，也是政府力推的 GIS 基础软件之一。目前在国土资源管理、地质调查、数字城市、房地产管理、数字通讯、农业、林业等众多领域都有广泛的用户。

（主要信息来源：http：//www. mapgis. com. cn/）

附录Ⅴ SuperMap

SuperMap GIS 是北京超图软件股份有限公司依托中国科学院地理信息产业发展中心开发的具有完全自主知识产权的大型地理信息系统软件平台。经过多年的创新和积累，SuperMap 已经成为成熟的 GIS 软件品牌，国际化较为成功。

SuperMap GIS 定位于 GIS 基础软件平台，为各行各业的开发者和用户提供多种不同环境下的 GIS 开发平台和数据处理软件，包括各种组件式 GIS 开发平台、服务式 GIS 开发平台、嵌入式 GIS 开发平台、桌面 GIS 平台、导航应用开发平台以及相关的空间数据生产、加工和管理工具。

共相式 GIS 是超图公司提出的适应未来技术，特别是日新月异的信息技术变化，满足不同应用环境和需求的 GIS 基础平台软件研发的创新概念。它的核心思想是通过精心设计的软件架构，把 GIS 所特有的功能、分析处理算法和所依赖的信息技术进行有效隔离，使得两者可以各自独立地发展而不会相互牵连制约。因此，共相式 GIS 建立了一套具有普遍适应性的共相式 GIS 内核，以实现那些相对稳定的、远离易变的技术环境的 GIS 核心功能。可以封装各种 GIS 软件产品，包括组件式 GIS、Internet GIS、桌面 GIS。一旦相关技术环境发展变化，仅仅需要重新实现或调整外部功能模块即可，这大幅度降低了技术升迁的代价。共相式 GIS 的思想已经成功地应用到 SuperMap GIS 的开发和设计中。

1. 统一的技术内核

SuperMap GIS 采用统一的技术内核，具体体现在数据模型和地图配置上。首先，SuperMap GIS 所有产品都采用相同的数据模型，使用相同的数据格式。因此数据无需任何处理就可以在各个软件之间直接使用。

2. 海量空间数据管理技术

SuperMap GIS 对于海量数据的管理十分重视，创造了多种技术来加以实现。

（1）多级混合空间索引技术

SuperMap GIS 开发了基于四叉树、R 树和网格的多级混合索引技术，克服了传统单一索引技术的不足，大大提高了空间数据检索效率，为海量矢量数据管理奠定了坚实的基础。

（2）海量空间数据库引擎技术 SDX+

SDX（Spatial Database eXtension）是 SuperMap GIS 的空间数据库引擎，SDX+使用创新的数据结构和索引技术，提高了大数据量的管理能力。

（3）海量影像数据管理技术

对海量影像数据高效存储和快速显示是 GIS 应用的关键难点之一。SuperMap GIS 充分考虑到这个需求，开发了一系列海量影像数据管理技术，如海量影像数据库存储技术、支持 MrSID 和 ECW 影像压缩格式以及跨平台的海量影像压缩技术 SIT 等。

3. Web客户端开发

SuperMap GIS 2008中网络服务器产品家族为二次开发用户提供了基于Ajax技术的开发方式——AjaxMap。开发者使用AjaxMap可以快速构建起一套应用网站，保证了流畅的地图浏览。

超图也面向于提供多种GIS解决方案，它的系列GIS软件产品还包括：

- GIS组件式开发平台SuperMap Objects 2008——适合大型专业应用系统建设全组件式GIS；
- GIS服务式开发平台SuperMap IS .NET 2008和SuperMap IServer 2008——用于建立大型网络GIS服务的Internet GIS开发平台；
- GIS嵌入式开发平台eSuperMap 2008——适用于移动终端设备的嵌入式开发平台，能够满足移动和嵌入式设备上的空间数据采集与访问的需要；
- GIS开放式桌面平台SuperMap Deskpro 2008是用于地理空间数据处理与分析建模的大型桌面GIS软件；SuperMap Express 2008是用于地理空间数据编辑与处理的桌面GIS软件；
- 导航应用软件开发平台SuperMap Navigation 2008——超图导航系统应用开发平台，是专为手持、车载电子导航设备开发的可定制的软件平台。

超图软件在电子政务、城市管理、军事、公安、国土、房产、民政、统计、导航等多个应用领域积累了丰富的项目实施经验，总结出成熟、实用的解决方案。基于SuperMap，各地合作伙伴成功建立了数以百计的大型应用系统。

（主要信息来源：http：//www. supermap. com. cn）

参 考 文 献

1. Aronoff, S. Geographic Information Systems: A Management Perspective, Ottawa: WDL Publications. 1989.

2. Chen, P. P. The entity-relation model—toward a unified view of data. ACM Transactions on Database Systems, 1976. 1 (1): p. 9-36.

3. GSDIA. The SDI Cookbook. 2008; Available from: http: //www. gsdi. org/gsdicookbookindex.

4. http: //en. wikipedia. org/.

5. Huang, Z. , Ottens, H. F. L. , Masser, I. A doubly weighted approach to urban data disaggregation in GIS—A case study of Wuhan, China. Transactions in GIS, 2007. 11 (2): p. 197-211.

6. Huxhold, W. E. An Introduction to Urban Geographic Information Systems. , New York etc. : Oxford University Press. 1991.

7. Longley, P. A. , Goodchild, M. F. , Maguire, D. J. , Rhind, D. W. Geographic Information Systems and Science: Wiley. 2005.

8. Maantay, J. , Ziegler, J. , Pickles, J. GIS for the Urban Environment: ESRI Press. 2006.

9. Masser, I. All shapes and sizes: the first generation of national spatial data infrastructures. International Journal of Geographical Information Science, 1999. 13 (1): p. 67-84.

10. McHarg, I. L. Design with Nature: John Wiley & Sons, Inc. 1969.

11. Scholten, H. J. Geographical Information Systems for Urban and Regional Planning: Springer Netherlands. 2010.

12. 高峰, 安培浚. 国际空间和对地观测技术发展战略新动向. 遥感技术与应用, 2008. 23 (6): p. 686-696.

13. 郝力. 城市地理信息系统及其应用. 北京: 电子工业出版社. 2002.

14. 蓝运超, 黄正东, 谢榕. 城市信息系统. 武汉: 武汉大学出版社. 2002.

15. 李德仁. 信息高速公路、空间数据基础设施与数字地球. 测绘学报, 1999. 28 (1): p. 1-5.

16. 李宗华. 数字城市空间数据基础设施建设与应用. 北京: 科学出版社. 2008.

17. 刘湘南, 黄方, 王平, 佟志军. GIS 空间分析原理与方法. 北京: 科学出版社. 2005.

18. 罗志清, 李琦. 城市空间数据基础设施研究. 地理与地理信息科学, 2003. 19 (3).

19. 潘云鹤. 计算机图形学——原理、方法及应用. 北京: 高等教育出版社. 2003.

20. 孙毅中, 张鑑, 周晟, 缪瀚深. 城市规划管理信息系统. 北京: 科学出版社. 2004.

21. 韦玉春，陈锁忠．地理建模原理与方法．北京：科学出版社．2005.
22. 邬伦，刘瑜，张晶等．地理信息应用系统：原理、方法与应用．北京：科学出版社．2001.
23. 吴健生．遥感对地观测技术现状及发展趋势．地球学报，2003. 24（S）：p. 319-322.
24. 叶嘉安，宋小冬，钮心毅，黎夏．地理信息与规划支持系统．北京：科学出版社．2006.
25. 张新长，曾广鸿，张青年．城市地理信息系统．北京：科学出版社．2001.
26. 张新长，马林兵，张青年．地理信息系统数据库．北京：科学出版社．2007.
27. 中国市长协会．中国城市发展报告（2002—2003）．北京：商务印书馆．2004.
28. 中国市长协会．中国城市发展报告 2008. 北京：中国城市出版社．2009.
29. 周志鑫，吴志刚，季艳．空间对地观测技术发展及应用．中国工程科学，2008. 10（6）：p. 28-32.